LES

ABÎMES DE LA MER

PARIS. — IMPRIMERIE DE E. MARTINET, RUE MIGNON, 2

LES

ABÎMES DE LA MER

RÉCITS DES EXPÉDITIONS

DE DRAGUAGE DES VAISSEAUX DE S. M. LE *PORCUPINE* & LE *LIGHTNING*

PENDANT LES ÉTÉS DE 1868, 1869 & 1870

SOUS LA DIRECTION SCIENTIFIQUE

DU DR CARPENTER, DE M. J. GWYN JEFFREYS & DU DR WYVILLE THOMSON

PAR

C. WYVILLE THOMSON

Professeur de sciences naturelles à l'Université d'Édimbourg
Directeur de l'état-major scientifique civil des explorations du vaisseau le *Challenger*

OUVRAGE

TRADUIT AVEC L'AUTORISATION DE L'AUTEUR

PAR LE DR LORTET

Professeur à la Faculté des sciences de Lyon
Directeur du Muséum d'histoire naturelle

ET CONTENANT 94 GRAVURES SUR BOIS ET 3 CARTES

PARIS

LIBRAIRIE HACHETTE ET Cie

79, BOULEVARD SAINT-GERMAIN, 79

1875

A MA MÈRE

EMMELINE BROUZET

Dans le sein de Dieu où vous reposez, vous connaissez ces merveilles de la vie si largement répandue dans les abîmes de l'Océan. Ce livre, lorsque nous le lisions ensemble, nous avait fait entrevoir ces mystérieuses régions. Le voile est à présent déchiré pour vous, mais vous m'avez laissé seul sur la rive.....

LORTET

AVANT-PROPOS

DU TRADUCTEUR

L'exploration des mers profondes est un fait capital au point de vue de l'histoire de notre terre. La géologie, la zoologie, la physiologie, la physique, lui doivent des découvertes importantes actuellement complétées par la commission scientifique montée sur le navire anglais le *Challenger*. On peut dire que les savants qui les premiers, sur le *Lightning* et le *Porcupine*, ont étudié les abîmes des mers, ont marché de surprise en surprise. On croyait que dans ces régions toute vie était impossible, et cependant une faune abondante, exubérante même, les anime de toutes parts. Des animaux supérieurs ont été retirés des grandes profondeurs, où la pression est énorme, où les physiologistes ne pouvaient admettre le fonctionnement régulier des organismes vivants. Ces mers profondes semblaient condamnées à une obscurité éternelle; mais là encore la lumière est engendrée partout, et largement répandue par d'innombrables animaux phosphorescents. Elle est assez intense pour permettre aux êtres pourvus d'yeux de se servir utilement de ces organes. Les physiciens avaient affirmé que les dépressions océaniques étaient remplies d'une eau immobile, présentant une température invariable de 4°, température du maximum de densité de l'eau douce. Mais l'expérience a donné tort aux théories : cette couche immobile à 4° ne se rencontre nulle part, et partout de larges et rapides courants chauds ou froids font circuler l'eau, renouvellent les gaz qu'elle renferme et permettent la vie. Ce sont là les artères et les veines du grand Océan. Renfermée dans son étroit bassin, la Méditerranée ne peut respirer ainsi, et les êtres vivants manquent presque complétement dans ses profondeurs, dont l'eau est corrompue par les impuretés du Nil, qui est en quelque sorte le grand égout de l'Afrique orientale.

On pensait que depuis longtemps déjà les principaux représentants des faunes anciennes avaient disparu par suite des changements géologiques survenus à la surface du globe. Mais les nombreuses Éponges siliceuses, les Encrines qui peuplaient les mers jurassiques, les Oursins des périodes crétacées, retirés des abîmes océaniques par M. Wyville Thomson et ses collaborateurs, ont montré que, pendant des myriades de siècles, les mêmes formes animales ont persisté jusqu'à nos jours, en se modifiant légèrement dans les mers profondes.

Les travaux de Sars, de Forbes, de Wallich, d'A. Milne Edwards, de Pourtalès et d'Agassiz avaient préparé les voies et appelé l'attention sur ces recherches et ces études. C'est un grand honneur pour MM. Wyville Thomson, Carpenter et Gwyn Jeffreys d'avoir pu réaliser les décou-

vertes que quelques-uns avaient vaguement entrevues.
C'est une gloire pour l'Angleterre d'avoir largement donné
à ces savants les moyens de mener à bonne fin ces nobles
travaux, dont l'importance peut dépasser toutes les prévisions. Depuis deux ans un navire de la Marine royale anglaise, sous la direction scientifique du professeur Wyville
Thomson, sillonne en tous sens l'Atlantique et le Pacifique, pour continuer dans ces vastes bassins les recherches commencées autour de l'Irlande et des îles Faröer
par le *Lightning* et le *Porcupine*, dont nous racontons ici
les pérégrinations. Le *Challenger* (la Provocante) est une
corvette à hélice admirablement outillée pour les recherches
scientifiques de toute nature. « Sa machine à vapeur a la
» puissance de 400 chevaux, et six embarcations, dont une
» à vapeur, sont suspendues à ses flancs. Le *Challenger*
» était armé de dix-huit canons ; mais n'ayant personne
» à provoquer dans un voyage absolument pacifique, seize
» de ses canons furent débarqués et remisés à l'arsenal.
» Le pont tout entier a été livré aux installations scienti-
» fiques. L'arrière-cabine sous la dunette est le logement
» du commandant, le capitaine Nares, et du professeur
» Wyville Thomson, d'Édimbourg, chef scientifique de
» l'expédition. Cette cabine communique avec une grande
» pièce ayant 9 mètres de long sur 3^m,06 de large, servant
» de cabinet de travail. Des deux cabines situées à la suite,
» celle de bâbord est un laboratoire de zoologie, l'autre le
» dépôt des cartes marines. Une grande table, placée au
» milieu du laboratoire, porte quatre microscopes fixés par
» des écrous, éclairés par des lampes et accompagnés de

» pinces, de ciseaux et autres instruments de nickel, afin
» de n'être pas rouillés par l'eau de mer. Du plafond,
» auquel sont fixés des harpons, des tridents, des boîtes
» de ferblanc, pendent des tables suspendues, indispen-
» sables pour travailler pendant le roulis. De nombreuses
» étagères portent des bocaux de toute grandeur, et un
» robinet communiquant avec un réservoir d'alcool permet
» de les remplir immédiatement. Sur un rayon sont rangés
» les livres les plus indispensables. Vers le milieu du pont,
» à bâbord, se trouve une pièce obscure à l'usage du pho-
» tographe, et à tribord le laboratoire de physique et de
» chimie. Presque toute la partie de l'avant est occupée
» par les appareils de sondage, les dragues, une pompe
» hydraulique, un aquarium dont l'eau se renouvelle
» incessamment, et d'autres objets encombrants.

» Le navire est sous les ordres du capitaine G. Nares ;
» son second, M. Maclear, fils de l'ancien directeur de l'ob-
» servatoire du Cap, sir Thomas Maclear, est chargé des
» observations magnétiques. Le professeur Wyville Thom-
» son se consacre à l'étude des animaux inférieurs avec
» le Dr Willemoes-Sulsm, élève du professeur Siebold,
» de Munich. M. Murray s'occupera surtout des animaux
» vertébrés, et M. Moseley des collections botaniques. Le
» chimiste est M. Buchanan, et M. Wild, de Zurich, le
» dessinateur. Un sous-officier du génie, habile photo-
» graphe, a été adjoint à la commission. Pénétré de l'im-
» portance d'une mission scientifique, les officiers de
» marine composant l'état-major du *Challenger* ont déployé
» le plus grand zèle afin de rendre les installations aussi

» commodes que possible pour favoriser les recherches des
» savants embarqués avec eux. Ils ont compris qu'une
» campagne de ce genre fera plus d'honneur à l'Angleterre
» que les transports de troupes ou de matériel, de mis-
» sionnaires ou de personnages diplomatiques, auxquels
» ils sont si souvent condamnés [1].

» Muni de tous ses appareils, le *Challenger* partit de
» Portsmouth le 21 décembre 1872; il arrivait à Lisbonne
» le 3 janvier 1873, contrarié sans cesse par le mauvais
» temps, et le 12 du même mois à Gibraltar. Quelques
» sondages exécutés sur les côtes du Portugal donnèrent
» déjà des résultats intéressants pour la physique du globe,
» mais la campagne proprement dite commence aux Cana-
» ries. Dans le voisinage de cet archipel, on rencontra des
» profondeurs qui ne dépassaient pas 2770 mètres. Bientôt,
» à partir du 20ᵉ degré de longitude, elles augmentèrent
» rapidement et se tinrent entre 4000 et 5700 mètres; puis
» entre le 40ᵉ et le 50ᵉ degré de longitude, le navire se
» trouva au-dessus de l'extrémité d'un vaste plateau sous-
» marin qui, sous la forme d'une S, s'étend, au nord
» de l'équateur, du 20ᵉ au 52ᵉ parallèle. Sur ce plateau la
» sonde n'accusait que 2500 mètres environ [2]. A partir de
» ce point, les grandes profondeurs recommencèrent. Dans
» le voisinage des *îles Vierges*, un des groupes des An-
» tilles, la sonde plongea jusqu'à 5530. Après une relâche
» à l'île danoise de Saint-Thomas, la corvette repartit en se

---

1. Charles MARTINS, dans *Revue des deux mondes*, 15 août 1874, p. 768 et suiv.
2. Voyez les cartes dans *Ocean Highways*, octobre 1873; et PETERMANN's *Geographisch Mittheilungen*, 1873, n° XII.

» dirigeant vers les Bermudes. C'est en quittant Saint-
» Thomas, et à 80 milles marins[1] au nord de cette île,
» que la sonde descendit à l'énorme profondeur de 7137
» mètres, savoir 2327 mètres de plus que la hauteur
» du mont Blanc. Sur la ligne de Saint-Thomas aux
» Bermudes, et des Bermudes à Halifax, le *Challenger*
» mesura des profondeurs considérables, comprises entre
» 3700 et 5400. De Halifax, le *Challenger* revint aux Ber-
» mudes pour traverser de nouveau l'Atlantique dans
» toute sa largeur, de l'ouest à l'est, en passant sur les
» points signalés comme les plus profonds. Le résultat de
» neuf sondages exécutés par son infatigable équipage
» donne une moyenne de 4800 mètres, exactement la
» hauteur du mont Blanc, profondeur qui se réduit à
» 2550 sur le plateau sous-marin en forme d'S dont nous
» avons parlé, et à 1800 au milieu des îles de l'archipel
» des Açores. De Saint-Miguel, la principale de ces îles,
» la corvette revint le 16 juillet à Madère, que l'expédition
» avait quitté le 5 février. Le navire mit ensuite le cap sur
» les Canaries, et de là sur les îles du Cap-Vert, où il
» aborda le 27 juillet. De ces îles le *Challenger* traversa une
» troisième fois l'Atlantique de l'est à l'ouest, et arriva à
» Bahia le 14 septembre, sans avoir trouvé de profondeurs
» supérieures à 4600 mètres sur des points où des sondes
» antérieures accusaient 12 000 mètres, preuve de l'im-
» perfection des anciens appareils de sondage. Les nombres
» du *Challenger* sont dignes de confiance à une centaine

---

1. Le mille marin est de 1852 mètres.

» de mètres près, et ils permettront de faire dans l'Océan
» des profils bathymétriques comparables aux profils alti-
» tudinaux de nos plateaux et de nos montagnes [1]. »

Les savants de l'expédition du *Challenger* examinant les produits de la drague.

Le *Challenger* continue aujourd'hui l'exploration régu-

1. Ch. MARTINS, *loc. cit.*, p. 773.

lière des mers de l'Australie et de la Malaisie ; autant qu'on peut l'affirmer par les courtes notes parvenues en Europe, les résultats scientifiques de cette expédition sont des plus importants.

En terminant, qu'il me soit permis de témoigner un regret et d'émettre un vœu. Pourquoi, depuis la mort de l'illustre Dumont d'Urville, notre marine est-elle systématiquement tenue à l'écart des recherches scientifiques ? Malgré la prospérité de ses finances, le second empire oublia ce qui faisait les forces de notre marine, ce qui donnait une instruction solide et hors ligne à notre corps d'officiers : les travaux scientifiques, les voyages lointains de circumnavigation. Aujourd'hui encore, lorsque tant de nos navires croiseurs pourrissent dans les ports, lorsque tant d'équipages sont décimés par la fièvre et l'ennui dans des parages malsains, pourquoi, tout en tenant compte des intérêts puissants du commerce et de la politique, ne veut-on pas profiter d'un matériel si complet et d'intelligences si dévouées, pour marcher sur les traces des Anglais et des Américains, et pour conquérir quelques-unes de ces nobles couronnes qui ne font couler ni les larmes ni le sang ?

PRÉFACE

Après avoir terminé les expéditions de draguage dans les grandes profondeurs, entreprises en 1868, 1869 et 1870 par l'Amirauté, à l'instigation du Conseil de la Société Royale, il a semblé convenable à ceux qui en avaient la direction scientifique d'initier le public à leurs travaux. Il fallait aussi justifier, en montrant l'importance des résultats acquis à la science, la libéralité dont le Gouvernement a fait preuve en accédant au désir manifesté par la Société Royale, en mettant à sa disposition les moyens d'exécuter les recherches projetées. Il est bon aujourd'hui d'exciter l'intérêt par le récit de ces entreprises et de pousser ainsi ceux qui en ont le goût et les moyens à pénétrer plus avant dans cette nouvelle et étrange région que nous avons eu la bonne fortune d'aborder parmi les premiers.

Ce compte rendu devait être une œuvre collective à laquelle

chacun apporterait sa part ; mais à l'exécution, cependant, ce
plan offrit quelques difficultés : chacun de nous était très-
occupé ; les nombreuses communications et la correspondance
active qu'eût exigées ce travail de collaboration, menaçaient
de devenir une sérieuse et pénible complication. Il fut donc
décidé que je me chargerais de la besogne de *reporter*. Voilà
comment je me trouve responsable des opinions et des faits
énoncés dans cet ouvrage, à l'exception cependant de ceux
dont la source est de quelque façon nettement indiquée.

Depuis nos recherches dans les grandes profondeurs, il
nous arrive de tous côtés, d'Angleterre et de l'étranger, des
demandes de renseignements sur notre manière de procéder
et sur le matériel dont nous nous servons. Pour y répondre,
j'ai décrit avec détail les opérations de sondage et de draguage ; je désire que les chapitres qui traitent spécialement
de ces sujets, et qui sont le résultat d'une grande expérience,
fournissent aux commençants des indications utiles.

Je n'ai pas fait d'études approfondies de chimie, et j'aurais
de beaucoup préféré m'en tenir à la biologie, qui est mon
véritable domaine : mais certaines questions de physique se
sont imposées à nous pendant nos récentes explorations ; elles
ont une si grande portée à cause de leur influence sur la
distribution des êtres vivants, qu'il m'a été impossible de ne
pas étudier avec une sérieuse attention leurs rapports généraux avec la géographie physique. Je me suis fait à leur égard
des idées très-arrêtées, qui, je le dis à regret, ne se trouvent
pas entièrement d'accord avec celles du Dr Carpenter. Les
points principaux sur lesquels mon ami et moi sommes « con-
venus de différer d'opinion », sont traités dans le chapitre
relatif au Gulf-stream.

J'avais d'abord eu l'intention de faire suivre chaque chapitre
d'un appendice contenant les listes et la description scientifique

des formes animales étudiées. La chose n'a pas été possible, à cause du grand nombre d'espèces non décrites encore entre les mains des spécialistes chargés de l'examen et de la classification des différents groupes. Je ne suis pas bien sûr d'ailleurs que ces listes eussent fait un complément convenable pour un ouvrage qui n'est, après tout, qu'une esquisse préliminaire destinée au public.

Le système métrique et l'échelle thermométrique centigrade sont seuls employés dans ce volume. Le système métrique est connu de tout le monde; dans le cas où la notation centigrade, qui reparaît fréquemment à cause de l'étude des distributions de la température, le serait moins, on trouvera ci-contre un tableau de comparaison comprenant les échelles de Fahrenheit, de Celsius et de Réaumur.

J'ai toujours eu soin de rappeler les sources auxquelles j'ai puisé mes renseignements, et l'aide amicale que j'ai reçue de chacun pendant le cours de nos travaux. Il me reste à renouveler ici mes remercîments au commandant d'état-major May et aux officiers du *Lightning*, au capitaine Calver et aux officiers du *Porcupine*: leur active coopération et leur sympathie ont puissamment aidé à l'accomplissement de notre tâche. Je remercie mes collègues le Dr Carpenter et M. Gwyn Jeffreys, qui m'ont

F. C. R.

F.	C.	R.
85	29	23
	28	22
80	27	21
	26	20
	25	20
75	24	19
	23	18
	22	
70	21	17
	20	16
	19	15
65	18	14
	17	
60	16	13
	15	12
	14	11
55	13	10
	12	9
	11	
50	10	8
	9	7
45	8	6
	7	5
	6	
	5	4
40	4	3
	3	2
35	2	1
	1	
	0	0
30	-1	-1
	-2	-2
	-3	
25	-4	-3
	-5	-4

b

aidé de tout leur pouvoir, et les savants auxquels les animaux
de toute espèce ont été confiés pour en faire l'étude et la description : le Rév. A. Merle Norman, le professeur Kölliker, le
Dr Carter, le Dr Allman, le professeur Martin Duncan, et le
Dr M'Intosh pour les renseignements qu'il a bien voulu nous
donner avec la plus grande obligeance.

Les dessins qui ornent ce volume, à l'exception des vues de
Faröer dues à l'habile crayon de Mme Holten, sont de mon ami
J. Wild; mais c'est à peine si j'ose le remercier pour le talent
avec lequel il a accompli sa tâche : chaque dessin était par lui
étudié avec tant d'amour, que je serais presque disposé à lui
envier la jouissance que doit lui procurer le résultat de son
travail. Je désire faire ici mes remercîments à M. Cooper, qui
a gravé sur bois avec fidélité et élégance les beaux dessins
de M. Wild.

Lorsque le *Porcupine* revint de sa dernière expédition, on
comprit si bien l'importance des nouvelles découvertes pour
la solution de certaines questions de biologie, de géologie et
de physique, que le Conseil de la Société Royale insista de
nouveau auprès du Gouvernement pour obtenir l'organisation
d'une nouvelle expédition qui devait traverser les grands
bassins océaniques et jalonner le plan de ce vaste et nouveau
champ d'études, le lit de la mer.

Le contre-amiral Richards, hydrographe de la marine,
appuya chaudement cette proposition, et aujourd'hui même,
sous son habile direction, dans le port de Sheerness, un beau
vaisseau est armé en vue des recherches scientifiques, comme
jamais navire d'aucune nation ne l'a encore été.

L'état-major du *Challenger* comprend bien que pour longtemps encore son rôle est d'agir et non de parler; cependant,
à la veille du départ, il me semble qu'il est juste de saisir cette
occasion pour rendre au Gouvernement le témoignage que

rien n'a été négligé pour assurer le succès de l'entreprise :
à moins de chances bien contraires, on peut affirmer que nous
devons obtenir les plus sérieux résultats.

C. WYVILLE THOMSON.

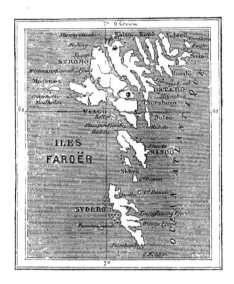

Carte de l'archipel des Faröer.

TABLE DES MATIÈRES

CHAPITRE PREMIER

INTRODUCTION.

CHAPITRE II

CROISIÈRE DU *LIGHTNING*.

CHAPITRE III

CROISIÈRES DU *PORCUPINE*.

CHAPITRE IV

CROISIÈRES DU *PORCUPINE*

(SUITE).

De Shetland à Stornoway. — Phosphorescence. -- Les Échinothurides. - La faune
de la région chaude. — Fin de la croisière de 1869. — Organisation de la croisière
de 1870. — De l'Angleterre à Gibraltar. — Conditions particulières de la Méditerranée. — Retour à Cowes.. 121

CHAPITRE V

SONDAGES PROFONDS.

Sonde ordinaire pour les profondeurs moyennes. -- Elle est sujette à erreur quand on s'en
sert dans les grandes profondeurs. — Il ne faut pas compter sur l'exactitude des premiers sondages profonds qui ont été faits. — Moyens perfectionnés de sondage. - Le
plomb en forme de coupe. — Instrument de sondage de Brooke. - Sonde du *Bull-dog*,
de Fitzgerald. — L'*hydre*. -- Sondages du *Porcupine*. - Contour du lit de l'Atlantique du Nord.. 171

CHAPITRE VI

DRAGUAGES PROFONDS.

Drague du naturaliste. — O. F. Müller. — Drague de Ball. - Le draguage dans les
profondeurs moyennes. — Corde à draguer. — Le draguage dans les grandes profondeurs. — Les houppes de chanvre. — Le draguage à bord du *Porcupine*. -
Les tamis. — Le carnet du dragueur. -- Commission de draguage de l'Association

CHAPITRE VII

TEMPÉRATURES DES GRANDES PROFONDEURS.

CHAPITRE VIII

LE GULF-STREAM.

CHAPITRE IX

LA FAUNE DES GRANDES PROFONDEURS.

CHAPITRE X

DE LA FORMATION ACTUELLE DE LA CRAIE.

FIN DE LA TABLE DES MATIÈRES

TABLE DES FIGURES

FIN DE LA TABLE DES FIGURES.

TABLE DES VIGNETTES

CARTES ET PLANCHES

LES

ABÎMES DE LA MER

CHAPITRE PREMIER

INTRODUCTION

La question d'une limite à la vie à certaines profondeurs. — Lois générales qui règlent
la distribution géographique des êtres vivants. — Recherches et idées du professeur
Forbes. — Centres de création des espèces. — Espèces représentatives. — Provinces
zoologiques. — Rapports de la doctrine de l'Évolution avec l'idée de l'Espèce et les
lois de la distribution des formes animales. — Causes qui doivent agir sur la vie à de
grandes profondeurs : la pression, la température, l'absence de lumière.

La mer recouvre près des trois quarts de la surface de la
terre. et, jusqu'aux dernières années qui viennent de s'écouler,
on n'avait guère sur ses abîmes que des notions incertaines
et limitées, au point de vue de la physique et de la biologie.
L'opinion générale était qu'à une certaine profondeur les
conditions devenaient si spéciales, si complétement différentes
de celles des parties accessibles de la terre, qu'elles devaient
exclure toute idée autre que celle d'une immense solitude, plongée dans une sombre nuit et soumise à une pression si énorme,
que la vie, sous quelque forme que ce fût, était impossible dans
son sein; on pensait que ces régions opposaient à toute étude,
à toute recherche d'insurmontables difficultés. Les hommes de
science eux-mêmes paraissaient partager cette opinion, et te-
naient peu compte des exemples très-authentiques d'animaux,
relativement élevés dans l'échelle des êtres, ramenés de grandes
profondeurs sur des cordes de sonde. Ils accueillaient tous les
raisonnements tendant à faire croire que ces animaux s'étaient

1

embarrassés dans les cordes en nageant à la surface, ou que les observations avaient été faites avec négligence. Chose bien étrange que cette espèce de parti pris, car toutes les autres questions touchant la géographie physique avaient été approfondies par les savants avec la patience et l'énergie la plus consommée. D'ardents volontaires se disputaient chaque brèche faite par la noble petite armée des martyrs qui luttaient pour reculer les bornes de la science, dans les déserts de l'Australie, sur le Zambèse, ou vers les pôles, pendant que l'immense Océan, endormi sous la voûte céleste, recouvrait une région tout aussi inaccessible à l'homme, selon toute apparence, que la *mare Serenitatis*.

Le fond de la mer a été mis en réquisition il y a quelques années pour établir des communications télégraphiques, et des hommes spéciaux ont tracé la carte du fond de l'Atlantique du Nord et inventé d'ingénieuses méthodes pour connaître la nature des matériaux qui le recouvrent. Ils posèrent au travers un câble télégraphique qui se rompit bientôt, mais les extrémités en furent facilement repêchées d'une profondeur de près de deux milles.

Il était question depuis longtemps, parmi les naturalistes, de la possibilité de draguer le fond de la mer par les procédés ordinaires et d'y plonger des récipients et des instruments enregistreurs pour résoudre la question d'un *zéro de vie animale*, et pour déterminer avec précision la composition et la température de l'eau de mer dans les grandes profondeurs. Des études de ce genre dépassent les limites ordinaires d'une entreprise privée. Elle nécessite des moyens matériels et une connaissance de la navigation que des naturalistes n'ont pas en général à leur disposition. Dans l'année 1868, sur les instances de mon collègue le Dr Carpenter et les miennes, appuyées par le Comité d'hydrographie de la Marine, qui s'occupe avec un vif intérêt des questions scientifiques, l'Amirauté mit à notre disposition les ressources matérielles et l'habileté professionnelle que nécessitait une pareille entreprise; nous découvrîmes alors que nous pouvions agir, sinon avec la même facilité, du moins avec autant de certitude à la profondeur de 600 brasses qu'à celle de 100. En 1869, nous poussâmes nos expériences jusqu'à 2435 brasses (14 610 pieds), soit près de trois milles, avec un succès complet.

Draguer à pareille profondeur est certainement chose pénible. Chaque coup de drague employait sept ou huit heures, et réclamait pendant ce temps les précautions les plus minutieuses, l'attention la plus assidue de la part de notre commandant, qui, debout, la main sur l'*accumulateur*, se tenait prêt à alléger par un tour de roue toute tension un peu trop forte. L'équipage, stimulé et encouragé par le vif et bienveillant intérêt manifesté par ses officiers, travaillait volontiers et bien ; mais les efforts nécessaires pour remonter une longueur de plus de trois milles de corde au moyen du tambour de la machine étaient terriblement laborieux. La corde même, deux fois tordue, faite du meilleur chanvre d'Italie, ayant $2\frac{1}{4}$ pouces de circonférence, avec une puissance de résistance de $2\frac{1}{4}$ tonnes, était éraillée et fatiguée, et paraissait être hors d'état de soutenir longtemps une pareille épreuve.

Cependant la chose est possible et devra être répétée à bien des reprises à l'avenir par des naturalistes de tous pays, travaillant avec un matériel perfectionné et une expérience toujours croissante. Le lit de la profonde mer, les 140 000 000 de milles carrés que nous venons d'ajouter au légitime champ d'étude des naturalistes ne constituent point un désert stérile. Ils sont peuplés d'une faune plus riche et plus variée que celle qui pullule dans la zone bien connue de bas-fonds qui borde la terre ; ces organismes sont encore plus finement et plus délicatement construits, d'une beauté plus exquise, avec les nuances adoucies de leur coloris et les teintes irisées de leur merveilleuse phosphorescence. Il faut donc étudier sérieusement les formes de ces êtres jusqu'ici inconnus, leurs rapports avec d'autres organismes vivants ou disparus, les phénomènes et les lois de leur distribution géographique.

Le professeur Edward Forbes a été le premier à entreprendre l'étude méthodique de la zoologie dans ses rapports avec la distribution des animaux marins dans l'*espace* et dans le *temps*. Il s'est rendu familier avec la faune des mers de la Grande-Bretagne, jusqu'à la profondeur d'environ 200 brasses, en draguant et en se faisant aider activement par ses amis, Mac Andrew, Barlee, Gwyn Jeffreys, William Thompson, Robert Ball, et plusieurs autres, qui abordèrent avec enthousiasme ce nouveau champ ouvert à l'étude de l'histoire naturelle. Dans l'année 1841 Forbes alla rejoindre, en qualité de naturaliste, le capitaine Graves, qui commandait un service de surveillance dans la Méditerranée. Pendant à peu près dix-huit mois il étudia avec le plus grand soin la mer Égée et ses côtes, et exécuta plus de cent draguages à des profondeurs variant de 1 à 130 brasses. En 1843, il communiqua à l'Association britannique, réunie à Cork, un rapport très-détaillé sur les Mollusques et les Radiaires de la mer Égée, et sur leur distribution dans ses rapports avec la géologie [1]. Trois ans plus tard, en 1846, il publia, dans le premier volume des *Études géologiques de la Grande-Bretagne*, un travail de grande valeur sur les rapports de la faune et de la flore actuelles des Iles Britanniques, avec les changements géologiques qui ont modifié les étendues qu'elles occupent, particulièrement pendant l'époque glaciaire [2]. Pendant l'année 1859, parut l'*Histoire naturelle des mers d'Europe*, par feu le professeur Edward Forbes, éditée et continuée par Robert Godwin Austen [3]. Dans les premières pages de ce

---

1. Report on the Mollusca and Radiata of the Ægean Sea, and on their Distribution, considered as bearing on Geology. By Edward FORBES, F. L. S., M. W.S., professor of Botany in King's College, London. (Report of the Thirteenth Meeting of the Bristish Association for the advancement of Science, held at Cork in August 1843. London, 1844.)

2. On the Connection between the Distribution of the existing Fauna and Flora of the British Isles and the geological Changes which have affected their Area, especially during the Epoch of the Northern Drift. By Edward FORBES, F. R. S., L. S., G. S., professor of Botany at King's College, London; Palæontologist to the Geological Survey of the United Kingdom. (Memoirs of the Geological Survey of Great Britain, vol. I. London, 1846.)

3. The Natural History of the European Seas, by the late professor Edward FORBES, F. R. S., etc. Edited and continued by Robert Godwin AUSTEN, F. R. S., London, 1859.

petit ouvrage, Forbes fait un exposé général de ses opinions les plus nouvelles sur la distribution des espèces marines. L'ouvrage a été continué par M. Godwin Austen, une mort prématurée étant venue terminer la carrière du plus instruit et du plus original des naturalistes de notre époque.

Je veux donner une courte esquisse des conclusions générales auxquelles Forbes a été conduit par ses travaux. Bien que sur quelques points fondamentaux nos idées se soient modifiées, et que des travaux récents, accomplis avec des appareils perfectionnés et une expérience plus complète, aient infirmé plusieurs de ses conclusions, c'est à Forbes que revient l'honneur d'avoir été le premier à traiter ces questions d'une manière large et philosophique. Il a démontré que le seul moyen d'acquérir des notions exactes sur les causes de la distribution de notre faune actuelle, c'est de connaître parfaitement son histoire et de lier le présent au passé. Là est la vraie direction que les études devront suivre dans l'avenir. Le premier qui ait ouvert cette voie à nos recherches, Forbes, n'a pu apprécier toute la valeur de son travail. Chaque année ajoute de nouveaux faits aux connaissances déjà acquises, et chaque nouveau fait indique plus clairement les brillants résultats qui seront obtenus en suivant ses méthodes, en imitant son zèle et son infatigable ardeur.

Forbes croyait, comme à peu près tous les grands naturalistes de son époque, à l'immutabilité des espèces. Il dit (*Histoire naturelle des mers de la Grande-Bretagne*) : « Toute espèce véritable offre dans ses individus certains traits, *un caractère spécial* qui la distingue des autres espèces, comme si le créateur eût voulu mettre une marque particulière, un sceau, sur chaque type. » Il croyait aussi aux centres spéciaux de distribution. Il pensait que tous les individus dont se compose une espèce sont descendus d'un seul ou de deux auteurs, selon l'unité ou la dualité des sexes, que l'idée d'espèce implique l'idée de parenté entre tous ces individus de commune origine, et, réciproquement qu'il ne peut y avoir une origine commune que chez les êtres vivants qui possèdent des traits spéciaux identiques. Il suppose le premier individu ou le premier couple créé dans le milieu spécial où toutes les conditions se trouvaient être favorables à son existence et à sa propagation; de là l'espèce s'étendait, *débordait* en quelque sorte dans toutes les directions, sur un espace plus ou moins étendu, jusqu'à ce qu'un obstacle naturel sous forme de conditions défavorables vint l'arrêter. Aucune espèce déterminée ne peut avoir plus d'un centre d'apparition. Si l'étendue qu'elle occupe paraît être limitée à un espace éloigné, sans rapport avec le centre *originel* de création, il l'explique par la formation, après le premier développement de l'espèce, d'un obstacle résultant de quelque accident géologique qui a séparé, détaché une portion de cette étendue; ou encore, par quelque *transport* accidentel sur un point où les conditions se sont trouvées suffisamment semblables à celles de l'habitat primitif, pour lui permettre de s'y naturaliser. Aucune espèce détruite n'a jamais été *recréée*; ainsi, dans les cas fort rares où une espèce, nombreuse à une certaine période, dans un espace donné, en disparaît pendant un certain temps pour s'y retrouver plus tard, il faut qu'il soit survenu dans les conditions de cet espace un changement qui a déterminé une migration de l'espèce, puis un retour des conditions premières, qui a permis à la même espèce d'y revenir.

Forbes définit et soutient ce qu'il appelle la *loi de représentation*. Il a découvert que dans toutes les parties de notre univers, quelque éloignées qu'elles soient les unes des autres, et si séparées qu'elles puissent être par des barrières naturelles, lorsque les conditions de la vie sont similaires, se rencontrent des espèces et des groupes qui, sans être identiques, ont entre eux une grande ressemblance; il a trouvé la même ressemblance entre des groupes fossiles et des groupes récents. En admettant la constance des caractères spécifiques, ces ressemblances ne peuvent être expliquées par une origine commune, et cela l'a conduit à la *généralisation*, c'est-à-dire que, dans les lieux soumis à des conditions similaires, des formes similaires quoique spéciales, et spécifiquement distinctes,

» Le Président et le conseil recommandent chaudement une pareille entreprise à la bienveillante attention de Leurs Seigneuries, dans le but d'obtenir du Gouvernement de Sa Majesté l'aide si généreusement accordée et si utilement prêtée dans les occasions précédentes.

» La direction scientifique de l'expédition serait, comme l'année dernière, partagée entre le Dr Carpenter, M. le professeur Wyville Thomson, si toutefois ce dernier est en état d'entreprendre ce travail, et M. Gwyn Jeffreys. On propose aussi que M. Lindahl, jeune Suédois accoutumé aux études marines, accompagne l'expédition en qualité de préparateur-naturaliste.

» Il me reste à ajouter que tout ce qui regarde la partie strictement scientifique de l'équipement de l'expédition sera, comme auparavant, à la charge de la Société Royale.

» W. SHARPEY, *secrétaire.* »

Une somme de 100 livres sterling, prise sur les fonds alloués par le Gouvernement à la Société Royale, a été consacrée aux fournitures scientifiques de l'expédition.

19 mai 1870.

Il est donné lecture au conseil de la lettre suivante émanant de l'Amirauté :

« Monsieur, j'ai soumis aux Lords Commissaires de l'Amirauté votre lettre du 2 courant, par laquelle vous demandez qu'il soit fait de nouvelles recherches dans les grandes profondeurs de la mer ; je suis chargé par Leurs Seigneuries de vous apprendre que le vaisseau de Sa Majesté le *Porcupine* sera de nouveau affecté à ce service, et que la Trésorerie a, comme auparavant, reçu l'avis qu'elle aura à pourvoir à bord aux dépenses du personnel de l'expédition.

» Agréez, etc., etc.

» VERNON LUSHINGTON. »

W. *Sharpey, Esq., M. D.,*
Secrétaire de la Société Royale, Burlington House.

APPENDICE B

Détails des profondeurs, de la température et de la position aux diverses stations de draguage du vaisseau de Sa Majesté le Porcupine, *pendant l'été de* 1870.

NUMÉROS des STATIONS.	PROFONDEUR en BRASSES.	TEMPÉRATURE du FOND.	TEMPÉRATURE de la SURFACE.	LATITUDE.	LONGITUDE.
1.	567	"	"	48 38′ N.	10 15′ O.
2.	305	14,8 C.	16,2 C.	48 37	10 9
3.	690	"	"	48 31	10 3
4.	717	7,5	16,3	48 32	9 59
5.	100	10,7	16,8	48 29	9 45
6.	358	10,0	16,9	48 26	9 44
7.	93	10,6	16,2	48 18	9 11
8.	257	9,9	15,9	48 13	9 11
9.	539	8,9	17,8	48 6	9 18
10.	81	11,9	16,4	42 44	9 23
11.	332	10,2	16,1	42 32	9 24
12.	128	11,3	16,3	42 20	9 17
13.	220	11,0	18,1	40 16	9 37
14.	469	10,8	18,4	40 6	9 44
15.	722	9,8	20,0	40 2	9 49
16.	994	4,5	21,0	39 55	9 56
17.	1095	4,3	19,8	39 42	9 43
18.	1065	4,5	18,2	39 29	9 44
19.	248	11,0	18,1	39 27	9 39
20.	965	"	"	39 25	9 45
21.	620	10,2	19,5	38 19	9 30
22.	718	10,7	19,1	38 15	9 33
23.	802	9,0	19,0	37 20	9 30
24.	292	11,5	19,6	37 19	9 13
25.	374	11,9	20,9	37 11	9 7

NUMÉROS des STATIONS.	PROFONDEUR en BRASSES.	TEMPÉRATURE du FOND.	TEMPÉRATURE de la SURFACE.	LATITUDE.	LONGITUDE.
26.	364	11,5 C.	22,0 C.	36° 44′ N.	8° 8′ O.
27.	322	10,6	22,7	36 37	7 33
28.	304	11,7	21,8	36 29	7 16
28 a.	286	»	»	36 27	6 54
29.	227	12,9	22,8	36 20	6 47
30.	586	11,7	22,6	36 15	6 52
31.	477	10,3	21,7	35 56	7 6
32.	651	10,1	21,8	35 41	7 8
33.	554	10,0	22,4	35 32	6 54
34.	414	10,1	21,8	35 44	6 53
35.	335	10,9	23,2	35 39	6 38
36.	128	12,9	23,8	35 35	6 26
37.	190	11,8	22,0	35 50	6 0
38.	503	11,8	22,0	35 58	5 26
39.	517	13,3	21,0	35 59	5 27
40.	586	13,4	23,6	36 0	4 40
41.	730	13,4	23,6	35 57	4 12
42.	790	13,2	23,2	35 45	3 57
43.	162	13,4	23,8	35 24	3 54
44.	455	13,0	21,0	35 42	3 0
45.	207	12,4	22,6	35 36	2 29
46.	493	13,0	23,0	35 39	1 56
47.	845	12,6	21,0	37 25	1 10
48.	1328	12,8	23,0	37 10	0 31
49.	1412	12,7	22,0	36 29	0 31
50.	51	»	»	36 14	0 17 E.
50 a.	152	»	»	36 18	0 24
51.	1415	12,7	24,0	36 55	1 10
52.	660	»	»	36 38	1 38
52 a.	590	»	»	36 36	1 38
53.	112	13,0	25,0	36 53	5 55
54.	1508	13,0	24,4	37 41	6 27
55.	1456	12,8	24,8	37 29	6 31
56.	390	13,6	25,6	37 3	11 37
57.	224	»	»	37 6	13 10
58.	266	13,6	24,1	36 43	13 36
59.	445	13,6	24,6	36 32	14 12
60.	1743	13,4	23,3	36 31	15 46
61.	392	13,1	22,5	38 26	15 32
62.	730	13,0	22,5	38 38	15 21
63.	181	12,4	20,2	36 1	5 26 O.
64.	460	12,4	18,8	35 58	5 28
65.	198	12,1	17,3	35 50	5 57
66.	147	»	»	35 56	5 57
67.	188	12,8	22,9	35 49	6 21

CHAPITRE V

SONDAGES PROFONDS

Sonde ordinaire pour les profondeurs moyennes. — Elle est sujette à erreur quand on s'en sert dans les grandes profondeurs. — Il ne faut pas compter sur l'exactitude des premiers sondages profonds qui ont été faits. — Moyens perfectionnés de sondage. — Le plomb en forme de coupe. — Instrument de sondage de Brooke. — Sonde du *Bull-dog*, de Fitzgerald — *L'hydre*. — Sondages du *Porcupine*. — Contour du lit de l'Atlantique du Nord.

Pour étudier avec fruit les grandes profondeurs de la mer, il est évidemment indispensable d'avoir un moyen de les mesurer d'une manière exacte et certaine, ce qui n'est pas chose aussi simple et aussi facile qu'on pourrait le supposer au premier abord. Dans le cours du sondage, la profondeur est presque toujours vérifiée par quelques procédés particuliers. Un poids est fixé à l'extrémité d'une corde, divisée, au moyen de morceaux d'étamine (étoffe de laine dont on fait les drapeaux, et dont les teintes sont très-vives et très-solides), en espaces de 10 et de 100 brasses; pour le mesurage des grandes profondeurs, avec des morceaux d'étamine blanche à chaque intervalle de 50 brasses, de cuir noir à chaque espace de 100, et d'étamine rouge à chaque 1000 brasses. Le poids est descendu le plus rapidement possible, et le nombre de marques immergées quand le plomb touche le fond, donne la mesure approximative plus ou moins exacte de la profondeur.

Le poids qui sert ordinairement aux sondages profonds est une masse de plomb de forme prismatique de deux pieds environ de longueur et du poids de 80 à 120 livres; il est un peu plus étroit à son extrémité supérieure, qui se termine par un solide anneau de fer. Avant l'immersion, l'extrémité inférieure du poids, qui est légèrement creusée, est enduite d'une couche de suif épaisse et molle, ce qui suffit, dans les cas ordinaires, pour indiquer la nature du fond. C'est d'après le témoignage des échantillons qui remontent attachés à cette couche grasse que nos cartes portent : « boue, coquilles, gravier, limon, sable, » ou combinaison de ces substances, comme constituant le fond de l'endroit sondé. Ainsi nous lisons : $\frac{2000}{b.\ c.\ s.}$ (boue, coquilles et sable à 2000 brasses); $\frac{2050}{l.r.}$ (limon et roc à 2050 brasses); $\frac{2200}{b.\ s.\ sc.}$ (boue, sable, coquilles et scories à 2200 brasses), etc.

Quand il n'y a pas de fond, c'est-à-dire quand la descente de la corde n'a pas éprouvé d'arrêt, et qu'il ne revient rien sur l'enduit graisseux du plomb, on inscrit ainsi le sondage sur la carte : $\frac{1}{3200}$ (pas de fond à 3200 brasses). Ces sondages, peu sûrs pour les grandes profondeurs, sont ordinairement suffisants pour les moyennes. Inutiles pour l'exploration des grandes profondeurs de la mer, ils ont une grande valeur pratique, et fournissent à la navigation toutes les indications nécessaires; car là où il est indiqué *pas de fond* à 200 brasses, il ne peut guère se trouver de bas-fond dangereux dans le voisinage immédiat.

Les sondages se font ordinairement du vaisseau même, où il se produit toujours un certain mouvement en avant ou en arrière. Mais quand on veut obtenir une grande exactitude, comme, par exemple, dans l'inspection des côtes, il faut absolument faire le sondage dans une barque, qu'on peut maintenir dans une position fixe au moyen des rames, en se servant comme point de repère de quelque objet immobile, visible sur la côte.

Ce système ordinaire de sondage est parfaitement convenable dans les eaux relativement basses, mais il est insuffisant dès

qu'il s'agit de dépasser 1000 brasses. Le poids est trop faible
pour entraîner la corde rapidement et verticalement jusqu'au
fond; si l'on a recours à un plomb plus pesant, la corde ne
suffisant plus à remonter d'une aussi grande profondeur son
propre poids et celui du plomb, elle se rompt. Aucun choc
ne se fait sentir quand le plomb atteint le fond, la corde
continue à se dérouler, et on la rompt si l'on essaye de l'arrêter. Quelquefois de grandes longueurs de corde sont emportées par des courants sous-marins, ou bien on découvre
que la corde s'est déroulée par son poids et qu'elle forme
une masse enchevêtrée, immédiatement au-dessus du plomb.
Toutes ces causes d'erreur rendent suspects les sondages très-
profonds. Dans un grand nombre des plus anciennes observations faites, soit par des officiers de notre propre marine,
soit par ceux de la marine des États-Unis, il est maintenant
reconnu que les profondeurs attribuées à divers points de
l'Atlantique ont été fort exagérées. C'est ainsi que le lieutenant Walsh, du schooner des États-Unis le *Taney*, a noté
un sondage de 34 000 pieds, fait avec le plomb des grandes
profondeurs, sans avoir trouvé le fond [1], et que le lieutenant
Berryman, du brick *Dolphin* des États-Unis, a essayé sans
succès un sondage du milieu de l'Océan avec une corde
de 39 000 pieds de longueur [2]. Le capitaine Denham,
du vaisseau de Sa Majesté le *Herald*, a noté *le fond* dans
l'Atlantique du Sud à une profondeur de 46 000 pieds [3], et
le lieutenant Parker, de la frégate des États-Unis *Congress*,
a vu se dérouler 50 000 pieds de corde sans que le fond fût
atteint [4]. Dans les cas que nous venons de citer, les chances
d'erreur étaient trop grandes : aussi, sur la dernière carte
de l'Atlantique du Nord, publiée en novembre 1870, avec
l'autorisation du contre-amiral Richards, on ne trouve

1. Maury's Sailing Directions, 5th edition, p. 165, and 6th edition, 1854, p. 213.
2. Maury's Physical Geography of the Sea, 11th edition, p 309.
3. Loc. cit.
4. Loc. cit.

marqué aucun sondage au-dessus de 4000 brasses, et un très-petit nombre seulement dépassant 3000.

L'usage d'une corde mince avec un poids très-lourd, introduit d'abord dans la marine des États-Unis, constitue un grand progrès dans les sondages profonds. Le poids, un boulet de 32 ou 68 livres, est rapidement immergé du pont d'un bateau; quand on suppose qu'il a atteint le fond (ce qui se reconnaît assez sûrement au changement subit de vitesse dans la descente de la corde), on coupe la corde à la surface, et l'on calcule la profondeur d'après la longueur de corde qui reste sur le rouleau.

Depuis que l'intérêt s'est porté sur les grands problèmes de la géographie physique, la force et la direction des courants, et les conditions générales du fond de la mer, les différents corps ramenés des grandes profondeurs par l'enduit de la sonde sont devenus toujours plus précieux et plus recherchés; il est urgent de pouvoir s'en procurer une quantité suffisante pour les études chimiques et micrographiques. Bien des instruments ont été imaginés à différentes époques pour atteindre ce but, et leur emploi a eu pour résultat l'acquisition d'une somme considérable de connaissances scientifiques. Il est avéré maintenant que le draguage est possible à toutes les profondeurs, mais à la condition d'être entouré de circonstances particulièrement favorables, et au moyen d'un vaisseau équipé à grands frais dans ce but. Nous en sommes donc encore à désirer l'invention de quelque ingénieux appareil de sondage, pour arriver peu à peu à réunir la somme d'études et d'observations qui formera, avec le temps, un ensemble de connaissances exactes sur les conditions du fond de la mer dans toute son étendue. L'instrument, de construction peu compliquée, capable de remonter d'une profondeur de 2000 brasses une livre pesant d'échantillons, sans trop de peine et avec *certitude*, est donc encore à trouver.

Dans l'année 1818, sir John Ross commandait le vaisseau de S. M. l'*Isabelle*, qui faisait un voyage de découvertes et

d'exploration dans la baie de Baffin. Il inventa un instrument
« pour faire des sondages à toute profondeur mesurable »,
qu'il appela « la pincette des mers profondes ». L'appareil se
compose d'une paire de fortes pinces, qu'une cheville maintient ouvertes; les choses sont combinées de façon que,
dès que la cheville touche le fond, un poids de fer glissant
sur un pivot vient fermer les pinces, qui retiennent ainsi
une quantité assez forte des matériaux du fond, sable, boue
ou cailloux [1]. Le 1er septembre 1818, sir John Ross sonda
à 1000 brasses, par 73° 37' de latit. N. et 75° 25' longit. O.;
les produits du sondage furent « une boue molle dans laquelle
il y avait des Vers; accroché à la corde, à 800 brasses de profondeur, on trouva un beau *Caput-Medusæ* ». Le 6 septembre,
sir John Ross sonda de nouveau dans 1050 brasses, par 72° 23'
de latit. N. et 73° 75' de longit. O.; les pinces remontèrent
six livres de boue liquide. Si je cite ces sondages avec
détail, c'est qu'ils offrent les premiers exemples dignes de
foi d'une pareille quantité de matériaux ramenés d'une aussi
grande profondeur. L'instrument était assujetti à une forte
corde de baleinier, faite du meilleur chanvre et ayant deux
pouces et demi de circonférence. Le poids que conseille sir John
Ross pour les sondages dans les mers du Nord est de 50 livres.

Une des premières de ces dragues en miniature, et qui n'en
est certainement pas la moins ingénieuse, consiste en une
simple modification du plomb à coupe ordinaire dont on se sert
pour les grandes profondeurs (fig. 37). Une tige de fer traverse
le plomb de part en part et se termine quelques pouces plus
bas par une coupe conique de fer. Une rondelle de cuir épais
glisse librement sur la baguette dans l'intervalle qui sépare
de la coupe l'extrémité inférieure du plomb. La théorie sur
laquelle est basé le système, c'est qu'à mesure que le plomb

1. A Voyage of Discovery made under the Orders of the Admiralty in His Majesty's
Ships *Isabella* and *Alexander*, for the purpose of exploring Baffin's Bay, and inquiring
into the possibility of a North-west Passage. By John Ross, K. S., Captain Royal Navy,
London, 1819, p. 178.

descend, la résistance de l'eau maintient la rondelle soulevée et la coupe découverte. En arrivant au fond, le poids du plomb enfonce la coupe dans la vase ou dans le sable, et le plomb tombe de côté. Quand on remonte le plomb, un échantillon du fond s'introduit dans la coupe, où il est maintenu par la rondelle, appliquée sur l'orifice de la coupe par la résistance contraire à celle de la descente. Le plomb à coupe est fort utile dans les profondeurs moyennes : deux fois sur trois il ramène des échantillons; cependant la coupe est trop ouverte et les moyens de la clore sont insuffisants, de sorte qu'une fois sur trois elle revient parfaitement vide et lavée. Les sondages profonds prennent trop de temps et sont de trop grande importance pour qu'on puisse accepter une pareille proportion d'insuccès.

Fig. 37. — Le plomb de sonde à coupe.

Vers l'année 1854, M. J. M. Brooke, aspirant de marine aux États-Unis, jeune officier plein d'intelligence, qui était de service dans ce moment-là à l'Observatoire, exposa au capitaine Maury une invention au moyen de laquelle on pouvait détacher le boulet dès qu'il arrivait au sol, et le remplacer par les matières du fond. Le résultat de cette invention fut l'appareil de sondage de grandes profondeurs de Brooke (fig. 38 et 39), dont les inventions plus modernes ne sont que des modifications ou des perfectionnements qui en conservent le principe fondamental, le *détachement* du boulet. L'instrument, tel que l'a conçu M. Brooke, est bien simple. Un boulet E, pesant 64 livres, est percé de part en part pendant la fonte. Une tige de fer A traverse le boulet; elle présente à son extrémité inférieure une cavité B, et à la supérieure deux bras mobiles percés de deux trous au travers desquels est passée la corde à laquelle la tige est suspendue :

au repos, ces tiges sont à peu près verticales (fig. 38). Chaque
bras est entaillé d'une dent qui fait saillie ; avant le sondage,
le boulet, traversé par la tige, est suspendu à une élingue de

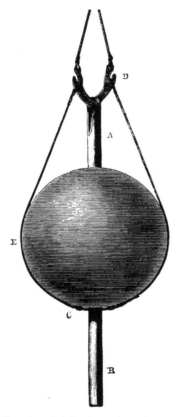

Fig. 38. — Appareil de Brooke pour les sondages profonds.

cuir ou de toile, C, retenue par des cordes dont les boucles
terminales s'accrochent aux dents des bras. La cavité qui
est à l'extrémité inférieure de la tige est remplie de suif,
au milieu duquel on ménage un vide en y enfonçant une
cheville de bois. Dès que l'instrument heurte le fond, l'ex-

12

trémité de la tige s'y enfonce, et les matières dont il se compose remplissent la cavité enduite de suif; les deux bras articulés retombent, les dents cessent de retenir les deux

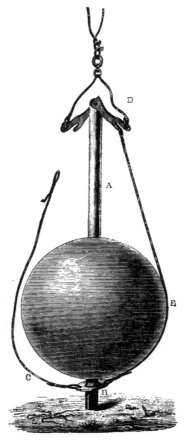

Fig. 39. — Appareil de Brooke pour les sondages profonds.

extrémités de l'élingue, et la tige, glissant au travers du boulet, remonte seule, rapportant l'échantillon du fond.

L'appareil de Brooke, dans sa première forme, a quelques-uns des défauts du plomb à coupe. L'échantillon rap-

porté est trop peu considérable et court grand risque de ne
pas arriver jusqu'à la sur-
face; aussi ne tarda-t-on
pas à y apporter des mo-
difications. Le commandant
Dayman le perfectionna à
l'occasion de la croisière
de sondage du vaisseau de
S. M. *Cyclops*, en 1857 [1].

Il adopta, pour soutenir
le boulet plongeur, le fil de
fer, qui se détache plus
facilement que les élingues
de chanvre; il remplaça le
boulet sphérique de Brooke
par un cylindre de plomb,
afin d'accroître la rapidité
de la descente, en diminuant
la résistance : il adapta à la
cavité inférieure de la tige
une soupape s'ouvrant à
l'intérieur, pour empêcher
le contenu d'être entraîné
par les eaux pendant le trajet de retour. Le comman-
dant Dayman paraît avoir
été satisfait de l'appareil
ainsi modifié, car il en a fait
usage pendant toute la durée
des études importantes sur
le plateau télégraphique.

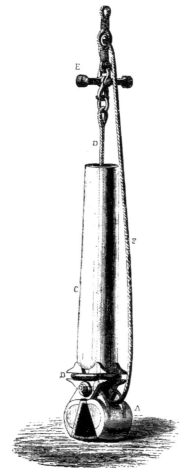

FIG. 40. — La sonde du *Bull-dog*.

La machine à sonder du *Bull-dog* (fig. 40) est probablement

1. Deep-Sea Soundings in the North Atlantic Ocean, between Ireland and Newfoundland, made in H. M. S. *Cyclops*, lieut.-Commander Joseph Dayman, in June and July
1857. Published by order of the Lords Commissioners of the Admiralty. London, 1858.

le plus généralement connu de tous ces engins. L'instrument est un composé des pinces des grandes profondeurs de sir John Ross, combiné avec le poids à déclic de Brooke. Il fut inventé pendant la célèbre croisière de sondage du vaisseau de S. M. le *Bull-dog*, en 1860, et sir Leopold M'Clintock attribue le principal mérite de son invention à l'ingénieur en second du bord, M. Steil[1]. Deux écopes A, réunies par une charnière à la façon d'une paire de ciseaux, sont pourvues de deux paires d'appendices B, qui remplissent; pour l'ouverture et la fermeture des écopes, l'emploi des anneaux des ciseaux. Cet appareil est constamment attaché à la corde de sondage par la corde F, qui est représentée dans la gravure retombant et flottant et qui est assujettie au pivot sur lequel tournent les coupes. Attachée au même pivot, se trouve la corde D, qui se termine plus haut par un anneau de fer. E représente une paire de crochets à déclic assujettis également à l'extrémité de la corde de sonde; C est un poids de fer ou de plomb, très-pesant, et perforé dans toute sa longueur, de manière que la corde D, avec ses boucles et son anneau, puisse passer facilement au travers; B est une bande épaisse de caoutchouc qui traverse les anneaux des écopes. L'appareil est représenté dans le dessin tel qu'il est pendant la descente et avant qu'il ait atteint le fond. Le poids C et les écopes A sont suspendus à la corde D, dont l'anneau est accroché aux *crochets-sauteurs* E. L'anneau élastique B est à l'état de tension, prêt à fermer les écopes en rapprochant les poignées; mais il éprouve la résistance du poids C, qui, s'interposant entre les poignées, dans l'espace qui les sépare, les empêche de se réunir. Dès que les écopes sont enfoncées dans la terre par la pression du poids, la tension de la corde D cesse, les crochets à déclic ouvrent l'anneau, le poids tombe et permet à la courroie élastique B de fermer

1. Remarks illustrative of the Sounding Voyage of H. M. S. *Bull-dog* in 1860; Captain Sir Leopold M'Clintock commanding. Published by order of the Lords Commissioners of the Admiralty. London, 1861.

les écopes et de les maintenir closes sur ce qu'elles contiennent. La corde D glisse au travers du plomb, et les écopes fermées sont remontées par la corde F. L'idée est bonne, et l'appareil ingénieux et élégant, mais trop compliqué. Je ne l'ai jamais vu à l'œuvre, mais je craindrais qu'il ne donnât quelques mécomptes à l'observateur, soit par la chute des écopes dans une fausse direction, soit par l'introduction dans les charnières de petites pierres qui les empêcheraient de se fermer complétement. Plus ces choses-là sont simples, mieux elles valent.

Pendant notre croisière de 1868 sur le *Lightning*, nous nous sommes servis d'un instrument (fig. 41) qui promet peu au premier abord, à cause de son apparence *primitive*; cependant je dois rendre à l'appareil de sondage de Fitzgerald ce témoignage que je ne l'ai jamais vu manquer son but, bien que, malheureusement, nous ayons dû nous en servir par des temps déplorables et dans les circonstances les moins propices. La corde de sondage se termine par une boucle qui passe dans un trou circulaire percé dans le centre d'une barre de fer F, laquelle se termine à l'une de ses extrémités par une griffe, et à l'autre par un second trou auquel est attachée une chaîne. Une écope A, dont le bord, en fer de bêche, est aigu, est assujettie à une longue et pesante tige de fer D, à laquelle est adaptée une espèce de plaque en forme

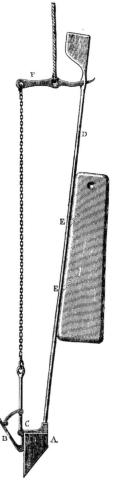

FIG. 41. — Machine à sonder de Fitzgerald.

de gouvernail, destinée à la maintenir pendant son rapide passage dans l'eau; au-dessous se trouve un trou qui s'adapte exactement à la griffe de la barre F. Une porte B s'ajuste à l'écope, à laquelle elle tient par une charnière; elle est également assujettie au bras C qui, dans la position verticale, la maintient ouverte. Le bras C est fixé également par une chaîne au trou de la barre F, et le bras et la chaîne sont de même longueur que la tige D. De la tige D se projettent deux dents E, E, auxquelles est suspendu un poids très-lourd. L'appareil est ajusté de manière que, quand le poids est attaché et l'instrument prêt à servir, ainsi qu'il est représenté dans la gravure, la tige F conserve une position horizontale. Dès qu'il touche le fond, la tension de la barre F cesse, le poids fait décrocher la tige de la griffe D et tombe ainsi en faisant remplir l'écope. En remontant, l'appareil prend une position a peu près verticale et l'écope revient pleine, le poids de la tige D maintenant le couvercle pressé sur l'ouverture.

L'appareil qui a servi sur le *Porcupine* pendant la croisière dont les sondages ont été faits avec la plus grande exactitude possible et à des profondeurs considérables, n'est qu'une modification de la sonde de Brooke, passablement compliquée, et qui avait servi précédemment au capitaine Shortland pendant le voyage de sondage que le vaisseau de S. M. l'*Hydre* a fait dans le golfe Arabique avant la pose du câble de l'Inde.

Cette modification, qui remplissait très-bien le but qu'on voulait atteindre, est l'œuvre de M. Gibbs, le forgeron du vaisseau [1]. Nous l'avons nommée l'*hydre* en souvenir de son inventeur et du vaisseau qui le premier en a fait usage.

L'axe de l'*hydre* (fig. 42) est un long tube de cuivre qui se dévisse en quatre tronçons, dont les trois inférieurs sont fermés à leur orifice supérieur par des soupapes coniques qui s'ouvrent par le haut et ne ferment pas assez hermétique-

---

1. Sounding Voyage of H. M. S. *Hydra*, Captain P. F. Shortland, 1868. Published by order of the Lords Commissioners of the Admiralty. London, 1869.

ment pour ne pas laisser passer un peu d'eau; le dernier des trois tronçons, B, se ferme par une soupape mobile qui s'ouvre aussi en dessus. Le tronçon supérieur A, qui est le quatrième, renferme un piston dont la tige C se continue dans la partie supérieure par une seconde tige qui se termine à l'anneau auquel la corde est fixée. Le tronçon supérieur, celui dans lequel se meut le piston, est percé de chaque côté, vers le milieu de sa longueur, d'un grand trou; le piston lui-même est percé d'un trou plus petit. Dans la partie supérieure de la tige se trouve une tige dentelée D, et par-dessus cette dent passe un ressort recourbé, d'acier, fendu de manière à permettre à la dent d'en traverser le centre; les deux extrémités sont assujetties d'une manière mobile à la tige. Quand le ressort est poussé en arrière, la dent avec son entaille passe au travers de l'ouverture centrale. Le poids se compose de trois ou quatre cylindres de fer F, découpés de dents et d'entailles, qui, en s'adaptant les unes dans les autres, forment une masse compacte et solide. Le poids dont nous nous servions dans le *Porcupine* était de 200 à 300 livres, suivant la profondeur. Le poids est soutenu sur une corde de fil de fer qu'on passe dans l'entaille de la dent, après avoir poussé le ressort en arrière. Le poids suffit amplement à maintenir le ressort dans cette position.

FIG. 42. — L'*hydre*, machine à sonder.

La gravure représente l'appareil prêt à être immergé : le poids est suspendu à l'anneau qui est placé à l'extrémité supérieure de la tige du piston, lequel est ainsi entièrement tiré en dehors de son cylindre. A mesure que l'instrument descend, l'eau passe librement au travers du cylindre et des soupapes, et ressort par les trous pratiqués dans la paroi du cylindre. En touchant le fond, le poids fait descendre le piston, mais son trajet vertical se trouve ralenti par l'eau contenue dans la partie inférieure du cylindre, et qui, ne pouvant s'échapper que lentement, donne ainsi au poids le temps d'enfoncer le tronçon terminal et les soupapes mobiles dans le terrain du fond.

Entre les mains habiles du capitaine Calver l'*hydre* ne manqua jamais son effet : les très-grands poids dont on se sert avec cet appareil le rendent admirablement propre aux sondages exacts dans les grandes profondeurs; mais il est trop compliqué et ne peut ramener qu'une bien faible quantité d'échantillons du fond. Dans le cas du *Porcupine*, qui, à chaque station de sondage, immergeait sa grande drague, ce dernier inconvénient était nul; mais, quand le draguage ne peut se pratiquer, et qu'il faut demander au sondage seul tous les renseignements sur la nature du fond, il serait avantageux de pouvoir adapter à ce système les écopes du *Bull-dog*, ou l'appareil de Fitzgerald.

Pendant la croisière du *Porcupine* en 1869, des sondages ont été opérés avec le plus grand soin à quatre-vingt-dix, et en 1870 à soixante-sept stations; le capitaine Calver les a exécutés lui-même, et sa grande expérience, acquise dans son service de surveillance et d'inspection, est une garantie précieuse de leur complète exactitude. Il m'a assuré que, quelle que fût la profondeur du sondage, sa main a toujours éprouvé d'une manière parfaitement sensible le choc du poids, à son arrivée au fond. Un sondage a toujours été soigneusement fait avant la descente de la drague. Je vais citer comme exemple le sondage qui a indiqué la mesure du dra-

guage le plus profond qui eût encore été fait, 2435 brasses,
dans la baie de Biscaye, le 22 juillet 1869, et décrire le mode
d'opération mis en usage.

Le *Porcupine* avait été pourvu à Woolwich d'une admirable machine supplémentaire à double cylindre, de 12 chevaux (force nominale), placée par le travers du pont et munie
de deux tambours. Cette petite machine a fait notre bonheur;
rien ne saurait surpasser la régularité de son travail et la
facilité avec laquelle se réglait son allure. Pendant toute la
durée de l'expédition, elle a remonté avec le tambour ordinaire, soit la corde de la sonde, soit celle de la drague avec
une vitesse uniforme d'un pied par seconde. Une ou deux
fois elle a été surchargée, et alors c'était pitié de voir la
laborieuse petite machine souffler comme un cheval sur-
mené; il nous est arrivé, quand le travail était par trop dur,
d'ajouter un petit tambour, ce qui nous faisait gagner de la
force en perdant quelque chose du côté de la rapidité.

Deux puissants cabestans étaient établis, l'un à l'avant,
l'autre à l'arrière, pour les opérations de sondage et de draguage : celui de l'avant était le plus fort et celui que nous
trouvions le plus convenable pour draguer; le sondage se
faisait le plus souvent à l'arrière. Les deux cabestans étaient
pourvus d'accumulateurs, pièces accessoires de l'appareil,
qui nous ont été d'une grande utilité. La poulie sur laquelle
passait la corde de sonde ou de drague n'était pas attachée
au cabestan même, mais à une corde qui, passant dans un
œillet pratiqué à l'extrémité du mât, venait se rattacher à une
bitte sur le pont. L'accumulateur était amarré au balant de la
corde, entre la poulie et la bitte. Il se compose de ressorts de
caoutchouc vulcanisé, au nombre de trente, quarante et
plus; ils sont réunis ensemble à chacune de leurs extrémités,
après avoir passé séparément à travers les trous de deux
rondelles de bois semblables aux têtes des battes à beurre, qui
les maintiennent séparés. La longueur de la corde est calculée
de manière à permettre à l'accumulateur une extension du

double ou du triple de sa longueur, mais l'arrêt est toujours
ménagé bien en deçà du degré qui pourrait amener la rupture. L'utilité de l'accumulateur consiste d'abord à indiquer
approximativement le degré de tension que subit la corde;
pour donner à ses indications la plus grande exactitude possible, il était disposé de manière à fonctionner tout près du
cabestan, gradué, après épreuves faites, selon le nombre des
quintaux de tension indiqués par le plus ou moins de tension des ressorts. Mais il rend un service bien plus important encore, en prévenant les secousses qu'occasionnerait à la
corde le mouvement de tangage du bâtiment. Le frottement
de l'eau sur une longueur d'un ou deux milles de corde, est
assez fort pour l'empêcher de céder librement à une secousse
subite, telle qu'elle est exposée à en recevoir dans la partie
attachée au navire, toutes les fois qu'une lame vient à le
soulever; elle est sujette alors à se rompre brusquement.
Sous le cabestan de l'arrière, on avait organisé une machine
à dérouler, semblable à celle qui servait à bord de l'*Hydre*;
elle consistait en un plateau de bois percé d'une fente dans
laquelle on passait l'extrémité libre de la sonde, dont les
poids reposaient sur le plateau, pendant qu'on disposait l'appareil pour l'immersion. L'instrument de sondage était l'*hydre*,
chargée de 336 livres. La corde de sonde était enroulée sur
une grande et forte bobine posée par le travers du bâtiment,
à l'arrière de la machine auxiliaire, dont la rotation était ré-
gularisée par un frein. La bobine était chargée d'environ
4000 brasses de corde moyenne faite du meilleur chanvre
d'Italie à 18 fils; le poids de cette corde était de 12 livres
8 onces par 100 brasses, sa circonférence 0,8 de pouce, et sa
force de résistance de 1402 livres quand elle était sèche, et
de 1211 quand elle avait trempé pendant un jour.

Le temps était remarquablement clair et beau, le vent
au nord-ouest, avec force 4; la mer modérée, avec légère
houle du nord-ouest. Nous naviguions à l'entrée de la baie
de Biscaye, par 47° 38′ de latitude N., et 12° 8′ de longi-

tude O.. à environ 200 milles à l'ouest d'Ouessant. L'appareil de sondage était muni de deux des thermomètres de Miller-Casella, et une bouteille était attachée à la corde à une brasse au-dessus du poids de sonde. Le tout fut immergé à 2 heures 44 minutes 20 secondes du soir. La corde, tenue à la main, se déroulait à mesure que le poids l'entraînait, de manière à éviter tout effort et toute tension. Le tableau suivant donne exactement le degré de vitesse de la descente :

BRASSES.	TEMPS.			INTERVALLES.		BRASSES.	TEMPS.			INTERVALLES.	
0	2 h.	44 m.	20 s.		»	1300	2 h.	58 m.	5 s.	1 m.	23 s.
100	2	45	5	0 m.	45 s.	1400	2	59	37	1	32
200	2	45	45	0	40	1500	3	1	9	1	32
300	2	46	30	0	45	1600	3	2	42	1	33
400	2	47	25	0	55	1700	3	4	19	1	37
500	2	48	15	0	50	1800	3	6	6	1	47
600	2	49	15	1	0	1900	3	7	53	1	47
700	2	50	24	1	9	2000	3	9	40	1	47
800	2	51	23	0	59	2100	3	11	29	1	49
900	2	52	45	1	22	2200	3	13	24	1	55
1000	2	54	0	1	15	2300	3	15	23	1	59
1100	2	55	21	1	21	2400	3	17	15	1	52
1200	2	56	42	1	21	2435	3	17	55	0	40

Dans la circonstance actuelle, l'observation du temps n'avait d'utilité que celle de corroborer d'autres témoignages de l'exactitude du sondage, car, même à cette profondeur extrême de près de 3 milles, l'ébranlement de l'arrêt est parfaitement senti par le commandant, dans la main de qui la corde avait *filé* pendant la descente. C'est probablement le sondage le plus profond qui eût encore été fait d'une manière sûre et digne de confiance. Il a été opéré dans des conditions de température exceptionnellement favorables, au moyen d'appareils très-perfectionnés, et avec une habileté consommée. La descente a pris 33 minutes 35 secondes, et il a fallu 2 heures 2 minutes pour retirer la sonde. Le cylindre de l'appareil de sondage revint garni du limon gris de l'Atlantique, contenant une forte proportion de coquilles vivantes de *Globigérines*. Les deux thermomètres de Miller–Casella marquaient une température minimum de 2°,5 C.

Bien des essais ont été tentés avant qu'on soit arrivé à inventer un instrument capable de marquer la vitesse de la descente verticale du plomb, au moyen d'un mécanisme indicateur. Le mieux réussi de ces appareils, celui qui est le plus généralement adopté, c'est la machine à sonder de *Massey*. Cet instrument, sous sa forme la plus récente et la plus perfectionnée, qui doit s'employer avec le plomb ordinaire, est dessiné dans la figure 43. Deux boucles ou œillets, F, F, sont passés au travers des deux extrémités d'une lourde plaque ovale ou bouclier AA. La corde de sondage est fixée à l'œillet supérieur, et le poids à l'œillet inférieur, à la distance d'environ une demi-brasse de la plaque. Quatre ailes de cuivre B sont soudées obliquement à un axe, de façon qu'à mesure que la machine plonge et descend, la pression de l'eau contre les ailes imprime à l'axe un mouvement de rotation. L'axe, en tournant, communique son mouvement aux indicateurs des cadrans C, qui sont combinés de telle sorte que l'indicateur du cadran de droite passe sur une des divisions à chaque brasse de descente verticale, lente ou rapide, et accomplit une révolution complète à 15 brasses, tandis que l'indicateur de gauche passe sur une des divisions du cadran toutes les 15 brasses, et accomplit sa révolution entière pendant une descente de 225 brasses. Quand les profondeurs sont plus grandes, il faut simplement ajouter un cadran avec son indicateur. Cet instrument de sondage est parfaitement suffisant pour les profondeurs moyennes; il est très-précieux pour contrôler les sondages opérés d'après les méthodes ordinaires, là où des courants profonds sont supposés exister, *puisqu'il ne doit indiquer* que la descente *verticale*. Il cesse d'être efficace dans les très-grandes profondeurs, où son insuffisance est commune, paraît-il, à tous les instruments marchant par des rouages métalliques. Il est difficile d'en expliquer la raison, mais l'énorme pression de l'eau paraît gêner, entraver le jeu des mécanismes.

La machine à sonder de Massey dont il est généralement fait usage diffère quelque peu du *bouclier* dessiné ci-dessous et que nous venons de décrire. Elle est construite d'après le

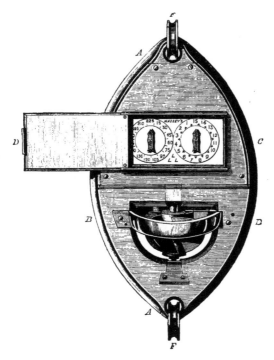

Fig. 43. — Sonde de Massey.

même principe, mais fixée sur un plomb de sondage d'une forme spéciale, ce qui la rend un peu plus embarrassante.

Indépendamment de l'intérêt toujours croissant qui se porte depuis quelques années sur les choses de la science, et particulièrement sur tout ce qui se rattache à la géographie physique, les conditions des profondeurs de la mer, la nature du fond, la force et la direction des courants profonds, la température des grandes profondeurs, enfin toutes les circonstances qui se rapportent au fond de la mer, ont acquis une importance pratique très-sérieuse depuis qu'il s'est établi des communications télégraphiques au moyen de câbles sous-marins.

L'océan Atlantique et les parages accessibles de la mer Arctique, à proximité des nations les plus maritimes et les plus commerçantes de notre époque, constamment parcourus par elles, ont été naturellement les premiers et les mieux étudiés, et comme il s'y trouve, selon toute apparence, des profondeurs aussi considérables que dans les autres bassins océaniques, il est probable que leurs conditions peuvent être regardées comme exemples des conditions ordinaires et générales de toutes les mers. L'Atlantique est ouvert d'un pôle à l'autre, participant ainsi à toutes les variations de climat, et communique librement avec les autres mers. Nous ne possédons encore que des données bien restreintes sur les conditions du lit des océans Indien, Antarctique et Pacifique; mais le peu que nous en savons, semble indiquer que leur profondeur n'est pas extrême et que le fond n'en diffère pas beaucoup de ce que nous trouvons plus près de nous. La Méditerranée, cul-de-sac presque complétement isolé des mers plus étendues, est régie par des circonstances toutes particulières, qui seront expliquées plus tard. La conclusion à laquelle nous ont conduits les sondages méthodiques entrepris et soigneusement exécutés pendant les années qui viennent de s'écouler, par notre Amirauté et par les Gouvernements américain et suédois, c'est que la profondeur de la mer est moins considérable qu'on ne le supposait. J'ai raconté plus haut que, dans le cours de quelques-unes des plus anciennes expéditions de sondage, d'énormes profondeurs avaient été attribuées à quelques parties de l'Atlantique, et j'ai expliqué, par les défectuosités des appareils employés alors, le peu de confiance qu'inspire aujourd'hui le résultat de ces sondages. Le lieutenant Berryman, du brick des États-Unis *Dolphin*, inscrivait 4580 brasses (27 480 pieds), profondeur égale à la hauteur du Dhawalagiri, par 41° 7' de latit. N. et 49° 23' de

longit. O., à mi-route entre New-York et les Açores : « pas de
fond » à 4920 brasses (29 520 pieds), profondeur plus grande
que la hauteur du Deodunga, le pic le plus haut du globe, par
38° 3′ de latit. N. et 67° 14′ de longit. O.; « pas de fond »
à 6600 brasses (39 600 pieds), par 32° 55′ de latit. N., et 47° 58′
de longit. O.: ce qui ferait supposer l'existence, entre les côtes
de l'Amérique et les îles de l'ouest, d'un abîme capable d'en-
gloutir la chaîne entière de l'Himalaya. Il est probable que cet
espace comprend la portion la plus profonde de l'Atlantique du
Nord, mais il n'est pas douteux que ces profondeurs n'aient été
exagérées. La profondeur moyenne du lit de l'Océan ne paraît
pas dépasser de beaucoup 2000 brasses (12 000 pieds), hauteur
moyenne des plateaux élevés de l'Asie.

La mince enveloppe aqueuse qui recouvre une si grande
partie de la croûte terrestre remplit les grandes dépressions de
son écorce, dont les massifs de terres couronnés de plateaux et
de chaînes de montagnes, qui s'élèvent au-dessus de sa surface,
ne sont que les protubérances abruptes et clair-semées. L'océan
Atlantique occupe une surface de 30 000 000 de milles carrés,
et la mer Arctique 3 000 000 : ces chiffres réunis représentent
à peu près l'étendue de l'Europe, de l'Asie et de l'Afrique,
c'est-à-dire la totalité de l'ancien monde; cependant il ne
paraît y avoir dans son lit que bien peu de dépressions dont la
profondeur dépasse 15 000 ou 20 000 pieds, un peu plus que la
hauteur du mont Blanc, et, sauf dans le voisinage des côtes,
il n'y existe qu'une seule chaîne de montagnes très-élevée,
le groupe volcanique des Açores.

Les parties centrale et méridionale de l'Atlantique paraissent être une ancienne dépression, contemporaine pour le
moins du dépôt européen de la formation jurassique; pendant
ces longues périodes, l'effet de ces grandes masses d'eau a été,
selon toute probabilité, d'améliorer les contours, d'adoucir
les aspérités par l'action désagrégeante de ses vagues et de
ses courants, qui, entraînant et distribuant leurs matériaux,
effacent les creux et comblent les gouffres.

seraient créées. Il les considérait comme des espèces *mutuelle-
ment représentatives*.

Notre adhésion à la doctrine des centres de création et d'espèces et à celle de l'équivalence, ou plutôt la forme sous laquelle
nous pourrions incliner à accepter ces théories, dépend beaucoup
de l'acceptation ou de la négation du dogme fondamental de l'immutabilité des espèces; il y a eu sur ce point-là, depuis dix ou
douze ans, un grand revirement d'opinion, qui est dû certainement à l'habileté et à l'impartialité remarquables avec lesquelles
la question a été traitée par M. Darwin[1], par M. Wallace[2], et au
génie de M. le professeur Ernest Hæckel[3], du Dr Fritz Müller[4]
et de plusieurs de leurs fervents adeptes. Je ne crois pas exa-
gérer en disant qu'il n'existe pas maintenant un seul naturaliste
de quelque valeur qui ne soit prêt à accepter, sous une forme
ou sous une autre, la doctrine de l'évolution des espèces.

Il est certainement difficile pour beaucoup d'entre nous d'admettre qu'après avoir débuté par les êtres les plus simples,
l'état actuel du monde organique soit produit uniquement par
l'*atavisme*, la tendance des descendants à *ressembler* aux ascen-
dants, et par la *variation*, tendance des descendants à *différer*
de leurs parents dans des limites très-restreintes; plusieurs
savants pensent que quelque autre loi que celle de la survi-
vance des *plus forts* règle ce merveilleux système de modifications extrêmes et pourtant harmonieuses. Il faut cependant
admettre que la variation est une *cause* bien capable de trans-

1. The Origin of Species by means of natural Selection ; or. the Preservation of
Favoured Races in the Struggle for Life. By Charles DARWIN, M. A., F. R. S., L. S.,
G. S., etc., etc. London, 1859, and subsequent editions. (Traduit par Moulinié. Paris, 1873,
édition Reinwald.)

2. La Sélection naturelle, essais par Alfred Russel WALLACE, trad. de Lucien de Can-
dolle. Paris, 1872, édition Reinwald.

3. Generale Morphologie der Organismen. Allgemeine Grundzüge der organischen
Formen-Wissenschaft mechanisch begründt durch die von Charles Darwin refor-
mirte Descendenz-Theorie. Von Ernst HÆCKEL. Berlin, 1866. — Natürliche Schöpfungs-
geschichte. Von Dr Ernst HÆCKEL, Professor an der Universität Iena. Berlin, 1870. (Traduit
par le Dr Letourneau. Reinwald, 1874.)

4. Für Darwin. Von Dr Fritz MÜLLER. Leipzzig, 1864. Translated from the German
by W. S. Dallas, F. L. S. London, 1869.

former pendant une période limitée, à l'aide de circonstances
favorables, une espèce en une autre que, suivant nos idées
actuelles, nous sommes forcés de reconnaitre comme espèce
différente. Ceci étant accepté, il est peut-être possible de con-
cevoir que pendant une période moins longue pourtant que
l'éternité la variation puisse amener le résultat complet.

Les individus que comprend une espèce ont une limite de
variation strictement réglée par les circonstances dans lesquelles
le groupe se trouve placé. Excepté chez l'homme et chez les
animaux domestiques, pour lesquels elle est artificiellement
accrue, cette variation individuelle est ordinairement si légère,
qu'elle n'est appréciable que pour un œil exercé ; mais toute
variation extrême, en dépassant dans un sens ou dans un autre
ses limites naturelles, entre en conflit avec les circonstances environnantes, et devient périlleuse pour l'existence de l'individu.
La voie normale et nettement tracée, *la voie sûre*, que l'espèce
doit parcourir, s'étend entre les limites des variations extrêmes.

Si, à une période quelconque de la vie d'une espèce, les
conditions de l'existence d'un groupe d'individus appartenant
à cette espèce se modifient petit à petit, cette modification graduelle resserre dans une certaine direction et élargit dans une
autre les limites des variations : il devient plus dangereux de
pencher d'un côté et plus profitable d'incliner de l'autre ; les
limites tracées à la variation sont changées. La ligne naturelle,
celle sur laquelle les caractères spéciaux sont les plus accusés,
est un peu déviée et certains traits se renforcent aux dépens de
certains autres. Cette déviation, continuée pendant des siècles
dans la même direction, ne peut que porter, dans la suite, cette
divergence bien au delà des limites en dehors desquelles nous
ne pouvons admettre l'identité des espèces.

Mais la marche doit être infiniment lente ; il est difficile
d'embrasser par la pensée une période de dix, de cinquante ou
de cent millions d'années, et de se faire une idée des rapports
qui existent entre une pareille période et les modifications qui
s'accomplissent dans le monde organique.

Il faut pourtant nous rappeler que les roches du système Silurien, ensevelies sous une épaisseur de sédiment qui mesure dix milles, et au sein desquelles sont enfouies cent faunes successives dont chacune est aussi riche, aussi variée que la faune actuelle, regorgent elles-mêmes de fossiles qui représentent toutes les classes existantes d'animaux, à l'exception peut-être des plus élevées.

S'il était possible de croire que cette manifestation merveilleuse de la Puissance et de la Sagesse Éternelle renfermée dans la nature animée ait pu s'accomplir en vertu de la *loi de descendance avec variations*, il nous faudrait certainement demander aux mathématiciens la plus longue colonne de chiffres qu'il soit en leur pouvoir de produire, pour exprimer le nombre d'années nécessaires à cette transformation.

Bien que l'admission d'une doctrine d'évolution doive modifier beaucoup nos idées sur l'origine et les *causes* des soi-disant centres d'espèces, elle ne change rien au fait de leur existence et aux lois qui régissent la distribution des espèces, se répandant hors de leurs centres par voie de migration, de transport, à la faveur des courants de l'Océan, des exhaussements ou des dépressions du sol, ou par toute autre cause agissant dans les circonstances actuelles. En ce qui concerne les naturalistes *praticiens*, les espèces sont permanentes dans leur cercle restreint de variation; les considérer sous un autre aspect serait introduire un élément grave d'erreur et de confusion. L'origine des espèces par la descendance avec variations n'est encore qu'une hypothèse. Durant toute la période pendant laquelle les observations faites ont été exactement enregistrées, il ne s'est pas présenté un seul exemple de la transformation d'une espèce; chose singulière, dans les formations géologiques successives, quoique des espèces nouvelles apparaissent sans cesse et qu'il y ait évidence abondante de modifications graduelles, on n'a pas encore observé un seul cas d'une espèce passant, à la faveur d'une série de modifications imperceptibles, à une autre espèce. Chacune d'elles paraît avoir une zone de développement maximum, qui a été désignée sous le titre de *métropole* de l'espèce ; dans la pratique nous devons user des mêmes méthodes pour étudier les lois de sa distribution, que si nous la supposions spécialement créée dans sa métropole.

Il en est de même pour les lois de représentation; acceptant une doctrine d'évolution, nous devrions certainement considérer des espèces *proches parentes* ou « représentatives », comme étant descendues depuis une époque relativement récente d'ancêtres communs, comme s'étant modifiées, étant devenues dissemblables sous l'influence de conditions d'existence quelque peu différentes. Il est possible qu'à mesure que nos connaissances augmenteront, nous en venions à tracer la généalogie de nos espèces modernes : quelques essais ont déjà été tentés pour dessiner les branches maîtresses de l'arbre généalogique[1]; mais, en bonne pratique, il convient de continuer à accorder un rang spécial aux formes dont les caractères ont obtenu jusqu'ici qu'on leur assignât une valeur spécifique.

Toute espèce a trois *maxima* de développement : en profondeur, en espace géographique et dans le temps. Dans la profondeur, nous voyons une espèce, représentée d'abord par quelques rares individus, devenir de plus en plus nombreuse, jusqu'à ce qu'elle atteigne un certain point, après lequel elle diminue graduellement, pour disparaître bientôt tout à fait. Il en est de même pour la distribution géographique et géologique des animaux. Quelquefois le genre auquel appartient l'espèce disparaît avec elle, mais il n'est pas rare de voir une succession d'espèces similaires se maintenir, *représentatives* pour ainsi dire les unes des autres. Quand une semblable représentation existe, le minimum d'une espèce commence habituellement avant que celle qu'elle représente ait atteint son minimum correspondant. Les formes des espèces *représentatives* sont similaires et souvent ne se distinguent qu'après un examen minutieux[2].

Comme exemple de ce que signifie la loi de « représentation »,

---

1. Ernst HÆCKEL, op. cit.
2. Edward FORBES, Report on Ægean Invertebrata, op. cit., p. 173.

je citerai un fait curieux raconté par MM. Verril et Alexandre Agassiz. Sur les deux rivages de l'isthme de Panama, l'ordre des Echinodermes (*Echinidea*), Oursins de mer, est très-abondant, mais les espèces trouvées sur chaque côte sont distinctes, bien qu'elles appartiennent aux mêmes genres, et dans la plupart des cas chaque genre est représenté de chaque côté par des espèces qui ont entre elles de si grands rapports d'habitudes et de conformation, qu'au premier abord on les distingue à peine. Je donne ici une liste des plus remarquables, en mettant en regard celles qui proviennent du côté de Panama et celles qui ont été prises sur la côte caraïbe de l'isthme :

FAUNE EST.	FAUNE OUEST.
Cidaris annulata, Gray.	*Cidaris Thouarsii*, Val.
Diadema Antillarum, Phil.	*Diadema mexicanum*, Agass.
Echinocidaris punctulata, Desml.	*Echinocidaris stellata*, Agass.
Echinometra Michelini, Des.	*Echinometra Van-Brunti*, Agass.
— *viridis*, Agass.	— *rupicola*, Agass.
Lytechinus variegatus, Agass.	*Lytechinus semituberculatus*, Agass.
Tripneustes ventricosus, Agass.	*Tripneustes depressus*, Agass.
Stolonoclypus Ravenellii, Agass.	*Stolonoclypus rotundus*, Agass.
Mellita testudinata, Kl.	*Mellita longifissa*, Mich.
— *hexaspora*, Agass.	— *Pacifica*, Ver.
Encope Michelini, Agass.	*Encope grandis*, Agass.
— *emarginata*, Agass.	— *micropora*, Agass.
Rhyncholampas Caribœarum, Agass.	*Rhyncholampas Pacificus*, Agass.
Brissus columbaris, Agass.	*Brissus obesus*, Ver.
Meoma ventricosa, Lütken.	*Meoma grandis*, Gray.
Plagionotus pectoralis, Agass.	*Plagionotus nobilis*, Agass.
Agassizia excentrica, Agass.	*Agassizia scrobiculata*, Val.
Mœra Atropos, Mich.	*Mœra Clotho*, Val.

En supposant les espèces constantes, cette singulière série de ressemblances indiquerait simplement l'existence, de chaque côté de l'isthme, de deux groupes d'espèces se ressemblant parce que les conditions dans lesquelles ils furent placés étaient presque identiques; mais si l'on admet « la descendance avec variations tout en nous prévalant de l'expression commode de « représentation », nous arrivons de suite à conclure que ces espèces représentatives, si proches parentes les unes des autres, ont dû descendre d'une même souche, et nous cherchons les

causes des légères différences qui existent entre elles. L'examen
de l'isthme de Panama nous prouve qu'il est formé de couches
crétacées renfermant des fossiles qui ne diffèrent en rien de ceux
qui se trouvent dans les couches crétacées d'Europe; l'isthme
doit donc avoir été relevé et *mis à sec* pendant ou depuis
l'époque tertiaire. Il est hors de doute que l'élévation de cette
barrière naturelle a séparé deux parties d'une faune de bas-
fonds qui, depuis, ont subi de faibles modifications par le fait de
conditions d'existence légèrement différentes. Je cite les paroles
d'Alexandre Agassiz : « On se demande naturellement si nous
n'avons pas dans les différentes faunes qui vivent de chaque côté
de l'isthme, un étalon au moyen duquel il nous est possible de
nous rendre compte des changements que ces espèces ont subis
depuis l'époque du soulèvement de l'isthme de Panama et de
la séparation des deux faunes [1]. »

Edward Forbes distinguait autour de toutes les *terres mari-*
times quatre zones de profondeurs bien tranchées, dont chacune
est caractérisée par un groupe distinct d'êtres organisés. La
première de ces zones est celle du littoral, comprenant la profondeur de la marée haute à la marée basse; elle se distingue
par une extrême abondance de plantes marines, Sur les côtes
d'Europe, ce sont les *Lichina, Fucus, Enteromorpha, Polysi-*
phonia et *Laurencia*, qui prédominent à des hauteurs différentes,
partageant cet espace en bandes longitudinales teintées de couleurs différentes. Cette zone est soumise à des circonstances
spéciales, car ses habitants sont périodiquement exposés à l'air,
aux rayons directs du soleil, et à toutes les températures extrêmes du climat. Les espèces animales n'y sont pas nombreuses,
mais les individus y abondent. La distribution de la plupart des
espèces du littoral est très-étendue, et la plupart d'entre elles
sont cosmopolites. Plusieurs sont herbivores. Quelques-unes de

---

1. Preliminary Report on the Echini and Starfishes dredged in Deep Water between
Cuba and the Florida Reef, by L. F. de Pourtalès, assistant U. S. Coast Survey; prepared by Alexander AGASSIZ. Communicated by professor B. PIERCE, superintendent U. S.
Coast Survey, to the Bulletin of the Museum of Comparative Zoology, Cambridge, Mass.,
1869.

celles qui sont spéciales aux côtes d'Europe sont : *Gammarus*, *Talitrus* et *Balanus* parmi les Crustacés, et *Littorina*, *Patella*, *Purpura* et *Mytilus* parmi les Mollusques ; puis sous des pierres et dans les flaques, parmi les rochers quelques égarés de la faune voisine.

La zone des Laminaires s'étend du plus bas étiage de la marée à une profondeur d'environ quinze brasses. Celle-ci est particulièrement la zone des Varechs dans les premières brasses, et, plus profondément, celle des belles Algues écarlates (*Florideæ*). Elle est toujours sous l'eau, si l'on en excepte la période des plus basses marées de printemps, pendant lesquelles on entrevoit son bord supérieur. La zone des Laminaires produit des végétaux en abondance, et se divise aussi en bandes que distinguent des Algues de teintes variées. Espèces et individus pullulent dans cette zone et sont généralement remarquables par le brillant de leurs couleurs. Les Mollusques du genre *Trochus*, *Lacuna* et *Lottia* sont spéciaux à cette région des mers de la Grande-Bretagne.

La zone des Laminaires est suivie de celle des Coralliaires, qui plonge à une profondeur d'environ cinquante brasses. La végétation y est représentée par des Millipores coralliformes ; les Zoophytes hydrostatiques et les Bryozoaires semblables à des végétaux y abondent. Les Invertébrés marins d'ordre supérieur y sont largement représentés, principalement par des carnassiers. Les gros Crustacés et les Échinodermes y sont nombreux. Les grandes régions de pêche que fréquentent la Morue, la Merluche, la Plie, le Turbot et la Sole, appartiennent à cette zone, bien qu'elle s'étende quelquefois au delà des cinquante brasses que nous lui donnons pour domaine. Les formes caractéristiques des Mollusques sont : le *Buccinum*, le *Fusus*, l'*Ostrea* et le *Pecten* ; et parmi les Échinodermes des mers d'Europe nous trouvons : l'*Antedon Sarsii* et *celticus*, l'*Asteracanthion glaciale* et *rubens*, l'*Ophiothrix fragilis*, et sur le sable, l'*Ophioglypha lacertosa* et *albida*.

La dernière zone définie par Forbes comme partant de cinquante brasses pour finir à des profondeurs inconnues est celle des Coraux des grandes mers. « Dans ces profondeurs le nombre des *espèces caractéristiques* est fort restreint, mais pourtant suffisant pour lui donner un cachet particulier. Les autres groupes qui la peuplent viennent des régions supérieures et doivent être considérés comme *colons*. A mesure que l'on descend plus bas dans la zone, les habitants se modifient toujours davantage, deviennent de plus en plus rares, faisant ainsi pressentir l'abîme où la vie est éteinte, où du moins elle ne manifeste plus sa présence que par quelques étincelles [1]. »

Forbes a montré que les groupes d'animaux qui atteignent leur complet développement dans ces diverses zones leur sont spéciaux ; des faunes analogues occupent les zones correspondantes dans le monde entier, de telle sorte qu'en examinant un groupe d'animaux marins provenant d'un point quelconque, on peut facilement indiquer le degré de profondeur où ils ont vécu. A toutes les périodes de l'histoire de la terre, la même division très-nette en zones de profondeur a existé ; les animaux fossiles d'une zone quelconque sont en quelque sorte les représentants de la faune dont est peuplée, de nos jours, la zone correspondante. Nous pouvons donc indiquer avec une certitude presque absolue à quelle zone a dû appartenir un groupe quelconque de fossiles.

Bien que nos connaissances se soient beaucoup modifiées quant à l'importance de la faune qui peuple la région des Coraux des grandes mers, et qu'il nous faille renoncer à toute idée d'un zéro de vie animale, nous devons considérer les recherches de Forbes sur la distribution des animaux marins comme ayant fait faire un grand pas à la science. Son expérience était supérieure à celle de tous les naturalistes de son temps ; la difficulté matérielle de prouver la justesse de ses conclusions était très-grande, et les savants les ont acceptées de confiance.

L'histoire des découvertes relatives à l'importance et à la

1. Edward FORBES, Natural History of the European Seas, p. 26.

distribution de la faune des grandes mers sera traitée dans un chapitre futur. Il suffira pour le moment de rappeler dans leur ordre les quelques faits qui ont graduellement préparé les savants à se défier de l'hypothèse de l'extinction de la vie animale à une certaine profondeur, et les a conduits aux récentes investigations. En 1819, sir John Ross publia le récit officiel du voyage de découvertes entrepris par lui pendant l'année 1818 dans la baie de Baffin [1]; à la page 178, il dit : « J'étais occupé à bord à sonder et à étudier les courants et la température de l'eau. Le calme étant bien complet, j'eus là une excellente occasion de faire ces observations importantes. Le sondage s'opéra très-complétement à 1000 brasses, et ramena une boue délayée et verdâtre, laquelle contenait des vers; de plus, engagé dans la ligne de sonde à 800 brasses de profondeur, se trouva un superbe *Caput-Medusæ*. Ces spécimens furent soigneusement conservés et on les trouvera décrits dans l'Appendice. » Ceci se passait le 1er septembre 1818, à 73° 37′ lat. N. et 77° 25′ long. O. C'est là, à ma connaissance, le premier exemple dont il ait jamais été question, d'animaux vivants retirés d'une profondeur approchant de 1000 brasses. Le général sir Edward Sabine, qui faisait partie de l'expédition de sir John Ross, a obligeamment donné au Dr Carpenter des détails plus circonstanciés sur ce même fait [2]. « Le vaisseau jeta la sonde à une profondeur de 1000 brasses; le fond était boueux, à un ou deux milles du rivage (lat. 73° 37′ N., long. 77° 25′ O.). Une magnifique Astérie se trouva prise dans la ligne de sonde et ramenée presque intacte ; la boue, semi-fluide et colorée, contenait des spécimens de *Lumbricus tubicola*. Ceci se trouve écrit dans mon journal, mais je puis ajouter, d'après des souvenirs très-nets, que la lourde sonde avait

1. A Voyage of Discovery made under the Orders of the Admiralty in His Majesty's ships *Isabella* and *Alexander*, for the purpose of exploring Baffin's Bay, and inquiring into the possibility of a North-west passage. By John Ross, K. G., captain Royal Navy. London, 1819.

2. Preliminary Report by Dr William B. Carpenter, V. P. R. S., of Dredging Operations in the Seas to the North of the British Islands, carried on in Her Majesty's steam-vessel *Lightning*, by Dr Carpenter and Dr Wyville Thomson. (Proceedings of the Royal Society, 1868, p. 177.)

pénétré profondément, entraînant avec elle plusieurs pieds de corde dans la boue molle et verdâtre, qui adhérait encore à l'instrument quand il revint à la surface de l'eau. L'Astérie s'était enchevêtrée dans la corde à si peu de distance du fond, qu'on ramassa dans cette boue des fragments des bras de l'animal qui s'étaient brisés pendant l'ascension. »

Fig. 1. — *Asterophyton Linckii*, Muller et Troschel. Individu jeune légèrement agrandi (N° 75).

Sir James Clarke Ross, de la Marine royale, draguant à 270 brasses, lat. 73° 3′ S., long. 176° 6′ E., raconte [1] « que des Corallines, des Flustres, et plusieurs autres animaux invertébrés remontèrent dans le filet, prouvant une grande abondance et une grande variété de vie animale. Parmi les derniers,

1. A Voyage of Discovery and Research in the Southern and Antarctic Regions during the years 1839-43. By captain sir James Clarke Ross, R. N. London, 1847.

il découvrit deux espèces de *Pycnogonum*, l'*Idotea Baffini*, que jusque-là on avait regardé comme appartenant exclusivement aux mers arctiques; un *Chiton*, sept ou huit bivalves et univalves; une espèce inconnue de *Gammarus*, et deux *Serpula*, adhérant aux cailloux et aux coquilles..... Il était intéressant de reconnaître parmi ces animaux plusieurs que j'avais ordinairement rencontrés à des latitudes également septentrionales; bien que cette opinion soit contraire à celle qui a généralement cours parmi les naturalistes, je ne doute pas que, de quelque profondeur que nous parvenions à ramener de la boue et des pierres du fond de l'Océan, nous ne les trouvions habitées par des êtres vivants; l'extrême pression des plus grandes profondeurs ne paraît pas agir sur ces créatures. Jusqu'ici on n'a pu vérifier ces faits au delà de 1000 brasses, mais de cette profondeur plusieurs coquillages ont été remontés avec la boue du fond. »

Le 28 juin 1845, M. Henry Goodsir, qui fit plus tard partie de la malheureuse expédition de sir John Franklin, exécuta dans le détroit de Davis un draguage qui de 300 brasses ramena des Mollusques, des Crustacés, des Astéries, des Spatangues, des Corallines, etc. [1]. Le fond se composait de la boue verdâtre dont parle sir Edward Sabine.

Vers l'année 1854, le midshipman Brooke, de la marine des États-Unis, inventa un ingénieux instrument pour ramener des échantillons du fond. Il n'en retirait qu'une très-petite quantité à la fois dans un canon de plume. Ces échantillons, venus de profondeurs qui dépassaient 1000 brasses, furent très-recherchés des naturalistes. L'examen microscopique de ces boues surprit tout le monde. Dans le bassin de l'Atlantique, les sédiments ramenés étaient d'une nature à peu près identique, et consistaient presque entièrement en tests calcaires, entiers ou brisés, d'une espèce de Foraminifère, le *Globigerina bulloides* (fig. 2). Mélangées avec celles-ci se trouvaient les coquilles de quelques autres Foraminifères, parmi lesquelles une petite sphère per-

---

1. Natural History of the British Seas. By professor Edward FORBES and R. Godwin AUSTEN, p. 51.

forée, l'*Orbulina universa* (fig. 3), qui dans quelques localités remplace entièrement le *Globigerina*; puis quelques carapaces de Diatomées, avec des spicules et des squelette en treillage de Radiolaires. Quelques sondages dans le Pacifique donnèrent les mêmes résultats ; il paraît donc probable que ce dépôt d'un fin sédiment organique est à peu près universel.

On s'est demandé si les animaux qui sécrètent ces coquilles vivent au fond de la mer ou s'ils flottent par myriades dans les zones supérieures et à la surface, et si leurs coquilles vides tombent au fond après leur mort, comme une pluie incessante. Des spécimens provenant de ces sondages ont été envoyés aux émi-

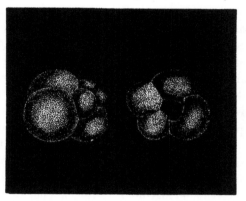

Fig. 2. — *Globigerina bulloides*, D'ORBIGNY. Très-fort grossissement.

nents micrographes le professeur Ehrenberg, de Berlin, et le professeur Baily, de West–Point. Sur cette question ces deux naturalistes ont été d'opinions différentes. Ehrenberg soutenait qu'il était évident que ces animaux avaient vécu au fond ; Baily au contraire croyait impossible que ces êtres eussent vécu dans les profondeurs où leurs dépouilles ont été trouvées : il pensait qu'ils habitent près de la surface, et qu'après leur mort leurs coquilles tombent au fond [1].

1. Explanations and Sailing Directions to accompany the Wind and Currents Charts. By M. F. MAURY, L. L. D. lieut. U. S. N., superintendent of the National Observatory. 6 th edition. Philadelphia, 1864, p. 299.

Une autre autorité consultée, le professeur Huxley, a été fort réservé dans l'expression de son opinion. Les échantillons fournis par le capitaine Dayman du *Cyclops*, en 1857, furent soumis à son examen, et, dans son rapport à l'Amirauté [1], en 1858, c'est ainsi qu'il s'exprime : « Comment peut-on supposer que la vie animale persiste dans les conditions de lumière, de température, de pression et d'aération qu'elle trouve dans ces profonds abîmes? A ces objections on peut répondre qu'on sait

Fig. 3. — *Orbulina universa*, D'Orbigny. Très-fort grossissement.

de science certaine que des animaux même supérieurs en organisation vivent à une profondeur de 300 et 400 brasses, puisqu'on les a ramenés à la surface. La différence dans la somme de lumière et de chaleur de 400 à 2000 brasses est probablement bien moindre que la différence d'organisation qui existe entre ces animaux supérieurs et l'humble Protozoaire et Protophyte pêchés dans les sondages. Bien que jusqu'ici je sois loin

1. Appendix A to Deep Sea Soundings in the North Atlantic Ocean between Ireland and Newfoundland, made in H. M. S. *Cyclops*, lieut.-commander Joseph Dayman, in June and July 1857. Published by order of the Lords Commissioners of the Admiralty. London, 1858.

de regarder comme prouvée l'existence des *Globigerina* à ces profondeurs, j'avoue que les probabilités me paraissent militer en faveur de cette hypothèse.

En 1860, le Dr Wallich accompagna, en qualité de naturaliste, le capitaine sir Léopold M'Clintock, sur le vaisseau de Sa Majesté le *Bulldog*, dans son expédition de sondage en Islande, au Groenland et à Terre-Neuve. Pendant le voyage, des spécimens furent retirés de 600 à 2000 brasses de profondeur : un certain nombre de ces échantillons étaient formés de la boue grise à *Globigerina*, bien connue, pendant que d'autres consistaient en détritus volcaniques du Groenland et du Labrador. Pendant le trajet du retour, à peu près à mi-distance entre le cap Farewell et Rockall, treize Astéries furent ramenées de 1260 brasses, « étreignant convulsivement une portion de la corde de sonde qui avait été mise à la mer en surplus de la profondeur déjà reconnue, et qui avait séjourné au fond pendant un espace de temps suffisamment long pour permettre à ces animaux de s'y cramponner. » A son retour, en 1862, le Dr Wallich publia sur le fond de l'Atlantique [1] un ouvrage d'une grande valeur, auquel il sera fréquemment fait allusion ci-après. Il cherche à prouver que le fond de la mer n'est pas tel qu'il entraîne l'impossibilité de l'existence, même pour les formes supérieures de la vie animale. Il réfute en détail et avec grande habileté les arguments mis en avant pour soutenir la thèse opposée. La première partie seule de l'ouvrage du Dr Wallich a été publiée, et malheureusement dans un format coûteux et embarrassant ; quelques naturalistes seulement le connaissent, et l'ouvrage n'a pas eu le retentissement qu'il méritait. A l'époque où il parut, il n'était que l'expression d'une opinion personnelle qu'aucun fait nouveau n'était encore venu justifier. A plusieurs reprises des Astéries étaient pêchées, adhérant aux cordes des sondes,

---

1. The North Atlantic Sea-bed : comprising a Diary of the Voyage on board H. M. S. *Bulldog* in 1860 ; and Observations on the presence of Animal Life, and the Formation and Nature of organic Deposits at great Depths in the Ocean. By G. C. WALLICH, M. D., etc. Published with the sanction of the Lords Commissioners of the Admiralty. London, 1862.

mais rien ne prouvait d'une manière concluante qu'elles eussent vécu sur le terrain, à la profondeur du sondage. Le Dr Wallich rapporte les Astéries ainsi trouvées à une espèce bien connue de la zone du littoral, et unit leur histoire, assez mal à propos, avec la disparition de *la terre de Buss* [1]. Heureusement le dessin fort artistique, sinon très-satisfaisant, qu'il donne d'une Astérie cramponnée à la corde, ne justifie, ni sous le rapport de la forme, ni sous celui de l'attitude, sa classification, mais rappelle plutôt l'une ou l'autre des deux espèces que nous savons être très-abondantes dans les eaux profondes de l'Atlantique, l'*Ophiopholis aculeata*, O. F. Müller, ou l'*Ophiacantha spinulosa*, Müller et Troschel. Le livre du Dr Wallich est le seul qui traite méthodiquement et complétement les diverses questions qui ont rapport au fond de l'Océan; ses conclusions sont, en définitive, exactes.

Pendant l'automne de 1860, M. Fleeming Jenkin, maintenant ingénieur-professeur à l'université d'Édimbourg, fut chargé par la Compagnie des Télégraphes méditerranéens de réparer le câble entre l'île de Sardaigne et Bone, sur la côte d'Afrique; le 15 janvier 1861, il fit un récit intéressant de ses travaux à une réunion de l'Institution des Ingénieurs civils [2].

Ce câble fut posé dans l'année 1857. En 1858 il devint nécessaire de le réparer, et une longueur d'environ 30 milles fut repêchée et replacée avec succès. Dans l'été de 1860 le câble ne fonctionnait plus. En le relevant, sur la côte d'Afrique, à une profondeur relativement faible, on le trouva couvert d'animaux marins, complétement rongé et brisé, selon toute apparence, par les *draguages* qui avaient lieu dans une importante pêcherie de Corail, au travers de laquelle il passait malheureusement. Il était rompu par 70 brasses d'eau à quelques milles de Bone. L'extrémité du côté de la pleine mer fut cependant retrouvée,

1. Écueil sous-marin indiqué par les anciennes cartes au 57°30′ de lat. N. et au 29°50′ de long. O., bas-fond dont aucun navigateur moderne n'a pu retrouver la trace. (*Note du traducteur.*)

2. Minutes of Proceedings of the Institution of Civil Engineers, with Abstracts of the Discussions. Vol. XX, p. 81. London, 1861.

et l'on constata que le câble, qui de là franchissait une large
vallée de 2000 brasses de profondeur maximum, était en par-
fait état jusqu'à une distance de 40 milles de cette île; il fut
alors relevé par l'extrémité qui aboutissait à la Sardaigne, et
les premiers 39 milles étaient aussi intacts que le jour où on
l'avait posé. A cette distance du rivage la nature du terrain
changeait, ce qu'indiquait la différence de teinte de la boue, et
les fils métalliques étaient très-corrodés. Un peu plus loin le
câble était cassé à une profondeur de 1200 brasses, à la distance
d'un mille de l'endroit où les *éprouvettes* électriques indiquaient
qu'il avait été précédemment rompu.

Ces 40 milles de câble ramenèrent force Coraux et beaucoup
d'animaux marins, mais il ne paraît pas que leur présence fût
pour rien dans sa rupture, car ils adhéraient aussi bien aux

Fig. 4. — *Caryophyllia borealis*, Fleeming. Grandeur naturelle. (N° 45.)

parties saines qu'à celles qui étaient endommagées. A son retour,
M. Fleeming Jenkin envoya au professeur Allman, membre de
la Société royale, quelques spécimens des animaux qu'il avait
recueillis sur le câble, en notant leurs profondeurs respectives.
Le Dr Allman a dressé une liste de quinze variétés animales, y
compris les œufs d'un Céphalopode trouvés à des profondeurs
variant de 70 à 1200 brasses. Sur d'autres portions du câble
se trouvèrent des spécimens de *Grantia, Plumularia, Gorgonia,*

Caryophyllia, Alcyonium, Cellepora, Retepora, Eschara, Salicornaria, Ascidia, Lima et *Serpula*. Je ferai remarquer que, d'après le journal particulier du professeur Fleeming Jenkin, qu'il a bien voulu mettre à ma disposition afin que je pusse y puiser des renseignements, un exemplaire de *Caryophyllia*, un véritable Corail (fig. 4), a été trouvé attaché au câble, au point juste où il s'était cassé, c'est-à-dire au fond de 1200 brasses d'eau.

Quelques portions de ce câble furent plus tard confiées à M. Mangon, professeur à l'École des ponts et chaussées à Paris, et ont été examinées par M. Alphonse Milne Edwards, qui lut à l'Académie des sciences, le 15 juillet 1861[1], un travail sur les organismes qui y étaient attachés. Après quelques remarques préalables, qui le montrent très-pénétré de la valeur de ces faits comme conduisant à la solution finale de la question tant controversée de l'existence de la vie animale à des profondeurs de la mer dépassant de beaucoup le zéro supposé par Edward Forbes, M. Milne Edwards cite une liste d'animaux qu'il a trouvés sur le câble, depuis une profondeur de 1100 brasses. Cette liste comprend : le *Murex lamellosus* Cristofori, et le *Craspedotus limbatus*, Philippi, deux coquillages univalves du genre Buccin ; l'*Ostrea cochlear*, Poli, petite Huître abondante dans toute la Méditerranée au-dessous de 40 brasses ; le *Pecten testæ*, Bivona, petit Peigne assez rare ; le *Caryophyllia borealis*, Fleeming, ou une espèce voisine, et un Corail non décrit, attribué à une nouvelle espèce sous le nom de *Thalassiotrochus telegraphicus*, A. Milne Edwards.

Il est juste pourtant de dire que les notes du professeur Fleeming Jenkin ne font mention que d'une ou deux espèces, et surtout du *Caryophyllia borealis*, comme attachées au câble à une profondeur de plus de 1000 brasses. De cette profondeur il a ramené lui-même des exemplaires de *Caryophyllia*, mais il

1. Observations sur l'existence de divers Mollusques et Zoophytes à de très-grandes profondeurs dans la mer Méditerranée. (*Annales des sciences naturelles*, ZOOLOGIE, 4ᵉ série, 1861, tome XV, p. 149.)

soupçonne quelques spécimens des profondeurs moindres de s'être mêlés à ceux des grandes profondeurs dans la série dont M. Mangon se trouve être en possession, et, dans ce cas, la liste de M. Milne Edwards ne serait pas tout à fait exacte.

Jusqu'à présent toutes les observations qui avaient rapport à l'existence d'animaux vivants dans des profondeurs extrêmes étaient sujettes à l'erreur et laissaient subsister des doutes. Les moyens et les méthodes de sondages profonds étaient imparfaits, et il y avait toujours possibilité que l'action des courants sur la corde de sondage ou quelque autre circonstance fît supposer une profondeur plus grande que celle à laquelle on était réellement parvenu; puis, quoiqu'il y eût de fortes probabilités, il n'y avait pas certitude absolue que les animaux adhérents à la corde ou engagés dans l'appareil de sondage vinssent véritablement du fond et n'eussent pas été saisis et entraînés pendant le trajet.

Avant de poser un câble telégraphique sou-smarin, le terrain est soigneusement étudié, et il ne peut rester l'ombre d'un doute quant aux profondeurs réelles qu'il doit atteindre. Relever le câble est une opération délicate et difficile pendant laquelle les profondeurs sont contrôlées à bien des reprises. Le câble repose sur le fond dans toute sa longueur. Les formes animales sur lesquelles nos conclusions sont basées n'adhèrent pas légèrement au câble, comme si elles s'y étaient fixées par une circonstance accidentelle pendant l'immersion, mais elles sont *moulées* sur sa surface extérieure ou y sont soudées par des excroissances calcaires, et quelques-unes d'entre elles, comme les Coraux et les Bryozoaires, d'après ce que nous connaissons de leur histoire et de leur mode d'existence, ont dû s'y attacher à l'état de germes et être arrivées à la maturité dans la position où elles ont été trouvées. Je regarde donc ce travail de M. Fleeming Jenkin comme ayant fourni la première preuve concluante, absolue, de l'existence d'animaux d'organisation supérieure, à des profondeurs dépassant 1000 brasses.

Pendant les différentes croisières des vaisseaux de S. M.

le *Lightning* et le *Porcupine*, dans le courant des années 1868,
1869 et 1870[1], la drague a été retirée cinquante-sept fois dans
l'Atlantique de profondeurs dépassant 500 brasses, et seize fois
de plus de 1000 brasses; toujours la vie s'est trouvée largement
répandue. En 1869, nous fîmes deux draguages au delà de
2000 brasses, qui démontrèrent aussi une grande abondance
d'animaux, et le plus profond (2435 brasses), dans la baie de
Biscaye, nous donna des exemplaires vivants, bien déterminés,
de chacune des cinq sous-divisions d'Invertébrés. C'est ainsi qu'a
été finalement résolue la question de l'existence d'une vie animale abondante au fond de la mer, car il n'y a aucune raison de
croire que les abîmes dépassent jamais 4000 brasses; si à une
profondeur de 2500 brasses aucune cause ne s'oppose au plein
développement d'une faune variée, on ne peut supposer que
1000 brasses de plus y apportent des conditions bien différentes.

Les circonstances qu'on aurait pu supposer défavorables à
l'existence animale dans les grandes profondeurs sont principalement la pression, la température et l'absence de lumière, qui,
selon toute apparence, doit avoir pour conséquence l'absence de
nourriture végétale.

Quand on a dépassé la zone qui entoure les côtes, partout
étroite, comparée à l'étendue de l'Océan, zone qui s'abaisse
plus ou moins brusquement, la profondeur moyenne de la mer
peut être estimée, d'une manière générale, à 2000 brasses, soit
à peu près 2 milles anglais; elle a, au-dessous de la surface, une
épaisseur qui correspond à la hauteur moyenne des Alpes suisses.
Dans certaines parties cette profondeur paraît être beaucoup

1. Preliminary Report, by Dr CARPENTER, of Dredging Operations in the Seas to the
North of the British Islands, carried on in Her Majesty's steam-vessel *Lightning*, by
Dr Carpenter and Wyville Thomson, professor of Natural History in Queen's College,
Belfast. (Proceedings of the Royal Society of London, 1868.)

Preliminary Report of the scientific Exploration of the Deep Sea in H. M. surveying-
vessel *Porcupine*, during the Summer of 1869. Conducted by Dr CARPENTER, J. Gwyn
JEFFREYS and prof. Wyville THOMSON. (Proceedings of the Royal Society of London, 1870.)

Report of Deep Sea Researches carried on during the months of July, August and
September 1870, in H. M. surveying-ship *Porcupine*, by W. B. CARPENTER and Gwyn
JEFFREYS. (Proceedings of the Royal Society of London, 1870.)

plus considérable, peut-être presque du double; mais ces abîmes sont certainement très-peu nombreux, leur existence même est incertaine, et une vaste portion de l'étendue océanique n'atteint même pas une profondeur de 1500 brasses.

L'énorme pression d'une pareille masse semblerait, à première vue, suffisante pour ôter toute idée de vie possible. Il existe un curieux préjugé populaire que je me rappelle bien avoir partagé étant enfant : c'est qu'à mesure qu'on descend dans la mer, l'eau devient, par l'effet de la pression, de plus en plus dense et que tous les objets qu'elle renferme flottent à différents niveaux, suivant leur pesanteur spécifique : des squelettes humains, des ancres, des boulets et des canons, et enfin toutes les grosses pièces d'or perdues dans les naufrages des galions dans les mers d'Espagne; le tout formant une sorte de double fond, au-dessous duquel se trouve une masse d'eau calme et limpide, plus pesante que l'or en fusion.

Les conditions de pression sont certainement extraordinaires. A 2000 brasses, un homme supporterait sur le corps un poids égal à celui de vingt locomotives ayant chacune un long train de wagons chargés de barres de fer. Nous oublions cependant que, l'eau étant à peu près incompressible, la densité de l'eau de mer à 2000 brasses n'est pas accrue d'une façon très-appréciable. A la profondeur d'un mille, sous une pression d'environ 159 atmosphères, l'eau de mer, suivant une formule donnée par Jamin, est comprimée de $1/144$ de son volume primitif, et à 20 milles, en supposant les lois de la compressibilité les mêmes, de $1/7^e$ de son volume, c'est-à-dire que le volume serait à cette profondeur les $6/7^{es}$ du volume du même poids d'eau à la surface. L'air libre en suspension dans l'eau, ou contenu dans le tissu compressible d'un animal, serait, à 2000 brasses, réduit à une minime fraction de son volume primitif; mais un organisme, soutenu de tous côtés à travers tous ses tissus, intérieurement et extérieurement, à la même pression, par des fluides incompressibles, n'en serait pas nécessairement incommodé. Nous découvrons quelquefois en nous levant, le matin, que, par l'élévation d'un pouce du baromètre, un poids d'une demi-tonne a été transporté insensiblement sur nous pendant la nuit, sans que nous en éprouvions aucune gêne, mais plutôt une sensation d'allégement et d'élasticité, puisqu'il nous faut moins d'efforts pour faire agir notre corps dans un milieu plus dense. Nous sommes déjà familiers, grâce aux recherches du professeur Sars, avec une longue liste d'animaux du groupe des Invertébrés, qui vivent à une profondeur de 300 à 400 brasses, et qui sont soumis à une pression de 1120 livres par pouce carré ; sur les côtes de Portugal il existe une grande pêcherie de Requins (*Centroscymnus cœlolepis*, Boc. et Cap.) qui opère à une profondeur plus grande encore.

Si un animal aussi élevé que le Requin dans l'échelle des êtres peut, sans inconvénient, supporter une pression d'une demi-tonne par pouce carré, c'est une preuve suffisante que cette pression se fait dans des conditions qui empêchent l'animal d'en être affecté d'une manière préjudiciable, et il n'y a aucune raison pour qu'il ne supporte pas tout aussi bien une pression d'une ou deux tonnes. Quoi qu'il en soit, il est un fait certain, c'est que les animaux de toutes les classes d'Invertébrés qui fourmillent à la profondeur de 2000 brasses, supportent cette extrême pression sans qu'elle paraisse leur nuire. Nous draguâmes à 2435 brasses un *Scrobicularia nitida*, Müller, espèce qui abonde à 6 brasses et à toutes les profondeurs intermédiaires, et à 2090, un grand *Fusus*, avec des spécimens d'espèces propres aux profondeurs moyennes. Des animaux d'une organisation supérieure peuvent vivre, soumis d'une façon permanente à ces pressions élevées, mais il n'est pas certain qu'ils puissent survivre au changement de condition qu'amènerait la suppression subite de cette pression. La plupart des Mollusques et des Annélides ramenés par la drague de 1000 brasses étaient morts ou dans un état fort languissant. Quelques-unes des Astéries remuèrent faiblement pendant quelque temps, les spicules et les pédicellaires s'agitaient encore sur le test des Oursins ; mais il était évident que ces animaux avaient, par une cause quel-

conque, reçu le coup de mort. Le Dr Perceval Wright raconte[1]
que tous les Requins ramenés par les longues lignes de 500
brasses dans la baie de Setubal sont morts quand ils arrivent
à la surface.

Plusieurs méthodes ont été proposées pour déterminer la pression réelle dans les grandes profondeurs; mais quoique tous
les éléments de ce calcul soient bien connus, il est plus facile de
travailler le problème dans le cabinet que sur les lieux mêmes.
Un instrument ingénieux a été construit à l'usage des inspec-
teurs des côtes en Amérique. Un piston ou plongeur de cuivre
s'adapte exactement à une ouverture cylindrique pratiquée dans
la paroi d'une chambre impénétrable à l'eau. La chambre étant
entièrement remplie d'eau, un indicateur fixé au piston ou
plongeur indique jusqu'à quel degré la pression le fait pénétrer
dans la caisse. L'indication demandée est obtenue, ce n'est pas
douteux, mais un pareil instrument est en même temps un fort
délicat thermoscope, et jusqu'à une époque récente, il n'y a eu
aucun moyen sûr de constater les effets de température sur cet
appareil. Un emploi plus important encore de cet instrument
propre à évaluer la pression, c'est d'assurer l'exactitude des
sondages profonds. La meilleure invention qui ait été faite dans
ce but est celle d'un long tube capillaire en verre, calibré et
gradué en millimètres, ouvert à une extrémité, et muni d'un
index mobile qui marque dans quelle proportion l'air contenu
dans le tube a été comprimé par l'introduction de l'eau. Le principal inconvénient de cet instrument est dû à l'extrême difficulté
de le munir d'un index qui puisse faire apprécier avec exactitude l'espace infiniment restreint dans lequel une colonne d'air,
même très-longue, est comprimée quand la pression devient
très-grande.

On trouve dans la *Géographie physique*[2] de sir John Herschel.

1. Notes on Deep Sea Dredging, by Edward PERCEVAL WRIGHT, M. D., professor of Zoology, Trinity College, Dublin. (Annals and Magazine of Natural History, December,
1868.)

2. Physical Geography, from the *Encyclopædia Britannica*, by sir John HERSCHEL,
p. 45. Edinburgh, 1861.

et dans le *Lit de l'Atlantique*[1] du Dr Wallich, où elle est donnée dans tous ses détails, la théorie de la distribution de la température aux grandes profondeurs, telle qu'elle paraît avoir été presque universellement admise jusqu'à l'époque de la croisière du *Lightning*. On pensait généralement que si la température de la surface, qui dépend de la radiation solaire directe, de la direction des courants, de la température des vents, et d'autres causes temporaires et accidentelles, peut varier dans des proportions infinies, celle des grandes et des moyennes profondeurs est toujours de 4° C., qui est la température de l'eau douce à son maximum de densité. Il est d'autant plus singulier que cette théorie ait été si facilement acceptée, que, dès l'année 1833, M. Despretz[2] calcula que la température du maximum de densité de l'eau de mer, laquelle se contracte d'une manière continue jusqu'au dernier degré supérieur au point de congélation, est de 3°,67 C.; même avant cette époque, des expériences faites sur la température de la mer à de grandes profondeurs, et qui certainement étaient très-exactes, avaient indiqué plusieurs degrés au-dessus du point de congélation de l'eau douce.

La question de la distribution de la chaleur dans la mer, qui est du plus grand intérêt par ses rapports avec la distribution des animaux marins, sera traitée complètement dans un chapitre spécial. Les récentes investigations prouvent qu'il n'y a point, comme on le supposait, de couche profonde d'eau à une température invariable de 4° C., mais que la température moyenne des grandes profondeurs, dans les régions tempérées et dans les régions tropicales, est d'environ 0° C., point de congélation de l'eau douce. Il se fait un mouvement général d'eau chaude à la surface, produit probablement par diverses causes, de l'équateur aux pôles, et un courant inférieur d'eau froide, des pôles à l'équateur. D'après des exemples rapportés principalement par les premières expéditions américaines, de cordes

1. Atlantic Sea-bed, p. 98.
2. Recherches sur le maximum de densité des dissolutions aqueuses. *Annales de chimie*, 1833, tome XIX, p. 54.

de sonde qui ont été entraînées en courbes prolongées dans des parages où, d'après la nature du lit, l'eau du fond devait être tranquille, il paraîtrait qu'il existe dans certains endroits des courants intermédiaires; mais nous n'avons aucune donnée sur leurs limites et leur distribution.

Un courant froid, parti des mers polaires, passe sur le fond de l'océan Atlantique; ceci est prouvé par ce fait que dans toutes les parties du monde où l'on a fait des sondages, depuis le cercle arctique jusqu'à l'équateur, la température tombe à mesure que la profondeur augmente; elle est plus basse au fond que celle de la croûte terrestre : il est donc évident qu'un renouvellement continu d'eau froide vient refroidir la surface du sol qui, étant mauvais conducteur de la chaleur, ne la transmet pas avec une rapidité suffisante pour que la température du courant froid en soit modifiée à un degré perceptible. Il est probable qu'en hiver, dans les parties des mers arctiques qui ne sont pas sous l'influence directe du bras septentrional du courant équatorial, la colonne d'eau entière, de la surface jusqu'au fond, tombe au degré le plus bas qu'elle puisse atteindre sans se congeler, et forme ainsi une abondante source de l'eau la plus froide et douée de la plus grande pesanteur spécifique possible.

La marche du courant froid est d'une grande lenteur, car il existe, sur un vaste espace de l'Océan où règne la température des grandes profondeurs, un lit de dépôt floconneux, composé d'organismes microscopiques d'une extrême ténuité, dans lequel le plomb de la sonde s'est enfoncé parfois à plusieurs pieds, et qui serait infailliblement entraîné par un courant de quelque rapidité. Dans tous les endroits où existe un courant appréciable, le fond consiste en sable, en boue, en gravier ou en cailloux roulés. Quelquefois aussi lorsqu'on jeta la sonde à de grandes profondeurs dans la partie centrale de l'Atlantique, la corde, après s'être enfoncée d'une longueur qui dépassait de beaucoup la profondeur réelle, s'est trouvée roulée et enchevêtrée juste au-dessus du plomb de sondage, ce qui indique un état de stagnation à peu près complet.

Dans certaines parties où la conformation des terres ou celle du fond de la mer circonscrit et localise les courants chauds et les froids, on trouve ce singulier phénomène d'une zone chaude avoisinant une zone froide, les deux se touchant sans se mélanger, séparées par une ligne parfaitement distincte, bien qu'invisible. Il existe un singulier exemple de ce phénomène : c'est « la muraille glacée » qui longe le bord ouest du Gulf-stream, sur la côte du Massachusetts ; un autre presque aussi tranché fut découvert pendant la croisière d'essai du *Lightning* : il a été décrit avec détail par le Dr Carpenter dans son rapport sur cette croisière ; nous y reviendrons plus tard.

Il arrive quelquefois qu'à des profondeurs moyennes toute la masse, de la surface jusqu'au fond, présente une température anormale à cause du transport, dans une certaine direction, d'une grande masse d'eau tiède ; ceci se voit dans « la zone chaude » au nord-ouest des Hébrides ; quelquefois aussi la masse entière de l'eau est très-froide, comme dans « la bande froide » qui se trouve entre l'Écosse et les Faröer, ainsi que dans la partie septentrionale de la mer du Nord. Dans les grandes profondeurs cependant, quand on a dépassé les premières centaines de brasses, il arrive généralement que le thermomètre baisse graduellement et très-lentement, jusqu'à ce qu'arrivant au fond, il atteigne son minimum, un peu au-dessus ou un peu au-dessous du zéro centigrade.

La température de la mer ne paraît pas descendre plus bas que — 3°,5 C. de froid, et, chose assez singulière, cet abaissement de température n'est point incompatible avec une vie animale abondante et vigoureuse ; de sorte que, dans l'Océan, excepté peut-être dans les espaces éternellement glacés du pôle antarctique, la vie ne paraît être nulle part limitée par le froid. Certains animaux marins, tels que les *Siphonophores*, les *Salpes*, les *Méduses cténophores*, quoique doués de l'organisation la plus délicate et la plus compliquée, supportent parfaitement ce froid rigoureux. Il paraît certain que c'est la température qui règle seule la distribution des espèces. La nature du terrain ne saurait avoir une grande influence, car sur une ligne de côtes de quelque étendue, tous les terrains et tous les dépôts peuvent être représentés. Ces espèces animales habitent un milieu dont la densité est à peu près égale à celui de la substance de leur corps; la plupart produisent en grande quantité du frai ou des larves, qui sont transportés et flottent au loin à la faveur des courants : on pourrait donc en conclure que les espèces marines ont toutes les facilités possibles pour étendre leur aire d'habitation; cependant la distribution géographique des espèces qui vivent dans les petites profondeurs est déterminée et souvent même assez restreinte. Malheureusement nous ne connaissons que bien imparfaitement la répartition générale des espèces marines. Si nous exceptons les côtes de la Grande-Bretagne, celles de la Scandinavie, une partie des côtes de l'Amérique du Nord et de la Méditerranée, nous ne connaissons absolument rien au delà de la zone côtière, et, dans tous les cas, rien de ce qui dépasse 10 à 15 brasses.

Le peu que nous en savons comprend seulement la classe des Mollusques, et encore le devons-nous moins à la curiosité scientifique qu'à la valeur vénale que la passion des amateurs a donnée à certaines coquilles rares. On peut supposer cependant que les mêmes lois qui règlent la distribution des Mollusques littoraux et sous-littoraux régissent de la même manière celle des Annelés, des Échinodermes et des Cœlentérés des eaux profondes; d'après les recherches qui ont été faites sur la distribution de ces derniers groupes, il paraît avéré qu'il en est ainsi.

. Woodward [1] considérait les Mollusques marins comme occupant dix-huit « provinces » bien définies, qui offrent le caractère de renfermer la moitié au moins des espèces propres à chacune d'elles. Edward Forbes admet vingt-cinq de ces régions; mais il faut se rappeler que, pour ces deux auteurs, la

---

1. A Manual of the Mollusca. By S. P. WOODWARD. London, 1851, p. 354. (Traduction française par Humbert. Paris, 1869.)

délimitation des trois quarts au moins des régions n'était basée que sur une connaissance fort imparfaite des plus gros et des plus remarquables des coquillages. On a observé, pendant les quelques draguages opérés sur les côtes du Nord-Atlantique et sur celles de la Méditerranée, à une certaine profondeur (de 30 à 40 brasses par exemple), que le nombre des espèces propres à la région draguée, ainsi qu'à celle qui lui confine au nord, est grandement accru quand l'opération est continuée dans une zone plus profonde[1]. Ainsi, dans la province lusitanienne, M. Mc Andrew a dragué, sur les côtes de la Galice et des Asturies, 212 espèces, dont 50 pour 100 étaient communes aux côtes de Norvége; sur les côtes du sud de l'Espagne, 335 espèces furent ramenées, dont 28 pour 100 se trouvaient aussi en Norvége (province boréale) et 51 pour 100 en Bretagne (province celtique). Les coquilles communes aux deux ou trois provinces étaient surtout celles qu'on avait retirées des grandes profondeurs. Les formes du littoral étaient bien plus spéciales. Les Mollusques provenant de l'expédition du *Porcupine* n'ont pas encore été complétement étudiés. Ils sont entre les mains de M. Gwyn Jeffreys, dont le rapport préliminaire offre un intéressant avant-goût de ce que nous pouvons espérer lorsque son travail sera terminé. Il annonce quelque chose comme 250 nouvelles espèces. Il sera question plus loin de quelques-unes des plus intéressantes de ces espèces, ainsi que des phénomènes généraux ayant trait à leur distribution.

Les Échinodermes rapportés par l'expédition sont en nombre plus limité et ont été déjà examinés avec beaucoup de soin. La distribution des Échinodermes est moins connue que celle des Mollusques. Il y a beaucoup d'espèces littorales et sous-littorales. Quelques-unes sont localisées, mais beaucoup ont une distribution géographique qui s'étend ordinairement le long de ce qu'Edward Forbes appelle *une ceinture homœozoïque*, une

---

1. WOODWARD, loc. cit., p. 362.

bande dont les circonstances climatériques sont semblables, qui
occupe plusieurs degrés de longitude, mais un petit espace en
latitude. Cette classe animale préfère pourtant une profondeur
qui dépasse 20 brasses[1] et se trouve à l'abri des vicissitudes
violentes de climat. Ces espèces sont remarquables, très-carac-
térisées, et moins sujettes que d'autres groupes à erreur et
à confusion. Leur histoire est rattachée intimement à plusieurs
des problèmes principaux étudiés dans ce volume; je veux donc,
en donnant l'esquisse très-sommaire que permettent l'espace
dont je dispose et la somme de mes connaissances actuelles, de
l'accroissement que nos draguages ont apporté à la connaissance
des autres Invertébrés, me servir principalement des Échinodermes et des Protozoaires comme exemples généraux.

Les espèces qui habitent les bas-fonds et le littoral doivent
être, plus que les autres, exposées à voir leurs migrations
gênées par des « obstacles naturels », tels que l'eau profonde,
qu'elles ne sauraient franchir, ou les courants d'eau plus chaude
ou plus froide; elles doivent aussi subir l'influence des vicissitudes locales, comme l'extrême différence de température de
l'hiver à l'été. On doit donc les trouver plus circonscrites, plus
locales que celles qui habitent les grandes profondeurs. Les conditions du fond, dans la zone de 20 à 50 brasses, sont bien plus
égales que près de la surface. La radiation solaire, dans les
régions tempérées, n'a que fort peu d'action sur cette zone, qui
probablement conserve la même température sous bien des
degrés de latitude. Lorsqu'on descend vers le sud, l'influence
de la chaleur croissante s'y fait sentir : on peut supposer que la
même zone s'enfonce de quelques brasses et emporte avec elle
sa température et sa faune. Voici un exemple de ces faits :
Les formes animales qui abondent dans les provinces celtiques à 25 brasses, avec une température moyenne de 10° C.,
seront plus nombreuses à 40 ou 50 brasses, avec la même tem-

1. Distribution of Marine Life, by prof. Edward FORBES, President of the Geological
Society. (From the Physical Atlas of Natural Phenomena, by Alexander Keith JOHNSTON.
Edinburgh, 1854.)

pérature, dans la province lusitanienne. Cette zone pourra se
prolonger à une grande distance, pendant qu'à la surface le
climat aura subi bien des variations et que les migrations des
espèces littorales auront, à bien des reprises, été dérangées.
Cependant la zone profonde trouve aussi quelquefois des « obstacles naturels » dans la ligne de jonction des espaces chauds
et froids dont il a été fait mention; cette barrière amène un
singulier triage des espèces qui ne supportent pas le changement de température. C'est ainsi que la faune qui peuple le
courant tempéré de la côte ouest de l'Écosse est très-différente
de celle du courant froid de la côte de l'est.

Si cette superposition de zones existe entre les provinces
lusitanienne et celtique, les mêmes rapports peuvent exister
entre la nôtre et la province boréale; c'est en effet ce qui arrive,
car la grande majorité des Mollusques dragués par Mc Andrew,
Barlee, et surtout par Gwyn Jeffreys, au-dessous de 50 brasses,
est identique à ceux qui ont été trouvés sur la côte de Scandinavie, à des profondeurs moindres. Notre dernier travail, en
faisant ressortir plus complétement la superposition des zones,
a démontré que c'est là une loi générale.

Il paraît probable que la distribution des animaux marins est
déterminée bien plus par les températures extrêmes que par les
moyennes. La température moyenne de la surface et des profondeurs modérées, sur la côte du nord de la Norvége, est
d'environ 9° C., et l'extrême d'environ 0° C.; sur la côte du
Groenland, la moyenne tombe à — 1° C., l'extrême à — 3° C.

La température de la vallée qui se trouve entre l'Écosse
et Faröer, est, à la profondeur de 500 brasses, de 0° à 1° C., et
l'on trouve dans cette dépression, avec plusieurs formes non
décrites qui sont spéciales aux grandes profondeurs, tous les
Échinodermes signalés jusqu'ici sur les côtes de la Scandinavie
et du Groenland, à l'exception, je crois, de l'*Ophioglypha
Sturitzii*, espèce d'Ophiuride commune aux bas-fonds du
Groenland, et d'une ou deux Holothuries qui ont jusqu'ici
échappé à nos recherches.

La température du plateau télégraphique transatlantique de 1000 à 2000 brasses est, selon toute apparence, de 3° à 2° C., et à 2500 brasses elle est, dans la baie de Biscaye, de 2° C. De 800 à 2000 brasses, tout le long des côtes ouest de l'Écosse, de l'Irlande et de la France, nous avons dragué des Échinodermes scandinaves en grande abondance ; des grandes profondeurs méridionales des côtes du Portugal j'ai reçu des exemplaires de plusieurs des espèces du Nord les plus caractéristiques, telles que l'*Echinus elegans*, le *Toxopneustes drobachiensis*, le *Brissopsis lyrifera*, le *Tripylus fragilis*, le magnifique *Brisinga coronata*, le *Brisinga endecacnemos*, le *Pteraster militaris*, l'*Ophiacantha spinulosa*, l'*Ophiocten sericeum*, l'*Ophioglypha Sarsii*, l'*Aste-ronyx Loveni* et l'*Asterophyton Linckii*, dragués par M. Gwyn Jeffreys en 1870.

Les individus trouvés autour de nos côtes et appartenant aux espèces des grandes profondeurs des mers du Nord ont été considérés habituellement comme « *détachés* des espèces boréales » (Forbes), ou, dans tous les cas, comme espèces ayant étendu leur distribution au delà des cercles septentrio-naux. Cette erreur venait de ce qu'elles ont été découvertes et décrites d'abord en Scandinavie. Nous ne savons absolument rien de leurs centres de distribution ; tout ce que nous pouvons dire, c'est qu'elles habitent une zone infiniment étendue, qui réunit des conditions thermales spéciales, et qu'on les trouve, ou du moins qu'elles se trouvent, à portée de l'observateur sur les côtes de la Scandinavie.

Forbes a indiqué, il y a longtemps déjà, l'*analogie en sens inverse* qui existe entre les animaux et les plantes terrestres et la faune et la flore des mers. Sur la terre, au niveau des mers, il y a dans les régions tempérées et dans les tropicales une végétation luxuriante avec une faune non moins abondante. A mesure que nous franchissons les pentes des montagnes, les conditions deviennent moins bonnes ; les espèces qui pros-péraient dans les plaines plus favorisées disparaissent et sont remplacées par des types qui n'ont de représentants que sur

d'autres chaînes de montagnes ou sur les bords d'une mer
arctique. Dans l'Océan se trouvent, le long des côtes et dans
les premières brasses, une faune et une flore riches et variées,
auxquelles toutes les circonstances de climat qui agissent sur
les habitants de la terre font éprouver leur influence. En descendant dans l'intérieur de la masse liquide, les conditions deviennent graduellement plus rigoureuses, la chaleur diminue et les
variations de température se sentent de moins en moins. La
faune devient plus uniforme sur une plus grande étendue; elle
est évidemment semblable à celle des bas-fonds des régions
plus froides qui présentent une grande extension latérale.
Plus bas encore l'intensité du froid augmente, jusqu'à ce qu'on
atteigne les vastes plaines ondulées et les vallées du fond de la
mer, avec leur faune en partie spéciale et en partie polaire.
Cette région présente des conditions thermales extrêmes se
rapprochant de celles de surface dans la partie circonscrite par
les cercles arctique et antarctique.

Nous n'avons jusqu'ici que des données bien imparfaites sur la
profondeur à laquelle la lumière pénètre dans la mer. D'après
quelques expériences récentes dont il sera fait mention plus
tard, il paraîtrait que les rayons capables d'agir sur un mince
papier photographique sont rapidement interceptés et ne peuvent plus se constater à la profondeur d'un très-petit nombre
de brasses. Il est présumable que quelques parties de la lumière
du soleil, possédant certaines propriétés, peuvent pénétrer à une
plus grande distance; mais il ne faut pas oublier que l'eau de
mer la plus limpide est plus ou moins teintée par les molécules
opaques qu'elle tient en suspension et par des organismes flot-
tants, de sorte que les rayons solaires ont à lutter contre quelque chose de plus qu'une simple solution saline. Il est certain
qu'au delà des premières cinquante brasses, les plantes sont
à peine représentées, et qu'après 200 brasses elles ont disparu
entièrement. La question de la nutrition des animaux dans les
grandes profondeurs devient, par conséquent, très-intéressante
à étudier. La différence importante entre les végétaux et les ani-

maux, c'est que les premiers préparent la nourriture des seconds,
en décomposant certaines substances inorganiques qui ne peuvent servir de nourriture aux animaux et en faisant de leurs
éléments des composés organiques qui deviennent propres à les
alimenter. Cette opération cependant ne s'accomplit jamais que
sous l'influence de la lumière. Il paraît n'y avoir, au fond de la
mer, que peu ou point de lumière, et il n'y existe bien certainement d'autres végétaux que ceux qui y tombent de la surface ;
et pourtant dans le fond de la mer les animaux abondent
partout. Au premier abord, il est certainement difficile de comprendre comment se soutient la vie de cette vaste multitude
animale, privée, selon toute apparence, de tout moyen de
subsister. Deux explications ont été données. Il est possible que
certaines espèces aient le pouvoir de décomposer l'eau, l'acide
carbonique et l'ammoniaque, et de combiner les éléments de
ces corps en composés organiques, sans l'aide de la lumière. Le
docteur Wallich [1] soutient cette hypothèse; il croit qu'« aucune
loi d'exception n'est nécessaire, mais qu'au contraire la preuve
que ces animaux possèdent la propriété de transformer, pour
leur propre nutrition, des éléments inorganiques, c'est la faculté,
que nul ne leur conteste, de séparer le carbonate de chaux et la
silice des eaux qui contiennent ces substances en dissolution ».
Ceci cependant paraît tout au plus concluant. Toutes les substances propres à la nutrition des animaux leur sont offertes
finalement en solution dans l'eau, et leur extraction de ces solutions aqueuses ne saurait être regardée comme « une décomposition chimique ». Il reste encore cette grande différence,
qu'une plante verte exposée au soleil décompose l'acide carbonique, ce qu'un animal ne peut faire. Je crois qu'il est une
explication plus simple. Toute eau de mer contient une certaine
quantité de matières organiques en solution et en suspension.
Les provenances en sont plus faciles à indiquer. Toutes les
rivières en contiennent en quantités considérables. Toute côte

1. North Atlantic Sea-bed, p. 131.

est bordée d'une frange d'Algues rouges et verdâtres, qui mesure en moyenne un mille de largeur. Il existe, au milieu de l'Atlantique, une immense prairie marine (la mer de Sargasse), qui s'étend sur trois millions de milles carrés. La mer est pleine d'animaux qui sans cesse meurent et se décomposent. La somme de matière organique produite par ces causes et par d'autres encore peut s'apprécier. L'eau de mer a été soumise à l'analyse pendant les différentes croisières du *Porcupine*, et chaque fois la quantité de matière organique appréciée et démontrée ; la proportion a été trouvée la même partout et à toutes les profondeurs. Presque tous les animaux, aux profondeurs extrêmes (et même tous les animaux, car le petit nombre de ceux qui appartiennent aux formes élevées se nourrissent des inférieurs), appartiennent à une sous-division, les Protozoaires, dont le trait distinctif consiste en ce qu'ils n'ont aucun organe spécial de nutrition, mais qu'ils absorbent la nourriture par toute la surface de leur corps gélatineux. La plupart de ces animaux sécrètent d'imperceptibles squelettes, quelques-uns formés de silice, d'autres de carbonate de chaux. Il n'y a aucun doute qu'ils extraient ces substances de l'eau de la mer, et il paraît être plus que probable que la matière organique dont sont formées leurs parties molles est tirée de la même source. Il est parfaitement compréhensible qu'une foule d'animaux puisse subsister dans ces sombres abîmes; mais il est nécessaire qu'ils appartiennent surtout à des espèces susceptibles de se nourrir par l'absorption, au travers des membranes de leur corps, des matières tenues en dissolution. Ils ne développent que peu de chaleur et n'en dépensent que très-peu par l'activité vitale.

D'après cette hypothèse, il paraît vraisemblable qu'à toutes les époques de l'histoire de la terre, quelques formes de Protozoaires (*Rhizopodes* ou *Éponges*) prédominaient beaucoup sur toute autre forme de la vie animale, dans les profondeurs des régions chaudes de la mer. Les Rhizopodes, comme les Coraux d'une zone moins profonde, forment de colossales accumula-

tions de carbonate de chaux, et c'est probablement à leur
action que nous devons attribuer ces immenses bancs de calcaire qui ont résisté à l'effet du temps, et qui, semblables à des
bornes milliaires, viennent marquer par leurs couches successives la marche des siècles.

Tindholm.

CHAPITRE II

CROISIÈRE DU *LIGHTNING*

∴ Les chiffres placés entre parenthèses au bas des figures correspondent aux stations indiquées sur la planche 1.

Au printemps de l'année 1868, mon ami le Dr W. B. Carpenter, alors l'un des vice-présidents de la Société Royale, était avec moi en Irlande, où nous nous occupions ensemble à étudier la structure et le développement des *Crinoïdes*. J'avais depuis longtemps déjà la conviction que la terre promise du naturaliste, la seule région où il existe encore des nouveautés en nombre infini et d'un intérêt extraordinaire, c'était le fond des mers. Ces richesses sont destinées à ceux qui disposeraient des moyens de les recueillir; j'avais même entrevu quelques-uns de ces trésors, car le professeur Sars m'avait montré les formes animales dont j'ai déjà parlé et qui ont été draguées par son fils aux îles Loffoten. Je communiquai mes idées à mon compagnon de travail, et nous causâmes souvent sur ce sujet tout en travaillant à nos microscopes. J'engageai fortement le Dr Carpenter à user de son influence pour décider l'Amirauté, par l'entremise du conseil de la Société Royale, à mettre à notre disposition un vaisseau muni d'instruments de draguage et d'appareils scientifiques, afin de résoudre plusieurs questions importantes touchant les phénomènes des grandes profondeurs. Après beaucoup d'objections, le Dr Carpenter promit son active coopération, et nous convînmes que je lui écrirais, à son retour à Londres, pour indiquer d'une manière générale les résultats que j'espérais obtenir, et tracer le plan d'études qui me paraissait devoir être couronné de succès. Le conseil de la Société Royale appuya chaudement la demande, et l'on trouvera plus loin, dans son ordre chronologique, la brève correspondance qui eut pour résultats de faire mettre par l'Amirauté à la disposition du Dr Carpenter et à la mienne la canonnière le *Lightning*, sous les ordres du commandant d'état-major May, pour faire une croisière d'essai au nord de l'Écosse en 1868; plus tard, le vaisseau de S. M. le *Porcupine*, sous la direction du capitaine Calver, fut désigné pour l'exploration d'une région beaucoup plus vaste. M. Gwyn Jeffreys prit part à ces dernières croisières dans les étés de 1869 et 1870.

Lettre du professeur Wyville Thomson au Dr Carpenter.

Belfast, 30 mai 1868.

La dernière fois que je vous vis, je vous exprimai de quelle importance il serait pour l'avancement de la science de pouvoir préciser avec exactitude les conditions et la distribution de la vie animale dans les grandes profondeurs de l'Océan ; je viens reprendre les faits et les considérations qui me font supposer que des recherches faites dans ce but donneraient des résultats précieux.

Toutes les expériences récentes tendent à infirmer l'opinion d'Edward Forbes, qu'on doit arriver, à la profondeur de quelques centaines de brasses, à un zéro de vie animale. Il y a deux ans que M. Sars, inspecteur des pêcheries du gouvernement suédois, eut l'occasion, dans l'exercice de son emploi officiel, de draguer aux îles Loffoten, à une profondeur de 300 brasses. Je visitai la Norvége peu de temps après son retour et examinai avec son père, M. le professeur Sars, quelques-uns des résultats de ses draguages. Les formes animales s'étaient trouvées *abondantes* ; plusieurs étaient nouvelles pour la science, et dans leur nombre se trouvait le petit Crinoïde dont vous possédez un spécimen et qui a été reconnu de suite pour un type dégradé des *Apiocrinidæ*, ordre regardé jusqu'ici comme disparu, qui atteignait *son maximum* de développement dans le calcaire à Entroques de la période jurassique, et dont le dernier représentant connu jusqu'ici était le *Bourguetticrinus* de la craie. Quelques années auparavant, M. Absjörnson, en draguant à 200 brasses dans le Hardangerfjord, obtint plusieurs exemplaires d'une Astérie (*Brisinga*) qui paraît avoir son plus proche allié dans le genre fossile *Protaster*. Ces expériences mettent hors de doute que la vie animale est abondante dans l'Océan à des profondeurs qui varient de 200 à 300 brasses, que les formes animales de ces grandes profondeurs diffèrent beaucoup de celles que ramènent les draguages ordinaires, et que certainement, dans quelques cas, ces animaux paraissent descendre en droite ligne de la faune des premières périodes tertiaires.

Il me semble qu'on eût pu prévoir ce dernier résultat ; il est présumable que les expériences futures viendront ajouter beaucoup à ces données, et nous fourniront l'occasion de nous assurer de l'exactitude de nos classifications et des affinités zoologiques de quelques types fossiles, par l'examen des parties molles de leurs représentants actuels. La principale cause de la disparition, des migrations et des modifications extrêmes des types animaux paraît être le changement de climat, produit surtout par les oscillations de la croûte terrestre. Ces oscillations ne doivent pas avoir dépassé, dans les parties nord de l'hémisphère septentrional, 1000 pieds depuis le commencement de l'époque tertiaire. Au 39ᵉ degré de longitude, la température des grandes profondeurs paraît être *constante* à toutes les latitudes; il faut donc que sur une immense étendue de l'Atlantique du Nord les oscillations tertiaires et posttertiaires aient été sans effet.

Quelques autres questions du plus haut intérêt scientifique devront être résolues par les investigations projetées :

1° L'effet de la pression sur la vie animale à de grandes profondeurs. Il existe beaucoup d'erreurs sur ce point. Il est probable qu'une pression parfaitement égale, quelle que soit sa force, demeure sans effet. L'air étant très-compressible et l'eau fort peu, il est à croire que, soumise à une pression de 200 atmosphères, l'eau peut être plus aérée encore, et, sous ce rapport, plus favorable à la vie qu'elle ne l'est à la surface.

2° L'effet de l'extrême élimination du grand stimulant, la lumière. D'après les conditions de la faune des cavernes, ce dernier agent n'affecte guère probablement que la coloration et les organes de la vue.

Je ne doute pas qu'avec une drague pesante sans être volumineuse, et quelques milles de solide corde de chanvre de Manille, on ne parvienne à draguer à 1000 brasses de profondeur. Une pareille tentative cependant, à cause des distances et du travail nécessaire, dépasse la portée d'une entreprise particulière. Ce que je désire vivement, c'est que l'Amirauté puisse être amenée (peut-être à la demande du conseil de la Société Royale) à envoyer, pour exécuter ces recherches, un vaisseau semblable à l'un de ceux qui ont fait les sondages nécessités par la pose du câble. Je serai tout prêt à partir en juillet, et si vous vouliez prendre part à ces travaux, je crois que les résultats en seraient satisfaisants.

Je proposerais de partir d'Aberdeen, de nous diriger d'abord sur les bancs de pêche de Rockall, où la profondeur est modérée, et de là, au nord-ouest, vers la côte du Groenland, un peu au nord du cap Farewell. Nous nous maintiendrions ainsi à peu près sur l'isotherme de 39 degrés; nous atteindrions promptement une profondeur de 1000 brasses, où, en déduisant 1000 pieds pour les oscillations de niveau et 1000 pieds pour l'influence des courants de surface, il nous resterait encore 4000 pieds d'eau dont les conditions n'ont probablement pas beaucoup varié depuis le commencement de l'époque éocène.

Tout à vous.

WYVILLE THOMSON.

Lettre du Dr Carpenter au Président de la Société Royale.

Université de Londres, Burlington-House, 18 juin 1868.

MON CHER GÉNÉRAL SABINE,

Pendant un récent séjour à Belfast, j'ai eu l'occasion d'examiner quelques-uns des spécimens envoyés par le professeur Sars, de Christiania, au professeur Wyville Thomson, et pêchés par M. Sars junior, inspecteur du gouvernement suédois, au moyen de draguages opérés à de grandes profondeurs sur les côtes de Norvége. Ces spécimens sont du plus grand intérêt au double point de vue de la zoologie et de la paléontologie, ainsi que l'explique la lettre ci-incluse du professeur Wyville Thomson, et leur découverte ne peut manquer d'exciter chez les naturalistes et les géologues un vif désir de voir la zoologie des grandes profondeurs, particulièrement dans la région de l'Atlantique du Nord, devenir le but d'explorations plus méthodiquement entreprises et plus complètes qu'elles ne l'ont été jusqu'ici. D'après ce que je sais de vos travaux scientifiques, je ne saurais mettre en doute votre complète sympathie sur ce sujet.

De pareilles explorations ne peuvent être entreprises par de simples particuliers, même avec l'aide pécuniaire de sociétés scientifiques. Pour draguer à des profondeurs considérables, il faut pouvoir disposer d'un très-grand vaisseau, d'un équipage bien dressé, tel enfin qu'il ne s'en trouve que dans la marine de l'État. C'est à l'aide de pareils moyens, fournis par le gouvernement suédois, que les recherches de M. Sars ont pu se faire.

Il y a dans ce moment-ci, sur nos côtes du nord et sur celles de l'ouest, un nombre inusité de canonnières et d'autres croiseurs qui demeurent probablement dans leurs stations jusqu'à la fin de la saison, et l'idée est venue à M. le professeur Wyville et à moi que l'Amirauté, sollicitée par le conseil de la Société Royale, consentirait peut-être à mettre un de ces vaisseaux à notre disposition et à celle des naturalistes qui pourraient être désireux de faire partie de notre expédition, dont le but serait d'exécuter une série méthodique de draguages profonds ; les recherches dureraient un mois ou six semaines et commenceraient dans les premiers jours du mois d'août prochain.

Malgré notre désir de pousser cette étude, soit comme étendue géographique, soit comme profondeur, aussi loin que le propose la lettre de M. le professeur Wyville Thomson, nous jugeons préférable de nous borner, dans la circonstance actuelle, à faire une demande qui, nous le croyons, n'entraînera pas la dépense accessoire d'un tender (bateau à charbon). Nous nous proposerions de faire de Kirkwall ou de Lerwick notre port de départ, d'explorer le fond de la mer entre les îles Shetland et Faröer, en draguant autour des côtes et dans les fiords de ces dernières (qui n'ont pas été encore, que je sache, examinées scientifiquement) ; après quoi, nous nous dirigerions vers les profondeurs du nordouest, entre les Faröer et l'Islande, aussi loin qu'il nous serait possible de le faire.

Il serait désirable que le vaisseau désigné pour le service fût en état de marcher à la voile aussi bien que par la vapeur ; car nos opérations devant nécessairement être lentes, la *vitesse* ne serait pas nécessaire. On épargnerait beaucoup de peine et de labeur à l'équipage en ayant à bord une petite grue à vapeur [1] dont on se servirait pour remonter la drague.

Si le conseil de la Société Royale juge à propos de présenter cette requête à l'Amirauté, j'espère qu'il consentira à mettre à la disposition de M. le professeur Wyville et à la mienne une somme de 100 livres prise sur les fonds destinés aux donations ou sur ceux alloués par le gouvernement ; elle suffira aux dépenses que nous devrons faire pour nous procurer une provision d'alcool et de bocaux destinés à la conservation de nos échantillons, ainsi que quelques autres objets pour des usages scientifiques. Nous promettons de déposer au British Museum les plus rares de ces spécimens.

Je vous serai bien reconnaissant de porter cette requête devant le conseil de la Société Royale, et je suis, etc.

William B. Carpenter.

1. Cette grue à vapeur, sur les steamers de toutes les nations, s'appelle le « petit cheval ». (*Note du traducteur.*)

Extrait des procès-verbaux du conseil de la Société Royale.

18 juin 1868.

Ces lettres ayant été lues, il a été décidé : « Que les propositions de MM. Carpenter et Wyville Thomson étant approuvées, seraient recommandées à l'examen bienveillant des autorités de l'Amirauté, et qu'une somme qui ne dépasserait pas 100 livres sterling serait prise sur les fonds destinés aux donations, pour faire face aux dépenses indiquées dans la lettre du Dr Carpenter. »

Le projet suivant d'une lettre adressée par le secrétaire de la Société au secrétaire de l'Amirauté a été approuvé :

My Lord, je suis chargé de vous apprendre, afin que par votre entremise les Lords commissaires de l'Amirauté en soient instruits, que le président et le conseil de la Société Royale viennent de recevoir communication d'un projet conçu par le Dr Carpenter, vice-président de la Société Royale, et le Dr Wyville Thomson, professeur d'histoire naturelle au Collège de la Reine à Belfast. Ils se proposent d'exécuter des draguages à des profondeurs plus considérables qu'aucune de celles qui ont été fouillées dans les parages qu'ils veulent explorer ; le but principal de ces recherches est d'obtenir des données certaines sur l'existence, le mode de vivre et les rapports zoologiques des animaux marins qui vivent à de grandes profondeurs, en vue de la solution de divers problèmes touchant la vie animale, problèmes qui ont une grande importance pour les études géologiques et paléontologiques. Le but des opérations qu'ils désirent entreprendre, le plan qu'ils se proposent de suivre, ainsi que l'appui qu'ils désirent obtenir de l'Amirauté, sont développés dans la lettre du Dr Carpenter au président et dans celle du professeur Wyville Thomson, dont je vous envoie ci-joint des copies.

Le président et le conseil étant d'avis qu'on peut attendre de l'entreprise proposée des résultats importants pour la science, ils la recommandent à l'attention bienveillante du gouvernement de Sa Majesté, et désirent vivement que les Lords commissaires de l'Amirauté se montrent disposés à accorder l'aide demandée. Dans ce cas, le matériel scientifique nécessaire serait fourni sur les fonds dont dispose la Société Royale.

Je suis, etc., etc.

W. SHARPEY, Sec. R. S.

Lord H. Lennox, T. P., secrétaire de l'Amirauté.

Extrait des procès-verbaux du conseil de la Société Royale
du 20 *octobre* 1868.

De l'Amirauté, 14 juillet 1868.

En réponse à votre lettre du 22 courant, dans laquelle vous exposez une proposition du Dr Carpenter et de M. le professeur Wyville Thomson, d'examiner, au moyen de draguages, le fond de la mer dans certains parages, afin de constater l'existence et les rapports zoologiques de certains animaux à de grandes profondeurs, recherches que vous-même et le conseil recommandez dans l'intérêt de la science à la bienveillante attention du gouvernement de Sa Majesté, je suis chargé par Leurs Seigneuries les Lords commissaires de l'Amirauté de vous apprendre qu'ils ont bien voulu répondre à vos désirs, autant que le permet l'intérêt du service, et qu'ils ont donné des ordres pour que la canonnière à vapeur le *Lightning* soit disposée immédiatement, à Pembroke, pour les opérations de draguage que vous vous proposez d'exécuter.

Je suis, monsieur, etc.

W. G. ROMAINE.

Au Président de la Société Royale.

On verra par ces lettres de mon collègue et de moi-même quelles étaient nos idées et nos espérances. Nous avions plus que des doutes sur ces régions incompatibles avec la vie, régions dont on admettait alors généralement l'existence, et nous comptions sur la possibilité de retrouver un lien de parenté entre les espèces vivantes de la mer profonde et les fossiles de quelques-unes des formations géologiques les plus récentes, que nous considérions comme leurs ancêtres directs. Nous partagions l'erreur étrange et générale qui avait cours alors, au sujet de la distribution de la température dans l'Océan; c'est à peine si le fait que cette croyance erronée à l'existence d'une température constante et universelle de 4° C. au delà d'une certaine profondeur variant d'après la latitude, croyance qui était acceptée et enseignée par tout ce qui jouissait de quelque autorité dans l'étude de la géographie physique, peut être alléguée comme une excuse de quelque valeur.

Depuis le moment où l'Amirauté nous eut autorisés à faire usage pour nos recherches d'un vaisseau de l'État, les travaux et les préparatifs du Dʳ Carpenter devinrent incessants, et il est incontestable que c'est à son influence dans le conseil de la Société Royale et à la confiance qu'inspirait sa haute intelligence aux membres du gouvernement qu'il faut rapporter le succès de l'entreprise.

La canonnière le *Lightning* (l'Éclair) fut désignée pour faire ce service; petit vaisseau passé depuis longtemps à l'état de *sabot*, on pouvait lui rendre ce très-peu rassurant témoignage qu'il était probablement le plus ancien des vapeurs à roues de tout le service de Sa Majesté. Nous eûmes peu de bon temps dans le *Lightning*. Imparfaitement étanche, il pouvait à peine tenir la mer, et comme le temps fut presque toujours déplorable pendant les six semaines que dura notre navigation, on peut se faire une idée de ce qu'elle eut de pénible. Les crochets de fer et les boulons qui soutenaient le gréement tombaient de vétusté; plusieurs furent emportés, et à deux reprises le vaisseau courut de sérieux dangers. Malgré tout cela le voyage fut presque agréable. Le commandant d'état-major May était récemment arrivé de la baie d'Annesley, où il avait été maître de port pendant la guerre d'Abyssinie; sa vive intelligence, les excellents rapports que nous eûmes avec ses officiers, qui nous secondèrent de tout leur pouvoir et prirent une large part à la réussite des essais que nous pûmes tenter dans les grandes profondeurs, adoucirent autant que possible cette expérience, bien nouvelle cependant pour nous.

Le *Lightning* quitta Pembroke le 4 août 1868 et arriva à Oban dans la soirée du 6. C'est là que le Dʳ Carpenter, son fils Herbert et moi le rejoignons. Après avoir fait les observations nécessaires pour régler les chronomètres, pris du charbon, de l'eau et terminé nos préparatifs, nous quittons Oban le 8 août pour jeter l'ancre le même soir dans la baie de Tobermory: après une traversée orageuse du Minch, nous atteignons Stornoway dans la soirée du 9. Nous sommes accueillis à Stornoway par

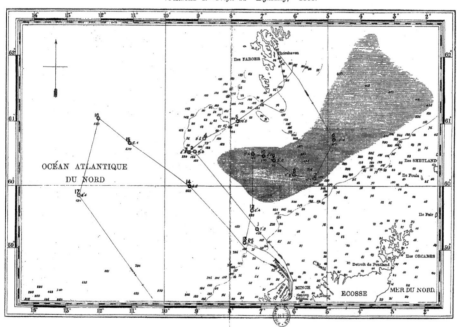

Planche I.—*Trajet du "Lightning," 1868.*

sir James et lady Matheson avec cette courtoisie hospitalière qui à bien des reprises nous a fait quitter leur royaume insulaire avec des regrets que je ne saurais comparer qu'au plaisir que nous éprouvions à y revenir. On embarque tout le charbon qu'il nous est possible de porter, et l'on en entasse même sur le pont, dans des sacs, autant qu'il est prudent de le faire. Une grue est établie à la poupe pour remonter la drague, et après avoir pris nos dernières observations, nous nous dirigeons vers le nord dans la matinée du 11. Dans la même après-midi, à 15 milles environ du promontoire de Lews, à une profondeur de 60 à 100 brasses, nous jetons la sonde pour essayer notre attirail de draguage, notre petite machine accessoire, et pour déterminer les limites des espèces des bas-fonds. Tout notre matériel fonctionne très-bien, mais la drague ne ramène qu'un petit nombre de formes animales, et toutes étaient connues dans la mer des Hébrides. Une brise du nord-est souffla avec force pendant trois jours, et nous força à rester en panne et sans voiles, dérivant vers le nord dans la direction des Faröer ; il ne pouvait être alors question de draguer. Le 13, pendant une accalmie, nous sondons sans trouver de fond à 450 brasses (station 1, pl. I), avec un minimum de température de 9°,5 C., celle de la surface étant de 12°,5 C. Cette température nous paraît si élevée pour la profondeur à laquelle elle avait été prise, que nous soupçonnons quelque erreur dans les indications données par les thermomètres (trois des instruments enregistreurs sur six étaient faits d'après les modèles du Bureau hydrographique). Des observations postérieures, faites sur le même point, nous prouvèrent cependant que, dans cette région, la température, à la profondeur de 600 à 700 brasses, est la même que la température moyenne du courant nord du Gulf-stream.

Les rivages des Faröer sont très-fréquentés par des bateaux pêcheurs anglais et étrangers. Leur but est surtout la préparation du poisson salé et fumé ; beaucoup de vaisseaux anglais sont construits à réservoirs et fournissent de Morues fraîches le marché de Londres.

Un grand réservoir carré occupe le centre du vaisseau ; les parois en sont percées de trous qui permettent à l'eau d'y circuler librement. De cette manière l'eau intérieure est toujours parfaitement fraîche et renouvelée ; les Morues de première qualité y sont renfermées et supportent très-bien le voyage. Il est très-curieux de voir ces grands animaux se mouvoir avec grâce dans ces réservoirs, comme des poissons rouges dans un globe de cristal.

La présence de l'homme ne paraît pas les effrayer, et leurs longues têtes lisses et tachetées, leurs bouches énormes et leurs yeux sans paupières et privés de toute intelligence, en font des êtres plus étranges qu'attrayants. Ils aiment à être frottés ou grattés, parce qu'ils sont infestés de Caliges et de plusieurs autres espèces de Crustacés parasites. Quelquefois l'un d'eux vient tranquillement prendre dans la main le Crabe, le gros *Fusus* ou le Buccin qu'on lui offre ; avec un léger mouvement il le fait descendre à travers son large gosier dans un estomac, où il est promptement désagrégé par d'énergiques sucs gastriques. Dans un navire que j'eus l'occasion de visiter, une des Morues avait éprouvé je ne sais quel accident qui avait nui à sa vente, et était demeurée dans le réservoir, où elle avait fait plusieurs fois la traversée entre Londres et Faröer ; elle jouissait des bonnes grâces de l'équipage. Les matelots disaient qu'elle les connaissait. Elle était dans le réservoir avec beaucoup d'autres quand je visitai le bateau, et il est certain qu'elle arrivait toujours la première à la surface pour recevoir un Crabe ou un morceau de biscuit, et qu'elle frottait très-affectueusement sa tête et ses épaules à la main que je lui tendais.

Le 15 et le 16, nous draguons sur les côtes de Faröer, à une profondeur de 200 à 50 brasses. Le fond est formé de graviers et de Nullipores. La température est de 8° à 10° C. Ces côtes pullulent d'Étoiles de mer fragiles et communes, l'*Ophiothrix fragilis*, du Homard de Norvége, *Nephrops norvegicus*, de gros Crabes-araignées, de plusieurs espèces des genres *Galatea* et *Crangon*. Une nourriture préférée si abondante explique suffi-

samment le grand nombre et l'excellente qualité de la Morue
et de la Lingue dans ces parages.

Le terrain est rocailleux sur les côtes de Faröer, et malgré
toutes les précautions possibles et l'emploi des « accumulateurs »
de Hodge pour diminuer la tension des cordes de draguage,
nous y avons perdu deux de nos meilleures dragues et quelques centaines de brasses de corde. Dans la matinée du 17 nous
arrivons en vue de Faröer : mais, comme à l'ordinaire, le petit
archipel se dérobait aux regards derrière le rideau de brouillards dont il est constamment enveloppé ; ce n'est que de temps
en temps, à la faveur de quelques éclaircies, que nous lui jetons
un rapide coup d'œil. Vers midi le temps s'améliore, et en naviguant parmi les îles pour gagner le petit port de Thorshaven,
nous jouissons pour la première fois du spectacle magique de
leurs contours vaporeux partiellement voilés de blanches nuées ;
leurs teintes d'un vert et d'un brun si doux sont atténuées encore par la lumière arctique dont elles sont éclairées ; leurs
pentes, sillonnées de ruisseaux, qui se précipitent en cascades
par-dessus les rochers, ressemblaient à des rubans argentés.

Le terrain des Faröer est basaltique ; ce sont des terrasses
superposées d'*anamésite*, qui se décompose facilement et date
probablement de l'époque miocène. Cette nature uniforme et
l'absence d'arbres et de tous autres végétaux élevés offrent un
aspect singulièrement monotone. Les habitations sont éparses,
de couleur terne et recouvertes de gazon vert, ce qui les rend
absolument invisibles à une petite distance. Nous avons été
frappés parfois de la difficulté d'apprécier les hauteurs et les
distances à cause de l'absence d'objets familiers de comparaison ; il nous était difficile de savoir, en naviguant parmi les îles
et en les examinant à travers l'atmosphère humide et transparente, si telle sommité avait 500 pieds d'élévation ou trois
ou quatre fois plus. La moyenne entre ces estimations est en
général ce qui se rapproche le plus de la vérité.

Thorshaven, la capitale de Faröer, est une étrange petite localité. Le terrain descend par une pente assez rapide jusqu'à une

baie autour de laquelle la ville est bâtie. Les habitations sont perchées parmi les rochers, et toutes les parties qui offraient une surface un peu plane ont été mises à profit pour les constructions; le résultat est irrégulier, pittoresque et fort original : le parcours des principales « rues » est une véritable ascension. Au-dessus de la ville, sur un espace libre, une pelouse et un jardin en miniature s'étendent devant l'habitation du gouverneur, joli cottage de bois qui rappelle les villas de faubourg des cités de la Scandinavie.

Faröer et son climat humide, son ciel sans soleil, ses précaires récoltes d'orge, ses chaumières recouvertes de gazon et ses silencieuses petites églises, ses beaux rochers, ses promontoires et ses criques fréquentées par l'Eider et le Puffin, ses robustes et bienveillants insulaires, avec leurs mœurs demi-irlandaises, demi-danoises, si simples et si originales, a été souvent décrite; elle a été un lieu de repos plein de charme au milieu de nos labeurs dans ces parages septentrionaux. Nous y avons fait deux séjours d'une semaine chacun, pendant deux années consécutives. Le plus agréable souvenir que chacun de nous conservera de ces expéditions sera toujours celui que nous a laissé l'accueil cordial et sympathique de M. Holten, le gouverneur danois, et de sa charmante femme. M. Holten nous a reçus avec la plus affectueuse hospitalité, et a fait, en toute occasion, tout ce qui était en son pouvoir pour nous aider et pour seconder nos désirs. Il nous a mis en rapport avec les principaux habitants de son gouvernement, et c'est pendant les soirées passées sous son toit que nous avons appris les choses qui concernent cette petite colonie, la plus primitive peut-être et la plus isolée de toute l'Europe. J'ai eu déjà le plaisir de dédier au gouverneur Holten une Éponge singulièrement belle, trouvée pendant notre traversée de retour; Mᵐᵉ Holten, dont le crayon gracieux m'a fourni les paysages qui terminent si à propos ces chapitres, voudra bien, je l'espère, accepter la dédicace de ce volume, en souvenir de la grande bienveillance que nous avons toujours trouvée auprès d'elle et chez son excellent mari.

Le temps est si mauvais jusqu'au 26, qu'il est impossible de chercher à poursuivre nos travaux ; nous demeurons en panne dans le port de Thorshaven. Toutes les fois que la chose est praticable, nous draguons dans les fjords de Faröer avec des bateaux et des hommes du pays ; nous faisons la connaissance de Sysselmann Müller, le représentant de Faröer au parlement danois : il a fait une étude approfondie des Mollusques du pays, et fourni des indications pour une liste publiée en 1867 par M. le docteur O. A. L. Mörch. La faune de bas-fonds n'y est pas abondante ; ce qui arrive fréquemment quand le sol est une couche de trapp en décomposition. Elle est d'une nature intermédiaire entre celle des Shetland et celle de la côte de Scandinavie. Les formes animales qui nous ont paru les plus intéressantes sont le *Fusus despectus* (L.), beau coquillage qui pourrait bien n'être qu'une variété bien distincte du *Fusus antiquus* (L.). S'il en est ainsi, cette variété a une limite de distribution restreinte, car elle ne se trouve que fort rarement et seulement dans les grandes profondeurs des mers britanniques. Dans les profondeurs moyennes, autour des Faröer, elle est abondante et remplace, selon toute probabilité, le *Fusus antiquus*. Un autre coquillage commun aux Faröer est le *Tellina calcarea* (Chemnitz), très-abondant parmi les fossiles des argiles de l'époque glaciaire, mais non encore trouvé vivant dans les mers britanniques. Il se montre en couches régulières dans les argiles glaciaires près de Rothesay, accompagné du *Mya truncata* (L.), var. *Uldevallensis* (Forbes), du *Saxicava norvegica* (Sprengler), du *Pecten islandicus* (O. F. Müller), et d'autres formes animales du Nord, et fréquemment dans un état de conservation tel, que les deux valves ont leur position naturelle et sont encore réunies par le ligament. Nous trouvons dans un des fjords une variété assez remarquable de l'*Echinus sphæra* (O. F. Müller), accompagné d'un *Echinus Fleemingii* (Ball) de grande taille, et ce qui nous paraît être une petite variété de *Cucumaria frondosa* (Gunner) se rencontre en grande abondance dans les bas-fonds et dans les touffes enchevêtrées des Algues.

Pendant que nous étions retenus dans le port de Thorshaven, la canonnière danoise *Fylla* et le transport à vapeur français l'*Orient* y entrèrent, revenant d'Islande; ces deux vaisseaux, à leur retour du Nord, avaient été assaillis par le mauvais temps et se trouvaient heureux de pouvoir se mettre à l'abri. La présence des trois navires de guerre rendit la petite capitale fort animée, et fournit au gouverneur de nombreuses occasions d'exercer l'hospitalité. Le 26 août, le baromètre s'étant un peu élevé et le temps donnant quelques signes d'amélioration, nous quittons Thorshaven et cinglons vers le sud, pour draguer, s'il est possible, dans le profond canal qui sépare les Faröer des Shetland. Mais dans la soirée le temps redevient mauvais, une violente rafale du nord-ouest s'élève, et le baromètre retombe à 29,08. Les crochets et les boulons du gréement se détachent les uns après les autres, et nous sommes sur le point de perdre le grand mât. La bourrasque dure jusqu'au 29, et alors seulement le temps redevient plus calme; après être restés en panne pendant près de trois jours, dérivant vers le nord-est, nous jetons la sonde par 60° 45′ de lat. N. et 4° 49′ de long. O. (station 6). La profondeur est de 500 brasses, et la température du fond 0° C. Pendant la soirée du 29 et la journée du 30, le temps fut suffisamment beau pour nous permettre de nous servir de notre appareil de draguage : ces premiers essais étaient du plus grand intérêt, puisque nous n'avions pas eu encore l'occasion d'en faire à une si grande profondeur. L'opération se fit pourtant sans difficulté, et chaque coup de drague eut un heureux résultat. Le fond se composait de sable et de gravier provenant en grande partie de la désagrégation des antiques rochers du plateau écossais. La vie animale n'y est pas surabondante, cependant plusieurs groupes y sont convenablement représentés. Des Rhizopodes de grande taille y sont nombreux, et nous y trouvons plusieurs Crustacés et Échinodermes remarquables; parmi ces derniers, un exemplaire de l'*Astropecten tenuispinus* d'une brillante nuance écarlate, qui remonta embarrassé dans la corde.

Le mauvais temps revient le 31, et nous ne pouvons ni sonder ni draguer. Le 1ᵉʳ septembre, nous tentons un sondage de température à 550 brasses, avec 1°, 2 C.; mais nous ne pouvons faire aucun travail sérieux. Le jour suivant, 2 septembre, le temps s'étant amélioré, nous draguons tout le jour à une profondeur de 170 brasses seulement, sur un bas-fond assez limité, que nous ne sommes pas parvenus à retrouver quand, l'année suivante, nous l'avons cherché avec le *Porcupine*. Là nous trouvons une faune abondante et variée, mélange de formes animales celtiques et scandinaves. Le fond consiste surtout en petits cailloux arrondis d'anamesite brune des Faröer, et adhérant isolément ou par petits groupes, comme des fruits à une branche, de nombreux et gros spécimens du rare Brachiopode le *Terebratula cranium* (O. F. Müller), avec grande abondance de la forme plus commune le *Terebratulina Caput-serpentis*, (L.).

Le jour suivant, 3 septembre, nous sommes de nouveau dans les grandes profondeurs, à 500 brasses environ, avec une température de fond un peu inférieure au point de congélation, le thermomètre marquant à la surface 10°, 5 C. Ici nous avons pris des représentants de plusieurs groupes d'Invertébrés, Rhizopodes, Éponges, Échinodermes, Crustacés et Mollusques; un magnifique spécimen d'une nouvelle Astérie qui a été décrite depuis par M. G. O. Sars sous le nom de *Brisinga coronata* (figure 5). Le genre *Brisinga* a été découvert en 1853 par M. P. Chr. Absjörnsen, qui à cette époque dragua plusieurs spécimens d'une autre espèce, le *Brisinga endecacnemos* (Absj.), à une profondeur de 100 à 200 brasses, dans le Hardangerfjord, sur la côte de Norvége, un peu au-dessus de Bergen. Ce sont vraiment d'étonnantes créatures. A première vue, elles semblent tenir le milieu entre les Ophiurides et les Astéries : leurs bras, trop épais et trop mous pour qu'on les compte parmi les premières, sont plus longs et plus fragiles que chez ces dernières. Le disque est petit et mesure de 20 à 25 millimètres de diamètre : chez le *Brisinga endecacnemos*, il est à peu près lisse:

chez le *Brisinga coronata* il est hérissé de spicules. Le tubercule madréporique est sur la surface dorsale, tout près du bord

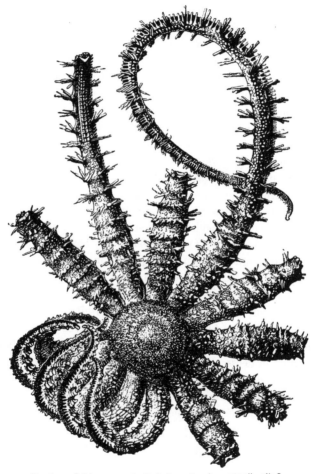

FIG. 5. — *Brisinga coronata*, G O. SARS. Grandeur naturelle. (N° 7.)

du disque. Un anneau solide de tubercules calcaires forme
et renforce les bords du disque ; c'est à cet anneau que les
bras, au nombre de dix ou onze, viennent se rattacher (onze est

probablement un nombre anormal). Ils ont quelquefois jusqu'à
30 centimètres de longueur; minces à la base, qui rentre dans
l'anneau, ils ont un renflement très-marqué à mi-longueur,
partie où les ovaires se développent, puis ils s'amincissent de
nouveau jusqu'à leurs extrémités. Des rangées de longs spicules
bordent les sillons ambulacraires; les spicules sont recouverts
d'un épiderme mou, qui, tant que l'animal est complétement
frais, forme comme un petit sac transparent et plein de liquide
à l'extrémité de chaque spicule. La peau molle qui recouvre
les spicules est garnie de pédicellaires, qui sont également
répandus en groupes sur la surface des bras et du disque.
Les bras du *Brisinga endecacnemos* sont à peu près lisses, côtelés
transversalement de distance en distance par des espèces d'anneaux calcaires qui les entourent irrégulièrement et imparfaitement. Chez le *Brisinga coronata*, ces anneaux sont surmontés
de crêtes formées de spicules. Les deux espèces sont d'une belle
nuance cramoisi passant au rouge orangé. Les bras se détachent
facilement du disque. Nous n'avons jamais pu ramener un individu de l'une ou de l'autre espèce à peu près complet; mais,
même en fragments, ils constituent encore les objets les plus
remarquables qu'on puisse voir. Un seul suffisait pour répandre
un brillant reflet sur tout ce qui se trouvait avec lui dans la
drague. « Le nom de *Brisinga* est emprunté à un bijou brillant
(*Brising*) de la déesse Freya. » N'y a-t-il pas là un charmant
parfum de paganisme scandinave? « J'ai trouvé, à l'aide de la
drague, cette brillante Astérie à Hardangerfjord, à la fin
d'août 1853. Elle était placée à la profondeur de 100 à 200
brasses, sur la paroi presque verticale d'une montagne qui
paraissait descendre abruptement de 80 ou 90 brasses jusqu'à
200 et au delà. Elle est assez rare. Pendant huit jours et plus
de draguages ininterrompus, pratiqués dans les mêmes parages, je ne ramenai que quelques bras et un fort petit nombre
d'individus de grosseurs variées, dont le plus petit mesurait
6 pouces d'une extrémité à l'autre de deux bras opposés, et
le plus grand 2 pieds. Tous se trouvaient plus ou moins endom-

magés. C'est un animal très-fragile, et, comme les Comatules et quelques espèces d'*Ophiolepis* et d'*Ophiothrix*, il semble se défaire de ses bras par un effort violent lorsque la pression diminue et qu'il est remonté à la surface de l'eau. Les membres se séparent toujours au point où ils sont attachés à l'anneau du disque. Leur poids et leur longueur, disproportionnés au volume du corps, rendent assez difficile leur extraction de la drague, opération pendant laquelle on est très-exposé à les briser. Malgré toutes mes précautions et la chance heureuse de pouvoir les saisir avant qu'ils sortissent de l'eau, je ne parvins à conserver qu'à deux des disques une paire de bras, et encore la peau qui les recouvrait était-elle déchirée. Complet et intact, ainsi que je l'ai vu une ou deux fois sous l'eau, dans la drague, cet animal est singulièrement brillant; c'est une véritable *gloria maris* [1] ! »

Le temps implacable interrompt encore notre travail pendant deux jours. Cependant nous parvenons à exécuter un sondage le 5 septembre, par 60° 30′ de latit. N., et 7° 16′ de longit. O., sans trouver de fond à 450 brasses, avec une température minimum qui approchait du point de congélation. On verra sur notre carte que les cinq dernières stations (du n° 7 au n° 11) dessinent une ligne oblique du S. E. au N. O., entre l'extrémité nord des Orcades et les côtes de Faröer. Le fond est un mélange de gravier et de sable, parsemé de plaques de boue; aux n°ˢ 7 et 8, ce sont principalement les débris des roches métamorphiques du nord de l'Écosse, et aux n°ˢ 9, 10 et 11, les fragments volcaniques du trapp de Faröer. Ce tracé de sondages est entièrement inclus dans ce que plus tard nous avons appris à appeler « zone froide », le thermomètre, dès qu'on dépassait 300 brasses, indiquant une température tantôt un peu au-dessus, tantôt un peu au-dessous de 0° C.

1. Description d'un nouveau genre d'Astéries, par P. Chr. Absjörnsen, dans la *Fauna littoralis Norvegiæ*, par Dr Sars, J. Koren et D. C. Danielssen, 2e livraison. Bergen, 1856, p. 96.

En approchant des bancs de pêche de Faröer, nous faisons
route vers le sud, et dans la matinée du 6 septembre nous
sondons et draguons par 59° 36′ de latit. et 7° 20′ de longit.,
avec une profondeur de 530 brasses et une température « de
zone chaude » de 6°,4 C. Ici le draguage est des plus intéressants. Pour la première fois nous trouvons le limon de
l'Atlantique, boue fine, calcaire, adhérente, d'une teinte gris
bleu, mélangée de sable et d'une forte proportion de *Globigerinæ*. Nous ramenons, enduites de ce limon, un nombre considérable d'Éponges siliceuses, de formes nouvelles et remarquables. La plupart appartiennent à un ordre déjà décrit il y a
deux ans par l'auteur de cet ouvrage, sous la dénomination de
Porifera vitrea, et qui, peu connu alors, nous est devenu très-
familier comme habitant les zones profondes. Depuis, M. le professeur Oscar Schmidt, travaillant sur des données plus complètes, a classé ce groupe plus exactement comme famille, sous
le nom d'*Hexactinellidæ*, dénomination que j'adopterai ici.

Les rapports et les particularités de ce singulier groupe seront
développés dans la suite de cet ouvrage. Les formes les plus originales que nous ayons trouvées dans cette station sont : le beau
Nid marin des pêcheurs de Requins de la baie de Setubal, l'*Holtenia Carpenteri* (Wyv. Thoms.) (fig. 6), et, plus étrange encore,
l'*Hyalonema lusitanicum* (Barboza du Bocage), proche parent
des Éponges du Japon en *verre filé*, qui ont jeté les naturalistes
dans de si longues perplexités avant de pouvoir déterminer leur
rang et leur position dans les séries animales, ainsi que leurs
rapports avec leur constant compagnon, le *Palythoa* parasite.

L'*Holtenia Carpenteri* est une sphère de 90 à 100 millimètres de longueur. A sa partie supérieure se trouve un oscule
d'environ 30 millimètres de diamètre ; de cette ouverture part
un conduit cylindrique qui se termine en forme de coupe après
avoir traversé verticalement la substance de l'Éponge jusqu'à la
profondeur de 55 millimètres. La paroi extérieure de l'Éponge
est faite d'un treillis compliqué de spicules à cinq pointes. Une
des pointes de chaque spicule plonge dans le corps de l'Éponge,

et les quatre autres, plantées à angles droits, forment une sorte de croix à la surface : cette disposition donne à l'animal un bel aspect étoilé. Les pointes siliceuses de chaque étoile se recour-

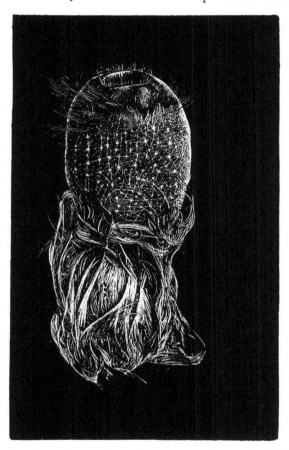

FIG. 6. — *Hollenia Carpenteri*, WYVILLE THOMSON. Demi-grandeur naturelle. (Nᵒ 12.)

bent dans la direction des pointes de l'étoile voisine, elles se rencontrent et se prolongent en lignes parallèles. Toutes les pointes de tous les spicules sont enduites d'une matière épaisse, gélatineuse, demi-transparente, qui unit les pointes voisines par

un lien élastique et garnit les angles de chaque maille d'une
substance visqueuse. Cet arrangement des spicules, qui, bien
qu'indépendants, adhèrent pourtant les uns aux autres par des
liens élastiques, produit un tissu flexible, extensible et d'une
grande résistance. La cavité cylindrique de l'intérieur de
l'Éponge est doublée d'un réseau à peu près semblable.

Quand l'Éponge est vivante, les intervalles du filet siliceux
sont garnis à l'intérieur et à l'extérieur d'une membrane fe-
nestrée très-mince, formée d'un liquide glaireux semblable à du
blanc d'œuf, et qui est constamment en mouvement, étendant
ou contractant les ouvertures des mailles, et glissant sur la
surface des spicules. Cette substance (sarcode), qui est la chair
vivante de l'Éponge, renferme un nombre infini de spicules
presque imperceptibles, dont les formes élégantes et originales
caractérisent chaque espèce d'Éponge. Un courant d'eau continuel, provoqué par l'action de cils, s'introduit par les ouvertures de la paroi extérieure, traverse les mailles de la substance
intermédiaire, déposant dans tous les interstices des matières
organiques en solution et des particules nutritives, et s'échappe
par l'ouverture supérieure. Sur un tiers environ du volume de
l'Éponge et à sa partie supérieure, rayonne, semblable à une
collerette, une masse de spicules siliceux et hérissés, pendant
que du tiers inférieur s'échappe une masse de filaments déliés
et semblables à du verre filé ou à de fins cheveux blancs, qui,
pénétrant dans le limon à demi fluide, soutiennent l'Éponge sur
cette espèce de pied, en élargissant indéfiniment sa surface, sans
augmenter son poids d'une manière appréciable.

Ce n'est là qu'un des moyens par lesquels les Éponges se fixent
dans le limon des grandes profondeurs. L'*Hyalonema* plonge dans
la boue molle une torsade de vigoureux spicules dont chacun
a la grosseur d'une aiguille à tricoter. Cette torsade s'ouvre en
brosse à mesure que le lit devient plus ferme, et enracine solidement l'Éponge à sa place. Une curieuse Éponge trouvée dans les
grandes profondeurs, aux îles Loffoten, s'étale en plateau mince
et circulaire, et augmente à volonté sa surface en y ajoutant

une bordure de spicules soyeux semblable à une frange de soie aplatie et blanche, autour d'un petit paillasson jaune. Le ravissant *Euplectella*, dont le corps charmant est enfoui jusqu'à son oscule ciselé dans les boues grisâtres des Philippines, est soutenu par une *ruche* de spicules qui se redressent autour de sa partie supérieure comme la *fraise* de la reine Élisabeth.

Les Éponges du limon des grandes profondeurs sont loin de ne former qu'un seul groupe. Les *Hexactinellidæ* sont peut-être les plus abondantes ; mais les Éponges cortiquées elles-mêmes, alliées de près à celles qui nous paraissent si roides, quand nous les voyons immobiles sur les rochers des bas-fonds, plongent de longs spicules et se balancent dans les boues molles (fig. 7). M. Gwyn Jeffreys a dragué en 1870 sur les côtes du Portugal, plusieurs petits exemplaires d'*Halichondridæ* ornés de longs appendices fibreux.

D'après son extérieur quand il arrive du fond, l'*Holtenia* vit évidemment enfoui dans la vase jusqu'à sa frange supérieure de spicules. Récemment draguée, cette Éponge est enduite d'une substance (sarcode) demi-fluide d'un gris pâle, couverte de *Globigerinæ*, *Triloculinæ*, et d'autres Rhizopodes, et chargée, dans nos parages septentrionaux, de la petite Ophiuride, *Amphiura abyssicola* (Sars), et de la coquille diaphane et délicate du *Pecten vitreus* (Chemnitz). L'*Holtenia* s'étend du promontoire de Lews jusqu'à Gibraltar, à la profondeur de 500 à 1000 brasses. M. Saville Kent, draguant dans le yacht de M. Marshall Hall, *Norna*, sur les côtes du Portugal, en a découvert une curieuse variété qui, d'après sa forme plus aplatie, plus hémisphérique, et ses spicules d'ancrage plus roides, vit probablement sur un terrain plus ferme[1].

Comme on pouvait s'y attendre, à cette station, la vase de l'Atlantique, riche en Rhizopodes, lesquels constituent une abondante nourriture aux autres espèces, avec un climat relative-

---

1. On the Hexactinellidæ, or Hexradiate spiculed silicious Sponges, taken in the *Norna* expedition of the coast of Portugal ; with Description of new Species and Revision of the Order. By W. Saville Kent, of the Geological Department, British Museum (Monthly Microscopic Journal, November 1870.)

ment doux, a donné plusieurs formes vivantes appartenant
à des espèces diverses. Avec les *Globigerinæ* et d'autres petites
formes animales, on trouve plusieurs gros Rhizopodes, entre
autres le *Rhabdammina abyssorum* (Sars), forme remarquable-

Fig. 7. — *Tisiphonia agariciformis*, Wyville Thomson. Grandeur naturelle. (N° 12.)

ment régulière, à trois pointes, très-dure et d'une belle couleur
orange. D'après des analyses faites par le Dr Williamson à la
requête du Dr Carpenter, sa dureté proviendrait du ciment dont
l'animal construit « son étui », qui contient du phosphate de fer :
c'est le seul exemple qui soit à notre connaissance de l'emploi de
cette substance à un pareil usage. L'*Astrorhiza limicola* (San-
dahl), gros Rhizopode irrégulier protégé par un test mollasse
recouvert de boue et de sable ; plusieurs gros *Cornuspiræ* et
Textulariæ, des *Biloculinæ* et *Triloculinæ* de grande taille, ainsi
que d'autres Miliolines ; quelques Zoophytes, et particulièrement

la curieuse Plume de mer, *Kophobelemmon Mülleri* (Sars); le beau Corail à branches, *Lophohelia prolifera* (Pallas). Parmi les Échinodermes, quelques belles variétés d'*Echinus norvegicus* (D. et K.), l'*Echinus elegans* (D. et K.), l'*Ophiocten sericeum* (Forbes), et l'*Ophiacantha spinulosa* (M. et T.) qui paraît être universellement répandu dans les grandes profondeurs : l'intéressant petit Crinoïde *Rhizocrinus loffotensis* (Sars), qui sera décrit un peu plus loin; quelques remarquables Crustacés, et parmi les plus beaux un *Munida* écarlate, dont les yeux, grands et brillants, ont le lustre et les teintes du cuivre poli.

Nous nous rapprochons de Stornoway, que nous atteignons le 9 septembre, draguant en route dans des profondeurs de moins en moins considérables, et pourtant faisant encore des trouvailles intéressantes, telles que l'*Antedon celticus* (Barrett), recueilli déjà par M. Gwyn Jeffreys sur les côtes du Ross-shire, et une grande abondance de *Cidaris papillata* (Leske), espèce regardée jusquelà comme accessible exclusivement au collectionneur anglais, mais qui a été reconnue depuis comme la plus commune des grandes formes vivantes des mers britanniques, aux profondeurs de 250 à 500 brasses.

Le temps était devenu plus favorable. J'étais malheureusement forcé d'aller reprendre mes travaux à Dublin; mais, à cause des résultats déjà obtenus, le Dr Carpenter désirait vivement poursuivre les recherches sur la température et la vie animale dans des profondeurs plus grandes encore; il pensa, et le capitaine May avec lui, que malgré la saison avancée, il serait possible d'essayer une courte croisière un peu plus à l'ouest, dans des parages où des sondages exécutés précédemment avaient indiqué une profondeur qui dépassait 1000 brasses. Ainsi donc, après s'être ravitaillé, ce dont sous plus d'un rapport il avait grand besoin, et avoir autant que possible remplacé l'attirail de draguage qu'il avait perdu, le *Lightning* sortit encore une fois du port de Stornoway, le 14 septembre.

Après un trajet de 140 milles dirigé au N. O. du promontoire de Lews, on fit un sondage le 15 septembre au matin, par

59° 59′ de lat. et 9° 15′ de long., avec fond de limon atlantique à la profondeur de 650 brasses (station 14). A 60 milles plus loin, toujours au N. O., une autre tentative, le 18, à 570 brasses ; la sonde ne ramena guère que des *Globigerinæ* entières, semblables à des grains du plus fin sagou ; 50 milles plus loin, dans la même direction, on trouva le fond à 650 brasses, mais cette fois le plomb de sonde ainsi que trois thermomètres furent malheureusement perdus, de sorte que la température ne put être constatée. La drague fut pourtant descendue à cette profondeur, plus grande de 120 brasses que celles de toutes les autres stations ; l'épreuve réussit très-bien, le filet ramena 125 kilogrammes de boue grisâtre et glutineuse. Cette vase était partout traversée par les longs et soyeux filaments des Éponges, et à 50 brasses de la drague se trouvaient deux touffes blanches de ces soies, adhérant à la corde, certainement arrachées du fond, car dans leurs mailles se trouvaient encore engagés des Ophiurides, de petits Crustacés et un ou deux Annélides tubiformes. Dans ce limon se trouvait encore une Plume de mer très-remarquable, que M. le professeur Kölliker, qui a entrepris la description et la classification des captures faites pendant nos expéditions, attribue à une nouvelle espèce sous le nom de *Bathyptilum Carpenteri*, et enfin quelques gros Foraminifères. Le Dr Carpenter se dirigea ensuite droit au nord, désirant arriver au creux profond qui sépare les Hébrides et Rockall, et dans la matinée du 17 septembre, il sonda par une profondeur de 620 brasses, par 59° 49′ de lat, et 12° 36′ de longit., avec une température « de zone chaude ».

Le temps se gâta de nouveau, devint trop mauvais pour permettre de travailler, et continua à empirer jusqu'à la matinée du 29 ; on se trouvait en vue de Sainte-Kilda avec un vent violent et une grosse mer. Le lundi 21, on était à la pointe sud des Hébrides, près de Barra-Head, avec un vent d'est assez fort, le baromètre très-bas, et des apparences peu rassurantes ; le capitaine May ne jugea pas prudent de reprendre la mer. Après avoir délibéré avec le Dr Carpenter, ils décidèrent de cesser leurs travaux, descendirent le détroit de Mull, et, dans la même journée, jetèrent l'ancre à Oban.

Là le Dr Carpenter ainsi que son jeune fils, qui avait virilement supporté toutes les fatigues et les privations de cette croisière et n'avait pas peu contribué à égayer ses *anciens* pendant les heures pénibles, quittèrent le navire et gagnèrent par terre le sud de l'Angleterre.

Le mauvais sort continua à poursuivre le *Lightning*. Après deux jours passés à Oban, le capitaine May partit pour Pembroke le 24 septembre. Le 25, près de Calf of Man, le baromètre tomba subitement : le vent s'élevait, la mer commençait à s'agiter ; il se décida à gagner Holyhead, quand tout à coup, sans que le vent ou la mer eussent augmenté de violence, les manœuvres de l'avant cédèrent par suite de la rupture des crochets de fer qui les retenaient. Le mât, heureusement, ne tomba pas, et après une heure passée en réparations provisoires, le *Lightning* reprit sa marche et vint jeter l'ancre dans le nouveau port d'Holyhead vers six heures du soir.

Les résultats généraux de l'expédition du *Lightning* sont, dans leur ensemble, aussi satisfaisants que nous osions l'espérer. Le vaisseau n'était certainement pas organisé pour le but qu'on se proposait, et pendant tout le voyage le temps fut fort mauvais. Sur les six semaines qui se sont écoulées entre notre départ d'Oban et notre retour, dix journées seulement ont pu être employées au draguage en pleine mer, et sur ces dix nous n'en avons eu que quatre pendant lesquelles la profondeur draguée ait dépassé 500 brasses. A notre retour, le Dr Carpenter présenta à la Société Royale un rapport préliminaire sur les résultats généraux de l'expédition ; ceux-ci parurent au conseil de la Société suffisamment nouveaux et importants pour motiver une instante requête à l'Amirauté, en insistant sur l'opportunité de continuer des recherches dont le début, malgré des circonstances défavorables, avait été couronné de succès.

Il est hors de doute qu'une faune abondante et variée, représentée par tous les groupes d'Invertébrés, s'étend jusqu'à 650

brasses et au delà, malgré les conditions extraordinaires auxquelles les êtres vivants sont assujettis.

On a reconnu que les eaux de la mer, loin d'avoir, au delà
d'une certaine profondeur, comme on l'avait cru jusque-là, une
température uniforme de 4° C., peuvent, sous l'influence d'un
courant arctique, et à toute profondeur que n'atteignent pas les
rayons solaires, tomber à une température de — 2° C. Nous
avons prouvé que de grandes masses d'eau, à des températures
très-diverses, se meuvent dans des directions particulières,
entretenant un remarquable système de circulation océanique
et cependant maintenues dans des limites si tranchées, qu'il
suffit souvent d'une heure de navigation pour passer de la chaleur extrême au froid excessif.

Thorshaven.

Nous avons pu démonter enfin que la plupart des formes animales qui vivent dans les grandes profondeurs appartiennent
à des espèces demeurées jusqu'ici inconnues, et nous avons
ouvert ainsi aux naturalistes un champ d'exploration aussi intéressant qu'illimité.

De plus, il est bien prouvé aujourd'hui que plusieurs de ces animaux des grandes profondeurs appartiennent à des espèces identiques avec celles des fossiles tertiaires, supposées éteintes, pendant que d'autres représentent les groupes disparus d'une faune plus ancienne encore : ainsi, les *Éponges siliceuses* éclairent et expliquent les *Ventriculites* de la craie.

APPENDICE A

Détails sur les profondeurs, les températures et les positions des diverses stations du vaisseau de Sa Majesté le Lightning *, pendant l'été de* 1868 *: les températures sont corrigées suivant les pressions.*

NUMÉROS des STATIONS.	PROFONDEUR en BRASSES.	TEMPÉRATURE du FOND.	TEMPÉRATURE de la SURFACE.	LATITUDE.	LONGITUDE.
6.	510	0,5 C.	11,1 C.	60° 45′ N.	4° 49′ O.
7.	500	1,1	10,5	60 7	5 21
8.	550	— 1,2	11,7	60 10	5 59
10.	500	0,3	10,5	60 28	6 55
11.	450	— 0,5	10,0	60 30	7 16
12.	530	6,4	11,3	59 36	7 20
14.	650	5,8	11,7	59 59	9 15
15.	570	6,4	11,1	60 38	11 7
17.	620	6,4	11,1	59 49	12 36

CHAPITRE III

CROISIÈRES DU *PORCUPINE*

Équipement du vaisseau. — Premier voyage sous la direction de M. Gwyn Jeffreys, sur les côtes ouest de l'Irlande et dans le détroit qui sépare Rockall de l'Écosse. — Le draguage poussé jusqu'à 1470 brasses. — Changement de projet. — Second voyage à la baie de Biscaye. — Réussite du draguage à 2435 brasses. — Troisième croisière dans le canal entre Faröer et les Shetland. — La faune de la région froide.

APPENDICE A. — Documents et rapports officiels sur les préliminaires des explorations faites par le vaisseau garde-côte le *Porcupine*, pendant l'été de 1869.

APPENDICE B. — Détails sur les profondeurs, la température, et la position des diverses stations draguées par le vaisseau de Sa Majesté le *Porcupine*, pendant l'été de 1869.

.٠. Les numéros des gravures de ce chapitre, placés entre parenthèses, se rapportent à ceux des stations de draguage indiquées sur les planches II, III et IV.

Le 18 mars 1869, une communication orale nous fut faite par l'ingénieur-hydrographe de la marine, pour nous annoncer que les Lords de l'Amirauté, prenant en considération le désir exprimé par le conseil de la Société Royale, venaient de désigner le vaisseau de surveillance côtière le *Porcupine* pour le mettre à la disposition de l'expédition.

L'équipement du *Porcupine* se fit rapidement sous la direction de son commandant le capitaine Calver; tout l'attirail scientifique fut surveillé par le Dr Carpenter, assisté d'une commission composée des officiers et de quelques membres de la Société Royale. Quoique petit, le *Porcupine* était bien adapté au travail qu'on allait lui demander; parfaitement en état de tenir la mer, d'une stabilité exceptionnelle et aménagé pour des voyages de surveillance. Le capitaine Calver et ses officiers, rompus dès longtemps aux rudes devoirs et à la responsabilité

qu'entraîne l'inspection de la côte orientale de la Grande–Bretagne, étaient habitués à la plus minutieuse exactitude, et con-
naissaient à fond le maniement des instruments et tout ce qui a
trait aux expériences scientifiques. L'équipage se composait en
grande partie de Shetlandais, hommes connus et éprouvés, qui
avaient déjà passé plusieurs étés consécutifs sur le *Porcupine*,
commandés par le capitaine Calver. Ils hivernent chez eux aux
Shetland, lorsque le vaisseau est au port, et que les officiers
rendent compte de leurs travaux au quartier général à Sun-
derland.

Le travail de la drague s'est toujours exécuté sous la surveillance du capitaine Calver, que son adresse et son expérience
rendirent, dès le début, si complétement maître de l'opération,
qu'il n'a éprouvé aucune difficulté à la faire dans des profondeurs qui jusque–là avaient été réputées inaccessibles. On ne
saurait trop se louer de l'habileté qu'il a déployée, de son activité et du bon vouloir dont il a toujours fait preuve pour nos recherches; c'est avec un sentiment de bien grande satisfaction
que je rends aux autres officiers du *Porcupine*, au commandant
d'état–major Inskip, à M. Davidson et au lieutenant Browning,
ce témoignage, qu'ils ont apporté le zèle le plus chaleureux à
seconder leur commandant dans ses efforts pour nous aider
à atteindre le but de notre expédition, et dans sa sollicitude
pour le bien–être de tous ceux qui en faisaient partie.

Le voyage du *Porcupine* pendant l'été de 1869 devant se
prolonger bien plus longtemps que celui du *Lightning* et embrasser un plus grand nombre de sujets d'étude, exigeait des
préparatifs plus compliqués et plus considérables. La commission de la Société Royale réclamait l'examen sérieux de plusieurs questions importantes ayant trait aux conditions physiques et à la composition chimique de l'eau de mer ; les curieux
résultats obtenus pendant la dernière croisière avaient été
savamment exposés par le Dr Carpenter dans son rapport préliminaire et avaient excité l'intérêt et la curiosité à un tel point,
que leur étude approfondie fut jugée d'une importance égale

à celle de la distribution et des conditions de la vie animale dans les grandes profondeurs. Il fut décidé que les naturalistes chargés de diriger l'expédition seraient accompagnés de préparateurs accoutumés aux travaux de chimie et de physique; la soute aux cartes fut organisée en laboratoire temporaire et pourvue d'appareils et de microscopes.

Le vaisseau était disponible du commencement de mai jusqu'au milieu de septembre, mais ceux qui avaient dirigé la première exploration ne pouvaient abandonner si longtemps leurs travaux habituels; il fut donc résolu qu'on organiserait trois expéditions. M. Gwyn Jeffreys, dont la coopération était d'autant plus précieuse qu'il avait fait une étude spéciale des Mollusques fossiles et vivants et des lois de leur distribution, fut associé au Dr Carpenter et à moi : il accepta la direction scientifique du premier voyage.

M. Gwyn Jeffreys était accompagné de M. W. Lant Carpenter en qualité de chimiste et de physicien. Pendant cette première croisière, on fit l'exploration de la côte occidentale de l'Irlande, du banc du Porcupine et du canal qui sépare Rockall de la côte écossaise. Il avait été convenu que la seconde expédition, sous la direction de l'auteur de cet ouvrage, avec M. Hunter, préparateur au laboratoire de chimie de Belfast, se dirigerait de Rockall vers le nord jusqu'au point où nous nous étions arrêtés l'année précédente; pour des raisons qui seront expliquées, nous dûmes changer nos plans, et la seconde expédition se fit dans la baie de Biscaye. Le Dr Carpenter prit la direction de la troisième, pendant laquelle nous repassâmes soigneusement sur le parcours du *Lightning* pour contrôler nos premières observations. C'est M. P. Herbert Carpenter, notre jeune compagnon du *Lightning*, qui avait la tâche d'analyser l'eau et de déterminer la quantité d'air qui s'y trouvait contenue et sa composition; quant à moi, je m'y trouvais en surnuméraire et tâchai de me rendre utile d'une manière générale.

Les différents appareils destinés à diverses expériences, préparés sous la surveillance du Dr Carpenter avec les conseils des hommes spéciaux, seront décrits en expliquant les méthodes employées et les résultats obtenus.

Sur la recommandation de M. Gwyn Jeffreys, on admit, en qualité d'aides pour les draguages, M. Laughrin (de Polperro), vieux marin garde-côte, correspondant de la Société Linnéenne, chargé du draguage et du criblage des matériaux, et M. B. S. Dodd, dont la mission consistait à trier, nettoyer et conserver les spécimens obtenus. Ils demeurèrent tout l'été avec nous.

La première croisière du *Porcupine* commença sous la direction scientifique de M. Gwyn Jeffreys le 18 mai pour finir le 13 juillet, et embrassa 450 milles le long des côtes de l'Irlande et de l'Écosse, depuis le cap Clear jusqu'à Rockall, comprenant Lough Swilly, Lough Foyle et le canal du Nord jusqu'à Belfast.

Les draguages commencèrent à 40 milles de Valentia, dans 110 brasses, avec fond de vase et de sable. Les produits de ce premier draguage donnent une idée juste de la faune qui peuple la zone de 100 brasses sur la côte occidentale d'Irlande. Les Mollusques sont, pour la plupart, des espèces septentrionales, telles que : *Neœra rostrata* (Sprengler), *Verticordia abyssicola* (Jeffreys), *Dentalium abyssorum* (Sars), *Buccinum Humphrey-sianum* (Bennett) et *Pleurotoma carinatum* (Bivona). Quelques-unes pourtant, comme l'*Ostrea cochlear* (Poli), l'*Aporrhaïs Serresianus* (Michaud), le *Murex lamellosus* (Cristofori et Jan) et le *Trochus granulatus* (Born), sont des formes méditerranéennes et communiquent à l'ensemble un caractère presque méridional. Le *Cidaris papillata* (Leske), l'*Echinus rarispina* (G. O. Sars), l'*Echinus elegans* (D. et K.), le *Spatangus Raschi* (Lovén) et plusieurs variétés de *Caryophyllia borealis* (Fleming) y abondent : ces espèces paraissent être abondantes à la profondeur de 100 à 200 brasses, depuis la Méditerranée jusqu'au cap Nord.

Après avoir fait du charbon à Galway, le *Porcupine* se dirigea vers le sud ; le temps étant rude et peu encourageant, on dragua dans les bas-fonds de 20 à 40 brasses dans la baie de Dingle. La semaine suivante une amélioration étant survenue, on continua les draguages à la hauteur de Valentia, et entre

Valentia et Galway, dans des profondeurs qui variaient de 80 à 808 brasses (station 2), avec une température, à la dernière de ces profondeurs, de 5°,2 C. Le caractère général de la faune est celui que jusqu'ici nous avons considéré comme septentrional. Plusieurs prises intéressantes furent faites : le *Nucula tumidula* (Malm.), le *Leda frigida* (Torrell), le *Verticordia abyssicola* (Jeffreys) et le *Siphonodentalium quinquangulare* (Forbes). Parmi les Échinodermes, une multitude d'individus appartenant à la grande forme de l'*Echinus norvegicus* (D. et K.), que je serais disposé à regarder, ainsi que plusieurs de ses *alliés*, comme une simple variété de l'*Echinus Fleemingii* (Ball), et la

Fig. 8. — *Gonoplax rhomboïdes*, FABRICIUS. Individu jeune, double de la grandeur naturelle (n° 3.)

belle Astérie dont j'ai fait mention, *Brisinga coronata* (G. O. Sars). Quelques intéressants Crustacés, y compris le *Gonoplax rhomboïdes* (Fabr.) (fig. 8), espèce méditerranéenne bien connue, et un jeune spécimen de *Geryon tridens* (Kroyer) (fig. 9), forme scandinave rare et seul Crustacé brachyure du nord de l'Europe qui n'ait jamais été pris dans les mers de la Grande-Bretagne.

C'est ici que les thermomètres de Miller-Casella ont été pour la première fois essayés et comparés avec ceux d'une construction ordinaire. Le minimum marqué sur l'un des premiers était de 5°,2 C., tandis que celui que marquait l'un des meilleurs instruments construits d'après le modèle du Bureau hydrogra-

PLANCHE II.—*Première Croisière du "Porcupine."*—1869

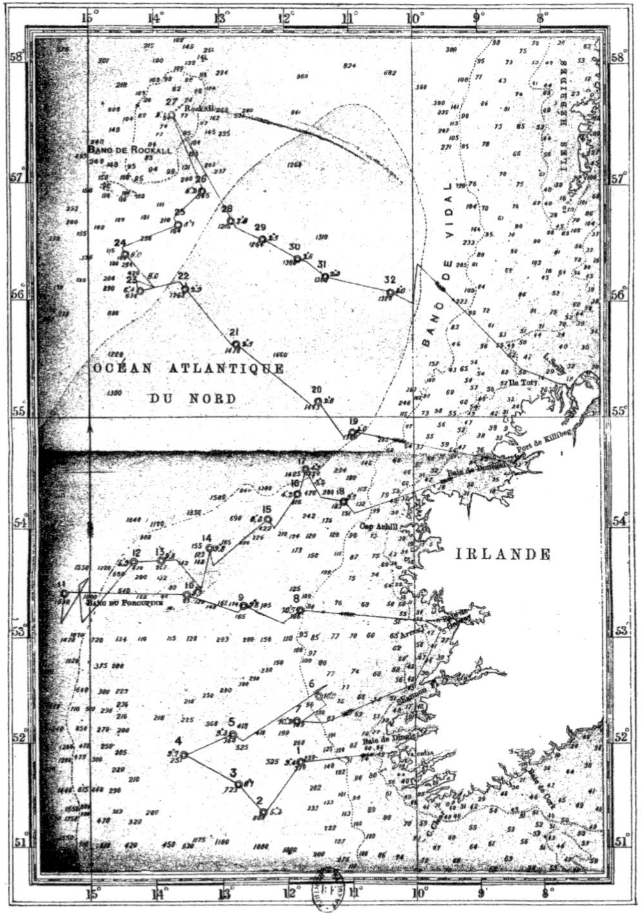

phique accusait 7°,3 C. Cette différence de 2° C. étant ce que le
résultat d'une expérience faite précédemment avait indiqué
comme la conséquence d'une pression égale à une tonne par
pouce carré, ce qui est à peu près l'équivalent de la pression
exercée par une colonne d'eau de mer de 800 brasses, cette
coïncidence valut aux indications de l'instrument *protégé* par
une enveloppe rigide un accroissement de confiance que toutes
les expériences subséquentes ont pleinement justifiée.

M. Gwyn Jeffreys et ses compagnons procédèrent ensuite à
l'examen du lit de la mer entre Galway et le *Banc du Porcupine*,
bas-fond découvert pendant une des croisières précédentes de

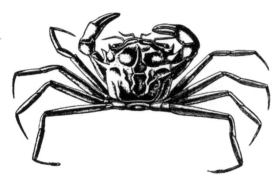

Fig. 9. — *Geryon tridens*, Kroyer. Individu jeune grossi deux fois. (n° 7.)

notre petit vaisseau sous les ordres du lieutenant Hoskyn de la
marine royale. Le draguage le plus profond de cette excursion
fut à 1230 brasses, avec une température minimum de 3°,2 C.,
et un fond de boue grisâtre fortement mélangée de sable. Les
animaux abondaient, même à cette grande profondeur : parmi
les Mollusques, plusieurs formes nouvelles voisines de l'*Arca*; le
Trochus minutissimus (Mighel), espèce de l'Amérique du Nord,
et plusieurs autres ; divers Crustacés et quelques intéressants
Foraminifères. Comme précédemment, dans les draguages profonds les Miliolines étaient de grande dimension, et les gros
Cristellaires passaient par toutes les phases de leur développe-

ment, depuis la forme rectiligne jusqu'à la spirale. Dans les
draguages moins profonds de cette croisière, la faune ressemblait beaucoup à ce que nous l'avions vue auparavant. Son
caractère principal était ce que nous appelions le « facies » du
Nord, probablement, ainsi que cela a été expliqué, parce que la
faune des grandes profondeurs, qui s'étend largement à la température de 0° à + 3° C., n'a été étudiée qu'à la hauteur des
côtes de la Scandinavie, où elle abonde à portée de l'observateur.

Ces draguages amenèrent : le *Limopsis aurita* (Brocchi),
l'*Arca glacialis* (Gray), le *Verticordia abyssicola* (Jeffreys), le
Dentalium abyssorum (Sars), le *Trochus cinereus* (Da Costa),
le *Fusus despectus* (L.), le *Fusus islandicus* (Chemn.), le *Fusus
fenestratus* (Turt), le *Columbella Haliœeti* (Jeffreys), le *Cidaris
papillata* (Leske), l'*Echinus norvegicus* (D. et K.), et le *Lophohelia prolifera* (Pallas).

Le *Porcupine* alors entra dans le port de Killibeg, sur la côte
au nord de Donegal, et y prit le charbon nécessaire pour sa
course à Rockall; comme on prévoyait que ce voyage durerait
quinze jours, on entassa sur le pont autant de charbon qu'il fut
jugé prudent de le faire.

Cette croisière fut très–heureuse, le temps fut constamment
beau, et M. Gwyn Jeffreys et ses aides purent draguer pendant
sept jours consécutifs dans des profondeurs qui dépassaient
1200 brasses, et pendant quatre dans des profondeurs moindres.
La plus considérable fut de 1476 brasses (station 21), et amena
des Mollusques, un Crustacé dont les yeux sont placés sur un
pédicule d'une longueur peu commune, et un beau spécimen
d'*Holothuria tremula*.

Les draguages profonds faits pendant cette course produi-
sirent de nouveaux et intéressants individus de toutes les sous–
divisions des Invertébrés. Parmi les Mollusques se trouvèrent
les valves d'un Brachiopode *imperforé* ayant une cloison à la
valve inférieure, que M. Jeffreys propose de nommer *Atretia
gnomon*, et parmi les Crustacés de nouvelles espèces de *Dyasty-*

lidæ, et plusieurs formes d'*Isopodes*, d'*Amphipodes* et d'*Ostra-codes*, dont quelques-unes inconnues à la science.

Deux ou trois spécimens d'un remarquable Échinoderme appartenant au genre *Pourtalesia* (A. Ag.) ont été ramenés d'une profondeur de 1215 brasses (station 28). Aucun de ces spécimens n'avait atteint tout son développement, à en juger par

Fig. 10. — *Orbitolites tenuissimus*, CARPENTER Mss. Grossi. (N° 28.)

l'état des ovaires. J'ai nommé provisoirement cette espèce *Pourtalesia phiale*. Après un examen minutieux, je me suis assuré que ce ne sont point là les jeunes d'une forme animale dont plus tard nous prîmes un exemplaire dans l'espace froid qui s'étend entre Faröer et les Shetland (station 64), et qui sera décrit plus loin. De beaux Coraux ont été fréquemment ramenés des profondeurs moyennes, ainsi que de grandes masses vivantes de

Lophohelia prolifera (fig. 30), de petites touffes d'*Amphihelia ramea*, et partout des variétés du *Caryophyllia borealis*.

Les Foraminifères, ainsi que nous l'avons déjà vu, étaient remarquables par leur volume; les mêmes types prédominaient toujours. Nous trouvâmes ici pour la première fois un Orbito-lite particulièrement intéressant, dont le type n'avait point encore été découvert, au nord, au delà de la Méditerranée, où il n'atteint qu'un fort petit volume. L'*Orbitolites tenuissimus* (Carpenter Mss.) (fig. 10) a le volume d'une pièce de 50 centimes et l'épaisseur d'une feuille de papier. Son excessive ténuité et la facilité avec laquelle les rangées de cellules dont il est composé se séparent les unes des autres, sont cause que tous nos grands spécimens étaient plus ou moins endommagés. Toutes les cellules sont sur le même plan; cette espèce appartient donc au « type simple » du genre, bien que la forme des cellules corresponde, ainsi que le docteur Carpenter l'a démontré, à celle de la couche supérieure dans le type complexe. Une autre particularité que le docteur Carpenter considère comme ayant une importance spéciale, c'est que, au lieu de commencer par une cellule centrale et circulaire comme l'*Orbitolites* ordinaire, cette espèce commence à se former par un rachis plusieurs fois contourné, comme chez un jeune *Cornuspira*, ce qui démontre l'analogie fondamentale de ce type cycloïde avec celui qui se développe en spirale.

Ainsi que je l'ai déjà dit, notre première intention était de consacrer la seconde croisière à l'exploration de l'espace qui s'étend à l'ouest des Hébrides extérieures, entre Rockall et la limite sud-occidentale de notre course sur le *Lightning*. Pendant la première croisière pourtant, le draguage avait été porté avec succès jusqu'à une profondeur de près de 1500 brasses; le résultat avait justifié nos prévisions et confirmé l'expérience de l'année dernière. Les conditions, jusqu'à cette profondeur du moins, étaient compatibles avec la vie de tous les types d'Invertébrés marins, quoique, dans les profondeurs extrêmes, le nombre d'espèces appartenant aux groupes les plus élevés fût sensiblement réduit; souvent aussi les individus n'avaient pas atteint leur taille normale. D'après ces observations (qui corroboraient parfaitement celles du docteur Wallich et de quelques autres expérimentateurs, au sujet desquelles il s'était élevé des divergences d'opinions occasionnées par l'imperfection des appareils dont on disposait alors), nous conclûmes qu'il n'est vraisemblablement aucune partie de l'Océan où les conditions soient assez altérées par la profondeur pour que la vie animale ne puisse s'y maintenir; que la vie, en un mot, n'est pas limitée par la profondeur. Nous ne pouvions pourtant pas encore considérer la question comme définitivement tranchée. Après en avoir délibéré avec le capitaine Calver, nous le trouvâmes tout disposé à tenter l'essai dans n'importe quelle profondeur; d'après les expériences précédentes il était convaincu du succès : nous nous décidâmes donc à demander à l'ingénieur-hydrographe l'autorisation de sonder dans les plus grandes profondeurs qui fussent à notre portée, 2500 brasses marquées sur les cartes à 250 milles d'Ushant. Les plus profonds sondages certains ne dépassent pas 3000 brasses, et nous comprenions que s'il nous était possible de déterminer sûrement et clairement les conditions qui existent à 2500 brasses, la question serait virtuellement résolue pour toutes les profondeurs de l'Océan, et que des recherches dans ses abîmes plus profonds encore ne seraient plus qu'affaire de curiosité et de détail. L'ingénieur-hydrographe accueillit favorablement ce changement de plan, et le 17 juillet, le *Porcupine* quitta Belfast sous la direction scientifique de l'auteur de cet ouvrage. M. Hunter, préparateur de chimie au Queen's College de Belfast, se chargea de l'examen et des analyses de l'eau de mer.

Le temps était au beau fixe. Le dimanche, pendant que nous descendions à toute vapeur le canal d'Irlande, la mer était au calme plat; une légère brume, suspendue sur l'eau, prêtait des effets charmants aux paysages des côtes. Dans la soirée du dimanche 18, nous jetâmes l'ancre à la hauteur de Bally-cottin, joli petit port situé à 15 milles environ de Queenstown, où nous nous rendions le lundi matin; nous jetâmes l'ancre à la hauteur de l'île de Haulbowline, à sept heures du matin. A Queenstown, M. P. Herbert Carpenter vint rejoindre M. Hunter au laboratoire, pour s'exercer sous sa direction à l'analyse des gaz, dont il devait être chargé pendant la troisième croisière. Le lundi 19 fut consacré à nous approvisionner de charbon et à nous procurer à Cork plusieurs choses qui manquaient au laboratoire de chimie; à sept heures du soir, nous quittons le quai à Haulbowline pour continuer notre voyage.

Pendant la nuit du lundi, nous allons au sud–ouest, passant devant l'ouverture du détroit. Le mardi nous draguons dans 74 et 75 brasses sur le plateau qui s'étend entre le cap Clear et Ushant, sur un fond de vase et de gravier; nous ramenons des coquilles et quelques exemplaires vivants des espèces généralement répandues dans les profondeurs moyennes. Le temps se maintenait remarquablement beau, le baromètre à 30 pouces 25, et la température de l'air est à 22°, 5 C.

Le mercredi 21 juillet, nous continuons notre marche au sud–ouest; la carte indiquait que nous naviguions toujours dans les eaux basses du canal. A 4 heures 30 min. du matin, nous draguons du gravier et des coquilles vides dans 95 brasses; mais vers le milieu du jour le plomb indique une bien plus grande profondeur; et, dans l'après–midi, ayant dépassé rapidement le bord du plateau, nous draguons dans 725 brasses, avec fond de sable vaseux (station 36). C'est là le niveau où se trouvent les Éponges siliceuses dans la région septentrionale, et bien que le fond soit ici très–différent, plus sablonneux avec un très-léger dépôt de Globigérines, nous avons ramené un spécimen à peu près complet, quoique mort, de l'*Aphrocallistes Bocagei* (Wright), Éponge siliceuse récemment décrite par M. le docteur E. Perceval Wright, d'après un spécimen fourni par M. le professeur Barboza du Bocage, et provenant des îles du cap Vert, et un ou deux petits spécimens de l'*Holtenia Carpenteri* (Wyville Thomson). Le sable vaseux renfermait une notable proportion de gravier et de coquilles vides.

PLANCHE III.—*Seconde Croisière du " Porcupine."*—1869.

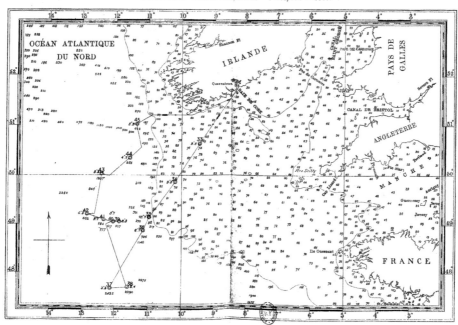

Le jeudi 22 juillet le temps était encore remarquablement beau ; la mer assez calme, avec une légère houle du nord-ouest. Nous sondons par 47° 38′ de latitude N. et 12° 8′ de longitude ouest, dans 2435 brasses (station 37). La moyenne des thermomètres de Miller-Casella donnait une température de 2°,5 C.

C'était la plus grande profondeur que nous eussions à espérer dans ces parages, et nous nous préparons à descendre la drague. Cette opération, sérieuse à une pareille profondeur, sera racontée en détail dans un autre chapitre. Elle réussit parfaitement. Le sac, ramené sur le pont le 23, à une heure du matin, après une absence de sept heures un quart et un voyage de plus de 7 milles, contenait 75 kilogr. de vase parfaitement caractérisée. La drague paraissait avoir plongé assez profondément dans ce limon liquide, car elle contenait des matières amorphes et une faible proportion de coquilles de *Globigérines* et d'*Orbulines* vivantes. Il s'y trouvait aussi une quantité appréciable de matière organique amorphe que nous considérons, soit comme un *processus*, soit comme un *mycelium*, ou comme un germe des Protozoaires variés, avec ou sans coquilles, mélangés probablement au *Bathybius*, ce *Monère* si universellement (selon toute apparence) répandu dans les grandes profondeurs.

Un criblage fait avec soin démontra que ce limon contenait des exemplaires vivants de chacune des sous-divisions des Invertébrés. Le 23, dès qu'il fait jour, nous les examinons ; aucun n'est vivant, mais leurs parties molles sont parfaitement fraîches, et il est très-certain qu'ils sont entrés vivants dans le sac de la drague. Les plus remarquables sont :

Mollusques. — *Dentalium*, sp. n., de grande dimension ; *Pecten fenestratus* (Forbes), espèce méditerranéenne ; *Dacrydium vitreum* (Torell), espèce arctique, norvégienne et méditerranéenne ; *Scrobicularia nitida* (Muller), norvégienne, anglaise et méditerranéenne ; *Neœra obesa* (Lovén), arctique et norvégienne :

Crustacés. — *Anonyx Holbollii* (Kroyer) (*Anonyx denticulatus*, Bate), avec le palpe secondaire de l'antenne supérieure

6

plus long et plus mince qu'il ne l'est chez les spécimens pris dans les bas-fonds; *Ampelisca æquicornis* (Bruzelius) ; *Munna*, spec. nova.

Un ou deux *Annélides* et *Gephyrées*, qui n'ont pas encore été classés.

ÉCHINODERMES. — *Ophiocten sericeum* (Forbes), plusieurs spécimens de belle venue; *Echinocucumis typica* (Sars). Cette espèce paraît être fort répandue; nous l'avons trouvée dans presque tous nos draguages profonds, soit dans les eaux chaudes, soit dans les froides.

Un remarquable Crinoïde à tige, allié au *Rhizocrinus*, mais présentant des différences marquées.

POLYZOAIRES. — *Salicornaria*, sp. n.

CŒLENTÉRÉS. — Deux fragments d'un Zoophyte hydroïde.

PROTOZOAIRES. — De nombreux Foraminifères appartenant aux groupes déjà indiqués comme spéciaux à ces eaux des abîmes, avec un Rhizopode branchu et flexible entouré d'une enveloppe chitineuse, garnie de Globigérines, qui recouvre un nodule charnu d'une teinte vert-olive. Ce singulier organisme, dont nous avions trouvé des fragments dans d'autres draguages, s'est présenté ici en grande abondance.

Une ou deux petites Éponges, qui paraissent devoir former un nouveau groupe.

Le vendredi 23 juillet, nous tentons un draguage à la même profondeur; mais quand la drague remonte à une heure trente minutes du soir, nous nous apercevons que la corde s'est repliée et a entouré le sac, qui ne contient absolument rien. La drague fut redescendue à trois heures du soir et remontée à onze heures avec plus de 100 kilogr. de limon. Nous trouvâmes cette fois-ci une nouvelle espèce de *Pleurotoma* et une de *Dentalium*; un *Scrobicularia nitida* (Müller); le *Dacrydium vitreum* (Torell); l'*Ophiacantha spinulosa* (Müller et Torell) et l'*Ophiocten Kroyeri* (Lütken); avec quelques Crustacés et bon nombre de Foraminifères.

Ces deux derniers draguages profonds ramenèrent un grand

nombre de magnifiques *Polycystines* et quelques formes intermédiaires entre les Polycystines et les Éponges, qui seront
décrites plus loin. Ces organismes ne paraissent pas avoir été
ramenés du fond, mais plutôt pris dans le sac pendant son
ascension vers la surface. Il y en avait autant à l'extérieur qu'à
l'intérieur du sac. Pendant les sondages que nous fîmes dans
ces parages, toute la longueur de la corde de sonde laissait
tomber, à mesure qu'on la retirait, sur la claire-voie de la soute
aux cartes, une véritable grêle de ces belles espèces de *Polycystines* et d'*Acanthométrines*.

Nous reprenons lentement la direction des côtes de l'Irlande,
et le lundi 26 juillet nous draguons des profondeurs qui
varient de 557 à 584 brasses (stations 39-41), dans un limon
mélangé de sable et de coquilles vides. Nous ramenons un
ou deux très-intéressants Zoophytes alcyonaires et plusieurs
Ophiurides, y compris l'*Ophiothrix fragilis*, l'*Amphiura Ballii*
et l'*Ophiacantha spinulosa*. Plusieurs de ces animaux étaient
d'une phosphorescence des plus brillantes, et plus tard, pendant
notre expédition dans le Nord, nous fûmes encore plus frappés
de ce phénomène. Dans certaines zones, presque tout ce que
nous ramenions semblait émettre de la lumière, et la vase elle-
même était couverte de points lumineux. Les Alcyonaires, les
Astéries fragiles et quelques Annélides étaient surtout brillants.
Les *Pennatulæ*, les *Virgulariæ* et les *Gorgoniæ* ont une lueur
blanche assez intense pour permettre de distinguer l'heure sur
une montre, pendant que celle de l'*Ophiacantha spinulosa*,
d'un vert brillant, partant du centre du disque, s'étend successivement sur chacun des bras et quelquefois dessine en traits
de feu la forme entière de l'Astérie.

Le 27, par un temps très-beau et une mer très-calme, nous
draguons à 862 brasses (station 42). Le fond est limon, sable et
coquilles vides. Parmi les Mollusques ramenés, se trouvent de
nouvelles espèces de *Pleuronectia*, *Leda abyssicola* (arctique),
Leda messiniensis (fossile tertiaire de Sicile), le *Dentalium gigas*
(sp. n.), le *Siphonodentalium* (sp. n.), le *Cerithium metula*,

Amaura (sp. n.), le *Columbella Haliæeti*, le *Cylichna pyrami-data* (norvégienne et méditerranéenne) et plusieurs coquilles vides de *Cavolina trispinosa*. Ces dernières étaient fort communes dans les draguages du nord, quoiqu'il ne nous soit jamais arrivé d'en voir un spécimen en vie à la surface.

Pendant l'après-midi nous relevons une série de températures intermédiaires, à intervalles de 50 brasses, depuis le fond, 862 brasses, jusqu'à la surface.

Le 28, draguage à 1207 brasses (station 43), avec fond limoneux. Un *Fusus* de grande dimension et d'une nouvelle espèce, *Fusus attenuatus* (Jeffreys), est ramené vivant avec deux ou trois *Gephyrea*, un exemplaire d'*Ophiocten sericeum* et un autre d'*Echinocucumis typica*. Nouveaux draguages le 29 et le 30, en nous rapprochant graduellement des côtes d'Irlande dans 865, 458, 180 et 113 brasses successivement (stations 44 et 45). Dans 458 brasses (station 45) nous capturâmes un exemplaire incomplet de *Brisinga endecacnemos*, déjà trouvé par M. Jeffreys à la hauteur de Valentia, et nombre de Mollusques intéressants; 458 et 180 brasses (stations 45 et 45 *a*) nous donnent une abondance extraordinaire d'animaux avec quelques formes très-intéressantes : le *Dentalium abyssorum*, l'*Aporrhaïs Serresia-nus*, le *Solarium fallaciosum*, le *Fusus fenestratus*, avec abondance de *Caryophyllia borealis*, et toutes les espèces ordinaires des grandes profondeurs de cette région.

La dernière station (45 *a*) nous offre un curieux assemblage d'Ophiurides. L'*Ophioglypha lacertosa* y était commun, de dimensions extraordinaires, et accompagné de deux espèces fort remarquables et nouvelles : une grande espèce d'*Ophiothrix*, se rapprochant de l'*Ophiothrix fragilis*, mais de dimension beaucoup plus grande, le disque dans les plus grands spécimens mesurant 25 millimètres de diamètre, et 275 millimètres de l'extrémité d'un rayon à l'extrémité d'un autre. Les nuances sont très-vives, violet et rose, et toutes les plaques du disque, ainsi que les plaques dorsales des bras, sont semées de minces spicules. Malgré son aspect tout à fait différent, j'avais l'arrière-pensée que ce pourrait bien n'être là qu'une variété bien distincte de l'*Ophiothrix fragilis*. Mon ami le Dr Lütken cependant affirme qu'elle en est complétement distincte. Je m'incline devant son autorité et lui dédie l'objet sous le nom d'*Ophiothrix Lutkeni*. La seconde trouvaille était une belle espèce d'*Ophiomusium*.

Vers midi, le samedi 31 juillet, nous entrons dans le port de Queenstown. Après avoir fait du charbon à Haulbowline le lundi 2 août, nous allons nous amarrer dans le bassin d'Abercorn à Belfast, le mercredi 4 au soir, après avoir fait une très-agréable traversée de retour en remontant le détroit.

Il était urgent, après un si long séjour en mer, de nettoyer à fond les chaudières ; le *Porcupine* ne quitta donc Belfast que le mercredi 11 août, pour se rendre à Stornoway, son port de départ.

L'état-major scientifique se composait du Dr Carpenter, de M. P. Herbert Carpenter, qui, ayant fait son apprentissage avec M. Hunter pendant la dernière expédition, en faisant des analyses dans des circonstances très-favorables, se trouvait tout prêt à entreprendre maintenant cette tâche sous sa propre responsabilité, et de moi. Notre projet était de suivre notre premier programme en repassant avec soin sur la région parcourue à bord du *Lightning*, afin de constater avec de meilleurs appareils et des instruments plus exacts la singulière distribution des températures dans les espaces « chauds » et dans les « froids », de tracer aussi exactement que possible les trajets des courants de température différente, et de déterminer l'influence de ces courants sur le caractère et sur la distribution de la vie animale.

Quittant Stornoway dans l'après-midi du dimanche 15 août, nous gagnons tout de suite l'endroit où, l'année précédente, nous avions fait le plus heureux draguage d'« espace chaud » ; nous obtenons le même succès, et la drague nous ramène plusieurs beaux spécimens d'*Holtenia*, et une superbe série d'*Hyalonema*, depuis 2 millimètres de longueur jusqu'à 30 et 40 centimètres.

nous avions ainsi tous les degrés de développement de la merveilleuse *corde de verre* et la preuve qu'elle fait bien partie de
l'Éponge elle-même. C'est le *Carteria* du Dr J. E. Gray.

Fig. 11. — *Porocidaris purpurata*, WYVILLE THOMSON. Grandeur naturelle. (N° 47.)

La nouveauté la plus intéressante pourtant qui soit venue
récompenser notre labeur, c'est un bel Échinide appartenant
aux Cidaridées, et auquel j'ai donné le nom de *Porocidaris*

purpurata (fig. 11). Je crois être dans le vrai en rapportant cette belle espèce au genre *Porocidaris*, quoiqu'elle ne possède pas le trait spécial d'après lequel Desor distingue le genre. Quelques *radioles* — on appelle ainsi les spicules fossiles de Cidarites — présentant un caractère très-prononcé, ont été trouvés dans diverses formations, depuis l'oolithe inférieure. Ces spicules ont la forme de spatules; ils sont comprimés, sillonnés longitudinalement, aplatis, et fortement dentelés sur les bords. Des spicules semblables ont été découverts dans les couches nummulitiques du val Dominico, près de Vérone; ces spicules étaient associés à des plaques qui ont beaucoup de rapports avec celles des *Cidaris*, à cette différence près, qu'une rangée de trous perfore le test dans l'espace aréolaire qui entoure le tubercule primordial. Notre Oursin ne possède point ce trait, mais les radioles ont les stries longitudinales, la forme plate et les bords dentelés de ceux du *Porocidaris*.

Je n'attache qu'une médiocre importance aux perforations des plaques. D'après les dessins de Desor, elles ne sont pas rondes, mais ovales, assez irrégulières, et rayonnant autour de la base du spicule. Notre nouvelle espèce présente une série de dépressions occupant la place de ces sillons perforés qui sont sans aucun doute destinés à l'insertion des muscles qui font mouvoir ces longs spicules; le test est mince, ces sillons creusés dans la plaque la pénètrent si profondément, que le moindre effort, le frottement même de l'eau, achève de la percer.

Nos espèces récentes et les formes éocènes ont un autre caractère commun : les cercles aréolaires ne sont pas très-accusés, et les aréoles tendent à devenir confluentes.

On n'avait découvert jusqu'ici de ce genre, à l'état fossile, que des plaques détachées; les plaques ovariennes étaient inconnues. Elles présentent un caractère très-singulier et qui a certainement une grande valeur générique. L'ouverture ovarienne ne pénètre pas la plaque, mais perfore une membrane qui garnit un espace de forme carrée dont une moitié est prise sur le bord extérieur de la plaque sous la forme d'une entaille

triangulaire; l'autre moitié est formée par la séparation angu-
laire que forment deux plaques interradiales supérieures, au
milieu de l'espace interradial. Les spicules caractéristiques en
forme de spatules sont rangés autour de la bouche. Les spicules
plus grands qui sont plantés autour de la ligne équatoriale de la
couronne sont de formes diverses; quelques-uns sont cylindriques, s'amincissant un peu à l'extrémité, d'autres ont un renflement épais et finissent rapidement en pointe. La coloration de
l'animal est très-remarquable. Les spicules courts qui couvrent
le test sont d'un beau violet; un violet plus foncé et plus riche
encore teint le tiers inférieur du spicule et finit brusquement
par une ligne nettement tranchée. Le spicule, au delà de cette
partie violette, est d'un charmant rose pâle. Deux exemplaires
adultes de cette belle espèce nous tombèrent entre les mains,
ainsi que deux jeunes, dont l'un avait atteint à peu près la
moitié de son développement et l'autre était beaucoup plus
petit.

Nous marchons lentement vers le nord dans la direction des
Faröer, en faisant de fréquents sondages pour déterminer le
plus exactement possible le point où l'on passe de l'eau chaude
dans l'eau froide. Un sondage de température, fait par 59° 37'
de latitude et 7° 40' de longitude, indique une profondeur à
peine moindre que celle du fond des *Holtenia*, 475 brasses, avec
une température de fond légèrement plus élevée, 7°,4 C., et à la
station 50, par 59° 54' de lat. et 7° 52' de long., avec une profondeur de 335 brasses, le minimum de température s'était élevé
à 7°,9 C. Un sondage, station 51, par 60° 6' de lat. et 8° 14' de
long., donne 440 brasses et une température de fond de 5°,5 C.,
témoignant que nous passons à un ensemble de conditions différentes. A la station 42, par 60° 25' de lat. et 8° 10' de long.,
quelques milles seulement plus loin, avec une profondeur de
384 brasses, presque la même qu'à la station 20, les thermomètres indiquent un minimum de — 0°,8 C. Nous changeons
notre direction pour l'est-sud-est, et après un trajet d'environ
25 milles, nous sondons dans 490 brasses avec une température

de fond de — 1°,1 C. Les six stations suivantes, nᵒˢ 54 jusqu'à 59, sont toutes dans la zone froide, avec une température au-dessous du point de congélation de l'eau douce. A la dernière station, nᵒ 59, 60° 21′ de lat. et 5° 41′ de long., à une profondeur de 580 brasses, le thermomètre abrité indique la plus basse température que nous ayons encore rencontrée, — 1°,3 C.

Pendant que nous traversons la zone froide en faisant ces observations, le temps est extrêmement beau, et sous la sur-veillance minutieuse du capitaine Calver tous nos appareils fonctionnent admirablement. Les températures sont toujours notées d'après les indications des deux mêmes thermomètres de Miller-Casella ; nous les comparons de temps en temps avec d'autres instruments, et nous trouvons toujours leurs indi-cations exactes, malgré la prodigieuse pression à laquelle les soumettent leurs immersions fréquentes. Les instruments de sondage et les dragues ne nous ont jamais donné de mécomptes, et un ingénieux procédé que nous devons à notre capitaine nous a permis quelquefois de multiplier nos prises au centuple. Quel-ques touffes d'étoupe de chanvre qui rappelaient les fauberts servant à laver le pont, ont été suspendues au bas de la drague ; ces touffes enchevêtrées balayent le fond de chaque côté de l'en-gin, entraînant et accrochant tout ce qui offre quelque aspérité et n'est pas adhérent au sol. Comme les Échinodermes, les Crustacés et les Éponges sont très-abondants dans la zone froide, les touffes revenaient souvent littéralement chargées, tandis qu'il n'y avait que fort peu de chose dans le sac.

Pendant le cours de notre dernière série de draguages nous avons traversé la position du banc sur lequel, l'année précé-dente, nous avions recueilli de gros spécimens de *Terebratula cranium* en grande abondance ; mais nous n'avons pu parvenir à le retrouver : ce banc paraît être d'une étendue fort restreinte ; dans cette circonstance, comme la première fois que nous y pas-sâmes, le ciel fut si couvert pendant plusieurs jours de suite, qu'on ne put déterminer la position du *Lightning* ou du *Porcu-pine* par l'observation. Un calcul d'estimation pour établir le chemin parcouru par un vaisseau qui flotte pendant la plus grande partie du jour, traînant après lui une drague, est difficile à faire avec une certaine rigueur.

Après la 59ᵉ station nous nous dirigeons au nord et nous sommes chaudement accueillis à Thorshaven par notre bienveillant ami le gouverneur Holten, qui, averti de notre arrivée, vient dans sa chaloupe nous souhaiter la bienvenue. Le gouverneur Holten était très-fier de son canot, et ce n'était pas sans raison. Cette embarcation était très-bien et très-élégamment construite; elle était montée par douze vigoureux rameurs des Faröer en uniforme propre et soigné et par notre ami lui-même, grand et bel homme, enveloppé de la capote et de l'épais capuchon que nécessitent les brumes et l'air un peu vif de cette région; le drapeau danois flottait à sa poupe, et, ainsi paré, ce canot faisait plaisir à voir. Arrivé à bord, le gouverneur proposa au capitaine Calver une course en l'honneur de la vieille Angleterre et du drapeau blanc. Quelques-uns d'entre nous se disposant à se rendre à terre, notre chaloupe était prête, et quand le gouverneur remonta de la cabine, douze Shetlandais en vestes bleues, immobiles comme des statues, s'appuyaient sur leurs avirons qui scintillaient au soleil, attendant le signal du départ. Le gouverneur examina les deux bateaux de l'œil exercé d'un marin, et continua à parler avec amour de « la Vierge de Faröer »; mais s'apercevant, je suppose, comme l'a dit Tennyson, « que nous étions tous Danois, » la proposition de l'épreuve de nos forces fut abandonnée d'un commun accord.

Obligés de passer quelques jours à Thorshaven pour renouveler différentes provisions épuisées, nous désirions profiter de ce temps pour voir Myling-Head, magnifique falaise, située à la pointe nord-ouest de Stromoë; ce rocher dont le sommet surplombe la base et plonge perpendiculairement dans la mer d'une hauteur de 2000 pieds. Autour de ces îles la marée a la rapidité d'un courant capable de faire marcher un moulin. Le gouverneur nous apprit qu'en partant avec la marée montante du matin, si notre vaisseau était assez bon marcheur pour suivre le

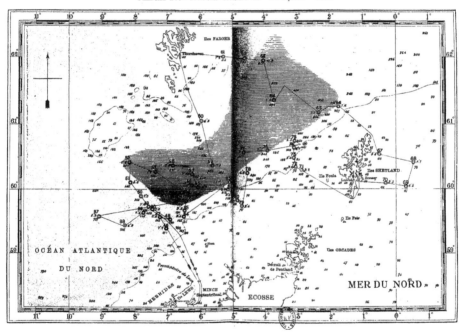

mouvement de l'Océan, il serait possible de faire le tour de l'île en passant sous Myling, et de rentrer à Thorshaven en six heures; si nous ne profitions pas de la marée, l'entreprise devenait difficile et ne pouvait plus s'exécuter qu'avec une grande dépense de temps et de combustible.

La marée devait atteindre son point le plus élevé le lundi suivant 23 août, à quatre heures du matin; le ciel s'étant maintenu d'une limpidité inaccoutumée dans ces régions jusqu'au dimanche soir, nous prenons tous nos arrangements dans l'espoir de faire une excursion des plus agréables, car nos aimables hôtes avaient consenti à nous accompagner. Le lundi, à l'aube, la tempête et la pluie battante nous forcent à renvoyer notre visite au célèbre promontoire.

Le lendemain, le temps s'étant remis au beau, nous quittons Thorshaven vers midi, marchant au sud-est, de manière à traverser le profond détroit qui sépare Faröer des Shetland. Nos deux premières stations de draguage sur le plateau de Faröer dépassèrent 100 brasses, mais le troisième sondage exécuté dans la soirée du 24, dans une profondeur de 317 brasses, donna une température de 0°,9 C.; nous sommes donc revenus dans le courant froid. Persistant dans cette direction, sous petite vapeur, pendant la nuit, nous faisons un sondage dans la matinée, par 61°21' de latitude N. et 3°44' de longitude O., dans une profondeur de 640 brasses, avec une température de fond de — 1°,1 C. Un draguage ramène des cailloux roulés et du gravier fin, avec quelques formes animales. Parmi ces dernières il s'en trouve une particulièrement intéressante, un spécimen de grande dimension d'une belle espèce du genre *Pourtalesia*, Oursin en forme de cœur, dont un des congénères fut découvert par M. de Pourtalès dans ses explorations du Gulf-stream, le long de la côte américaine, et un second par M. Gwyn Jeffreys près de Rockall. L'exemplaire actuel (fig. 12) est plus gros que ceux qui avaient été précédemment dragués et paraît appartenir à une espèce distincte.

Le test est complétement dissemblable à celui de tous les

autres Échinodermes vivants et connus. Il est long de deux
pouces, de forme presque cylindrique et se termine, dans sa
partie postérieure, par un rostre peu allongé; son extrémité
antérieure est tronquée. La surface du test est couverte de spicules courts ayant la forme de spatules, et vers l'extrémité antérieure il existe une espèce de frange composée de longues épines

Fig 12. — *Pourtalesia Jeffreysi*, Wyville Thomson. Légèrement grossi [1]. (N° 64.)

cylindriques qui vont se multipliant vers la surface supérieure.
La bouche se trouve au fond d'un sillon antérieur et inférieur
très-profond, et l'anus est placé sur la surface dorsale, dans une
cavité située au-dessus du rostre terminal. La disposition des
ambulacraires est toute particulière. Les quatre ouvertures ovariennes et le tubercule madréporique sont sur la surface dorsale, au-dessus de l'extrémité antérieure tronquée à la base de
laquelle la bouche est placée, et les trois sillons ambulacraires
du *trivium* font un court trajet qui part de l'anneau oral vascu-
laire; le premier parcourt le centre de la face antérieure, et les
deux autres passent le long de ses bords, pour se réunir au premier et former ensemble un anneau autour des ouvertures ovariennes. Les deux sillons du *bivium* font un singulier trajet :
ils retournent dans la grande prolongation postérieure du test,
sur les côtés de laquelle ils forment des boucles en passant au
travers des ouvertures qui garnissent une double rangée de
plaques ambulacraires assez irrégulières qui viennent se réunir

1. J'ai le plaisir de dédier cette intéressante espèce à mon savant collègue J. Gwyn
Jeffreys, membre de la Société Royale.

sur un même point, très-postérieurement au point de convergence des trois ambulacraires du *bivium*. Entre les deux points
de convergence placés sur la ligne centrale du dos, se trouvent
intercalées plusieurs plaques. Ainsi les trois ambulacraires antérieurs se terminent au point de convergence de leurs plaques
oculaires, où se trouvent également quatre plaques génitales,
ainsi que le tubercule *madréporique;* les deux ambulacraires
postérieurs avec leurs plaques oculaires se rencontrent sur un
autre point, où ils forment un sommet. La cinquième plaque
génitale est nulle. Ce qui donne un intérêt particulier à la découverte de cet Oursin, c'est que, bien qu'il n'existât, à notre
connaissance, aucun type vivant de cette conformation, désignée sous le nom « d'ambulacraires disjoints », nous connaissons depuis longtemps une famille fossile, les *Dysasteridæ*, qui
présente ce caractère. Plusieurs espèces du genre *Dysaster*
(Agassiz), les *Collyrites* (Desmoulins), *Metaporhinus* (Michelin),
Grasia (Michelin), se retrouvent depuis l'oolithe inférieure
jusque dans la craie blanche. On en avait jusqu'ici supposé
la race éteinte.

Le draguage suivant compte parmi le très-petit nombre de
nos tentatives complétement avortées, car le sac nous revint tout
à fait vide ; nous avons attribué ce mécompte à un accroissement
de vent et de houle, qui, en faisant dériver le vaisseau, a empêché la drague d'atteindre le fond.

Notre matinée est consacrée à une série de sondages de température, à intervalles de 50 brasses, de la surface au fond.
Notre réussite est satisfaisante et les résultats en seront développés plus tard. Pendant les 50 premières brasses l'abaissement de température fut rapide ; les 150 brasses suivantes se
maintiennent à une température élevée et assez égale, puis il y
a un nouvel abaissement entre 200 et 300 brasses, les thermomètres marquant à la plus grande profondeur 0° C. Depuis
300 brasses jusqu'au fond, la température ne tombe guère que
d'un degré. Ainsi la masse entière de l'eau dans ce détroit est
divisée presque également en couche supérieure et couche

inférieure ; cette dernière est formée par un *courant arctique* de près de 2000 pieds d'épaisseur, coulant dans la direction du sud-ouest, sous une couche *supérieure* relativement chaude, qui se dirige lentement vers le nord-est; la moitié inférieure de celle-ci est soumise à l'influence de la couche sur laquelle elle coule, et sa température en est sensiblement modifiée [1].

Nos draguages suivants s'exécutent sur le plateau des Shetland, à des profondeurs inférieures à 100 brasses et sur un terrain qui avait été déjà soigneusement étudié par M. Gwyn Jeffreys. Nous ne ramenons que fort peu de nouveautés, mais nous sommes redevables aux perfectionnements apportés à nos appareils de draguage de recueillir quelques-unes des curiosités de « Haaf », telles que le *Fusus norvegicus* (Chemnitz), le *Fusus berniciensis* (King), le *Pleurotoma carinatum* (Bivona) en nombre considérable. Les touffes de chanvre nous sont d'un grand secours pour les Échinodermes. La drague souvent a ramené en une seule fois, soit dans le sac, soit sur les étoupes, plus de 20 000 exemplaires du joli petit Oursin *Echinus norvegicus* (D. et K.).

Le 28 août, nous jetons l'ancre dans le port de Lerwick, où nous demeurons plusieurs jours à nous ravitailler, à examiner les antiquités remarquables et les curiosités géologiques du voisinage, et à bouleverser les magasins de mercerie et de bonneterie de la ville, afin d'y trouver ces légers tissus de laine dont le travail et les matériaux imitent, avec une délicatesse presque égale à la leur, les mailles du squelette des *Holtenia*, des *Euplectella* et des *Aphrocallistes*.

Pendant cette première partie de notre croisière, presque tous les draguages ont été faits dans la région froide, et nous y avons constaté une grande uniformité de conditions. La température moyenne du fond se maintient toujours un peu au-dessous du point de congélation de l'eau douce, et tombe quelquefois à près de 2° C. au-dessous de zéro. Le fond se compose uniformément

1. Dr Carpenter in „ Preliminary Report on the Scientific Exploration of the Deep Sea, 1869 ". (Proceedings of the Royal Society, vol. XVII, p. 441.)

de gravier et d'argile ; le gravier du côté du détroit avoisinant l'Écosse consiste surtout en débris du gneiss laurentien et des autres roches métamorphiques du nord de l'Écosse et des couches devoniennes de Caithness et des Orcades. Du côté de Faröer, les cailloux sont surtout basaltiques. Cette différence se montre d'une façon très-marquée dans la couleur et la composition des tubes des Annélides, et dans le test de divers Foraminifères. Les cailloux sont tous arrondis, et leur volume varié, ainsi que l'inégalité et les rugosités du gravier dans plusieurs parties, témoignent d'un mouvement sensible au fond de l'Océan.

Il paraît certain, d'après la direction des dépressions qui existent sur la ligne isotherme de la région (pl. VII), qu'il y a un courant direct d'eau froide se dirigeant de la mer du Spitzberg dans celle du Nord, et qu'un embranchement de ce courant froid passe par le détroit de Faröer. La faune des régions froides est certainement caractéristique, quoique plusieurs de ses espèces les plus remarquables leur soient communes avec les grandes profondeurs des régions chaudes, dès que la température tombe au-dessous de 2° ou 3° C.

Une étendue considérable du détroit de Faröer est recouverte par une Éponge qui est probablement identique avec le *Cladorhiza abyssicola* (Sars), dragué par G. O. Sars dans les grandes profondeurs, près des îles Loffoten. Cette Éponge forme une espèce de buisson ou d'arbrisseau qui, dans certaines parties, recouvre des espaces considérables, comme la bruyère revêt une lande. Il y en a au moins trois espèces, dont l'une a les branches fixes et roides, tandis que dans une autre le corps est beaucoup plus mou, et des branches latérales s'échappent d'un rachis central comme les barbes sortent de la côte d'une plume d'autruche. Les rameaux paraissent quelquefois avoir de 50 à 80 centimètres de longueur, et les tiges près de la base ont de 2 à 3 centimètres de diamètre. La tige et les branches ont un axe central composé d'une substance demi-transparente d'un vert jaunâtre, ressemblant à de la corne et remplie de masses de spicules en forme d'aiguilles disposés en faisceaux serrés et

longitudinaux. Cet axe est recouvert par une écorce molle de
substance spongieuse soutenue par des spicules aigus à deux
crochets, qui caractérisent le genre *Esperia* et ses alliés. La
croûte est couverte de pores et se soulève çà et là en papilles
perforées de grandes ouvertures (*oscula*). Cette Éponge paraît
appartenir à un groupe voisin des Espériadées, ou encore peut-
être à quelques-unes des
formes fossiles dont les
traces sont si abondantes
dans certaines couches
des terrains crétacés. Une
espèce encore plus belle,
appartenant au même
groupe, a été draguée par
M. Gwyn Jeffreys pendant
la première croisière de
l'année suivante.

FIG. 13. — *Stylocordyla borealis*, LOVEN. Grandeur
naturelle. (N° 64.)

Une autre Éponge de
grande dimension (fig. 13)
est très-abondante. Elle
a été admirablement dé-
crite par M. le professeur
Loven sous le nom (je
ne sais trop pourquoi)
d'*Hyalonema boreale*.
Elle est plus rapprochée
du *Tethya*, car le corps
de l'Éponge doit la faire
rentrer certainement dans
le type des Éponges cortiquées, bien qu'elle diffère de tous les
autres membres connus de cet ordre, en ce qu'elle est sup-
portée par une longue tige symétrique formée, ainsi que M. le
professeur Loven l'a démontré, de faisceaux de courts spicules
reliés entre eux par un ciment corné. Une touffe de fibres
minces sert à fixer la base de la tige. M. le professeur Oscar

Schmidt, dans son *Esquisse de la faune spongiaire de l'Atlantique*, classe cette forme dans son genre *Cometella*, qu'il associe aux *Suberites*, qui ne sont que des *Tethya* modifiés ; avec un ou deux autres groupes génériques il forme la famille, les *Suberitidinæ*, qui fait partie de l'ancien ordre des *Corticatæ*, ordre qu'il propose de démembrer. Je doute fort que cet arrangement soit adopté, car les éponges siliceuses, dont le squelette se compose surtout de faisceaux rayonnés de longs spicules, forment un ensemble naturel et remarquable. Le *Stylocordyla* est évidemment très–rapproché, par les formes et les caractères généraux, de l'Éponge pédiculée de la Méditerranée, dessinée par Schmidt sous le nom de *Tetilla euplocamos*[1].

Les Foraminifères n'abondent pas dans la zone froide, quoique çà et là de nombreuses et remarquables formes, de dimensions considérables, s'attachent aux touffes de chanvre. Elles appartiennent principalement au type *Arenaceus*. A la station 51, un des draguages intermédiaires entre la zone froide et les courants chauds, les touffes de filasse remontèrent une multitude de tubes longs de près d'un pouce, formés de grains de sable cimentés ensemble. Pendant l'excursion du *Lightning*, l'année précédente, sur le banc du milieu, avec les spécimens de *Terebratula cranium*, nous avions trouvé en abondance un *Lituola* des sables qui avait à peu près la même apparence, si ce n'est qu'à l'une de leurs extrémités les *Lituolæ* ont une bouche proéminente ; en les brisant, cette bouche se répète, moulée distinctement en grains de sable colorés d'une nuance particulière, dans chacun des compartiments en lesquels le test est divisé. La nouvelle forme pourtant n'était pas sectionnée en chambres ; la cavité centrale était continue, « bien que parcourue dans toute sa longueur par des processus irréguliers, formés en partie de grains de sable et de spicules d'Éponge teintés d'une couleur spéciale, et ressemblant à ceux que le Dr Carpenter a

1. Die Spongien der Küste von Algier. Von Dr Oscar Schmidt, Professor der Zoologie und vergleichenden Anatomie, Director des Landschaftlichen zoologischen Museums zu Gratz. Leipzig, 1868.

7

décrits dans le gigantesque fossile *Parkeria*[1]. L'une des extrémités de cette cavité est voûtée ; des intervalles ménagés entre les grains de sable agglutinés permettent, paraît-il, à l'animal gélatineux qui l'habite de communiquer avec le monde extérieur, en faisant passer au travers ses tentacules charnus. L'autre extrémité est invariablement brisée, et cette fracture a fait supposer au Dr Carpenter que l'animal, auquel il a donné le nom générique de *Botellina*, naît et se développe attaché à un corps étranger.

Les Échinodermes pullulent dans la zone froide. Dans le détroit au nord et à l'ouest des Shetland, nous avons ajouté à la faune des mers de la Grande-Bretagne, outre un grand nombre d'espèces nouvelles, toutes les formes décrites par les naturalistes scandinaves comme vivant dans les mers de Norvége et du Groenland.

Le *Cidaris hystrix* est très-abondant et de grande dimension à une profondeur relativement faible. La grande forme de l'*Echinus Fleemingii* (Ball) est rare ; mais à toutes les profondeurs la drague ramène quelque variété douteuse, comme l'*Echinus elegans* (D. et K.), certaines formes de l'*Echinus norvegicus* (D. et K.), ou de l'*Echinus rarituberculatus* (G. O. Sars). Il serait peut-être nécessaire de les décrire, car dans leurs formes extrêmes elles présentent des différences très-marquées ; mais, après en avoir vu des milliers, car chaque voyage de la drague en rapporte, depuis Faröer jusqu'à Gibraltar, je les regarde simplement comme des variétés de l'*Echinus Fleemingii*. J'ai déjà parlé des innombrables myriades du petit *Echinus norvegicus* (D. et K.). Il n'a que 15 millimètres de diamètre, et il pullule sur les bancs de pêche de Haaf. Ces petits Oursins sont adultes, comme le prouve le développement de leurs organes ; et, en voyant l'abondance de trois grandeurs différentes, je suppose qu'ils atteignent leur entier développement en deux ans et demi ou trois ans. Quant à leur couleur, à leur structure

---

1. Philosophical Transactions, 1869, p 806.

et à la forme des pédicellaires, je n'y vois rien qui les distingue d'une forme qui a quatre fois leurs dimensions et qui est commune dans les grandes profondeurs à la hauteur des côtes de l'Irlande ; ces derniers ne se distinguent par aucun caractère défini, ayant une valeur spécifique, de l'*Echinus Fleemingii* des bas-fonds, aussi grand que les variétés ordinaires de l'*Echinus sphæra*.

La variété shetlandaise de l'*Equus Caballus* n'a certainement pas plus d'un quart de la dimension d'un cheval camionneur de Londres, et je ne vois aucune raison pour qu'il n'y ait pas un *poney* Oursin aussi bien qu'un *poney* Cheval.

M. le professeur Alexandre Agassiz[1] a découvert que l'espèce d'*Echinocyamus* de la Floride n'est que le jeune d'un Clypéastroïde très-commun dans la même région, le *Stolonoclypus prostratus* (Ag.), et il pense que notre *Echinocyamus angulosus* (Leske) ne pourrait bien être qu'une de ces variétés naines, rabougries, ou des jeunes non développés du *Stolonoclypus* américain, dont « le pseudembryon » aurait été entraîné par le Gulf-stream ; ce pourrait être encore une forme d'un Clypéastroïde européen inconnu jusqu'ici.

Les trois prétendues espèces du genre *Toxopneustes* de la zone froide auront, je le crains, à subir une fusion. Le *Toxopneustes pictus* (Norman) et le *Toxopneustes pallidus* (G. O. Sars) ne sont bien certainement que des variétés du *Toxopneustes drobachiensis* (O. F. Müller).

Les jeunes du *Brissopsis lyrifera* (Forbes) se sont montrés en abondance à toutes les profondeurs, mais les exemplaires adultes ne paraissent plus au delà de 200 brasses, et sont plus gros et plus nombreux de 50 à 100 brasses. Le *Tripylus fragilis* (D. et K.), forme scandinave assez rare, a été ajouté à la faune britannique. Les draguages profonds dans les zones froides en ont ramené plusieurs spécimens, malheureusement écrasés pour la plupart, à cause de leur grande fragilité. De

1. Bulletin of the Museum of Comparative Zoology, n° 9, p. 291.

magnifiques spécimens du bel Oursin-cœur, *Spatangus Raschi*, sont très-abondants dans la même zone et à la même profondeur.

Les Astéries étaient nombreuses; des espèces rares et nouvelles surchargeaient parfois les étoupes. Les deux formes du *Brisinga*, le *Brisinga endecacnemos* (Absjornsen), et le *Brisinga coronata* (G. O. Sars), remontaient de temps en temps, et étaient toujours reçus comme des captures précieuses, malgré la difficulté et la peine de débarrasser un à un leurs bras épineux du chanvre au milieu duquel ils se trouvaient enchevêtrés : ils n'étaient presque jamais à l'intérieur de la drague. Le *Solaster papposus* (Forbes), apparemment leur plus proche parent, bien que fort éloigné, était très-abondamment représenté par une très-jolie variété des grandes profondeurs. Cette espèce a dix bras; son diamètre est de 40 millimètres du bout d'un bras à l'autre; elle est d'un beau rouge orangé, même à la station 64, à une profondeur de 640 brasses. Nous draguâmes en abondance le *Solaster furcifer* (D. et K.) (fig. 14),

qui jusque-là n'avait été vu que dans les mers scandinaves. Le *Pedicellaster typicus* (Sars) se montrait assez rare, et plus fréquemment on ramenait le joli *Astrogonium granulare* (Müller et Troschel), qui rappelle un biscuit de mer. En deçà de 100 brasses, nous avons trouvé l'*Astrogonium*

Fig. 14. — *Solaster furcifer*, von Düben et Koren. Grandeur naturelle. (N° 55.) *phrygianum* (O. Fred. Müller) et l'*Asteropsis pulvillus* (O. F. Müller).

Un curieux petit groupe d'Astéries, en forme de pelotes, était représenté par le *Pteraster militaris* (Müller et Troschel), le *Pteraster pulvillus* (Sars), et par deux autres formes nouvelles pour la science : le *Korethraster hispidus* (sp. nov.), dont toute la surface supérieure est couverte de longues villosités semblables à des pinceaux noirs (fig. 15). Les sillons ambula-

craires sont bordés de rangées de spicules délicats en forme de
spatules. Comme le *Pteraster*, il a une double série de pieds

FIG. 15. — *Korethraster hispidus*, WYVILLE THOMSON, face dorsale. Double de la grandeur
naturelle. (N° 57.)

coniques. L'autre genre (fig. 16) est peut-être encore plus
remarquable. Cette Astérie est très-aplatie ; la surface dor-

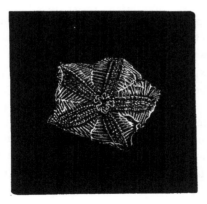

FIG. 16.—*Hymenaster pellucidus*, WYVILLE THOMSON, face ventrale. Grandeur naturelle. (N° 59.)

sale est couverte de courts tubercules qui soutiennent une
membrane, comme dans le *Pteraster*. La rangée de spicules

qui garnit les sillons ambulacraires est très-allongée et garnie d'une membrane qui, régnant le long du côté d'un bras, se réunit à la membrane du bras adjacent, de telle sorte que les angles que forment les intervalles des bras se trouvent entièrement remplis par une pellicule mince, retenue et soutenue par les spicules : le corps de l'animal devient ainsi un pentagone régulier. Il n'y a pas trace, sur la surface abdominale ni sur les bras, de ces rangées transversales, de plaques membraneuses en forme de peignes, qui caractérisent le genre *Pteraster*.

Parmi les Astéries des grandes profondeurs, les formes qui sont de beaucoup les plus abondantes et les plus remarquables appartiennent aux genres *Astropecten* et *Archaster* et à leurs alliés. De 100 à 200 brasses, la petite forme de l'*Astropecten irregularis*, de l'*Astr. acicularis* (Norm.), pullule littéralement à certaines places, ordinairement en compagnie de la petite variété du *Luidia Savignii* (Müller et Troschel) et du *Luidia Sarsii* (D. et K.). Je ne doute pas que ces deux espèces, *Astropecten acicularis* et *Luidia Sarsii*, ne soient simplement des variétés de grande profondeur des formes qui atteignent des proportions beaucoup plus grandes dans les bas-fonds. M. Édouard Waller fit, pendant l'été de 1869, une croisière de draguage dans le yacht de M. Gwyn Jeffreys, sur la côte méridionale de l'Irlande. Il se borna à explorer la zone de 100 brasses et un peu en deçà, et obtint une magnifique série d'*Astropecten* et de *Luidia*, comprenant tous les degrés intermédiaires entre les petites et les grandes variétés.

La zone froide nous a donné l'*Astropecten tenuispinus* en grande abondance et d'une grande beauté. Les houppes de chanvre en étaient quelquefois toutes rouges, et avec cette espèce, une belle et nouvelle forme d'un gris plombé tout particulier, avec des tubercules placés sur la surface dorsale du disque formant une rosette pétaloïde comme chez les *Clypeaster*. Nous avons trouvé, à d'assez rares intervalles, l'*Astropecten arcticus* (Sars) dans les draguages profonds. Les espèces boréales du genre *Archaster* étaient abondantes et de grande dimension : l'*Archaster Parelli* (D. et K.), dans des eaux relativement basses, et l'*Archaster Andromeda* abondaient dans de plus grandes profondeurs.

Aux stations 57 et 58, et à plusieurs autres dans la zone froide, nous prîmes plusieurs spécimens d'un bel *Archaster* (fig. 17), qui a sur son bord extérieur un double rang de plaques

FIG. 17. — *Archaster bifrons*, WYVILLE THOMSON, face dorsale. Trois quarts de grandeur naturelle. (N° 57.)

marginales carrées, qui lui donnent l'apparence épaisse du *Ctenodiscus* : chaque plaque marginale est couverte de grains miliaires, et porte au centre une épine proéminente et rigide. C'est une grande variété et l'une des plus remarquables que nous ayons ajoutées à la liste des espèces connues. Elle est d'une belle couleur crème ou nuancée de rose tendre,

Le *Ctenodiscus crispatus* nous est apparu rarement et de petite taille, ne dépassant pas 25 millim. de diamètre. Presque chaque draguage ramenait l'*Asteracanthion Mulleri* (M. Sars), et des spécimens de toutes les dimensions de *Cribrella sangui-nolenta* (O. F. Müller).

La distribution des Ophiurides était entièrement nouvelle pour un dragueur anglais. La forme de beaucoup la plus abondante, dans les profondeurs moyennes, était l'*Amphiura abyssi-cola* (M. Sars), espèce jusqu'ici inconnue dans les mers britanniques. A des profondeurs plus grandes, cette espèce était associée en nombre à peu près égal à l'*Ophiocten sericeum* (Forbes).

Partout l'*Ophiacantha spinulosa* (Müller et Troschel) abonde : l'*Ophioglypha lacertosa*, commun dans ces bas-fonds, est remplacé par l'*Ophioglypha Sarsii* (Lütken); l'*Ophiopholis aculeata* (O. F. Müller) se plaît à habiter parmi les branches de Corail et les polypiers pierreux. Dans les draguages de zone froide aussi caractérisés que ceux des stations 54, 55, 57 et 64, on trouve les deux espèces d'*Ophioscolex*, l'*Ophioscolex purpurea* (D. et K.), et l'*Ophioscolex glacialis* (Müller et Troschel), le premier très-abondant dans certains endroits, le dernier beaucoup plus rare. Les deux espèces sont nouvelles dans la zone britannique, et deux formes très-remarquables qui les accompagnent sont nouvelles pour la science. Une de celles-ci est un grand Ophiu-ride aux bras épais et longs de plus de 3 décimètres, et dont le disque large et mou rappelle celui de l'*Ophiomyxa*, dont il est voisin. Les spécimens pêchés ne sont malheureusement pas assez bien conservés pour permettre d'en faire une étude complète. L'autre forme est une grande et belle espèce du genre *Ophiopus* de Ljungmans. Les plaques dont le disque est recouvert sont petites, de nuance sombre, et masquées en grande partie par une membrane semblable à un réseau. L'*Amphiura Balli* (Thoms.) est commun dans les profondeurs moyennes, et de loin en loin nous avons ramené un exemplaire isolé du charmant petit *Ophiopeltis securigera* (D. et K.), récemment acquis à la faune shetlandaise par le Rév. A. Merle Norman.

Nous avons été très-agréablement surpris de draguer dans la zone froide un grand nombre d'exemplaires du plus beau

des Crinoïdes du Nord, l'*Antedon Eschrichtii*. Cette espèce n'a
pas encore, que je sache, été trouvée dans les mers du Spitzberg
ou de la Scandinavie; tous nos échantillons de musées viennent
du Groenland ou du Labrador. Il en est de même du *Ctenodiscus
crispatus*. Aucun de ces spécimens du nord de l'Écosse n'a
d'aussi grandes dimensions que ceux du Groenland. Un ou deux
draguages à une profondeur moyenne nous donnèrent de nombreux exemplaires de l'*Antedon celticus* (Barrett), forme encore
plus abondante encore dans le Minch; chaque draguage, à peu
d'exceptions près, nous ramenait quelque spécimen incomplet
ou quelque fragment de l'*Antedon Sarsii*.

Nous avons trouvé, à une ou deux reprises, un fragment de
la tige du *Rhizocrinus*; mais, chose assez bizarre, pas un seul
spécimen de cet intéressant petit Crinoïde n'est sorti de la zone
froide et n'est venu récompenser nos efforts; pourtant nos conclusions sont justes, et le courant arctique dans lequel il abonde
arrive directement des îles Loffoten, dans le détroit de Faröer.

Nous ramenons partout beaucoup d'Holothuries dans les
profondeurs dépassant 200 ou 300 mètres; le petit et délicat
Echinocucumis typica (M. Sars); le *Psolus squamatus* (Koren),

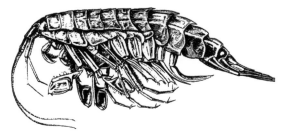

FIG. 18. — *Eusirus cuspidatus*, KROYER. (N° 55.)

qui ne paraît pas être très-commun, bien que nous l'ayons dragué une fois en grande abondance pendant que nous étions sur
le *Lightning*. Les disques blancs, couverts d'écailles, ressor-
taient sur les cailloux unis et foncés du basalte de Faröer, auxquels ils étaient attachés. Nous trouvions de temps en temps

l'*Holothuria ecalcarea* (Sars) : c'est une nouvelle et intéressante acquisition pour la faune britannique. Elle produit un singulier effet chaque fois qu'elle nous arrive parmi des animaux plus petits et plus délicats; elle ressemble a une volumineuse saucisse d'Allemagne de 20 à 30 centimètres de longueur.

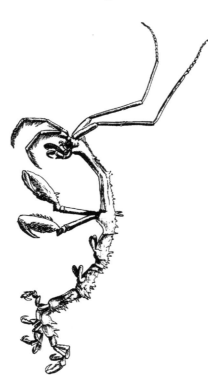

FIG. 19. — *Caprella spinosissima*, NORMAN. Double de la grandeur naturelle. (N° 59.)

Dans les draguages caractéristiques de la zone froide, nous avons trouvé quelques Crustacés intéressants; j'en dessine un ou deux, car ils témoignent en quelque sorte de la source qui alimente cette zone. Ils appartiennent aux gigantesques formes des Amphipodes et des Isopodes de la mer Arctique.

L'*Eusirus cuspidatus* (Kroyer) (fig. 18) n'était connu jusque-là que dans la mer du Groenland, et le genre était représenté dans les mers britanniques par un exemplaire imparfait d'une autre espèce.

La figure 19 est une espèce grande et jusqu'ici inconnue du genre *Caprella*, singulier groupe de *Crevettes squelettes*. Dans ces parages, elles s'attachent par leurs crochets ou griffes inférieures aux Éponges branchues, et laissent flotter au gré des vagues leurs corps grotesques et décharnés.

L'*Æga nasuta* (Norman) (fig. 20) est encore une nouvelle

espèce, un Isopode de forme normale. Des spécimens beaucoup
plus gros de ce curieux genre sont pourtant connus sur les côtes

FIG. 20. — *Æga nasuta*, NORMAN. Un peu grossi. (N° 55.)

britanniques, vivant ordinairement à demi parasites sur de gros
Poissons.

L'*Arcturus Baffini* (Sabine) (fig. 21) est aussi un des Isopodes

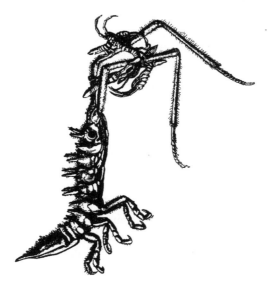

FIG. 21. — *Arcturus Baffini*, SABINE. Grandeur naturelle. (N° 59.)

normaux, régulier jusqu'à un certain point dans sa conformation, mais d'un aspect très-particulier dans son extérieur et
dans ses attitudes. L'*Arcturus* a, comme le *Caprella*, l'habitude

de se fixer par ses membres inférieurs à quelque organisme
sous-marin, en élevant la partie antérieure de son corps d'une
façon bizarre; mais il a de plus une paire d'antennes énormes
auxquelles les petits s'attachent par leurs pattes, se rangeant
le long de ces appendices comme une double frange vivante.
L'*Idotea (Arcturus) Baffini* a été décrit pour la première fois
dans l'Appendice au quatrième voyage du capitaine Parry. Cette
espèce, ou une autre très-voisine, paraît exister aussi dans les
mers antarctiques. Sir James Clark Ross raconte[1] qu'en draguant dans une profondeur de 270 brasses, par 72° 31′ de latitude S. et 173° 39′ de longitude E., le filet ramena en grand
nombre des « Corallines, des Flustres, et une grande quantité
d'animaux marins invertébrés, qui témoignaient d'une grande
abondance et d'une grande variété de vie animale. Parmi ces
animaux, j'ai remarqué deux espèces de *Pycnogonum*, et
l'*Idotea Baffini*, qui jusqu'ici étaient regardés comme spéciaux
aux mers arctiques, et quelques autres formes encore. » La
gravure représente l'*Arcturus Baffini*, surmonté de sa progé-
niture, qui cependant est infiniment moins *alignée* qu'à l'ordinaire. L'organisation de la *nursery* a éprouvé un certain dés-
ordre; elle est habituellement beaucoup plus régulière.

Une ou deux espèces du singulier Arachnide marin du
genre *Nymphon*, de très-grande dimension, se trouvaient
fréquemment engagées en grand nombre sur les houppes de
chanvre. Ce groupe paraît être particulièrement caractéristique
des mers froides. Les récentes expéditions polaires suédoise
et allemande disent en avoir trouvé de dimension presque
incroyable, de 30 centimètres environ de diamètre; on en a vu
d'énormes dans les grandes profondeurs des régions antarctiques. Ces animaux remontent souvent cramponnés à la corde
de sonde (fig. 22).

Les Mollusques, qui, dans nos précédentes expéditions, faisaient le fonds principal de nos draguages, sont ici de beaucoup

1. A Voyage of Discovery and Research, vol. I, p. 202.

inférieurs, soit comme nombre, soit comme variétés, aux
groupes déjà décrits. La différence entre la forme des Mollusques
de la zone froide et des Mollusques de la zone chaude n'est
pas, à beaucoup près, aussi grande que chez les autres groupes.
Un des types les plus intéressants que nous ayons trouvés est

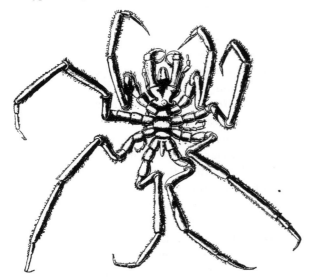

FIG. 22. — *Nymphon abyssorum*, NORMAN. Légèrement grossi. (N° 56.)

le *Terebratula septata* (Philippi), *Terebratula septigera* de
Lovén, Brachiopode ramené vivant (station 65) dans le détroit de Shetland, d'une profondeur de 345 brasses, par une
température de fond de — 1°,1 C. Une variété de cette espèce,
découverte dans les couches pliocènes de Messine, a été décrite
et dessinée par M. le professeur Seguenza sous le nom de
Waldheimia peloritana; il est évident qu'elle est identique avec
le *Waldheimia floridana*, découvert dans le golfe du Mexique
par M. de Pourtalès : la nôtre les surpasse tellement en dimension, qu'il est évident que l'eau glacée est sa patrie véritable.

Nous n'avons pris qu'un très-petit nombre de Poissons, ce

qu'il faut attribuer probablement à ce que la drague est un engin fort peu favorable à leur capture. Les quelques espèces tombées entre nos mains ont été confiées par M. Loughrin à M. Couch de Polperro, pour être étudiées à notre retour. La liste comprend une nouvelle forme générique intermédiaire entre les *Chimæra* et *Macrourus*, qui a été ramenée de 540 brasses de profondeur dans la zone froide ; une nouvelle espèce d'un genre voisin des *Zeus* ; un nouveau *Gadus* se rapprochant du Merlan ordinaire ; une nouvelle espèce d'*Ophidion* ; une espèce d'un nouveau genre se rapprochant du *Cyclopterus* ; le *Blennius fasciatus* (Bloch), nouveau pour la Grande-Bretagne ; l'*Ammodytes siculus* ; un nouveau et très-beau *Serranus*, et un nouveau *Syngnathus*.

La mort est venue interrompre les travaux du doyen des naturalistes de Cornouailles, pendant qu'il préparait descriptions et dessins ; il a quitté cette vie chargé d'années et de travaux, et un autre que lui devra terminer cette tâche qu'il avait entreprise avec un si vif intérêt.

On verra que, dans la zone froide, la température de fond ne diffère pas, à 500 brasses, de plus de deux ou trois degrés de celle de la zone chaude aux profondeurs qui dépassent 1500 brasses. Il paraît donc que, comme le Dr Carpenter l'a clairement démontré, toutes les conditions extrêmes de climat qui, dans les profondeurs de l'Atlantique, s'étendent verticalement à 2 ou 3 milles, sont ici renfermées, sans que leurs rapports se trouvent sensiblement modifiés, dans l'espace d'un demi-mille. Nous trouvons la même surface chaude, et le rapide abaissement de température pendant le premier trajet de descente ; la même déviation des courbes, indiquant une zone liquide chauffée par une cause étrangère à la radiation solaire ; le même abaissement rapide en traversant une « couche mélangée », et enfin le même refroidissement lent à travers une masse inférieure d'eau froide dont la température est uniforme.

Ainsi qu'on devait s'y attendre, s'il est exact que les conditions arctiques se continuent à travers toutes les régions pro-

fondes de la mer, un grand nombre des habitants de la zone
froide vivent aussi dans les grandes profondeurs de Rockall, et
plus au sud, jusqu'à la hauteur des côtes du Portugal ; mais la
faune du détroit de Faröer comprend, outre ces formes généralement répandues, un ensemble d'espèces, entre autres les
grands Crustacés, les Arachnides et quelques-unes des Astéries, qui ne caractérisent pas les mers glaciales en général,
mais bien cette partie de la province arctique comprise dans
les mers du Spitzberg, du Groenland et de Loffoten. Il n'est pas
douteux que ce caractère spécialement arctique de la faune ne
se maintienne par la migration continuelle d'espèces venues
du Nord à la faveur du courant arctique indiqué par les
dépressions des lignes d'égale température. Bien des espèces
de la zone froide ne se sont pas rencontrées en dehors de ses
limites, à cause, sans aucun doute, de la *canalisation* en quelque sorte complète et de la disparition des courants froids
à l'ouverture occidentale du détroit qui sépare les Hébrides
des bancs des Faröer.

Habitation du gouverneur à Thorshaven (Faröer).

APPENDICE A

Documents et Rapports officiels sur les explorations du vaisseau de S. M. le Porcupine *pendant l'été de* 1869. — *Extraits des Procès-verbaux du conseil de la Société Royale, expliquant l'origine de l'expédition du* Porcupine *et le but qu'elle s'est proposé d'atteindre.*

21 janvier 1869.

Le rapport préliminaire des opérations de draguage exécutées par les Drs Carpenter et Wyville Thomson (sur le *Lightning*) ayant été pris en considération, il a été résolu que :

Vu les résultats importants qu'ont amenés les recherches fort restreintes faites à titre d'essai dans les profondeurs de l'Océan, le Président et le conseil considèrent comme opportun pour les progrès de la zoologie et des autres branches de la science qu'une nouvelle exploration soit tentée dans le courant de l'été prochain, qu'elle embrasse une étendue plus considérable, et que pour l'exécution de cette entreprise il soit fait appel au Gouvernement de Sa Majesté, dont la coopération nous a déjà été généreusement accordée l'année dernière.

Une commission sera nommée pour faire au conseil un rapport au sujet des mesures à prendre pour mettre à exécution la présente résolution dans les meilleures conditions possibles. La commission se composera du Président du bureau auquel on adjoindra le Dr Carpenter, M. Gwyn Jeffreys et le capitaine Richards.

18 février 1869.

Le rapport suivant de la commission des études sur la mer a été lu à la Société Royale :

La commission nommée par le conseil le **21** janvier pour étudier les mesures que demande la continuation de l'étude des conditions physiques et biologiques des grandes profondeurs de la mer dans le voisinage des côtes britanniques, présente le rapport suivant :

Les résultats obtenus par les draguages et les sondages de température opérés pendant la courte croisière du vaisseau de Sa Majesté le *Lightning* en août et septembre 1868, concordant avec les draguages récemment exécutés sous la direction du gouvernement suédois et de celui des États-Unis et avec les remarquables sondages de température du capitaine Shortland dans le golfe Arabique, ont prouvé d'une manière concluante :

1° Que le lit de l'Océan, à la profondeur de 500 brasses et au-dessus, présente à l'étude un vaste champ dont l'exploration méthodique ne saurait manquer de donner des résultats du plus haut intérêt sous le rapport de la physique, de la biologie et de la géologie.

2° Que cette exploration méthodique est absolument impossible avec les ressources privées, et exige des moyens d'action et un matériel dont le Gouvernement seul peut disposer.

On espère que le Gouvernement sera amené un jour à considérer ce travail comme un des devoirs spéciaux de la marine britannique, qui possède, par ses vaisseaux qu'elle envoie dans le monde entier, infiniment plus de facilités qu'aucun autre pays pour faire des études de ce genre.

Pour le moment, la commission est d'avis que la Société Royale fasse connaître au Gouvernement l'opportunité qu'il y aurait à agir d'après les aperçus dont le Dr Carpenter a accompagné son rapport préliminaire sur la croisière du *Lightning*, en organisant pour la prochaine saison une expédition pour l'étude minutieuse des parties les plus profondes de l'Océan, entre le nord de l'Écosse et les îles Farœr, et en étendant cette étude tout à la fois au nord-est et au sud-ouest, de manière à connaître parfaitement les conditions physiques et biologiques des deux provinces sous-marines comprises dans cette zone, provinces qui sont caractérisées par un contraste de climats extrêmes auxquels correspond une différence considérable dans la faune; il serait bon de remonter aux causes de cette différence de climat, tout en continuant les recherches dans des profondeurs plus considérables encore que toutes celles que la drague a parcourues jusqu'à présent.

Tout ceci peut s'accomplir sans trop de difficultés (à moins que le temps ne se montre particulièrement défavorable) avec un vaisseau convenablement pourvu du matériel nécessaire, depuis le milieu de mai jusqu'à la mi-septembre. Il faudrait que le vaisseau fût assez considérable pour fournir un équipage dont chaque « quart » pût, sans trop de fatigue, continuer le travail de manière à profiter le plus possible des grands jours de l'été et des temps calmes. Il le faudrait pourvu des objets nécessaires à l'étude immédiate des spécimens obtenus, étude qui est un des buts importants de l'expédition. Comme il n'y a aucune nécessité d'étendre les recherches au delà de 400 milles des côtes, il serait facile de se procurer les approvisionnements nécessaires à cette croisière de quatre mois, en relâchant de temps en temps dans le port le plus rapproché. Ainsi, en supposant que le vaisseau partît de Cork ou de Galway pour se rendre d'abord dans le détroit qui sépare Rockall des Iles-Britanniques, où se trouvent des profondeurs de 1000 à 1300 brasses, les draguages et les sondages pourraient se faire en suivant la direction du nord jusqu'à ce qu'il devînt nécessaire de gagner Stornoway. Après avoir quitté ce port, l'expédition pourrait se rendre dans la zone qui est au nord-ouest des Hébrides, où les profondeurs les plus modérées (de 500 à 600 brasses) offriraient une plus grande facilité pour l'étude approfondie de cette portion du lit de l'Océan sur laquelle un dépôt crétacé est en voie de formation. Les recherches faites par le *Lightning* ont démontré que la faune de cet espace présente des traits particulièrement intéressants, et que l'examen sérieux du dépôt arriverait probablement à éclairer des phénomènes jusqu'ici inexpliqués, qui se présentent dans l'ancienne formation crayeuse. Cette étude demanderait environ six semaines, après lesquelles le vaisseau pourrait se ravitailler de nouveau à Stornoway. Il conviendrait de soumettre ensuite au même examen la zone qui s'étend au nord et au nord-est de Lewis ; comme ici on se trouve en pleine zone froide, il serait bon de faire une étude spéciale de ses limites et des causes des particularités de sa température. Tout ceci exigerait l'extension des recherches dans la direction du nord-est, ce qui amènerait le vaisseau dans le voisinage des îles Shetland, où Lerwick serait un port de ravitaillement très-convenable. Le temps dont on pourrait disposer encore serait avantageusement employé à draguer autour des Shetland en se tenant à la distance qui donnerait de 250 à 400 brasses, tous les draguages faits par M. Gwyn Jeffreys n'ayant pas dépassé 200 brasses.

Les recherches portant sur les sciences naturelles doivent se faire sous la direction d'un chef (qui pourrait ne pas être le même pendant toute l'expédition) secondé par deux préparateurs capables (fournis par la Société) qui seraient engagés pour tout le temps que durerait la croisière. M. Gwyn Jeffreys est disposé à la diriger pendant les premières cinq ou six semaines, jusqu'à la fin de juin par exemple. M. le professeur Wyville Thomson serait prêt alors à prendre sa place ; puis M. le Dr Carpenter irait rejoindre l'expédition, qu'il ne quitterait qu'à la fin des travaux. Il serait avantageux que le chirurgien attaché au vaisseau eût des connaissances en histoire naturelle, qui lui permissent de s'intéresser aux recherches et d'y prendre part.

L'expérience acquise dans l'expédition précédente devra servir de guide pour le choix qu'on fera des appareils qu'il sera nécessaire de demander au Gouvernement, s'il accède à nos désirs.

Quant aux instruments que la Société Royale se chargerait de fournir, la commission demande que la liste détaillée en soit confiée à un comité composé d'hommes spéciaux connaissant d'une manière pratique leur construction et leur usage.

Il est décidé que le rapport qu'on vient d'entendre est accepté et adopté, et qu'en conséquence une demande sera présentée au Gouvernement de Sa Majesté.

Société Royale, Burlington House.

Ce 18 février 1869.

Relativement au rapport préliminaire présenté par le Dr Carpenter sur les explorations des grandes profondeurs faites pendant la croisière fort courte du vapeur de Sa Majesté le *Lightning*, pendant les mois d'août et de septembre derniers, rapport qui a été soumis à l'examen des Lords commissaires de l'Amirauté, je suis chargé par le Président et par le conseil d'exposer que, vu les résultats importants qu'ont produits ces recherches dans la mer, malgré les proportions fort restreintes, sous le rapport de l'étendue et de la durée, dans lesquelles elles ont été faites, ils regardent comme fort désirable, dans l'intérêt des sciences biologique et physique et dans celui des progrès de l'hydrographie, qu'il soit entrepris une nouvelle exploration pendant l'été prochain, et qu'on lui donne une étendue plus vaste à parcourir et à étudier ; ils viennent donc soumettre la chose à l'examen des Lords, dans l'espoir que la coopération si libéralement accordée l'année dernière par le Gouvernement de Sa Majesté sera également acquise à l'entreprise projetée pour laquelle ce secours est indispensable.

À l'appui de la possibilité d'exécution et des chances de succès de la nouvelle exploration projetée, je suis chargé d'expliquer que, soit pour le but à atteindre, soit pour la marche à suivre et les moyens à employer, on s'est inspiré des observations faites et de l'expérience acquise pendant la dernière expédition.

Ci-joint se trouve le rapport détaillé de la commission qui a été chargée par le conseil d'étudier le projet.

Il est convenu que les appareils scientifiques, ainsi que la rémunération des préparateurs, seraient à la charge de la Société Royale. Quant au matériel qu'on pourrait encore demander au Gouvernement de Sa Majesté, l'expérience de la dernière expédition fournirait les données nécessaires dès que le plan général aura été approuvé. Le Président et le conseil ont pensé que si le navire requis pour ce travail pouvait être pris parmi les vaisseaux qui font le service de surveillance, la somme à dépenser pour le Gouvernement serait fort minime.

Je suis, etc.   W. Sharpey, M. D.,

Secrétaire de la Société Royale.

Il a été décidé : Qu'une commission sera nommée pour étudier les appareils scientifiques dont il sera nécessaire de munir l'expédition projetée. La commission se composera du Président et des officiers avec le Dr Carpenter, le capitaine Richards, M. Siemens, le Dr Tyndall et sir Charles Wheatstone, avec faculté de s'adjoindre d'autres membres.

Qu'une somme de 200 livres sterling, prise sur les fonds accordés par le Gouvernement à la Société, sera mise à la disposition du Dr Carpenter, dans le but de continuer les études sur la température et la faune des grandes profondeurs de la mer, au moyen des sondages et des draguages.

18 mars 1869.

L'ingénieur-hydrographe de la marine a annoncé, par une communication verbale, que les Lords commissaires de l'Amirauté ont consenti à la demande formulée dans la lettre du Dr Sharpey du 18 février ; que le vaisseau de surveillance de Sa Majesté le *Porcupine* a été désigné pour faire ce service, et que son équipement est en voie d'exécution sous la direction de son commandant, le capitaine Calver.

Le 15 avril 1869.

Il a été donné lecture de la lettre suivante, émanant de l'Amirauté :

19 mars 1869.

Monsieur, je suis chargé par les Lords commissaires de l'Amirauté de vous prévenir que le Dr Carpenter et ses préparateurs, qui ont été désignés par la Société Royale pour accompagner l'expédition qui est à la veille de partir pour le voisinage des îles Faröer dans le but d'examiner le fond de l'Océan au moyen de sondages pratiqués dans les grandes profondeurs, seront entretenus pendant leur séjour à bord du *Porcupine* aux frais du Gouvernement.

Je suis, etc.

W. G. ROMAINE.

Au Président de la Société Royale.

17 juin 1869.

Il a été donné lecture du rapport suivant :

La commission nommée le 18 février pour étudier les appareils scientifiques dont il sera nécessaire de pourvoir l'expédition des recherches marines, soumet au conseil le rapport suivant :

Les sujets principaux d'étude de physique qui offrent le plus d'intérêt par eux-mêmes et par leurs rapports avec la question de la vie animale dans les grandes profondeurs, sont les suivants :

1° La température, non-seulement au fond, mais encore à divers degrés de profondeur entre le fond et la surface;

2° La nature et la quantité des gaz dissous ;

3° La quantité de matière organique contenue dans l'eau, la nature et la quantité des sels inorganiques;

4° La quantité de lumière qui pénètre dans les grandes profondeurs.

Parmi ces différents sujets, la commission est d'avis de s'en tenir, pour commencer, à ceux dont on s'est déjà occupé, et dont on serait à peu près certain de terminer l'étude.

Les déterminations des températures ont été faites jusqu'ici au moyen de thermomètres à minima. Il est évident que des thermomètres plongés au fond de la mer, quand bien même ils ne subiraient aucune influence de la pression, n'indiqueraient que la température la plus basse, marquée *à un endroit quelconque*, entre la surface et le fond, mais non pas *nécessairement au fond même*. Les températures à diverses profondeurs pourraient peut-être (à la condition toutefois qu'elles ne s'élèvent sur aucun point en pénétrant plus profondément) être constatées par une série de thermomètres à minima placés de distance en distance le long de la corde, ce qui pourtant présenterait encore de grandes difficultés. D'ailleurs la facilité qu'aurait l'index de se déplacer et la probabilité que les indications thermométriques seraient influencées par la grande pression à laquelle les instruments se trouveraient soumis, rendaient très-nécessaire l'invention d'une méthode d'après laquelle on pût fixer et assurer leurs indications.

Pour atteindre ce but, deux projets ont été déposés, l'un par sir Charles Wheatstone, l'autre par M. Siemens.

Les deux projets exigent l'emploi d'un courant voltaïque entretenu au moyen d'une batterie établie sur le pont, et nécessitent un câble pour le transport de fils isolés. Le premier repose sur l'action d'un thermomètre de Breguet immergé, lequel, par un arrangement électro-mécanique, est *lu* par un instrument indicateur placé sur le pont. Le second fait dépendre l'indication de température, de l'existence d'une variation thermale dans la résistance électrique d'un fil conducteur. Il porte sur l'égalisation des courants dérivés dans deux bobines partielles exactement similaires, renfermant chacune un fil de cuivre qui parcourt toute la longueur du câble, et d'un rouleau de résistance en fil de platine mince. Le rouleau de l'une des bobines étant plongé dans la mer au bout du câble, et celui de l'autre bobine immergé dans un baquet placé sur le pont et rempli d'eau dont la température peut être réglée et maintenue en ajoutant de l'eau froide ou chaude et indiquée par un thermomètre ordinaire.

Les instruments qu'exigerait le projet de sir Charles Wheatstone sont plus dispendieux et demandent plus de temps pour les préparer; la commission ne voulant pas courir le risque de perdre, par la rupture toujours possible d'un câble, un instrument assez coûteux, a préféré adopter le projet de M. Siemens; l'appareil nécessaire à son exécution est terminé, et il a été mis en usage pendant l'expédition.

Un troisième projet a été imaginé par le Dr Miller pour parer aux effets de la pression sur un thermomètre à minima, sans gêner la vue de la *tige* pour examiner la position de l'index. Il consiste à enfermer la boule du thermomètre dans une boule extérieure assujettie un peu plus haut sur la tige. L'espace qui est entre les deux boules est partiellement rempli de liquide pour rendre plus prompte la transmission de la température. La commission a fait construire quelques thermomètres à minima d'après ce principe, et ils ont parfaitement fonctionné. La méthode est expliquée dans un travail qui sera lu devant la Société.

Pour obtenir de l'eau provenant des plus grandes profondeurs draguées, la commission s'est procuré un instrument construit dans ses données générales d'après le plan de celui qui a été décrit par le Dr Marcet dans les *Philosophical transactions* de 1819, et qui a été employé avec succès pendant les premières expéditions dans le Nord.

M. Gwyn Jeffreys fait dans ce moment-ci la première croisière sur le *Porcupine*, le vaisseau que l'Amirauté a envoyé dans ce but, et il est accompagné de M. W. L. Carpenter (fils du Dr Carpenter), qui s'est chargé des travaux de physique et de chimie. Le Président a reçu une lettre de M. Jeffreys qui donne les plus grands éloges au zèle et à la capacité de M. Carpenter. Les thermomètres *protégés* d'après le plan du Dr Miller, et l'instrument destiné à remonter l'eau des grandes profondeurs, ont répondu, dans la pratique, à ce qu'on en attendait. L'instrument de M. Siemens n'était pas complétement achevé quand le *Porcupine* a pris la mer, et n'était pas encore rendu à bord quand la lettre de M. Jeffreys a été écrite. Les analyses des gaz ont pu se faire avec succès, malgré les mouvements du navire. D'après une lettre du Dr Carpenter reçue plus récemment, il paraît que l'appareil de M. Siemens agit jusqu'ici en parfaite harmonie avec les thermomètres protégés d'après la méthode du Dr Miller.

16 juin 1869.

Il a été résolu que le rapport qui vient d'être entendu serait réuni aux procès-verbaux.

APPENDICE B

Tableau de la profondeur, de la température et de la position du vaisseau de Sa Majesté le Porcupine aux différentes stations de draguage, pendant l'été de 1869.

NUMÉROS des STATIONS.	PROFONDEUR en BRASSES.	TEMPÉRATURE du FOND.	TEMPÉRATURE de la SURFACE.	LATITUDE.	LONGITUDE.
1.	370	9,4 C.	12,3 C.	51° 51′ N.	11° 50′ O.
2.	808	5,2	12,3	51 22	12 25
3.	722	6,1	12,5	51 38	12 50
4.	251	9,7	12,0	51 56	13 39
5.	364	9,3	12,2	52 7	12 52
6.	90	10,0	12,2	52 25	11 40
7.	159	10,2	11,8	52 14	11 48
8.	106	10,7	12,3	53 15	11 51
9.	165	9,8	12,0	53 16	12 42
10.	85	9,7	12,5	53 23	13 29
11.	1630	»	»	53 24	15 24
12.	670	5,9	11,2	53 41	14 17
13.	208	9,8	12,0	53 42	13 55
14.	173	9,8	11,8	53 49	13 15
15.	422	8,3	11,2	54 5	12 17
16.	816	4,2	11,7	54 19	11 50
17.	1230	3,2	11,8	54 28	11 44
18.	183	9,7	11,8	54 15	11 9
19.	1360	3,0	12,6	54 53	10 56
20.	1443	2,8	13,0	55 11	11 31
21.	1476	2,7	13,4	55 40	12 46
22.	1263	2,9	13,8	56 8	13 34
23.	630	6,4	14,0	56 7	14 19
23 a.	420	8,0	13,7	56 13	14 18
24.	109	8,0	14,3	56 26	14 28
25.	164	8,1	13,7	56 41	13 39
26.	345	8,2	14,1	56 58	13 17
27.	54	9,1	13,1	Banc de Rockall.	Banc de Rockall.
28.	1215	2,8	14,2	56 44	12 52
29.	1264	2,7	13,8	56 34	12 22
30.	1380	2,8	13,3	56 24	11 49
31.	1360	2,9	13,8	56 15	11 25
32.	1320	3,0	13,3	56 5	10 23
33.	74	9,8	18,4	50 38	9 27
34.	75	9,8	18,9	49 51	10 12
35.	96	10,7	17,4	49 7	10 57
36.	725	6,1	17,7	48 50	11 9
37.	2435	2,5	18,6	47 38	12 8
38.	2090	2,4	17,9	47 39	11 33
39.	557	8,3	17,2	49 1	11 56
40.	517	8,7	17,4	49 1	12 5

NUMÉROS des STATIONS.	PROFONDEUR en BRASSES.	TEMPÉRATURE du FOND.	TEMPÉRATURE de la SURFACE.	LATITUDE.	LONGITUDE.
41.	584	8,1 C.	17,4 C.	49° 4′ N.	12° 22′ O.
42.	862	4,3	17,0	49 12	12 52
43.	1207	3,2	16,5	50 1	12 26
44.	865	4,1	16,2	50 20	11 34
45.	458	8,9	15,9	51 4	11 21
46.	374	7,7	12,1	59 23	7 4
47.	542	6,5	12,2	59 34	7 18
48.	510	»	»	59 32	6 59
49.	475	7,4	12,0	59 43	7 40
50.	355	7,9	11,4	59 54	7 52
51.	440	5,5	10,9	60 6	8 14
52.	384	— 0,8	11,2	60 25	8 10
53.	490	— 1,1	11,2	60 25	7 26
54.	363	— 0,3	11,4	59 56	6 27
55.	605	— 1,2	11,4	60 4	6 19
56.	480	— 0,7	11,4	60 2	6 11
57.	632	— 0,8	11,1	60 14	6 17
58.	540	— 0,6	10,6	60 21	6 51
59.	580	— 1,3	11,5	60 21	5 41
60.	167	6,9	9,7	61 3	5 58
61.	114	7,2	10,2	62 1	5 19
62.	125	7,0	9,8	61 59	4 38
63.	317	— 0,9	9,4	61 57	4 2
64.	640	— 1,1	9,3	61 21	3 44
65.	345	— 1,1	11,1	61 10	2 21
66.	267	7,6	11,3	61 15	1 44
67.	64	9,5	11,0	60 32	0 29
68.	75	6,7	11,4	60 23	0 33 E.
69.	67	6,5	12,0	60 1	0 18 E.
70.	66	7,3	11,9	60 4	0 21
71.	103	9,2	11,6	60 17	2 53
72.	76	9,4	11,3	60 20	3 5
73.	84	9,4	11,5	60 29	3 6
74.	203	8,7	11,4	60 39	3 9
75.	250	5,5	10,8	60 45	3 6
76.	344	— 1,1	10,1	60 36	3 58
77.	560	— 1,2	10,5	60 34	4 40
78.	290	5,3	11,2	60 14	4 30
79.	76	9,4	11,2	59 44	4 44
80.	92	9,6	11,8	59 49	4 42
81.	142	9,5	11,8	59 54	5 1
82.	312	5,2	11,2	60 0	5 13
83.	362	3,0	11,7	60 6	5 8
84.	455	9,5	11,4	59 34	6 34
85.	490	9,3	12,1	59 40	6 34
86.	445	— 1,0	12,0	59 48	6 31
87.	767	5,2	11,4	59 35	9 11
88.	705	5,9	12,0	59 26	8 23
89.	445	7,5	11,7	59 38	7 46
90.	458	7,3	11,7	59 41	7 34

CHAPITRE IV

CROISIÈRES DU *PORCUPINE*

(SUITE)

De Shetland à Stornoway. — Phosphorescence. — Les Échinothurides. — La faune de la région chaude. — Fin de la croisière de 1869. — Organisation de la croisière de 1870. — De l'Angleterre à Gibraltar. — Conditions particulières de la Méditerranée. — Retour à Cowes.

APPENDICE A. — Extrait des procès-verbaux du conseil de la Société Royale, et autres documents officiels ayant trait à la croisière du vaisseau de S. M. le *Porcupine* pendant l'été de 1870.

APPENDICE B. — Tableau des profondeurs, des températures et des positions aux diverses stations de draguage du vaisseau de S. M. le *Porcupine* pendant l'été de 1870.

∴ Les numéros placés entre parenthèses, au bas des figures, correspondent à ceux des stations de draguage des planches IV et V.

En quittant Lerwick, le 31 août, nous prenons la direction du sud-ouest, passant tout près de la pointe de Sumburgh; à l'horizon, *Fair isle*, de mauvais renom parmi les gens de mer, apparaît au sud comme un léger nuage gris. Le temps était très-beau, mais bien qu'il fît à peine un souffle d'air, nous sommes rudement secoués dans le célèbre *Roost of Sumburgh*. Nous passons au pied du promontoire de *Fitful Head*, devant l'aire de *Norna* [1], et les ombres d'un soir d'automne nous surprennent tout près de l'île rocheuse de Foula, habitée encore par un ou deux couples de *Lestris Cataractes*, grande Mouette dont l'espèce est en train de rejoindre, parmi les choses du passé, le Dodo et le *Gair-fowl*.

Gouvernant au nord-ouest, nous sondons, le 1er septembre,

1. Allusion à l'héroïne et au rocher du *Pirate* de Walter Scott.

de bonne heure, par 60° 17′ de latitude et 2° 53′ de longitude, dans une profondeur de 103 brasses et une température de fond de 9°,2 C. Nous sommes encore sur le bas-fond et n'avons pas encore atteint le courant arctique. Tout ce jour-là nous naviguons sur le bord du plateau, draguant des formes animales shetlandaises bien connues, par une température décroissant légèrement; elle est de 8°,7 C. dans l'après-midi, à la profondeur de 203 brasses (station 74). Le sondage suivant, d'environ 10 milles plus au nord, se fait dans la couche *mélangée*, et donne 5°,5 C. à la profondeur de 250 brasses. Nous avançons d'environ 30 milles pendant la nuit, et le lendemain, de bonne heure, nous draguons dans l'eau glacée par 60° 36′ de latitude N. et 3° 58′ de longitude E., profondeur 344 brasses, avec température de fond de — 1°,1 C., celle de la surface étant de 10°,1 C. Vingt-cinq milles plus à l'ouest, nous sondons de nouveau, vers midi de la même journée, à 560 brasses, avec — 1°,2 C.

Dans ces deux ou trois derniers draguages, le fond s'est montré à peu près identique, composé de débris de vieilles roches et d'argile. La prépondérance des éponges et des échinodermes y est aussi remarquable que la rareté des Mollusques. Cette région tout entière nous en a fourni un seul spécimen, et encore paraissait-il être grandement dépaysé : c'était un joli petit Brachiopode, le *Platydia anomioides* (Sacchi) (*Morrisia*, Davidson), qui jusqu'ici ne s'est rencontré que dans la Méditerranée. La grosseur de ce spécimen dépassait de beaucoup celle des exemplaires méditerranéens, circonstance singulière, qui a conduit notre ami M. Gwyn Jeffreys à la supposition un peu hasardée « que son pays d'origine est dans la région boréale, peut-être même arctique ».

Nous trouvons ici, adhérant assez fréquemment aux pierres du fond, deux petites Éponges très-remarquables. L'une d'elles, que je crois identique avec le *Thecophora semisuberites* (Oscar Schmidt) (fig.29), se compose d'un cylindre lisse d'environ 20 millimètres de longueur, surmonté d'un coussinet mou et spon-

gieux, avec un ou deux tubes saillants percés au centre. L'autre,
que je désignerai sous le nom de *Thecophora Ibla* (fig. 24), à
cause de sa ressemblance avec le Cirripède qui porte ce nom,
se termine par un cône couvert d'écailles, percé d'une seule

FIG. 23. — *Thecophora semisuberites*, OSCAR
SCHMIDT. Double de la grandeur naturelle.
(N° 76.)

FIG. 24. — *Thecophora Ibla*, WYVILLE THOMSON
Double de la grandeur naturelle. (N° 76.)

cavité au centre. Dans les deux formes, la paroi extérieure est
ferme et luisante, et le microscope la montre composée de faisceaux de spicules dont l'extrémité est émoussée et même tuber-
culeuse. Les faisceaux sont rangés verticalement, et ce tissu
forme un étui complet, qui entoure une masse pulpeuse, gra-
nulée et cornée, qui en remplit l'intérieur. Dans cette substance
spongieuse intérieure sont rangés des faisceaux de spicules
de même forme, mais moins serrés qu'à l'extérieur ; les écailles
en saillie qui forment la tête du *Thecophora Ibla* sont les extrémités de ces faisceaux. Parmi les Échinodermes, l'*Ophiacantha
spinulosa* est une des formes dominantes, et l'éclat de sa phosphorescence nous a beaucoup frappés. Quelques-uns de nos
draguages ayant été faits la nuit, les houppes remontaient
chargées d'Étoiles d'où jaillissaient des lueurs du vert le plus
éclatant : ces Astéries étaient de petite taille ; la lumière est
beaucoup plus intense chez les individus les plus jeunes. La

phosphorescence n'est pas continue et ne se répand pas à la
fois sur toutes les parties de l'animal. De temps en temps une
ligne de feu dessinait le disque et l'éclairait jusqu'au centre,
puis la lueur pâlissait, et une zone circonscrite, d'un centimètre
de longueur, apparaissait au centre d'un des bras, s'avançant
lentement jusqu'à sa base, ou bien les cinq branches s'enflam-
maient vers les extrémités, et la lueur s'étendait jusqu'au
centre. De très-jeunes *Ophiacantha*, tout récemment affranchis
de leurs membranes, étincelaient brillamment. Il n'est pas douteux que la phosphorescence doive toujours se produire dans
une mer où pullulent les Crustacés, tels que les *Dorynchus* et
les *Munida*, pourvus de grands yeux brillants. Pendant cette
croisière, nous avons pu étudier une autre source d'une lumière
splendide. En descendant le détroit de Skye, depuis le Loch
Torridon, pendant notre voyage de retour, nous draguions dans
une profondeur de 100 brasses, et la drague revint tout enchevêtrée des longues tiges roses de la singulière Plume de mer,
Pavonaria quadrangularis. A chacune de ces tiges se cram-
ponnaient, par leurs longs bras, des *Asteronyx Loveni*, dont les
corps mous et sphériques ressemblaient à des fruits mûrs et
charnus suspendus aux branches d'un arbre. Les *Pavonaria*
resplendissaient d'une phosphorescence lilas pâle, semblable à
la flamme du gaz cyanogène. La lueur n'était pas scintillante
comme la lumière verte de l'*Ophiacantha*, mais elle était presque
continue, éclatant plus brillamment sur un point, puis s'effa-
çant presque entièrement, mais demeurant cependant toujours
assez vive pour éclairer parfaitement toutes les parties d'une
tige accrochée dans les houppes ou adhérant aux cordes.
D'après le nombre de *Pavonaria* qu'un seul draguage a ramenés,
il est évident que nous avons passé au-dessus d'une forêt. Les
tiges avaient un mètre de longueur, et elles étaient frangées
de centaines de Polypes.

L'*Ophiocten sericeum* (Forbes) et l'*Ophioscolex purpurea*
(D. et K.) sont aussi fort communs, et l'*Ophioglypha Sarsii*
(Lütken) abonde dans les endroits sablonneux. L'Astérie la plus

abondante est l'*Astropecten tenuispinus*, toujours remarquable
par sa couleur d'un rouge vif, et, çà et là, un exemplaire de
l'*Archaster Andromeda* et du *Pteraster militaris*. Chaque draguage ramenait quelques spécimens de la grande forme de
l'*Echinus norvegicus*, qui est ici d'une nuance pâle, de forme
conique, et qui rappelle d'une façon singulière les petites formes
de l'*Echinus Fleemingii*.

Fig. 25. — *Archaster vexillifer*, Wyville Thomson. Le tiers de la grandeur naturelle (N° 76.)

Nous prenons, à la station 76, en compagnie d'un ou deux
spécimens de l'*Archaster Andromeda*, un superbe *Archaster*
(fig. 25), dont l'espèce est certainement de beaucoup la plus
belle qui ait encore été draguée dans les mers du Nord.

Les branches en sont aplaties et presque carrées de section,
à cause de la dimension et de la position des plaques marginales,
qui partent presque verticalement des bords d'un sillon ambulacraire très-large, pour s'arrêter au bord du *périsome* de la
surface dorsale. Les plaques marginales sont couvertes d'abondantes écailles arrondies ; elles portent trois rangées de spi-

cules, une au bord supérieur, qui forme une frange entourant la surface dorsale de l'Astérie; une seconde près du centre, et la dernière un peu plus bas, vers le bord abdominal. Le sillon ambulacraire est bordé de crêtes composées d'épines insérées obliquement, courtes vers le sommet et le centre du bras, et s'allongeant vers sa base pour former, aux angles rentrants qui se trouvent entre les sillons ambulacraires, des bourrelets singulièrement beaux. Chaque plaque porte une double rangée d'épines, et chaque épine est terminée par une seconde et courte épine en écaille, arrangement qui donne beaucoup d'ampleur à la bordure. L'épine intérieure de chaque crête, celle qui se trouve placée du côté du sillon ambulacraire, est plus longue que les autres, et porte à son extrémité une petite plaque calcaire oblongue, qui y est suspendue comme un guidon, et qui est quelquefois accompagnée d'une seconde plaque rudimentaire; celle-ci adhère à la première au moyen d'une espèce de fourreau gélatineux: il est probable que c'est un pédicellaire avorté. Ce caractère, qui ne saurait échapper à l'observation, m'a fait nommer l'espèce *vexillifer*. Je ne connais aucune Astérie dont les sillons et les tubes ambulacraires soient aussi larges et aussi développés, proportionnellement à la grosseur de l'animal. Le périsome dorsal est abondamment garni de *paxillæ* en forme de rosette. Sa couleur est rose pâle teintée d'une nuance chamois. Les tubes ambulacraires, lorsque l'animal est vivant, sont remarquables par leurs grandes dimensions, et sont à demi transparents et d'une couleur rosée.

Nous dépassons encore la limite du courant froid, en nous dirigeant vers le sud, et sondant successivement dans 290 brasses avec une température de fond de 5°,3 C., et dans 76 brasses avec une température de fond de 9°,4, c'est-à-dire avec le même résultat que dans une circonstance précédente. Dans les quatre stations suivantes, 80, 81, 82 et 83, nous avons répété l'opération en sens inverse, et sondé dans 92 brasses avec une température de 9°,7 C., dans 142 brasses avec 9°,5, dans 312 avec 5°,2, et dans 362 avec 3°.

Après un trajet d'environ 60 milles au sud-est, dans une direction à peu près parallèle à la zone de 100 brasses, dans la matinée du samedi 4 septembre, nous pratiquons un sondage par 59° 34' de latitude N., et 6° 34' de longitude O., dans une profondeur de 155 brasses et une température de 9°,5 C. Deux autres stations, après des trajets de 6 et 8 milles, n'ont fait que nous ramener en deçà de la limite de la zone de 100 brasses, dans le courant froid; la première a donné une profondeur de 190 brasses avec température de 9°,3, et la seconde 445 brasses et — 1°.

Satisfaits de notre travail dans la région froide, et le jour suivant étant celui du repos, nous naviguons tranquillement vers l'ouest pendant environ 100 milles, dépassant la pointe de Lews et l'entrée du détroit jusqu'à la station 87 (latit. N. 59° 35', longit. O. 2° 11'). Ce point est à peu près sur la ligne centrale de la plus grande profondeur du détroit, et conséquemment dans l'axe même du courant froid, là où toutes les particularités de la région froide doivent être le plus marquées. Un sondage nous donne une profondeur de 767 brasses et une température de fond de 5°,2 C. Nous sommes donc dans la région chaude, et l'eau glacée, distante de 50 à 60 milles, se trouve complétement encaissée par les élévations du sol. La température du fond correspond si parfaitement ici à celle de la même profondeur dans le détroit de Rockall, qu'il est évident qu'il s'échappe à peine une goutte du courant arctique dans cette direction. Ici la drague ramène près d'une demi-tonne de limon à Globigérines de l'Atlantique, travail qui mit à une rude épreuve l'appareil lui-même et la petite machine à vapeur chargée de le remonter. Le poids de la drague, ajouté à celui du fardeau, était de 400 kilogrammes; le tout se rapprochait bien d'une tonne, et la distance à lui faire parcourir pour le ramener à la surface était de près d'un mille. Ainsi que cela arrive fréquemment quand ces grandes masses remontent, il y a peu de formes animales supérieures dans la drague. Les houppes rapportent pourtant deux ou trois

spécimens d'une très-belle Astérie, dont le type appartient
à un genre nouveau.

Le *Zoroaster fulgens* (fig. 26), Astérie à cinq branches,
mesure 250 millimètres de l'extrémité de l'une à l'extrémité
de l'autre. Les bras se prolongent tout près du centre, ne
laissant qu'un disque de 20 millimètres de diamètre. Les

F:G. 26. — *Zoroaster fulgens*, Wyville Thomson. Le tiers de la grandeur naturelle. (N° 78.)

sillons ambulacraires sont garnis de quatre rangées de pieds
ambulacraires, ce qui place le genre de l'animal dans la première division des Astéries avec l'*Asteracanthion*. Les bras
sont comprimés latéralement et portent une saillie centrale
longitudinale, garnie d'une rangée de grandes épines aiguës,
qui tiennent par des articulations à des vésicules en forme de
boutons. De cette saillie partent des tubercules qui descendent
en ligne courbe jusqu'au bord du sillon ambulacraire, si serrés,
si épais et si durs, que les bras en sont recouverts comme d'une
solide armure. Le disque est pavé de larges plaques calcaires
avec épines articulées ; épines et tubercules vont s'agrandissant

vers le centre du disque. Toute la surface du corps est garnie
de longs et fins spicules, entremêlés de pédicellaires portés sur
des tiges molles et courtes, assujetties à la pointe de spicules
spéciaux. Une rangée d'appendices, portant de grosses touffes
de pédicellaires, accompagne les bords des sillons ambulacraires. Quand l'animal est vivant, toute la surface de son corps
est enduite d'une matière glaireuse. Le périsome est d'un magnifique rouge orangé; mais cette couleur est très-fugace et
disparaît immédiatement dans l'alcool. Cette forme est très-
caractérisée et très-remarquable; nous ne l'avons rencontrée
qu'une fois seulement. A première vue, le squelette de cette
Astérie a beaucoup de rapports avec celui de certaines espèces
d'*Ophidiaster*, surtout avec l'*Ophidiaster asperulus* (Lütken);
elle se distingue cependant par la quadruple rangée de pieds
ambulacraires, et la conformation de la peau, qui est totalement
différente. Par l'arrangement des ossicules de sa charpente,
elle se rapproche peut-être davantage de l'*Arthraster Dixoni*
(Forbes) provenant des craies inférieures de la carrière de
Balcombe, près d'Amberley (Sussex). Malheureusement on ne
peut, sur le seul spécimen de cette espèce qui existe au British
Museum, distinguer l'arrangement des plaques dans le sillon
ambulacraire.

Notre provision de charbon tirait à sa fin; ce qui nous en
restait s'évanouissait rapidement en fumée et nous permettait de
tenir tête à un vent contraire passablement violent; nous jugeons
prudent de revenir lentement sur nos pas jusqu'à Stornoway,
en continuant à draguer pendant le trajet. Nous commençons,
dans l'après-midi, par 59° 26′ de latitude N. et 8° 23′ de longitude O., avec 705 brasses de profondeur et une température de 5°,9 C. Continuant notre course vers l'est pendant la
nuit en inclinant légèrement vers le nord, de manière à arriver
à l'endroit où nous avions déjà ramené les singulières Éponges
à ancres, nous draguons dès le matin par 59° 38′ de latitude N.
et 7° 46′ de longitude O., avec 445 brasses de profondeur et
une température de 7°,5 C. Ce draguage n'est pas très-pro-

9

ductif, mais il nous procure pourtant un spécimen fort intéressant et d'une beauté extraordinaire. A mesure que la drague
remonte, nous apercevons dans le sac un gros Oursin écarlate,
que nous pensions devoir être une forme éclatante et de grosseur inusitée de l'*Echinus Fleemingii*. Comme le vent était
assez violent et qu'il n'était pas facile de faire renverser la
drague pour la vider de son contenu, nous prenons notre parti

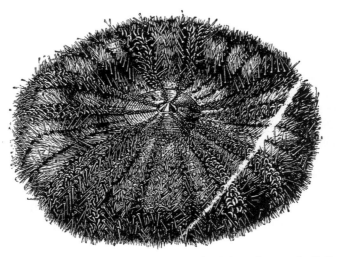

FIG. 27. - - *Calveria hystrix*, WYVILLE THOMSON. Les deux tiers de la grandeur naturelle. (N° 86.)

de ce qui nous paraît être une nécessité inévitable, et nous nous
attendons à retirer l'animal en mille pièces. Nous le voyons avec
étonnement rouler hors du sac sans le moindre dommage ; notre
surprise ne fait que s'accroître et se mélange, au moins en ce qui
me concerne, d'une certaine émotion, en voyant l'animal s'arrêter, prendre la forme d'un sphéroïde rougeâtre, et se mettre à
palpiter. Ces mouvements sont au moins inusités parmi ces espèces ordinairement impassibles. Il est là pourtant, avec tous les
caractères de l'Oursin de mer, les espaces interambulacraires
et ambulacraires garnis de leurs rangées de pieds tubulaires,
ses spicules, ses cinq dents aiguës et bleuâtres, et les ondula-

tions les plus singulières soulèvent son test, aussi flexible que
le cuir le plus souple. Je dus faire appel à tout mon sang-froid
avant de me décider à prendre dans la main ce petit monstre
ensorcelé, en me félicitant cependant du plus intéressant des
accroissements qui depuis longtemps eussent été accordés à ma
famille de prédilection.

Je donne au genre et à l'espèce les noms de notre excellent
commandant et de son charmant petit vaisseau; je le nomme
Calveria hystrix, comme souvenir de reconnaissance pour les
moments agréables que nous avons passés ensemble. Cet Oursin

Fig. 28. — *Calveria hystrix*, Wyville Thomson. Surface intérieure du test montrant la disposition
des aires ambulacraires et interambulacraires.

est de forme circulaire et déprimée; il a un peu plus de 120 millimètres de diamètre et environ 25 millimètres d'épaisseur
(fig. 28). Les espaces interambulacraires et ambulacraires sont
larges; le péristome et le périprocte extraordinairement développés. Le premier est recouvert de plaques calcaires semblables à des écailles, perforées jusqu'au bord de la bouche pour
livrer passage aux pieds ambulacraires, comme chez le *Cidaris*.
Le dernier a un gros tubercule madréporique et cinq grandes
ouvertures, au centre desquelles s'ouvrent les larges conduits
des ovaires. La pyramide formée par les mâchoires, appelée
lanterne d'Aristote, est large, forte, et conformée sur le plan de

celle des *Diadematidæ*; les dents sont grandes et simplement cannelées. La structure par laquelle le *Calveria* s'écarte cependant de tous les Oursins actuels connus jusqu'à ce jour consiste dans la disposition des plaques ambulacraires et interambulacraires, qui, au lieu de se rencontrer bord à bord et de se rejoindre pour former un seul test continu et dur, comme dans la plupart des autres Échinides, se dépassent et se recouvrent les unes les autres : les plaques de l'espace interambulacraire du pôle apical vers la bouche, celles de l'espace ambulacraire de la bouche au disque apical (fig. 28). Chez le *Calveria*, les parties extérieures des plaques interambulacraires laissent entre elles des espaces qui sont garnis d'une membrane; les extrémités intérieures des plaques forment de grandes expansions qui se recouvrent largement. Les paires de pores ambulacraires sont très-singulièrement disposées ; elles sont placées par arcs composés de trois paires, mais deux des paires de chaque arc perforent les petites plaques accessoires spéciales, tandis que la troisième paire pénètre la plaque ambulacraire près de son sommet. Les extrémités extérieures des plaques interambulacraires croisent les pointes extérieures des plaques ambulacraires, de sorte que les espaces ambulacraires sont constamment en dedans des interambulacraires. Les plaques interambulacraires portent tout près de leur extrémité extérieure, où elles croisent les plaques ambulacraires, un gros tubercule primitif; deux rangées irrégulières de tubercules primitifs soutenant de longs spicules sont placées dans le milieu de l'espace ambulacraire; la surface libre des plaques est parsemée de très-épais tubercules secondaires et de grains miliaires. Les spicules sont minces, creux, et portent en saillie des processus qui forment d'imparfaites spirales rappelant les petites épines des *Diadematidæ*. La couleur du test est un beau cramoisi avec reflets violets. Elle est très-persistante, car l'unique spécimen complet qui ait été obtenu, conservé dans l'alcool, n'a jusqu'ici rien perdu de son éclat.

Pendant l'été de 1870, en draguant sur les côtes du Portugal,

M. Gwyn Jeffreys ramena deux individus à peu près complets
et plusieurs fragments d'une autre espèce du genre *Calveria*;
l'étude soigneuse qui depuis lors a été faite de ces fragments
et de ces débris a démontré que cette seconde espèce, le *Calveria
fenestrata*, se trouve également dans les grandes profondeurs
des côtes de l'Écosse et de l'Irlande. Les plaques interambulacraires en sont plus étroites, les espaces garnis de membranes
qui les séparent sont plus grands, et les
larges expansions d'entrecroisement de
la ligne centrale sont aussi beaucoup plus
considérables. Les spicules ont la même
forme et sont disposés de la même manière; cependant parallèlement à la rangée extérieure qui règne sur chaque espace interambulacraire, il existe une série
de quatre ou cinq pédicellaires d'un type
tout à fait à part. La tête du pédicellaire
portée sur une longue tige se compose
de quatre valves (fig. 29). La partie terminale est fenêtrée, contenue dans un
élégant encadrement crénelé, et penchée
d'une façon qui rappelle le *Campylo-
discus*. Ces disques s'élèvent sur de légers
pédicelles creux, qui s'élargissent dans la
partie inférieure à leur point d'attache
avec la tige commune. Une masse de
muscles enveloppe la base du groupe des
pédicelles, et, sans aucun doute, règle

Fig. 29. — *Calveria fenestrata*,
WYVILLE THOMSON. Pédicel-
laire à quatre valves.

les mouvements des valves les unes par rapport aux autres.

Il est difficile de se rendre compte des différences de position
que peuvent occuper les valves, quand l'instrument, quel que
soit l'usage auquel il est destiné, est fermé.

Après avoir marché 10 milles vers le sud-est, nous descen-
dons la drague, abondamment pourvue de houppes de chanvre
et de tous les accessoires propres à saisir les habitants des

abîmes ; la place est la même, ainsi que notre commandant
nous l'assure, que celle d'où nous avons ramené les *Holtenia*,
au début de notre croisière. Nous y arrivons dans la soirée, et,
suivant une méthode qui nous avait réussi déjà une ou deux
fois, nous laissons la drague au fond toute la nuit dériver avec
le navire. Nous la retirons le lendemain seulement, de grand
matin. Je ne pense pas que dragueur humain ait jamais fait
pareille pêche ! Les habitants spéciaux de cette région, Éponges
siliceuses et Échinodermes, avaient si bien agréé les houppes,
qu'ils s'y étaient attachés et introduits dessus, dessous et dedans,
de façon à former une masse que nous eûmes grand'peine à retirer à bord. Des douzaines de grands *Holtenia* semblables à

> « Des têtes vieillies et ridées,
> « Avec barbe et cheveux blanchis, »

dont quelques-uns des plus beaux se détachent juste à ce moment critique où le poids de toutes choses double en sortant
de l'eau, et retombent dans leur élément natal, à notre inex-
primable chagrin ; de brillantes touffes de spicules de l'*Hyalonema* ; une myriade du charmant petit *Tisiphonia*, semblable
à un champignon ; une fulgurante constellation de l'*Astropecten
tenuispinus* écarlate, pendant qu'une houppe tout entière était
rougie des membres disjoints d'un splendide *Brisinga*.

Il ne se trouve rien de bien nouveau dans le sac. Quelques grands *Munida*, avec leurs yeux sphériques ; quelques
beaux *Kophobelemnon Mulleri* ; un exemplaire de l'Euryalide
Asteronyx Loveni, à peu près le seul Échinoderme scandinave que nous n'eussions pas encore pris, et un spécimen
endommagé d'un Oursin flexible qu'au premier abord nous supposions appartenir à la même espèce que notre trouvaille de la
veille, bien que sa couleur, d'un gris uni, fût bien différente.
L'examen nous prouva qu'il est le type d'un groupe générique
totalement différent de la même famille.

Le *Phormosoma placenta* ressemble au *Calveria* en ce qu'il
a le périsome flexible, et les plaques entrecroisées de la même

manière et dans le même sens; mais ces plaques ne s'imbriquent
que faiblement, et ne sont pas séparées par des espaces membraneux, de sorte qu'elles forment un test continu. Le caractère
qui distingue cette espèce, c'est que sa surface supérieure est
tout à fait différente de l'inférieure. En haut, les espaces ambulacraires et interambulacraires sont bien distincts, et, dans
les proportions ordinaires, l'espace interambulacraire du double
plus grand que l'ambulacraire; les spicules ressemblent beaucoup à ceux du *Calveria*, et sont disposés à peu près de la même
manière. A la périphérie, le test forme une sorte de bourrelet,
et change entièrement de conformation; du bord jusqu'à la
bouche, la différence entre les espaces ambulacraires et interambulacraires n'existe plus, et les sutures des plaques sont à peine
visibles: l'*area* est réduite à de simples lignes de doubles pores;
toute la surface du test est semée régulièrement de larges
zones de tubercules primitifs portant des spicules petits, fragiles, et apparemment hors de toute proportion avec la masse
de muscles qui s'y rapportent et qui remplissent les aréoles.
Comme chez le *Calveria*, les tubercules sont perforés.

Nous avons fait la connaissance de trois familles d'Oursins,
qui, tout en différant de la manière la plus marquée de tous les
autres groupes vivants connus, ont cependant certains rapports
avec quelques-uns d'entre eux, et trouvent tout naturellement
leur place dans la classification générale. Ce sont des Échinides
complets; ils ont le nombre voulu et l'arrangement normal des
parties essentielles. Par la continuité des lignes de pores ambulacraires sur la membrane écailleuse, du péristome à la bouche,
ils ressemblent aux *Cidaridæ*; ils se rapprochent des *Diadematidæ* par leurs spicules creux, par la forme de leurs petits
pédicellaires et par la structure générale des mâchoires. Ils
s'éloignent de ces deux familles autant qu'il est possible de
le faire sans cesser d'appartenir au même sous-ordre, par la
disposition imbriquée des plaques et par la structure des zones
interambulacraires.

Il y a quelques années, M. Wickham Flower, de Park Hill.

Croydon, acquit un très-curieux fossile, trouvé dans les craies supérieures de Higham, près de Rochester. Il se composait de plusieurs séries de plaques imbriquées, rayonnant autour d'un centre, et tandis que certaines séries de ces plaques étaient percées des doubles pores caractéristiques, ceux-ci étaient absents des séries intermédiaires. Quelques caractères de ce fossile, en particulier la disposition imbriquée des plaques, qui indiquaient une sphère d'au moins quatre pouces de diamètre, étaient une sérieuse difficulté pour sa classification. Édouard Forbes l'examina sans vouloir hasarder une opinion. L'impression générale était qu'on avait là le péristome écailleux de quelque gros Oursin, probablement le *Cyphosoma*, dont le genre abonde dans les mêmes couches. Quelques années après la découverte du premier spécimen, un second fut obtenu par le Rév. Norman Glass, de Charlton, Kent. Au premier abord, le spécimen parut devoir résoudre le problème, car au centre se développait la *lanterne d'Aristote*. C'était donc là le péristome de l'Oursin dont le spécimen de M. Flower était le périprocte. Feu le Dr S. P. Woodward examina les deux échantillons, et reconnut que la question n'était pas si facile à résoudre. Il découvrit la singulière inversion de l'imbrication des plaques des espaces ambulacraires et interambulacraires, qui a été décrite à propos du *Calveria;* il put retrouver quelque trace des plaques sur le côté du spécimen, et remarqua qu'elles étaient disposées en sens inverse sur la face opposée. Il étudia la chose avec persévérance et intelligence, et arriva à conclure qu'il avait affaire au représentant d'une famille disparue d'Échinides complets.

Woodward nomme son genre nouveau *Echinothuria*, et décrit l'espèce de la craie, l'*Echinothuria floris*, presque aussi complétement et exactement que nous pourrions le faire main-tenant que nous connaissons *sa parenté*, car l'*Echinothuria* a des rapports très-directs avec le *Calveria* et le *Phormosoma*. Ils ont de commun les organes essentiels de la famille. Les plaques imbriquées ont les mêmes directions et la même disposition, et la structure de l'espace ambulacraire, si spéciale et si caractéristique, est la même. L'*Echinothuria* diffère du *Calveria* en ce que les plaques interambulacraires et ambulacraires sont plus grandes, moins imbriquées, et qu'il n'y a pas de séparations membraneuses; il diffère du *Phormosoma* en ce que la structure et l'ornementation des surfaces supérieure et inférieure du test sont les mêmes.

Le genre *Echinothuria* ayant été le premier décrit, il m'a paru naturel de nommer la famille les *Echinothuridæ*, et je le fais d'autant plus volontiers, que c'est l'adoption d'un terme employé par mon ami feu le D'' Woodward, dont la mort prématurée est une perte sérieuse pour la science. Dans le mémoire du D'' Woodward, on lit le curieux paragraphe suivant :

« Après cette explication, concluante selon toute apparence, il est convenable de donner un nom à ce fossile, d'essayer d'en faire une description succincte, quoique sa classe et ses affinités soient encore matière à conjectures. Pour le moment, il est un de ces organismes anormaux que Milne Edwards compare à des étoiles solitaires qui ne font partie d'aucune constellation. Les disciples de von Baer peuvent le considérer comme « une forme généralisée » des Échinodermes, arrivée un peu tard cependant dans l'époque géologique. Sa description devra être agréable à ceux qui triomphent de « l'imperfection des annales de la géologie», car elle paraît indiquer l'existence antérieure d'une famille ou tribu dont l'histoire est destinée à demeurer pour jamais incomplète. »

Les conséquences particulières de la découverte de ce groupe et des diverses formes animales alliées aux fossiles de la craie, qui vivent dans la vase crayeuse du lit de l'Atlantique, seront développées dans un des chapitres suivants.

Pendant que nous sommes occupés à examiner le merveilleux draguage, notre petit *Porcupine* poursuit tranquillement sa route vers le sud, dépasse l'île de Rona et le cap Wrath, tourné vers le nord, et au pied duquel les vagues bleues et glacées apportent leurs volutes paisibles, mais qui doivent y être souvent terribles; puis c'est la pointe de Lews, toujours bienvenue, et enfin le port de Stornoway. Nous y demeurons quelques jours, heureux, malgré les circonstances toutes favorables de notre croisière, d'échanger la vie un peu monotone d'une canonnière contre la cordiale hospitalité du château de Stornoway.

La faune de la région chaude est soumise à des conditions tout à fait spéciales et particulières que nous examinerons un peu plus tard. Tandis que la région froide occupe un espace très-borné, la région chaude s'étend sans interruption depuis les Faröer jusqu'au détroit de Gibraltar : du moins les mêmes conditions se rencontrent sur cet espace; mais, ainsi que cela sera expliqué plus loin avec détail, les 600 ou 700 brasses d'eau, à l'entrée du détroit des Faröer, correspondent à la même épaisseur, à la surface du détroit de Rockall ou dans le bassin de l'Atlantique. Les premières 700 ou 800 brasses, dans tous les cas, sont absolument chaudes : mais quand la profondeur dépasse de beaucoup 800 brasses, on arrive à une masse d'eau froide dont la température s'abaisse lentement jusqu'au point de congélation. Le fond, qui est habité par la faune, n'est donc chaud que lorsque la profondeur ne dépasse pas 800 brasses; ce n'est que dans ces conditions-là que le terme d'espace chaud est applicable. Telles sont les conditions, à la hauteur des Faröer, qui rendent le contraste entre la région froide et la région chaude si tranché. Malgré ces restrictions, la région chaude, autant qu'il nous a été possible de l'étudier et de la connaître, s'étend indéfiniment dans la direction du midi, occupant approximativement le long des côtes la zone de 300 à 800 brasses. Partout, dans les grandes profondeurs, les conditions de climat se rapprochent de celles de la région froide; mais les caractères d'une faune, c'est-à-dire d'un assemblage d'animaux sur un même point, ne dépend pas seulement de la température : il dépend encore des lois qui président à la distribution des êtres vivants dans les mers profondes, sujet sur lequel nous n'avons encore que des données bien incertaines.

Le fond de la région froide, dans le détroit des Faröer, est

un gravier grossier. Celui de la région chaude est presque partout composé de limon à Globigérines à peu près homogène ;
cette circonstance seule suffirait pour marquer une différence
dans les habitudes et le mode d'existence des animaux.

En ce qui concerne les Foraminifères, dans la région chaude,
la drague est toujours revenue chargée de *Globigérines*, d'*Orbu-*
lines, et d'une vase fine et calcaire qui provient de leurs débris.
Là se trouvent des multitudes d'autres formes, dont la plupart
sont de grande dimension. Je cite le Dr Carpenter, qui dit, en
parlant du terrain sur lequel se trouvent les *Holtenia* : « Les
Foraminifères récoltés dans cette région et dans les parties
environnantes de la région chaude présentent bien des traits
intéressants. Ainsi que cela a déjà été dit, plusieurs des formes
arénacées (dont quelques-unes nouvelles) étaient fort abondantes ; ajoutées à celles-ci, nous avons ramené beaucoup de
Miliolines de types variés, dont plusieurs de dimensions rares et
même inconnues jusqu'ici. Comme l'année dernière, nous avons
rencontré des *Cornuspira*, rappelant dans leurs traits généraux
les grands *Operculina* des mers tropicales ; des *Biloculina* et des
Triloculina, dont la grosseur dépasse de beaucoup les formes
du littoral britannique ; avec ceux-ci des *Cristellaria* de dimensions non moins remarquables, offrant tous les passages, depuis
la forme presque rectiligne jusqu'à la nautiloïde, et en si par-
fait état, que leurs corps peuvent être dégagés parfaitement
entiers de leurs coquilles, en faisant dissoudre celles-ci dans
un acide étendu.

Les Éponges sont fort abondantes, mais restreintes à un
petit nombre d'espèces ; toutes affectent l'une ou l'autre des
curieuses formes d'Éponges à ancres. Parmi les *Hexactinellidæ*,
l'*Holtenia* est la forme la plus remarquable et la plus abondante.
L'*Hyalonema* est commun aussi, mais nous n'en avons obtenu
qu'un petit nombre de spécimens complets, ayant le corps et la
corde siliceuse réunis. Les têtes coniques d'Éponges étaient
fort nombreuses, et paraissaient avoir été détachées par les
bords de la drague, la corde siliceuse demeurant dans la vase.

ou bien les cordes remontaient sans Éponges. Les cordes étaient presque toujours incrustées par le fidèle commensal de l'*Hyalonema*, le *Palythoa fatua*. De très-jeunes exemplaires de l'*Hyalonema*, dont la touffe ne mesurait pas plus de 5 à 20 millimètres de longueur, n'abritaient ordinairement pas de *Palythoa*; mais dès qu'ils dépassaient ces dimensions, on pouvait toujours voir le premier polype du *Palythoa* apparaître comme un bouton peu volumineux, entouré de son *cœnosarcome* rose et adhérent. L'Éponge qui est de beaucoup la plus commune dans le limon crayeux est la jolie petite forme hémisphérique et cortiquée appelée *Tisiphonia agariciformis*. Cette espèce paraît être la proche alliée d'une Éponge grosse, lourde et incrustante, que nous avons fréquemment trouvée attachée aux roches, dans la région froide; et bien qu'elle en diffère beaucoup par l'extérieur et par les habitudes, la forme des spicules a beaucoup d'analogie; leur disposition est la même, et il semble que si l'on pouvait ramener les deux formes à des dimensions moyennes, elles se rapprocheraient beaucoup.

Dans la région chaude, comme dans la froide, à ces grandes profondeurs, il y a absence complète d'Hydrozoaires. Quelques espèces de *Sertularia* et de *Plumularia*, avec une ou deux formes voisines, ont été capturées; elles se trouvent en ce moment dans les mains habiles du Dr Allman, chargé de les classer; leur petit nombre et leur insignifiance sont remarquables.

Les vrais Coraux ne sont pas non plus représentés par de nombreuses espèces, quoique dans certaines localités il y ait une extrême abondance d'individus. Pendant les croisières du *Porcupine*, en 1869, douze espèces de Madrépores ont été ramenées et ont été étudiées par M. le professeur Martin Duncan. Aucune d'elles n'appartient au groupe des « constructeurs de récifs »; mais quelques-unes seulement rentrent dans les familles des Coraux des grandes profondeurs, qui paraissent avoir de nombreux représentants pendant toutes les périodes géologiques récentes. Dans la zone de profondeur moyenne qui s'étend verticalement depuis l'horizon de 100 brasses, nous avons trouvé, en certains endroits et en grande abondance, plusieurs variétés de *Caryophyllia borealis* (Fleeming) (fig. 4) ; et à la profondeur de 300 à 600 brasses, le beau *Lophohelia prolifera* (Pallas) à branches (fig. 30) tapisse le fond de ses bosquets pétrifiés sur une étendue d'un grand nombre de milles, et fournit un

FIG. 30. — *Lophohelia prolifera*, PALLAS. Trois quarts de la grandeur naturelle. (N° 26.)

abri fort apprécié à des multitudes d'*Arca nodulosa*, de *Psolus squamatus*, d'*Ophiopholis aculeata*, et autres « indolents commensaux ».

Cinq espèces d'*Amphihelia* provenant de l'expédition du *Porcupine* sont citées par M. le professeur Martin Duncan : l'*Amphihelia profunda* (Pourtalès), l'*Amphihelia oculata* (L. sp.), l'*Amphihelia miocenica* (Seguenza), l'*Amph. atlantica* (nov. sp.), et l'*Amphihelia ornata* (nov. sp.). A une ou deux reprises, par-

ticulièrement près des confins de la région froide, les houppes
ont accroché d'élégants fragments du Corail pierreux. *Allopora
oculina* (Ehrenberg) (fig. 31).

Bien que plusieurs des Échinodermes de la région froide se
trouvent aussi dans la chaude, l'aspect général de cette faune

Fig. 31.   *Allopora oculina*, Ehrenberg.

est différent ; il y existe beaucoup plus de formes, et, parmi
celles-ci, il en est de très-remarquables.

Le *Cidaris papillata* (Leske) abonde dans les profondeurs
moyennes. Lors de notre seconde visite à la région des *Holtenia*,
nous avons dragué un petit spécimen du joli Oursin *Porocidaris
purpurata*, qui a été déjà décrit. Un superbe Oursin aux couleurs brillantes, appartenant au groupe des *Echinus Fleemingii*,
mais qui s'en distingue par des caractères vraiment spécifiques,
l'*Echinus microstoma* (Wyville Thomson), est commun et de

grande taille; avec lui, beaucoup d'exemplaires brillamment coloriés de la plus petite des formes de l'*Echinus norvegicus*.

Les trois espèces d'Échinothurides, *Calveria hystrix*, *Calveria fenestrata* et *Phormosoma placenta*, n'ont été trouvées jusqu'ici que dans cette région seulement; leur zone de dispersion paraît être vaste et s'étendre dans les mêmes profondeurs et à la même température, depuis les îles Faröer jusqu'au sud de l'Espagne. J'ai appris, par M. le professeur Agassiz, que le comte de Pourtalès a dragué des fragments d'une des espèces avec des circonstances à peu près identiques dans le détroit de la Floride. Les *Cribrella sanguinolenta* se comptaient par milliers, de toutes les couleurs: écarlate, orange vif et brun-chocolat. Il a été trouvé plusieurs exemplaires d'un beau *Scytaster*, qui est probablement le même que l'*Asterias canariensis* de d'Orbigny; s'il en est ainsi, sa distribution est méridionale. Une forme animale qu'on prendrait facilement pour le jeune de quelque autre espèce, le curieux petit *Pedicellaster typicus* de Sars, n'était pas rare. La région des *Holtenia* a donné un petit spécimen du *Pteraster militaris*; mais sauf l'exception de l'*Astropecten tenuispinus*, qui paraissait être plus abondant que jamais, les Échinodermes arctiques caractéristiques faisaient défaut. Nous n'avons pris ici aucun exemplaire de *Toxopneustes drobachiensis*, *Tripylus fragilis*, *Archaster Andromeda*, *Ctenodiscus crispatus*, *Astropecten arcticus*, *Euryale Linkii*, *Ophioscolex glacialis*, ou *Antedon Eschrichtii*. Il est probable qu'il existe, dans la région chaude, des colonies d'une ou de plusieurs de ces espèces, car la zone où elles abondent, dans ces conditions de climat bien différentes, n'est éloignée que de quelques milles, et n'est séparée par aucun obstacle; quoi qu'il en soit, elles n'abondent pas dans cette localité. L'*Amphiura abyssicola* (Sars) était en nombre, attaché aux Éponges, et l'*Ophiacantha spinulosa* était presque aussi commun que dans la région froide.

Nous avons ramené un ou deux petits exemplaires d'un très-bel Ophiuride dont on avait déjà trouvé des spécimens plus

grands à la même profondeur, à la même température pendant
la seconde croisière de la saison, à la hauteur des côtes de
l'Irlande. Cette forme appartient très-probablement à l'*Ophiomusium* de Lyman, quoique les caractères du genre doivent

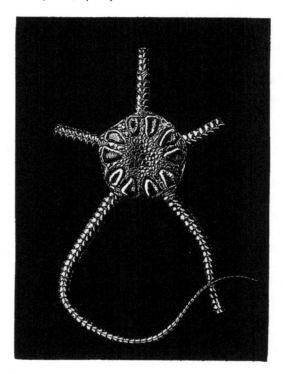

Fig. 32. — *Ophiomusium Lymani*, Wyville Thomson, face dorsale. Grandeur naturelle. (N° 45.)

être quelque peu modifiés. L'*Ophiomusium eburneum* (Lyman),
dont plusieurs spécimens ont été ramenés par le comte de Pourtalès de 270 à 335 brasses de profondeur, à la hauteur de
Sandy Key, se distingue par la grande solidité et la complète
calcification du périsome. Les plaques du disque sont soudées
ensemble, de manière à former une mosaïque serrée. Les papilles
de la bouche sont fondues, et forment deux ligues; leur nombre

n'est indiqué que par des sillons. Les plaques latérales des bras sont réunies en dessus et en dessous ; les plaques supérieures et inférieures sont réduites à un état rudimentaire, et il n'existe plus de tentacules au delà de la première articulation des membres.

Dans notre nouvelle espèce, que je nommerai provisoirement *Ophiomusium Lymani*, le diamètre du disque est de 28 milli-

Fig. 33. — *Ophiomusium Lymani*, WYVILLE THOMSON, face dorsale.

mètres, et la longueur de chaque bras de 100 millim. pour les grands spécimens. Les deux plaques latérales des bras, soudées ensemble, forment des anneaux complets, et leur bord est entaillé de façon à recevoir sept épines, dont celle qui est placée à la partie inférieure est de beaucoup la plus longue. Les plaques dorsales des bras sont petites, de forme carrée, et insérées entre les plaques latérales, à l'extrémité de leur ligne de jonction. Les plaques abdominales des membres manquent entière-ment. C'est une grande et belle Astérie. Je ne connais aucune

10

forme fossile qu'on puisse classer dans le même genre, mais on pourrait lui trouver des congénères dans la craie supérieure. Les Holothurides ne se sont pas montrés communs, mais le singulier petit *Echinocucumis typica* de Sars, couvert de plaques épineuses, remontait à chaque draguage.

Les Crustacés sont nombreux, mais nous ne retrouvons plus les gigantesques Amphipodes et Isopodes de la région froide.

FIG. 34. — *Dorynchus Thomsoni*, NORMAN. Une fois et demie la grandeur naturelle. Se trouve dans toutes les eaux profondes.

La jolie petite forme aux yeux pédonculés, le *Dorynchus Thomsoni* (Norman) (fig. 34), petite, frêle, et distincte de toutes les espèces déjà décrites du genre, est très-largement distribuée. Les longues jambes minces de ce Crabe et la légèreté de son corps ont été la cause qu'il s'est souvent embarrassé dans la partie de la corde qui touchait le fond. Une autre nouvelle et belle espèce, l'*Amathia Carpenteri* (Norman) (fig. 35), est commune dans le limon crayeux et sablonneux du terrain des *Holtenia*. Ce genre était déjà connu comme forme méditerranéenne.

Je cite maintenant l'extrait d'une notice préliminaire du Rév. A. Merle Norman, sur les Crustacés :

« L'*Ethusa granulata* (sp. n.) appartient à l'espèce trouvée à la hauteur de Valentia, mais présente dans sa conformation une modification des plus extraordinaires. Les exemplaires

trouvés, de 110 à 370 brasses, dans les parages plus méridionaux, ont la carapace armée, dans sa partie antérieure, d'un
rostre aigu d'une longueur considérable. L'animal paraît être
aveugle, mais il a deux remarquables tiges oculaires, lisses

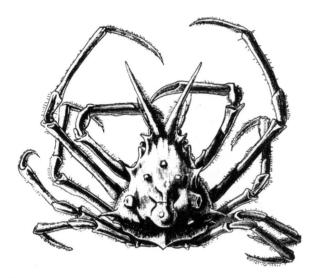

Fig. 35. — *Amathia Carpenteri,* Norman. Une fois et demie la grandeur naturelle. (N° 47.)

et arrondies à l'extrémité où l'œil est ordinairement placé.
Cependant, chez les spécimens venus du nord, habitant une
profondeur de 542 à 705 brasses, les pédoncules oculaires ne
sont plus mobiles; ils se sont complétement fixés dans leurs
alvéoles, et leur caractère est changé. Leurs dimensions sont
de beaucoup plus grandes; ils sont plus rapprochés à leur
base, et au lieu d'être arrondies, leurs extrémités se terminent
par un rostre très-solide. Ne servant plus pour les yeux, elles
fonctionnent comme rostres, et le véritable rostre, si saillant
dans les spécimens venus du midi, a (chose merveilleuse) disparu. Si nous n'avions trouvé qu'un seul exemplaire de cette
forme, nous aurions pensé sans hésitation que nous étions

tombés sur une monstruosité ; cette hypothèse ne saurait être invoquée pour expliquer cette modification dans la transformation amenée par le changement dans les conditions de la vie. Trois individus ont été trouvés à trois reprises différentes, et ils sont, à tous égards, parfaitement identiques. »

Les Mollusques sont infiniment plus abondants et plus variés dans la région chaude que dans la froide. M. Gwyn Jeffreys remarque cependant qu'il n'y a pas une différence aussi marquée entre les Mollusques des deux régions qu'on eût pu s'y attendre, à cause de la différence des conditions ; la plupart des espèces sont communes. A 500 brasses, les Éponges sont couvertes de *Pecten vitreus* (Chemnitz) et de *Columbella Halioti* (Jeffreys). La région entière produit des Mollusques de plusieurs genres, tels que *Lima, Dacridium, Nucula, Leda, Montacuta, Axinus, Astarte, Tellina, Neæra, Dentalium, Cadulus, Siphonodentalium, Rissoa, Aclis, Odostomia, Aporrhaïs, Pleurotoma, Fusus* et *Buccinum*.

Prise dans son ensemble, la faune de la région chaude du nord de l'Écosse paraît n'être que l'extension d'une faune que nous ne connaissons encore qu'imparfaitement, et qui occupe ce qu'il nous faut maintenant appeler les profondeurs moyennes, c'est-à-dire la zone de 300 à 800 brasses, le long de côtes baignées par des courants équatoriaux. Cette faune est évidemment très-riche, malheureusement elle n'est pas accessible aux draguages ordinaires faits sur des bateaux plats ; mais comme elle n'atteint pas à une profondeur qui puisse opposer de très-grandes difficultés à un yacht de grandeur moyenne, comme son étude offre précisément l'attrait de la nouveauté et de l'imprévu propre à stimuler le zèle des amateurs, nous espérons que sa distribution et ses conditions seront bientôt étudiées. M. Marshall Hall vient de faire dans cette voie un pas des mieux réussis : avec son yacht *Norna*, et aidé de M. Saville Kent, il a, par ses draguages sur les côtes du Portugal, ajouté beaucoup aux lumières déjà acquises sur la zoologie de la région chaude.

Nous quittons Sternoway le 13 septembre, et dans l'après-midi, nous employons quelques heures à faire des draguages dans le Loch Torridon, avec peu de résultats. Ce n'est que tard dans la soirée, qu'en descendant le détroit de Raasay, nous passons au-dessus de la forêt lumineuse de *Pavonaria*, dont nous avons déjà fait mention. Le 14, à midi, nous sommes à la hauteur de l'île de Mull, et le 15 nous jetons l'ancre dans le bassin d'Abercorn, à Belfast, où nous prenons congé du *Porcupine*, du commandant et des officiers, devenus pour nous de vrais amis : nous avons l'espoir de les revoir bientôt, et nous sommes complétement satisfaits de nos travaux de l'été.

Le 24 mars 1870, il a été donné lecture au conseil de la Société Royale d'une lettre du Dr Carpenter, adressée au Président, proposant qu'une exploration du fond de la mer, semblable à celles qui, en 1868 et 1869, ont eu pour théâtre l'espace qui s'étend au nord et à l'ouest des Iles Britanniques, fût envoyée au sud de l'Europe, dans la Méditerranée; le conseil voulut bien recommander cette entreprise à la bienveillance de l'Amirauté, afin d'obtenir par son entremise, comme dans les occasions précédentes, la coopération du Gouvernement de Sa Majesté. La correspondance officielle qui a été échangée au sujet de l'expédition de 1870 se trouve dans l'Appendice A de ce chapitre.

L'expédition de cette année devait, comme celle de la précédente, se diviser en croisières. Ainsi que cela avait déjà eu lieu, M. Gwyn Jeffreys se chargea de diriger la première, pendant que le Dr Carpenter et moi-même étions retenus par nos travaux officiels. Un jeune naturaliste suédois, M. Josué Lindahl, de l'université de Lund, l'accompagnait en qualité de préparateur de zoologie, et M. W. L. Carpenter se chargeait des travaux de chimie. Il fut convenu que la croisière de M. Jeffreys s'étendrait de Falmouth jusqu'à Gibraltar, où le Dr Carpenter et moi de-

vions le rejoindre, le remplacer, et travailler ensemble comme
nous l'avions fait l'année précédente; mais des accès de fièvre
me retinrent malheureusement au lit, et toute la charge de la
dernière croisière dans la Méditerranée retomba sur le Dr Carpenter. Par suite de ce contre-temps, je ne puis donner que de
seconde main le compte rendu succinct de la première partie
des travaux de 1870, nécessaire pour compléter l'aperçu de
ce qui a été accompli pour résoudre la question des conditions
et de la faune du nord de l'Atlantique.

Dans la Méditerranée, le Dr Carpenter a trouvé des conditions de température et de distribution de la vie animale tout
à fait anormales, ainsi que pouvait jusqu'à un certain point
le faire présumer la position exceptionnelle de cette mer intérieure. Les recherches faites en 1870 n'ont fait que préparer
les voies qui conduiront un jour à la solution de toute une
série de problèmes spéciaux et particuliers; je ne puis, pour
le moment, qu'indiquer les résultats généraux obtenus par
mes collègues.

Le *Porcupine* quitta Falmouth le 4 juillet; mais, pendant plusieurs jours, brouillards et vents contraires se réunirent pour le
retenir dans le détroit. Le 7 juillet, il atteignit la pente qui descend du plateau du détroit aux grandes profondeurs de l'Atlantique. On fit un premier draguage dans 567 brasses. M. Jeffreys
représente le contenu de la drague comme plus intéressant
que considérable. Parmi les Mollusques, il cite : *Terebratula
septata, Limopsis borealis, Hela tenella, Verticordia abyssicola,
Turbo filosus* et *Ringicula ventricosa*. Le *Turbo filosus*, et
sa variété *Turbo glabratus*, n'étaient connus jusque-là qu'à
l'état fossile dans les tertiaires de la Calabre et de Messine.
Le *Terebratula septata*, le *Limopsis borealis* et l'*Hela tenella*
se trouvent fossiles aussi dans les couches pliocènes de l'Italie
du sud, et vivants dans les mers scandinaves. M. Norman cite,
parmi les Crustacés, de nouvelles espèces d'*Ampelisca* et de six
autres genres, et le bel *Echinus microstoma* écarlate, comme
étant l'Échinoderme le plus remarquable.

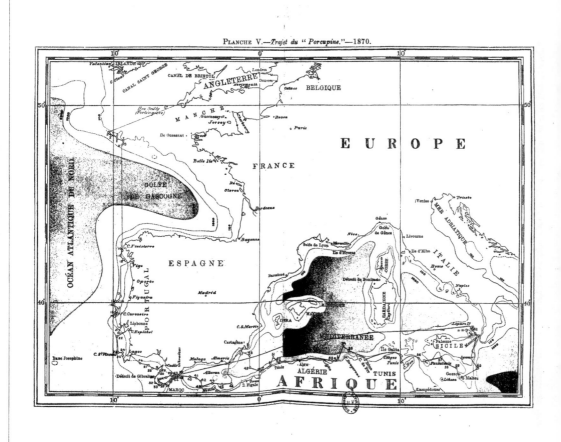

Pendant le trajet du navire sur la pente du détroit, le vent fut trop faible pour que le draguage réussît, car il y avait à peine assez de dérive pour entraîner l'engin. Les houppes devinrent fort utiles pour compléter le travail en recueillant tout ce qui, à un degré quelconque, était pourvu d'épines ou de quelques autres aspérités.

Le premier draguage opéré dans la journée du 8 fut à peu près nul, mais les suivants, dans le courant de la même journée, à 690 et 500 brasses, donnèrent d'importants résultats. Outre les espèces septentrionales ordinaires, on vit apparaître le *Rhynchonella sicula* (Seguenza), le *Pleuronectia* (sp. n.), et l'*Actæon* (sp. n.). M. Norman représente le n° 3 comme « un draguage des plus importants, dont le résultat au point de vue de l'étude des Crustacés est plus précieux que ceux de tous les autres draguages réunis de la première croisière. Il comprend presque toutes les plus rares des nouvelles espèces de l'expédition de l'année précédente, ainsi que quatre Crustacés fort intéressants, dont les yeux sont pédonculés; trois sont nouveaux, et le quatrième, le *Geryon tridens* appartient à une belle espèce norvégienne. Avec celles-ci se trouvaient deux formes d'un caractère plus méridional, l'*Inachus dorsettensis* et l'*Ebalia Cranchii*, que je ne m'attendais pas à trouver à pareille profondeur. » Les Échinodermes appartenaient à des groupes très-septentrionaux. Ils comprenaient : le *Cidaris papillata*, l'*Echinus norvegicus* et l'*Echinus microstoma*, des jeunes du *Brissopsis lyrifera*, de l'*Astropecten arcticus*, de l'*Archaster Andromeda* et de l'*Archaster Parellii*, avec un petit spécimen de l'*Ophiomusium Lymani*: plusieurs exemplaires de l'*Ophiacantha spinulosa*, et, comme à l'ordinaire, un ou deux exemplaires de la forme répandue partout, l'*Echinocucumis typica*. Le Dʳ Mac Intosh, à qui les Annélides ont été renvoyés, distingue, comme espèce supposée essentiellement septentrionale, le *Thelepus coronatus* (Fabr.). L'*Holtenia Carpenteri*, notre Éponge bien connue, était représenté sur les houppes par un grand nombre d'individus de tous âges et de toutes dimensions.

9 *juillet*. — Le vent est encore trop faible pour permettre un travail bien fructueux. Draguages à 717 et 358 brasses ; on ramène une certaine quantité de Mollusques ayant le caractère d'être, pour la plupart, communs à la faune récente des mers de Norvége et à la faune pliocène de la Sicile et de la Méditerranée. Ces draguages ont ramené le *Terebratella spitzbergensis*, forme arctique et japonaise ; le *Pecten vitreus* et le *Pecten aratus* ; le *Leda Pernula*, le *Trochus suturalis*, l'*Odostomia nitens* et le *Pleurotoma hispidulum*. Parmi les Échinodermes se trouvait un beau spécimen de *Brisinga endecacnemos* (Absjörnsen), très-différent du *Brisinga coronata*, forme qu'on trouve le plus communément dans le Nord. Les Coraux sont représentés par l'*Amphihelia oculata* et le *Desmophyllum crista-galli*. Parmi les Annélides se trouvent le *Pista cristata* (O. F. Müller) et le *Trophonia glauca* (Malmgren), l'un et l'autre espèces arctiques. Le 10 étant un dimanche, le navire demeura en panne. Le 11, les draguages recommencèrent, toujours sur la déclivité du plateau du détroit ; le résultat fut le même qu'auparavant, et la faune conserva le même caractère.

Le désir de M. Gwyn Jeffreys était d'exécuter quelques draguages dans les très-grandes profondeurs de l'entrée de la baie de Biscaye que nous avions explorées avec succès en 1869. Il se dirigea donc vers le sud et franchit une distance considérable sans se servir de la drague, dans la crainte de rencontrer le câble qui va de Brest à l'Amérique du Nord. En arrivant dans les parages qu'il comptait explorer, il eut malheureusement mauvais temps, et il dut se diriger sur Vigo. Le jeudi 14 juillet, le navire doubla le cap Finisterre, et la drague fut lancée par 81 brasses, à environ 9 milles de la côte d'Espagne. Indépendamment d'un grand nombre de formes connues, dont quelques-unes ont une large extension vers le nord, les houppes ramenèrent deux spécimens, l'un jeune, l'autre adulte, selon toute apparence, tous deux fort endommagés, du singulier Échinide déjà cité, le *Calveria fenestrata*. Cette forme n'est évidemment ni rare ni exclusivement bornée aux grandes profon-

deurs, et il est bien étonnant qu'elle soit demeurée si longtemps
inconnue. Le 15, nouveaux sondages à 100, à 200 brasses,
à environ 40 milles de Vigo, et le 16 un ou deux dans la baie
même de Vigo, à 20 brasses. Cette localité a déjà été à peu près
épuisée en 1849 par M. Mac Andrew : on ne trouva guère
qu'une ou deux espèces à ajouter à la liste.

Le 18, départ de Vigo. Je cite M. Jeffreys :

« *Mercredi 20 juillet*. — Nous avons dragué tout le jour
avec grand succès, à des profondeurs variant entre 380 et 994
brasses (stations 14 à 16); le vent et la mer s'étaient calmés, et
nous avons pu prendre avec le filet à main quelques spécimens
vivants de *Clio cuspidata*. Les draguages à 380 et 469 brasses
ont donné, entre autres Mollusques, le *Leda lucida* (forme norvégienne et fossile sicilien); l'*Aximus eumyarius* (norvégien
aussi); le *Neæra obesa* (du Spitzberg, à l'ouest de l'Irlande);
l'*Odostomia* (sp. n.); l'*Odostomia minuta* (méditerranéen); et
le *Cerithium* (sp. n.); parmi les Échinodermes, le *Brisinga
endecacnemos* et l'*Asteronyx Loveni*. Les résultats du draguage
dans 994 brasses excitèrent au plus haut point notre étonnement. La soirée étant fort avancée, le contenu de la drague ne
put être criblé et examiné que le lendemain au jour. Nous vîmes
alors un merveilleux amoncellement de coquillages, morts pour
la plupart, mais comprenant certaines formes qui avaient toujours été classées parmi les espèces exclusivement septentrionales, d'autres que M. Jeffreys reconnut comme fossiles du
tertiaire sicilien. Une proportion d'environ 40 pour 100 du
nombre total des espèces ramenées n'avaient point encore été
décrites; parmi ces dernières, plusieurs représentaient des
genres tout nouveaux. Le tableau suivant renferme l'énumération des Mollusques complets ou fragmentaires pris dans
ce seul draguage :

ORDRES.	NOMBRE total DES ESPÈCES.	RÉCENTES.	FOSSILES.	NON DÉCRITES.
Brachiopodes.......	1	1	»	»
Conchifères.........	50	32	1	17
Solénoconques.......	7	3	»	4
Gastéropodes........	113	42	23	48
Hétéropodes.........	1	1	»	»
Ptéropodes..........	14	12	»	2
	186	91	24	71

» Les espèces septentrionales dont nous venons de faire mention sont au nombre de trente-quatre, et comprennent : *Dacridium vitreum, Nucula pumila, Leda lucida, Leda frigida, Verticordia abyssicola, Neæra jugosa, Niæra obesa, Tectura fulva, Fissurisepta papillosa, Torellia vestita, Pleurotoma turricula, Admete viridula, Cylichna alba, Cylichna ovata* (Jeffreys, sp. n.), *Bulla conulus* (S. Wood, non Deshayes) (crag corallin), et le *Scaphander librarius*. Le *Leda lucida*, le *Neæra jugosa*, le *Tectura fulva*, le *Fissurisepta papillosa*, le *Torellia vestita*, ainsi que plusieurs autres des espèces connues, sont également fossiles en Sicile. Presque tous ces coquillages, ainsi que quelques-uns des plus petits Échinodermes, des Coraux, et des autres organismes, avaient été évidemment transportés par les courants à l'endroit où ils ont été trouvés ; ils ont dû y former un épais dépôt, semblable à ceux dont sont composées beaucoup de couches de fossiles tertiaires. Il paraît vraisemblable aussi que le sédiment a été en partie formé par l'action du reflux, car un fragment de *Melampus myosotis* (Pulmobranche du littoral) a été trouvé mélangé aux Pectinibranches et aux Lamellibranches des grandes profondeurs de l'Océan. Aucun de ces coquillages n'appartenait à la période miocène ni à aucune période antérieure.

» Cette remarquable série, dont la moitié seulément environ
est connue des conchyliologistes, nous donne la mesure de tout
ce qu'il reste encore à faire avant de pouvoir se flatter que
les annales de la zoologie maritime soient complètes. Comparons
la vaste étendue du lit de l'océan Atlantique du Nord avec
l'étroite zone qui, dans le voisinage des côtes, à ses deux
extrémités, a été partiellement étudiée, et, en songeant à ce
dernier draguage, demandons-nous si nous pouvons espérer
connaître jamais tous les habitants des mers du globe entier.
Nous croyons pourtant qu'un examen approfondi des tertiaires
récents faciliterait beaucoup cette étude, et cet examen est
non-seulement possible, mais relativement facile. De sérieux
travaux ont déjà été accomplis dans cette voie; mais, quoique
les recherches des Brocchi, des Bivona, des Cantraine, des
Philippi, des Calcara, des Costa, des Aradas, des Brugnone,
des Seguenza, et d'autres savants paléontéologistes du sud de
l'Italie, datent depuis plus d'un demi-siècle et n'aient jamais
cessé d'être énergiquement poursuivies, bien des espèces de
Mollusques y sont continuellement découvertes, sans être jamais
livrées à la publicité. Outre les Mollusques de ce draguage dans
994 brasses d'eau, M. le professeur Duncan annonce qu'il a
trouvé deux nouveaux genres de Coraux, plus le *Flabellum
distinctum*, qu'il croit identique avec celui qui a été découvert
au nord du Japon. Ceci coïnciderait avec la découverte, sur les
côtes lusitaniennes, de deux espèces japonaises d'un genre de
Mollusque très-curieux, le *Verticordia*. Les deux se trouvent
en Sicile à l'état fossile, et l'une des deux dans la roche calcaire
de Suffolk. »

Il s'est trouvé dans le même draguage quantité d'Éponges
fort curieuses et non décrites, dont plusieurs rappellent les
caractères les plus distincts d'une des sections des Ventriculées.
Nous y reviendrons dans un des chapitres suivants.

Le jeudi 21 juillet, le draguage continua pendant toute la
journée, à des profondeurs variant de 600 à 1095 brasses,
par 39°42' de latit. N. et 9°43' de longit. O., avec une

température de fond, à 1095 brasses, de 4°.3 C., et de 9°.4 C. à
740 brasses. Le draguage fut fructueux, et ramena vivants plusieurs des Mollusques nouveaux et remarquables de la dernière
pêche, ainsi que plusieurs autres formes. Quelques Crustacés
non encore décrits vinrent aussi s'ajouter à nos listes. Parmi les
Coraux, une nouvelle espèce du genre *Cænocyathus*, et une
espèce, d'un genre inconnu, voisin des *Bathycyathus*. Le *Brisinga endecacnemos* et quelques nouveaux Ophiurides faisaient
partie des trouvailles, mais la plus belle de toutes fut sans
contredit un *Pentacrinus* d'environ un pied de longueur dont
plusieurs spécimens se trouvèrent accrochés aux houppes. Ce
Lis de la mer septentrionale, auquel mon ami M. Gwyn Jeffreys
a donné le nom de *Pentacrinus Wyville Thomsoni*, sera décrit
un peu plus loin, avec d'autres membres non moins intéressants du même groupe.

Le 25, on atteignit le cap Espichel; mais le temps était si
mauvais, que le capitaine Calver dut chercher un refuge dans
la baie de Setubal. M. le professeur Barboza du Bocage, de
Lisbonne, avait donné à M. Gwyn Jeffreys une lettre d'introduction pour l'officier garde-côte de Setubal, qui savait où les
pêcheurs trouvent le Requin des grandes profondeurs ainsi
que l'*Hyalonema*; mais M. Geffreys ne put en profiter à cause
de l'état du temps.

A la hauteur du cap Espichel, avec 740 et 718 brasses, une
température de 10°,2 C., les Mollusques se sont montrés à peu
près les mêmes qu'à la station 16; ils comprenaient en plus : le
Leda pusio, le *Limopsis pygmæa* (fossiles siciliens) et le *Verticordia acuticostata*. Cette dernière espèce est aussi intéressante
au point de vue géologique qu'à celui de la géographie ; elle
existe à l'état fossile dans les couches pliocènes de la Sicile, et
elle vit dans l'archipel japonais. M. Jeffreys suppose une migration à travers la mer Arctique pour expliquer comment tant
d'espèces identiques sont communes aux côtes orientales du
bassin de l'Atlantique, à la Méditerranée, où l'on trouve plusieurs Brachiopodes et Crustacés japonais, et aux mers de l'Asie

septentrionale. Quoi qu'il en soit, il est certain qu'avant d'arriver à aucune conclusion sûre et positive sur ces questions, il nous faudra acquérir ici encore bien des données qui nous manquent sur l'extension. dans le temps et dans l'espace, de la faune des grandes profondeurs.

Les draguages exécutés à l'entrée du détroit de Gibraltar, dans 477. 651 et 554 brasses (stations 31, 32 et 33). avec une température de fond de 10°,3, 10°,1 et 16°, ramenèrent plusieurs formes remarquables et une très–élégante Éponge, très–voisine. sinon identique au *Caminus Vulcani* d'Oscar Schmidt, et quelques belles formes de Corallio-spongiaires sur lesquelles nous reviendrons plus loin. La station n° 31 a donné une forme d'Éponge qui rappelle le *Cladorhiza* à branches de bruyère de la zone froide des Faröer. Le *Chondrocladia virgata* (fig. 36) est un organisme ramifié et gracieux qui a de 20 à 40 centimètres de hauteur. Une racine divisée, de consistance cartilagineuse, composée de faisceaux de spicules réunis et serrés ensemble par un ciment organique amorphe, fixe l'Éponge à un corps étranger et la maintient dans une position verticale. Les mêmes organes se continuent pour former un axe qui accompagne la tige principale et les branches. L'axe se compose d'une réunion de cordons bien distincts, comme les

Fig. 36. — *Chondrocladia virgata*, Wy-ville Thomson. Demi-grandeur naturelle. (N° 33, pl. V.)

brins d'une corde, réunis en spirale, de façon à présenter à première vue une grande ressemblance avec la tige de l'*Hyalonema*; seulement ces cordons sont opaques et se brisent facilement sous la pointe d'un couteau. Au moyen du microscope, on voit qu'ils sont composés d'imperceptibles spicules, pointus comme des aiguilles et solidement assujettis ensemble. La substance molle de l'Éponge s'étend sur toute la surface de l'axe et s'élève en processus allongés, arrondis et coniques, vers l'extrémité desquels se trouve une masse ovale, vert noirâtre, d'une matière spongieuse. Le contour du cône dépasse cette masse au moyen de groupes nombreux de spicules aigus entourant une étroite ouverture osculaire. Toutes les parties de l'Éponge sont chargées de spicules à trois pointes.

Le 5 août, le *Porcupine* fit son entrée dans la baie de Tanger, après avoir inutilement essayé de draguer dans 190 brasses, à la hauteur du cap Spartel. Dans la baie même, deux draguages furent exécutés à une profondeur de 35 brasses. La faune s'est montrée à peu près celle de la Grande-Bretagne, avec l'addition de quelques espèces méridionales.

Le 6 août, M. Jeffreys se rendit à Gibraltar, remit la direction au Dr Carpenter, et poussa lui-même jusqu'en Sicile, en passant par Malte, dans le but d'examiner les formations tertiaires récentes du sud de l'Italie, et de visiter les collections des Mollusques fossiles de Catane, Messine, Palerme et Naples, afin de les comparer avec les produits de sa croisière.

Le lundi 15 août, le capitaine Calver avec le Dr Carpenter, accompagnés de M. Lindahl comme préparateur, gagnèrent le milieu du détroit pour commencer une série d'observations sur les courants de Gibraltar.

Ces expériences, qui dans le moment même ne parurent pas très-concluantes, ont été reprises et continuées pendant l'été de 1871 par le capitaine Nares, de la Marine royale, et par le Dr Carpenter, sur le vaisseau de Sa Majesté *Shearwater*. Les résultats fort curieux en ont été publiés avec détail par le Dr Carpenter dans les procès-verbaux de la Société Royale

de Londres, et par le capitaine Nares dans un rapport spécial
présenté à l'Amirauté. Mon but étant de me borner presque
exclusivement, pour le moment du moins, à la description des
phénomènes connus des grandes profondeurs de l'Atlantique,
je ne reproduirai pas ici le récit des expériences faites dans
le détroit. Je tiens cependant à tracer une rapide esquisse de la
croisière du Dr Carpenter dans la Méditerranée, parce que les
phénomènes qui ont trait à la distribution de la température et
de la vie animale confirment, tout en contrastant avec elles, les
conditions singulièrement différentes qui ont été déjà décrites
et qui règnent dans l'Océan.

Le premier sondage dans la Méditerranée a été fait le
16 août par 36°0' de latit. N. et 4°40' de longit. O., à une
profondeur de 586 brasses, avec fond de limon gris foncé. La
température de la surface était de 23°,6 C., et celle du fond de
12°,8 C., c'est-à-dire plus élevée d'environ 3° que celle de
l'Océan à la même profondeur. Une série de sondages a été
faite ensuite pour déterminer la proportion dans laquelle
la température diminue. Voici quels en ont été les curieux
résultats :

Surface	23°,6
10 brasses	20,9
20 id.	18,6
30 id.	17,5
40 id.	16,7
50 id.	15,6
100 id.	12,8
586 id.	12,8

La température s'est donc abaissée rapidement pendant les
30 premières brasses, plus lentement pendant les 20 suivantes,
n'a perdu de 50 à 100 brasses que 3° C., et avait atteint son
minimum avant même d'arriver à 100 brasses, car depuis
cette profondeur jusqu'au fond il n'y a plus eu d'abaissement. Cette série de sondages, ainsi que toutes les observations de température faites pendant la croisière dans la
Méditerranée, ont prouvé que le fond est rempli, depuis la pro-

fondeur de 100 brasses, d'une masse d'eau à la même température, un peu au-dessus ou un peu au-dessous de 12°,75 C.

Les exemples suivants ont été cités par le Dr Carpenter
d'après des observations prises plus anciennement dans le
bassin de la Méditerranée, pour démontrer la grande uniformité
de sa température de fond à toutes les profondeurs :

NUMÉROS des STATIONS.	PROFONDEUR en BRASSES [1].	TEMPÉRATURE du FOND.	TEMPÉRATURE de la SURFACE.	LATITUDE.	LONGITUDE.
41 .	730	13,4 C.	23,6 C.	35° 57' N.	4° 12'0.
42 .	790	13,2	23,2	35 45	3 57
43 .	162	13,4	23,8	35 24	3 54 30
44 .	455	13,0	21,0	35 42 20	3 00 30
45 .	207	12,4	22,6	35 36 10	2 29 30
46 .	493	13,0	23,0	35 29	1 56
47 .	845	12,6	21,0	37 25 30	1 10 30

On a pris à cette dernière station (n° 47) une série de sondages qui ont pleinement confirmé les résultats de la première
expérience (n° 40) :

Surface. 20,9
10 brasses 15,2
20   id.   14,4
30   id.   13,8
40   id.   13,3
50   id.   13,1
100   id.   12,6
845   id.   12,6

Une masse d'eau de 845 brasses (près d'un mille), au plus
profond de la mer, se maintient donc uniformément à la température de 12°,6 C. (ou 54°,7 Fahr.).

La drague fut plongée à chaque station, mais avec si peu de
résultats, que le Dr Carpenter fut amené à en conclure que
le fond de la Méditerranée, au delà de quelques centaines de
brasses, est à peu près dépourvu d'êtres vivants. Les conditions

1. La brasse anglaise dont il est question dans le cours de cet ouvrage vaut 1^m,83.

ne sont pas absolument incompatibles avec l'existence de la vie animale, puisque, à la plupart des stations, quelques formes vivantes ont été prises, mais elles lui sont certainement singulièrement défavorables. A la station 49, à une profondeur de 1412 brasses, avec une température de 12°,7, les espèces suivantes de Mollusques ont été retirées : *Nucula quadrata*, n. sp., *Nucula pumila* (Absjörnsen); *Leda*, n. sp.; *Verticordia granulata* (Seguenza); *Hela tenella* (Jeffreys); *Trochus gemmulatus* (Ph.); *Rissoa subsoluta* (Aradas); *Natica affinis* (Gmel.); *Trophon multilamellosus* (Ph.); *Nassa prismatica* (Br.); *Columbella Haliæti* (Jeffreys); *Buccinum acuticostatum* (Ph.); *Pleurotoma carinatum* (Cristofori et Jan), *Pleurotoma torquatum* (Ph.), *Pleurotoma decussatum* (Ph.).

La faune est plus abondante dans le voisinage de la côte d'Afrique, mais le fond y est si inégal, qu'il n'a pas été possible de se servir de la drague; les houppes ont presque toujours dû être employées seules. Bien des Polypiers, bien des Échinodermes, des Coraux et des Éponges ont été pris de cette manière; mais presque tous appartenaient à des espèces méditerranéennes bien connues. Après avoir passé quelques jours à Tunis et visité les ruines de Carthage, le draguage est repris le 6 septembre sur le *banc de l'Adventure*, ainsi nommé parce qu'il a été découvert par l'amiral Smyth pendant un voyage de surveillance sur le vaisseau de S. M. l'*Adventure*. Ici, aux profondeurs de 30 à 250 brasses, la vie animale est assez abondante. Les Mollusques ont donné les espèces suivantes : *Trochus suturalis* (Ph.) (fossile sicilien); *Xenophora crispa* (König) (fossile sicilien); *Cylichna striatula* (Forbes) (fossile sicilien), *Cylichna ovulata* (Brocchi) (fossile sicilien); *Gadinia excentrica* (Tiberi); *Scalaria frondosa* (J. Sowerby) (fossile sicilien et du crag corallien); *Pyramidella plicosa* (Bronn) (fossile sicilien et du crag corallien); *Actæon pusillus* (Forbes) (fossile sicilien). Les Échinodermes sont abondants en tant qu'individus, mais les espèces sont peu variées et toutes sont des formes bien connues de la Méditerranée.

Diverses variétés du *Cidaris papillata* (Leske) ont été retirées, mais aucun caractère spécifique ne les distingue des nombreuses formes de la même espèce qui vivent dans l'océan
Atlantique depuis le cap Nord jusqu'au cap Spartel. Les variétés
méditerranéennes de cette espèce constituent, sans aucun
doute, le *Cidaris Hystrix* de Lamarck. J'éprouve une grande
hésitation au sujet du joli petit *Cidaris* décrit par Philippi sous
le nom de *Cidaris affinis*. Certains exemplaires caractéristiques
de cette espèce, qui abondent sur le banc de l'*Adventure* et le
long de la côte africaine, paraissent être très-distincts. Ils sont
d'un beau rose rougeâtre foncé, et les spicules, qui sont striés
transversalement de rouge et de brun jaunâtre, se terminent en
pointe aiguë, tandis que ceux du *Cidaris papillata* sont ordinairement émoussés au sommet, et même souvent élargis ou
terminés en coupe. La partie des plaques interambulacraires
qui est couverte de granules miliaires est plus large, et deux
rangées régulières de radioles de dimensions presque égales
s'élèvent auprès de la base des spicules primaires, au-dessus
des alvéoles. Ces caractères devraient, semble-t-il, avoir une
valeur spécifique ; mais il existe une grande quantité de formes
intermédiaires, et, après en avoir fait une étude attentive,
tout en ayant décrit les deux espèces comme distinctes, j'aurais grand'peine à bien définir la ligne de démarcation qui les
sépare. Plusieurs spécimens d'un bel *Astrogonium*, voisin de l'*A.
granulare*, ont été pris sur le banc de l'*Adventure*. M. le professeur
Duncan annonce d'intéressants Coraux, et M. le professeur Allman
deux espèces nouvelles d'*Aglaophenia*. Le Dr Carpenter y a
retrouvé le délicat *Orbitolites tenuissimus*, ainsi que *Lituola*,
grand nautiloïde, si fréquents tous deux dans l'Atlantique.

Après un court séjour à Malte, le *Porcupine* quitta le port de
la Valette le 20 septembre et gouverna au nord-est, se dirigeant
sur un point situé à 70 milles de distance, désigné sur les
cartes comme ayant une profondeur de 1700 brasses. On
l'atteignit le matin suivant de très-bonne heure, et la corde
de sonde déroula 1743 brasses pour atteindre le fond, par

36° 31′ 30″ de latit. N. et 15° 46′ 30″ de longit. (n° 60), avec
une température de 13°,4 C., plus élevée d'un degré que
celle du plus profond des sondages du bassin occidental. Le
tube de l'appareil de sonde rapporta un échantillon de limon
jaunâtre si semblable à celui du fond de la Méditerranée dans
ses parties les plus stériles, qu'il ne fut pas jugé opportun de
faire une dépense de temps inutile pour un essai de draguage,
qui, à pareille profondeur, eût employé une journée presque
entière. S'étant donc ainsi assurés autant que possible par quelques observations que les conditions physiques du bassin
oriental de la Méditerranée sont les mêmes que celles de son
bassin occidental, nos collègues gouvernèrent sur la Sicile,
dont ils longèrent lentement les côtes pendant la nuit. Ils
franchirent à l'aube la partie la plus resserrée du détroit entre
Messine et Reggio, passèrent devant Charybde et le rocher
crénelé de Scylla, et sortirent du « Faro » pour déboucher au
nord de la Sicile, dans la pleine mer des îles Lipari. Un sondage
de température tout près de Stromboli, par 28° 26′ 30″ de
latit. N. et 15° 32′ de longit. E., indiqua une profondeur
de 730 brasses, une température de fond de 13°,1 C., pendant que celle de la surface était de 22°,5 C.

Sous le cône déchiré de Stromboli, les dragueurs relevèrent
une série de températures qui donna le résultat ordinaire trouvé
sur toute la zone volcanique de la Sicile : la température était
légèrement plus élevée que celle des grandes profondeurs du
bassin occidental de la Méditerranée, phénomène dont la cause
ne saurait être expliquée sans de longues et minutieuses observations. Pendant cette opération, ils eurent le loisir de méditer
sur le nuage de fumée qui, sortant incessamment du cône,
trahit le travail souterrain qui s'accomplit dans ses entrailles ;
ils admirèrent l'esprit industrieux et entreprenant de ceux qui,
rendus insouciants par une habitude séculaire, étagent leurs
vignes sur toute la surface du volcan. à l'exception seulement
des parties qui regardent le sud-est et le nord-est, et qui reçoivent d'incessantes décharges de lave et de cendres.

Leur itinéraire les conduisit ensuite droit au cap de Gate, devant lequel ils passèrent le 27 septembre; ils arrivèrent à Gibraltar le 28. Le Dr Carpenter reprit alors ses observations et ses expériences sur les courants du détroit, jusqu'au 2 octobre, époque à laquelle les nécessités du service obligeaient le capitaine Calver de regagner l'Angleterre. Ils repassèrent par une belle mer devant les côtes du Portugal, mais, pressés par le temps, ils ne purent tenter aucun draguage dans ces grandes profondeurs. Après avoir lutté contre une brise assez forte dans le parcours du détroit, le *Porcupine* jeta l'ancre à Cowes le 8 octobre.

Lille Dimon (Faröer).

APPENDICE A

Extraits des procès-verbaux du conseil de la Société Royale, et autres documents officiels au sujet de la croisière entreprise par le vaisseau de Sa Majesté le Porcupine, *pendant l'été de* 1870.

24 mars 1870.

Il est donné lecture au conseil d'une lettre du Dr Carpenter à l'adresse du Président, demandant que l'exploration des grandes profondeurs de la mer qui a eu lieu en 1868 et 1869 dans les régions situées au nord de la Grande-Bretagne, soit étendue à celles du sud de l'Europe et à la Méditerranée, et que le conseil de la Société Royale en recommande l'entreprise à la bienveillance de l'Amirauté, afin d'obtenir, comme dans les occasions précédentes, la coopération du Gouvernement.

Il est résolu : qu'une commission composée du Président, des officiers avec l'ingénieur-hydrographe, de MM. Gwyn Jeffreys, Siemens, professeur Tyndall et Dr Carpenter, avec faculté de s'adjoindre d'autres membres si besoin est, soit nommée pour décider de l'opportunité de donner suite à la proposition du Dr Carpenter, du plan à suivre pour la mettre à exécution, et du matériel, instruments et appareils qui deviendraient nécessaires. Le rapport sera fait au conseil, et la commission pourra le communiquer au préalable à l'Amirauté, s'il lui paraît utile de le faire pour éviter toute perte de temps.

28 avril 1870.

Il est donné lecture au conseil du rapport suivant :

La commission nommée le 24 mars pour délibérer sur une proposition de continuer l'exploration des eaux profondes de la mer pendant l'été prochain, et sur les préparatifs scientifiques qui seront nécessaires pour cette nouvelle expédition, a fait son rapport ainsi qu'il suit :

Le plan général à suivre et le but principal à atteindre par cette nouvelle expédition sont indiqués dans l'extrait suivant d'une lettre du Dr Carpenter, qui a été lue devant le conseil le 24 du courant et qui a été renvoyée à la commission :

« Le projet tracé par mes collègues de l'année dernière et par moi est celui-ci :

» Ayant quelques raisons d'espérer que nous pourrions encore disposer du *Porcupine* vers la fin de juin, nous fixerions son départ au commencement de juillet ; le navire ferait route vers le sud-ouest pour arriver au point le plus éloigné de notre parcours de l'année dernière, en explorant le fond avec soin aux profondeurs de 400 à 800 brasses, qui sont celles où l'expérience nous a appris que se font les trouvailles les plus intéressantes ; on ferait aussi quelques draguages à des profondeurs plus grandes, ainsi que des sondages de température suivant que l'occasion s'en présenterait.

» L'itinéraire deviendra alors droit sud, et la direction générale parallèle aux côtes de France, d'Espagne et de Portugal, en prenant la précaution de se maintenir en deçà des profondeurs qui viennent d'être indiquées, et de ne pousser qu'exceptionnellement à l'ouest dans des zones plus profondes. D'après ce qui a déjà été fait dans les eaux de 400 brasses à la hauteur des côtes du Portugal, il n'est pas douteux que ces parages ne soient très-riches. En approchant du détroit de Gibraltar, les observations physiques et zoologiques devront être faites avec un soin extrême pour arriver à résoudre entièrement la question des courants entre les mers Atlantique et Méditerranée, et celle des rapports qui existent entre la faune de la Méditerranée et celle de l'Atlantique (question sur laquelle M. Gwyn Jeffreys est d'avis que nos travaux de l'année dernière jettent déjà une lumière toute nouvelle).

» M. Gwyn Jeffreys est prêt à se charger de la direction scientifique de cette première partie de l'expédition ; M. le professeur Wyville Thomson ne pouvant l'accompagner, il trouvera facilement un préparateur convenable.

» Le vaisseau arrivera probablement au commencement d'août à Gibraltar, où je pourrai le rejoindre et prendre la place de M. Jeffreys, avec un de mes fils en qualité d'aide. Nous terminerions d'abord l'étude du détroit de Gibraltar, si elle se trouvait encore inachevée, puis nous nous avancerions à l'est, le long de la Méditerranée, en poussant des reconnaissances entre les côtes de l'Europe et celles de l'Afrique, de manière à obtenir une étude physique et zoologique de cette partie du bassin méditerranéen aussi complète que le permettrait le temps dont nous pourrions disposer. Malte serait probablement la limite la plus extrême de l'expédition, et nous pensons qu'elle y arriverait vers le milieu de septembre.

» C'est chose bien connue que des questions d'un grand intérêt pour la géologie sont attachées à la distribution actuelle de la vie animale dans cette zone, et nous avons bien des raisons de croire que nous y trouverions dans les grandes profondeurs nombre d'espèces tertiaires qu'on supposait éteintes. En ce qui concerne les conditions physiques de la Méditerranée, il paraît, d'après tout ce que nous avons pu apprendre, qu'on n'en connaît que bien peu de chose. La température et la densité de l'eau aux différentes profondeurs d'un bassin si complétement séparé du grand Océan, et qui pourtant en reçoit un *affluent* constant, sont un sujet d'étude des plus intéressants, auquel nous serons heureux d'apporter toute notre attention, pour peu que les moyens en soient mis à notre portée. »

D'après le succès des deux précédentes expéditions et particulièrement de celle du *Porcupine* de l'année dernière, la commission, convaincue des avantages non moins grands qui seront obtenus par celle que l'on propose pour l'avancement des connaissances scientifiques, est d'avis qu'il soit présenté une demande à l'Amirauté, afin d'obtenir comme précédemment par son entremise la coopération du Gouvernement de Sa Majesté.

La commission approuve la proposition faite par M. Gwyn Jeffreys d'accepter les services gratuits offerts par M. Lindahl, de Lund, comme préparateur-naturaliste.

Quant aux instruments et appareils scientifiques, la commission a reçu l'avis que ceux dont on a fait usage pendant le voyage de l'année dernière sont encore en état de remplir les mêmes services. M. Siemens espère pouvoir rendre son indicateur électro-thermal d'un usage plus pratique à bord.

La commission ayant appris que le Dr Frankland est l'inventeur d'un appareil propre à ramener des grandes profondeurs l'eau de mer encore chargée des gaz qu'elle renferme, a résolu de se l'adjoindre, et demande l'autorisation de se réunir de nouveau pour compléter ses arrangements et faire son rapport final au conseil.

Il est décidé que le projet suivant d'une lettre adressée au secrétaire de l'Amirauté serait approuvé :

« Monsieur, je suis chargé par le Président et par le conseil de la Société Royale de vous apprendre, afin que les Lords Commissaires de l'Amirauté en soient informés, que, vu les résultats importants pour les sciences physiques et zoologique obtenus par l'exploration des grandes profondeurs de la mer, qui s'est faite en 1868 et 1869 avec la coopération du Gouvernement de Sa Majesté, ils estiment qu'il est d'une grande importance que cette étude se continue pendant le cours de cet été, et qu'on l'étende à une zone nouvelle.

» La marche qu'on se proposerait de suivre pour cette nouvelle expédition, les buts principaux qu'on désire atteindre et le plan général d'après lequel auraient lieu les opérations, sont tracés dans l'extrait ci-inclus d'une lettre adressée au Président par le Dr Carpenter, et qui a été à tous les points de vue approuvée par le conseil.

Les premières études sérieuses sur l'Atlantique qui indiquèrent avec sûreté et précision les grandes profondeurs ont été faites pendant les croisières du lieutenant Lee, commandant le brick *Dolphin* des États-Unis (1851-52), et du lieutenant O. H. Berryman, commandant le même vaisseau en 1852-53. Mais le premier voyage pendant lequel les appareils nouveaux ont été employés avec exactitude et dans un but pratique, c'est celui que fit le lieutenant Berryman en 1856, sur le vapeur des États-Unis *Arctic*, pendant lequel on fit vingt-quatre sondages de grandes profondeurs, au moyen des machines de Brooke et de Massey, dans une direction circulaire, entre Saint-Jean de Terre-Neuve et Valentia en Irlande, pour préparer la pose du premier câble. Le même espace a été étudié en juin et juillet 1857 par le lieutenant Dayman, avec le vaisseau de S. M. *Cyclops;* il fit trente-quatre sondages avec la machine de Massey et celle de Brooke modifiée ainsi que nous l'avons indiqué plus haut. L'expédition de quelque importance qui suivit celle-ci fut celle que commanda le lieutenant Dayman, de Terre-Neuve aux Açores, et de là en Angleterre, sur le vaisseau de S. M. *Gorgon.* On sonda les profondeurs avec un plomb de 188 livres, qu'on laissait au fond ainsi que la corde. Une seule fois, à un tiers environ de la distance des Açores en Angleterre, un plomb à coupe fut immergé, retenu par une corde plus forte, dans 1900 brasses; il remonta à moitié plein de limon grisâtre.

Un autre trajet pour le câble ayant été proposé, le vaisseau de S. M. *Bull-dog* partit en 1860 sous les ordres du capitaine sir Leopold M'Clintock, sonda entre les îles Faröer et l'Islande, et de là au Groenland et au Labrador. Les sondages se firent d'abord avec un poids de fer d'un quintal environ, attaché à une corde de pêche; la corde était coupée à chaque sondage et le poids restait au fond; puis le sondage était répété avec la machine à sonder du *Bull-dog*, qui ramenait d'abondants échantillons du fond. Le Dr Wallich, naturaliste de l'expédition, a écrit le journal de ce voyage, qui fut publié plus

tard par lui comme complément de l'important mémoire sur
le fond de l'Atlantique du Nord, auquel j'ai déjà fait allusion [1].
Quelques discussions s'étant élevées à propos du trajet auquel
on devait donner la préférence pour le câble télégraphique
de l'Atlantique, le capitaine Hoskyn, de la Marine royale, fut
envoyé sur le *Porcupine* pour étudier la curieuse dépression de
550 à 1750 brasses, signalée par le capitaine Dayman en 1857,
et placée, selon lui, à environ 170 milles à l'ouest de Valentia.
Un résultat important de ce voyage fut la découverte du
banc du Porcupine à 120 milles environ à l'ouest de la baie
de Galway, avec profondeur minimum de 82 brasses.

Vers la fin de l'année 1868, le vaisseau de S. M. *Gannet*,
commandant W. Chimmo, de la Marine royale, reçut de
l'Amirauté l'ordre de tracer, pendant son voyage de retour
d'une station aux Indes occidentales, la limite septentrionale
du Gulf-stream, de faire des sondages profonds et des relevés
de températures. Il exécuta, avec l'appareil de Brooke, treize
sondages dans un espace de plus de 10 000 milles carrés,
depuis l'île des Sables (43° 20′ de latit. N. et 60° de longit. O.),
dans des profondeurs variant de 80 à 2700 brasses.

Depuis bien des années déjà, le Gouvernement américain
se livre à une étude complète et minutieuse de sa ligne de
côtes : récemment encore l'inspection côtière, dirigée par feu le
professeur Bache et par l'énergique directeur actuel du Bureau
hydrographique, le professeur Pierce, a poussé ses opérations
jusque dans les grandes profondeurs, particulièrement dans la
région du Gulf-stream, au nord-ouest du détroit de la Floride.
Des expéditions de draguage ont été dirigées avec succès par
le comte de Pourtalès, et l'on verra plus loin que les résultats
par lui obtenus complètent et corroborent les nôtres d'une
manière précieuse. Le Gouvernement suédois a exécuté à deux
reprises et avec les plus grands soins, des sondages dans
la mer qui sépare le Spitzberg du Groenland, ainsi qu'au

1. Voyez page 20 et suivantes.

sud-ouest du Spitzberg; en 1860, sous la direction d'Otto Thorell, et en 1868, par l'expédition arctique suédoise, commandée par le capitaine comte von Otter, du vapeur suédois *Sophia*. En 1869, la corvette suédoise *Joséphine*, sondant et draguant dans l'Atlantique du Nord, fit pénétrer la sonde au delà de 3000 brasses, et découvrit le *banc Joséphine*, avec profondeur minimum de 102 brasses, par 36° 45′ de latit. N. et 14° 10′ de longit. O., au nord-ouest du détroit de Gibraltar. Les expéditions polaires de l'Allemagne ont beaucoup ajouté à notre connaissance des mers du Nord et du Spitzberg. Enfin, le 20 décembre 1870, le vaisseau-école américain *Mercury*, capitaine P. Giraud, traversa l'Atlantique des tropiques jusqu'à Sierra-Leone, où il arriva le 14 février 1871. Il en repartit le 21 février, et continua les sondages et les recherches jusqu'à son arrivée à la Havane le 13 avril. Le but de l'expédition et le caractère de ceux qui la composaient sont choses singulières et instructives. Il paraît que le *Mercury* appartient aux membres de la Commission des hospices et des prisons de New-York, et qu'on s'en sert pour l'éducation maritime de jeunes garçons détenus pour vagabondage et autres méfaits de peu de gravité : une des conditions importantes de l'éducation donnée à bord de ce vaisseau, c'est que, faisant des croisières de longue durée, ces jeunes gens deviennent rapidement capables d'entrer dans la marine de l'État ou dans la marine marchande. A l'occasion de la croisière dont nous venons de faire mention, les commissaires, désireux de favoriser l'instruction de leurs pupilles tout en travaillant au progrès de la science, recommandèrent au capitaine d'exécuter une série de sondages sur ou dans le voisinage même de la ligne de l'équateur, depuis la côte d'Afrique jusqu'à l'embouchure de l'Amazone, et de faire des observations sur le système de courants de surface et sur la température de l'eau à diverses profondeurs.

Les commissaires rendent le témoignage le plus favorable de ce mode d'éducation, qui est maintenant généralement adopté. Cette vie aventureuse est pleine de charme pour des jeunes gens qui se trouvent dans les conditions de ceux dont nous nous occupons, de sorte que, « au lieu de devenir, en grandissant, le fléau de l'humanité, elle en fait des hommes utiles ». Sur les deux cent cinquante vauriens qui ont fait ce voyage, cent étaient, au dire du capitaine, capables au retour de s'acquitter convenablement du travail d'un matelot ordinaire.

On s'est servi, sur le *Mercury*, de l'appareil de sondage à boulet perdu de Brooke, et le rapport fait par le professeur Henry Draper, de New-York, sur les résultats scientifiques de l'expédition, est accompagné d'un dessin qui représente le lit de l'Océan, au 12ᵉ parallèle, appuyé de l'autorité de quinze sondages. Il démontre « qu'à partir de la côte d'Afrique, le lit de l'Océan s'abaisse rapidement. A 2 degrés ouest de la longitude du cap Vert, les sondages ont donné 2900 brasses. A partir de ce point, la profondeur moyenne à travers l'Océan peut s'estimer à environ 2400 brasses ; mais ici on trouve deux exceptions bien marquées : d'abord une dépression dont la profondeur est de 3100 brasses, puis une élévation où elle ne dépasse pas 1900 : la conclusion, c'est qu'il existe un creux profond du côté africain et un autre plus étroit et moins profond du côté de l'Amérique [1]. »

La planche VII est une carte sur laquelle les profondeurs les plus grandes sont teintées des nuances bleues les plus foncées, à raison d'une nuance par 1000 brasses. Dans la mer Arctique, à l'ouest et au sud-ouest du Spitzberg, il y a de grandes profondeurs allant à 1500 brasses ; puis un vaste plateau commence aux côtes de la Norvége, comprenant l'Islande, les îles Faröer, Shetland et Orcades, la Grande-Bre-

---

1. Cruise of the School-ship *Mercury* in the Tropical Atlantic, with a Report to the Commissioners of Public Charities and Correction of the City of New-York on the Chemical and Physical Facts collected from the Deep-sea Researches made during the Voyage of the Nautical School-ship *Mercury*, undertaken in the Tropical Atlantic and Caribbean sea, 1870-71. By Henry DRAPER, M. D., professor of analytical Chemistry and Physiology in the University of New-York. Abstracted in *Nature*, vol. V, p. 324.

tagne et l'Irlande, et le lit de la mer du Nord jusqu'aux côtes
de la France. La profondeur y atteint rarement 500 brasses.
Par contre, à l'ouest de l'Islande, et communiquant sans
aucun doute avec les grandes profondeurs de la mer du
Spitzberg, se trouve une dépression de 500 milles de largeur,
et en quelques endroits profonde de près de 2000 brasses,
serpentant le long des côtes du Groenland. C'est la voie de
retour de l'un des grands courants arctiques. Après une pente
graduelle jusqu'à la profondeur de 500 brasses, à l'ouest des
côtes de l'Irlande, par 52° de latitude N., le fond s'abaisse
rapidement jusqu'à 1700 brasses, dans la proportion de 15 à
19 pieds sur 100, et de ce point jusqu'à 200 milles environ des côtes de Terre-Neuve, où les bas-fonds reprennent,
il existe une vaste plaine sous-marine ondulée, ayant une
moyenne d'environ 2000 brasses de profondeur, au-dessous de
la surface. C'est là le *plateau télégraphique*.

Une vallée large d'environ 500 milles, d'une profondeur
moyenne de 2500 brasses, s'étend de la côte sud-ouest de l'Irlande, longe les côtes d'Europe, s'avance dans la baie de
Biscaye, et, après avoir dépassé le détroit de Gibraltar, se prolonge sur la côte occidentale de l'Afrique. Vis-à-vis des îles du
Cap-Vert, elle paraît plonger dans un creux légèrement plus
profond, qui occupe l'axe de l'Atlantique du Sud, et passe dans
la mer Antarctique. Une vallée à peu près semblable contourne
les côtes de l'Amérique du Nord avec 2000 brasses de profondeur, à la hauteur de Terre-Neuve et du Labrador, et devient beaucoup plus profonde encore vers le sud, où elle suit
les contours des côtes des États-Unis et des îles Bahama et
Windward, pour se réunir enfin au sillon central de l'Atlantique
du Sud, à la hauteur des côtes du Brésil, dans une profondeur de
2500 brasses. Une voie large, élevée, et à peu près de niveau,
ayant une profondeur moyenne de 1500 brasses, presque égale
en étendue au continent africain, part de l'Islande dans la
direction du midi, presque jusqu'au 20ᵉ parallèle de latitude
nord. Le point culminant de ce plateau se trouve placé au

parallèle de 40° de latitude N., au groupe volcanique des Açores.
Pico, le point le plus élevé du groupe, est à 7613 pieds
(1201 brasses) au-dessus du niveau de la mer, ce qui donne au
niveau du plateau une hauteur de 16 206 pieds (2701 brasses),
un peu plus que la hauteur du mont Blanc, au-dessus du niveau
de la mer.

Les sondages exacts n'ont point encore été assez fréquents
pour permettre de tracer même une simple esquisse de la carte
détaillée des contours de l'Atlantique, et un croquis tel que celui
que nous donnons ici ne doit être regardé que comme un premier
et grossier essai. Rien cependant ne saurait en donner une idée
plus erronée et plus exagérée que la *section idéale* qui se trouve
dans la *Géographie physique de la mer* du capitaine Maury,
quoique sous certains rapports l'ouvrage soit très-exact.

D'après les connaissances acquises, l'océan Atlantique recouvre une vaste région formée de vallées larges et peu profondes, de plaines ondulées, accidentées de quelques groupes
de montagnes volcaniques, dont l'étendue et l'élévation sont
insignifiantes, si on les compare aux espaces immenses qui
composent le lit de l'Océan.

Nolsö, vue des collines au-dessus de Thorshaven (Faröer).

CHAPITRE VI

DRAGUAGES PROFONDS

Jusqu'au milieu du siècle dernier, le peu que l'on savait des habitants de la zone inférieure de la mer au plus bas étiage paraît avoir été dû aux quelques spécimens recueillis sur les plages après les tempêtes, et aux captures faites par hasard sur les cordes de sonde, sur celles de pêche, et dans les filets et dragues à Huîtres et à Moules. Il n'était même pas toujours possible de mettre à profit ces sources précaires d'instruction, car pour les obtenir il fallait lutter (et le plus souvent inutilement) contre la répugnance superstitieuse qu'éprouvaient les pêcheurs à rapporter d'autres captures que celles qui font l'objet de leur commerce habituel. De nos jours encore, c'est à peine si l'influence de l'école est parvenue à détruire quelques-uns de ces vains préjugés; la plupart des pêcheurs ignorent si complétement la nature de ces animaux étranges, qu'ils voient facilement en eux des êtres surnaturels et malfaisants, dont la puissance occulte peut être

des plus fâcheuses pour eux-mêmes et pour les résultats de
leur pêche. Je crois pourtant que les progrès de l'instruction
tendent à faire disparaître ces idées fausses; et aujourd'hui
il doit se perdre moins de nouveautés rares et précieuses sous
le prétexte que « cela porte malheur » de les recueillir dans
la barque.

Il ne paraît pas que la drague du naturaliste ait servi
à l'étude de la faune du fond de la
mer avant l'époque où Otho Frederick Müller l'employa pour faire
les recherches qui lui procurèrent la
matière de l'admirable travail qu'il
publia en 1779 sous le titre de : *Description des animaux du Danemark
et de la Norvége les plus rares et
les moins connus*. Dans la préface
du premier volume, Müller fait une
description de ses appareils et de sa
manière de procéder, qui est pleine
d'originalité et d'une lecture des
plus intéressantes.

Le premier paragraphe de cet auteur décrit une drague qui ne diffère
pas beaucoup de celle de Ball et

Fig. 44. — Drague de Otho Frederick Müller (A. D. 1750)

Forbes (fig. 44), à cela près cependant que l'ouverture paraît
en avoir été carrée, ce qui constitue une modification qui
peut être heureuse sous certains rapports, mais qui, dans la
plupart des cas, donne bien des chances au sac de se vider
de son contenu en remontant à la surface.

« Praecipuum instrumentum quo fundi maris et sinuum
» incolas extrahere conabar, erat *sacculus* reticularis, ex funi-
» culis cannabinis concinnatus, margine aperturae alligatus
» laminis quatuor ferreis ora exteriori acutis, vlnam longis,
» quatuor vncias latis, et in quadratum dispositis. Angulis
» laminarum exsurgebant quatuor bacilli ferrei, altera extre-

» mitate in annulum liberum iuncti. Huic annectitur funis
» ducentarum et plurium orgyarum longitudine. Saccus mari
» immissus pondere ferrei apparatus fundum plerumque petit,
» interdum diuersorum et contrariorum sæpe fluminum maris
» inferiorum aduersa actione moleque ipsius funis plurium or-
» gyarum in via retineri, nec fundum attingere creditur. »

Le dessin de cette première drague du naturaliste est emprunté à une vignette qui accompagne le titre et orne la première page du livre de Müller.

« Fundo iniacens ope remorum aut venti modici trahitur,
» donec tractum quendam quacuis obuia excipiendo confecerit.
» In cymbam denique retrahitur spe et labore, at opera et oleum
» saepe perditur, nubesque pro Iunone captatur, vel enim totus
» argilla fumante aut limo foetente, aut meris silicibus, aut
» Testaceorum et Coralliorum emortuorum quisquiliis impletur,
» vel saxis praeruptis et latebrosis cautibus implicitus horarum
» interuallo vel in perpetuum omnia experientis retrahendi in-
» uenta frustrat; interdum quidem vnum et alterum *Mollus-*
» *cum*, *Helminthicum*, aut *Testaceum* minus notum in dulce
» laborum lenimen reportat. »

Müller décrit les difficultés qu'il rencontra dans l'accomplissement de son œuvre. La pauvreté de vie animale sur les
côtes scandinaves, la rudesse de leur climat variable, « aëris
» intemperies, marisque in sinubus et oris maritimis Nor-
» vegiae inconstantia adeo praepropera et praepostera, vt aër
» calidissimus vix minutorum interuallo in frigidum, tempestas
» serena in horridam, malacia infida in aestu ferventem pela-
» gum haud raro mutetur. »

Rien pourtant ne saurait dompter l'énergie du vieux naturaliste, qui, dans son enthousiasme, regardait peines, fatigues
et privations comme l'accompagnement nécessaire de la besogne
de chaque jour :

« Hanc mutationem saepius cum vitae periculo et sanitatis
» dispendio expertus sum, nec tamen, membra licet fractus,
» animum demisi, nec ab incepto desistere potui. Discant de-

» hinc historiae naturalis scituli, rariora naturae absque inde-
» fesso labore nec comparari, nec iuste nosci [1]. »

Il ne paraît pas pourtant qu'Otho Frederick Müller ait jamais
dragué au delà de 30 brasses, et de son temps l'étude des
animaux marins était trop peu avancée pour donner lieu à
une classification quelconque de leur distribution dans les diverses profondeurs.

L'appareil qui sert généralement à draguer les Huîtres et
les Moules dans les contrées du Nord se compose d'un léger
châssis de fer long de cinq pieds, avec une ouverture d'un pied
environ. A l'une de ses extrémités est placé un racloir semblable
au fer d'une houe étroite, à l'autre un appareil de suspension
fait de minces tiges de fer réunies par un anneau auquel est
attachée la corde de draguage. A ce châssis est suspendu un
sac d'environ deux pieds de profondeur, fait d'un filet de chaî-
nettes de fer, d'un filet de cordelettes de chanvre, ou d'un
mélange des deux. Les dragueurs naturalistes se sont servis
d'abord de la drague ordinaire à Huîtres, dont les différents
systèmes adoptés de nos jours ne sont que des modifications
et des perfectionnements, car son extrême simplicité la rend
impropre aux usages scientifiques. La drague à Huîtres n'a
de racloir que d'un seul côté. Entre les mains exercées des
pêcheurs ce n'est point un inconvénient, car elle est toujours
plongée de manière à tomber de ce côté-là ; mais, soit mala-
dresse, soit défaut d'habitude, les savants qui s'en sont servis
dans les grandes profondeurs s'arrangeaient ordinairement
pour la faire descendre sur la face opposée, ce qui expliquait
suffisamment son retour *à vide* : puis la drague à Huîtres ne
devant retenir que celles qui ont atteint certaines dimensions,
les mailles des dragues à pêche sont de largeur à laisser échapper tout ce qui est de dimension inférieure, ce qui ne peut faire
l'affaire du naturaliste, dont quelques-unes des captures les
plus précieuses sont des atomes à peine visibles à l'œil nu.

1. Zoologica Danica, sev Animalium Daniae et Norvegiae rariorum ac minvs notorvm
Descriptiones et Historia. Avctore Othone Friderico MÜLLER. Havniae, 1788.

Pour parer à ces inconvénients, il s'agit d'adapter à chacun des côtés de la drague un racloir, et d'assujettir les bras de telle sorte que l'un ou l'autre des racloirs atteigne toujours le fond, quelle que soit la position de la drague ; la proportion de la longueur du sac avec la dimension du châssis devra être plus grande ; celui-ci sera fait d'une étoffe assez lâche pour laisser librement écouler l'eau, et les ouvertures seront ménagées de manière que la partie inférieure puisse conserver le limon le plus fin.

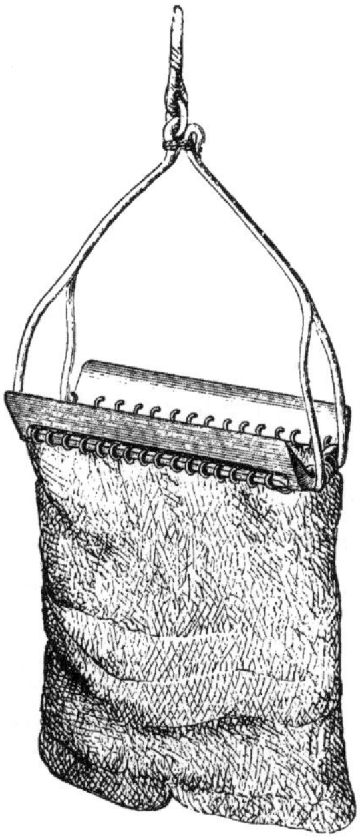

Feu le Dr Robert Ball (de Dublin) a imaginé un perfectionnement qui a été depuis universellement adopté par les naturalistes de l'Angleterre et par ceux de l'étranger, sous le nom de *drague de Ball* (fig. 45). Les dragues de ce modèle dont on s'est servi pendant les dix années qui ont suivi celle de l'invention (1838) étaient petites et assez pesantes; elles n'avaient pas plus de douze à quinze pouces de longueur sur quatre ou quatre et demi de largeur à l'ouverture. Leurs racloirs avaient la longueur du châssis de l'ouverture et un pouce à un pouce et demi de largeur. Ils étaient posés à un angle de 110 degrés du plan de l'ouverture de la drague, de sorte qu'à mesure que celle-ci était lentement entraînée, le racloir, frottant le fond, recueillait tout ce qui s'y trouvait posé. J'ai vu le Dr Ball répandre sur le plancher de son salon des pièces de monnaie et les relever très-adroitement en promenant la drague dans la position voulue.

Fig. 45. — Drague de Ball.

Depuis cette époque nous nous sommes servis de dragues construites d'après le système Ball, seulement beaucoup plus

considérables. La forme et la dimension les plus convenables
peut-être pour draguer avec un bateau à rames ou une yole,
dans des profondeurs inférieures à 100 brasses, sont celles
de la drague représentée figure 45. Le châssis a dix-huit
pouces de longueur sur cinq de largeur. Les fers racleurs ont
trois pouces de largeur et sont posés de manière que leurs
bords soient à sept pouces et demi de distance l'un de l'autre.
Les extrémités du châssis qui réunissent les racloirs sont des
tiges arrondies, de fer, qui ont cinq huitièmes de pouce
de diamètre. De ces tiges partent deux bras recourbés, de
fer de même épaisseur, qui se divisent en deux branches
assujetties aux extrémités des tiges transversales par des
anneaux qui permettent aux bras de retomber sur l'ouverture
de la drague, et se réunissent par deux épaisses boucles à dix-
huit pouces au-dessus du centre du châssis. Le poids total
du châssis, de la drague et des bras est de vingt livres. Il est
nécessaire qu'il soit fait du meilleur fer forgé de Lowmoor ou
de Suède. J'ai vu un solide châssis de drague en fer de Lowmoor, pris entre deux rocs, aplati comme un morceau de cire
par les efforts faits pour le dégager; et, chose singulière, la
drague qui remontait en si piteux état ramenait l'unique exemplaire d'un Échinoderme tout à fait inconnu jusque-là, et dont
aucun autre exemplaire n'a été retrouvé depuis.

Les bords intérieurs et épais des fers racleurs sont percés de
trous ronds placés à un pouce les uns des autres, à travers lesquels sont passés des anneaux de fer d'un pouce environ de
diamètre; deux ou trois de ces anneaux sont passés aux tiges
courtes qui forment les extrémités du châssis de la drague. Une
baguette flexible de fer, recourbée de manière à accompagner
l'ouverture de la drague, passe ordinairement à travers ces
anneaux, et l'ouverture du sac est solidement cousue aux
anneaux et à la baguette, avec une forte corde ou un fil de
cuivre. Le sac de la drague qui est en ce moment sous mes yeux
et qui nous a rendu de bons et nombreux services, a deux pieds
de profondeur; il est de filet fait à la main avec de la forte

lignerolle; les mailles ont un demi-pouce carré. Un filet aussi
large laisserait échapper tous les objets de petit volume : pour
obvier à cet inconvénient, le fond du sac est doublé, jusqu'à
une hauteur de neuf pouces, d'un canevas fin et léger.

Bien d'autres matières ont été essayées pour la confection
des sacs de drague. La peau brute de buffle ou de vache a
l'avantage d'être très-solide, mais elle contracte promptement
une odeur des plus désagréables. Quand on s'en sert pour cet
usage, il est nécessaire de la percer de trous ou de laisser les
coutures, qui sont faites avec des lanières, suffisamment lâches
pour que l'eau puisse se déverser au travers. Un autre genre de
sac que j'ai vu fréquemment employer est fait de toile à voiles :
sur chacune de ses deux faces on ménage une *fenêtre* fermée
par de la toile métallique solide. Aucun ne me paraît préférable à celui qui est fait de fort filet de corde. L'eau le traverse facilement et emporte avec elle une grande partie du
limon dont le fond, doublé de canevas, retient pourtant une
quantité suffisante pour servir d'échantillon. On peut alléguer
que bien des objets petits et précieux peuvent être entraînés
avec le limon à travers les mailles de la partie supérieure de
la drague; mais, d'un autre côté, si le sac est très-serré, il est
sujet à se remplir de boue et à ne ramener que cela.

Il est toujours bon en draguant, et quelle que soit la profondeur, de s'assurer au préalable avec la sonde de la profondeur
approximative ; de plus, le plomb devrait toujours être accompagné d'un thermomètre abrité, car la valeur du draguage sera
infiniment plus grande, comme étude de distribution géographique, s'il est accompagné d'un relevé exact de la température
du fond. Pour des profondeurs inférieures à 100 brasses, la
quantité de corde déroulée devra être au moins du double de
la profondeur. Au-dessous de 30 brasses, où le travail se fait
généralement avec une plus grande rapidité, la quantité devra
se rapprocher du triple. Cela donne beaucoup de jeu à la corde
en avant de la drague, si le bateau avance très-lentement,
circonstance qui maintient l'ouverture de la drague bien au

fond de l'eau; et si le bateau marche trop vite, faute qui se commet trop souvent dans les draguages d'amateurs, la drague a encore quelque chance d'arriver au fond, à cause de l'angle suivant lequel se trouve placée la corde dans l'intérieur des eaux. C'est une fausse économie que de se servir d'une corde trop mince. Pour une drague telle que celle qui vient d'être décrite et pour travailler, sur les côtes de l'Europe, à des profondeurs accessibles sur un bateau à rames ou sur une yole, je conseillerais une ralingue faite du meilleur chanvre de Russie, qui n'ait pas moins d'un pouce et demi de circonférence et qui se compose de dix-huit à vingt fils en trois cordons. Chacun des fils devrait être de force à soutenir un poids de près de cent livres, de manière que la puissance de résistance fût de plus d'une tonne. Une corde n'est certes jamais volontairement soumise à pareil effort, mais dans les eaux basses la drague est souvent accrochée par des rochers ou par des coraux, et la corde doit être assez forte, en pareil cas, pour ramener le bateau en arrière, quand même il serait animé d'une certaine vitesse.

En draguant dans le sable et le limon, il suffit de passer la corde à travers le double œillet formé par l'extrémité des deux bras de la drague; sur un terrain rocailleux ou inconnu, il vaut mieux n'attacher la corde qu'à un seul des œillets et lier ensemble les deux œillets par deux ou trois tours de fil de caret. Ce lien se casse beaucoup plus facilement que la corde de draguage; de sorte que si la drague vient à s'embarrasser, il est le premier à se rompre sous l'effort, ce qui produit souvent dans la position de la drague un changement subit qui amène son dégagement.

La drague devra glisser sans secousse par-dessus le bord, de l'avant ou de l'arrière (si l'on est dans un petit bateau, il est préférable que ce soit de l'arrière), pendant que le bateau continue à cheminer lentement, et la direction que prend la corde indique approximativement si la descente de la drague se fait d'une manière satisfaisante. Quand elle arrive au fond et commence à *racler*, une main exercée ressent immédiatement l'ébranlement que communique à la drague le contact des racloirs avec les aspérités du fond. La longueur de corde voulue est alors déroulée, et la corde est accrochée à une banquette ou à une cheville.

Pour peu qu'il y ait quelque chose qui ressemble à un courant, quelle qu'en soit la cause, il est bon d'attacher à la corde, à trois ou quatre brasses en avant de la drague, un poids qui varie de quatorze livres à cinquante ; cette précaution empêche jusqu'à un certain point le soulèvement de l'ouverture. En ajustant le poids plus près de la drague, on risquerait de faire endommager les objets fragiles qui peuvent s'y introduire.

La marche du bateau doit être très-lente, d'environ un mille à l'heure. Dans les eaux tranquilles, ou agitées seulement d'un très-faible courant, la drague fait naturellement l'effet d'une ancre, et rend nécessaire l'aide des rames ou de la voile ; mais pour peu que le bateau ait un mouvement quelconque, même très-faible, cela suffit. La meilleure condition, à mon avis, pour draguer, c'est de marcher avec un léger vent arrière contre une faible marée ou un imperceptible courant, des poids ayant été attachés à la drague et tous les ris ayant été pris ; malheureusement ces circonstances favorables ne peuvent se créer à volonté. La drague doit demeurer au fond pendant un quart d'heure ou vingt minutes ; au bout de ce temps, si les choses ont convenablement marché, elle doit être suffisamment garnie.

Quand on drague avec un petit bateau, la manière la plus simple de remonter le filet, c'est de faire retirer la corde par deux ou trois hommes qui se la passent de main en main et la disposent à mesure en rouleau au fond du bateau. Lorsqu'il s'agit d'une grande yole ou d'un yacht, et pour des profondeurs qui dépassent 50 brasses, un cabestan devient d'un grand secours. La corde s'enroule deux fois autour du cabestan, qui est manœuvré par deux hommes, pendant qu'un troisième la prend et la replie avec soin.

Le draguage profond, c'est-à-dire celui qui dépasse 200 brasses, offre des difficultés sérieuses, et ne peut guère

s'exécuter avec l'attirail dont disposent ordinairement les amateurs. La chose est faisable, sans doute, avec un yacht à vapeur
de grande dimension; mais le travail fort pénible qu'exige
pareille entreprise, accomplie au moyen d'appareils nombreux,
volumineux et embarrassants, répondrait fort mal à ce qu'on
en attendrait dans une partie de plaisir.

Je ne sache pas qu'on puisse perfectionner beaucoup les
appareils ou la méthode adoptés sur le *Porcupine* en 1869 et
1870. Je vais donc décrire avec quelques détails son matériel,
et raconter le draguage le plus profond qui ait été fait dans la
baie de Biscaye, et celui de tous qui a mis nos instruments
à la plus rude épreuve.

Le *Porcupine* est une canonnière de 382 tonneaux, équipée
pour le service d'inspection qu'elle fait depuis plusieurs années
autour des Hébrides et sur la côte orientale de l'Angleterre. Le
navire fut désigné en 1869 pour le travail que nous entrepre-
nions: il était pourvu de son matériel de surveillance, augmenté de tout ce qui était nécessaire à notre expédition. Ainsi
une machine de secours (*petit cheval*) de la force de 12 chevaux, avec tambours de différentes dimensions, les grands pour
remonter rapidement les poids peu considérables, les moindres
pour les fardeaux plus pesants, fut installée sur le pont, à mi-
longueur du bâtiment, de manière que les cordes arrivassent
jusqu'aux tambours soit de l'avant, soit de l'arrière. Cette
petite machine nous a été on ne peut plus utile. Nous nous servions habituellement du gros tambour pour sonder et pour
draguer, et, à l'exception d'une ou deux fois, où le sac ramena
un poids énorme (près d'une tonne), elle a, pendant tout l'été,
remonté la corde régulièrement avec une vitesse de plus d'un
pied par seconde.

Une très-forte grue se projetait au-dessus du sabord d'avant.
Une grosse poulie était suspendue à l'extrémité de la grue par
une corde qui, ainsi que je l'ai indiqué à propos du câble de
sonde, n'était pas assujettie directement au mât, mais passait à
travers un œillet, et venait ensuite s'attacher à une bitte sur le

pont. Un puissant accumulateur était amarré à un balant de
cette corde. Cet instrument a été décrit plus haut (page 185), et
nous a été d'une grande utilité pour gouverner convenablement
la ligne de sonde. L'accumulateur est sans prix pour draguer
sur un grand vaisseau. Ses ressorts, assez solides pour que la
traction de la drague ne les fasse pas allonger d'une manière
sensible, se roidissent, se tendent, et cèdent avec une sorte de
vibration au mouvement de tangage du vaisseau. Quand ils se
tendent, c'est une indication certaine que la drague est accrochée, ou que sa charge devient trop forte, et qu'il est nécessaire de soulager la corde par un ou deux tours des roues
ou de l'hélice. Il faut avoir soin que le balant auquel l'accumulateur est attaché n'ait pas plus de deux fois la longueur
des ressorts non tendus. Des ressorts en bon état et d'une force
suffisante doivent s'allonger bien au delà du double de leur
longueur, mais il ne serait pas prudent de pousser aussi loin
l'épreuve, parce que, l'un d'eux venant à se rompre, il en résulterait une secousse des plus graves. Quand il se fait sur la corde
une tension très-forte, son action, portant d'abord sur l'accumulateur, fait descendre la poulie et allonge les ressorts. Une
échelle graduée, attachée à la grue près de laquelle l'accumulateur fonctionne, marque en quintaux la mesure approximative de la tension de la corde.

Une seconde grue, de force presque égale, est placée à l'arrière, et le draguage se fait tantôt avec l'une, tantôt avec
l'autre. Cependant la grue de l'arrière servait surtout au sondage, le plateau de préparation et les autres accessoires y ayant
été disposés. Nous avions à bord du *Porcupine* un arrangement
des plus ingénieux pour la corde de draguage, qui en rendait
la manœuvre des plus faciles, malgré son énorme poids, environ 5500 livres. Une rangée d'une vingtaine de grandes chevilles de deux pieds et demi de longueur, terminées du côté
du pont par une grosse boule blanche, était disposée sur un
des côtés du gaillard d'arrière, s'élevant en ligne oblique depuis
le haut du bastingage. Chacune de ces chevilles était chargée

d'un rouleau de 200 à 300 brasses, et la corde était enroulée
sans interruption sur toute la rangée (fig. 46). Pendant la des-

FIG. 46. — Vue de l'arrière du *Porcupine*, montrant l'accumulateur, la drague, et la manière
de suspendre la corde.

cente de la drague, les hommes déroulaient rapidement la
corde des chevilles, l'une après l'autre, en commençant par

14

celle qui était le plus rapprochée de la grue de draguage ; en remontant la drague, les hommes, organisés en relais, reprenaient la corde sur le tambour de la petite machine, et l'enroulaient sur les chevilles en intervertissant l'ordre dans lequel ils l'y avaient prise. Ainsi donc, en descendant, la corde passait directement des chevilles à la poulie de la grue, tandis qu'en remontant, elle allait de la poulie au tambour de la petite machine, d'où elle était transportée par les hommes et enroulée autour des chevilles.

La corde de draguage avait 3000 brasses (près de 3 milles et demi) de longueur. Sur cette longueur, 2000 brasses étaient un grelin du meilleur chanvre de Russie, de $2\frac{1}{2}$ pouces de circonférence, avec une puissance de résistance de $2\frac{1}{4}$ tonnes. Les 1000 brasses qui avoisinaient la drague étaient également un grelin de 2 pouces de circonférence. La corde de

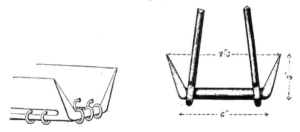

FIG. 47. — Châssis de la drague.

chanvre de Russie paraît être la meilleure pour cet emploi. Celle de Manille est beaucoup plus forte, s'il s'agit d'une tension soutenue, mais les fibres en sont plus cassantes et plus sujettes à une brusque rupture. Je n'ai jamais dû employer de corde de fil de fer, mais je crois que ce moyen aurait le même inconvénient. Le *Challenger*[1] sera muni, pour sa grande expédition, de cordes de baleinier. Le châssis de l'une des dragues

1. Navire qui fait actuellement autour du monde une campagne de draguages profonds et de sondages qui doit durer plusieurs années. M. Wyville Thomson en a la direction scientifique.   (*Note du traducteur.*)

dont nous nous sommes servis dans la baie de Biscaye est représenté figures 47 et 48. Sa longueur est de 4 pieds 6 pouces,
et il a 6 pouces de largeur à son plus grand étranglement. La
drague avec laquelle nous avons fait notre travail le plus profond différait un peu de ce modèle. La moitié de chacun des

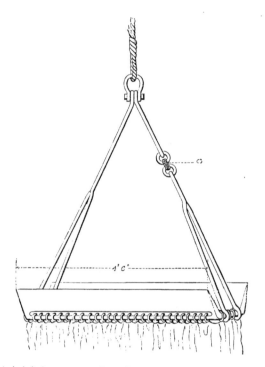

Fig. 18.—Châssis de la drague montrant la manière dont est fixé le sac.—*a*, nœud de fil de caret

bras qui aboutissait à l'œillet ou anneau auquel la corde était
attachée, était faite d'une lourde chaîne, mais je doute beaucoup que ce soit là une amélioration; la chaîne, en traînant
devant la drague, risque de faire obstacle à l'introduction des
objets et de les endommager plus qu'une paire de bras, que
leur rigidité maintient à distance sur l'un des côtés. La chaîne

était assujettie au bras de la drague par un nœud de cinq tours
de fil de caret, de sorte que, la drague venant à s'accrocher
ou à s'engager dans les pierres et les rochers, un effort, insuffisant pour rompre la corde, fait briser ce lien et dégage
quelquefois l'engin par le seul fait d'un changement de posi-

tion; si le sac reçoit un fardeau de limon
trop considérable pour la corde, le lien, en
se cassant, fait pencher l'instrument, qui
s'allége ainsi de son trop-plein. Le châssis
de cette drague, la plus grande dont nous
nous soyons jamais servis, pesait 225 livres.
Il avait été forgé chez MM. Harland et
Wolff de Belfast, du meilleur fer de Lowmoor. Le sac, de filet de cordelettes, était
doublé de canevas. Trois poids, l'un de 100
livres, les deux autres de 56 livres chacun,
étaient suspendus à la corde à 500 brasses
de la drague.

FIG. 49. — Un des côtés
du châssis montrant la
manière dont est fixé
le filet.

L'opération de sondage, faite le 22 juillet 1869 dans la baie de Biscaye, à 2435
brasses de profondeur, a déjà été racontée
avec détail. Vers quatre heures quarante-
cinq minutes de l'après-midi, après s'être
assuré avec exactitude de la profondeur, on
immergea la drague. Le vaisseau dérivait
lentement devant une brise modérée (force = 4) du nord-ouest.
Les 3000 brasses de corde se trouvèrent déroulées à cinq heures
cinquante minutes de l'après-midi. Le dessin (fig. 50) donnera
une idée des différentes positions respectives de la drague et
du vaisseau, suivant la méthode adoptée par le capitaine
Calver, qui réussit admirablement, et qui paraît être en définitive la seule praticable pour les grandes profondeurs. A représente la position du vaisseau au moment de l'immersion
de la drague, et la ligne de points AB la voie de descente
de l'instrument, rendue oblique par la tension de la corde.

Pendant la descente, le vaisseau dérive graduellement sous le vent, et C, W et D représentent les positions respectives du vaisseau, du poids attaché à 500 brasses de la drague, et celle de la drague elle-même quand les 3000 brasses de corde ont

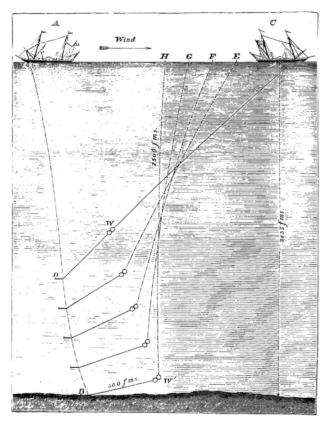

Fig. 50. — Diagramme représentant les positions relatives du vaisseau, du poids et de la drague dans un draguage profond.

achevé de se dérouler. Le vaisseau, retournant lentement alors du côté du vent, occupe successivement les positions E, F, G, H. Le poids, auquel l'eau n'offre que peu de résistance, s'enfonce de

W à W' et la drague et le sac, plus lentement de D à B. On laisse
dériver le vaisseau sous le vent, de H à C. La tension qu'amène
le mouvement du navire, au lieu d'agir directement sur la
drague, tire en avant le poids W', de sorte que le draguage
se fait par le poids et non directement du vaisseau. De cette
manière l'engin est entraîné lentement en avant, raclant le
fond, dans la position que lui donne le poids central de son
châssis et de ses bras. Si les poids étaient suspendus près de
l'appareil, et que celui-ci reçût directement son impulsion du
vaisseau, le grand poids de la corde et son élasticité feraient
continuellement soulever les bras, ce qui empêcherait les bords
de l'ouverture de toucher le fond. Dans les draguages très-
profonds, cette manœuvre de marcher du côté du vent jusqu'à
ce que la corde de la drague ait une position presque perpendi-
culaire, après avoir dérivé pendant environ une demi-heure
vent arrière, se répète généralement trois ou quatre fois.

A huit heures cinquante minutes du soir, nous commençons
à retirer la corde et à regarnir les chevilles. Le *petit cheval* nous
rend un peu plus d'un pied de corde par seconde, sans le
moindre ralentissement. Quelques minutes avant une heure
du matin, les poids reparaissent, et un peu après, c'est-à-dire
huit heures après son immersion, la drague est remontée sur
le pont, après un voyage de plus de 8 milles. Le sac contient
un quintal et demi de limon gris clair de l'Atlantique bien
caractérisé. Le poids total remonté par la machine se décompose
ainsi qu'il suit :

2000 brasses, corde de 2 pouces et demi		4000 livres.
1000 — de 2 pouces		1500
		5500 livres.

Poids de la corde, réduit dans l'eau à un quart		1375 livres.
La drague et le sac		275
Limon ramené		168
Poids attaché à la corde		224
		2042 livres.

Bien des expériences sont encore à faire avant que nous puissions nous flatter d'avoir inventé la meilleure machine comme forme et comme poids pour draguer dans les grandes profondeurs. Je trouve trop pesantes les dragues de 150 à 225 livres dont nous avons fait usage. A plusieurs reprises il est évident qu'au lieu d'arriver doucement et de s'y glisser en recueillant les objets épars sur son chemin, la drague est tombée lourdement sur son ouverture, et, labourant la vase collante du fond, s'en est embarrassée au point de ne guère admettre autre chose. J'ai fait le projet d'expérimenter des poids plus lourds avec des châssis plus légers pendant l'expédition du *Challenger*, et j'ai la conviction qu'il y aura là une grande amélioration.

En draguant à toutes les profondeurs, nous avons souvent remarqué que, tandis que l'intérieur de la drague ne contenait que fort peu de choses intéressantes, une foule d'Échinodermes, de Coraux et d'Éponges revenaient à la surface accrochés à l'extérieur du sac, et jusqu'aux premières brasses de la corde.

Ceci nous fit essayer de plusieurs expédients, et enfin le capitaine Calver fit descendre, attachés à l'instrument, une demi-douzaine des fauberts qui servent au lavage du pont. Le résultat fut merveilleux. Les houppes de chanvre rapportèrent tout ce qui se trouva sur le chemin de hérissé et de non adhérent au sol, et balayèrent le fond ainsi qu'elles le font du pont du navire. L'invention du capitaine Calver a inauguré une ère nouvelle pour le draguage profond. Après divers essais, nous nous décidâmes pour une longue barre de fer assujettie transversalement au fond du sac, et garnie à ses extrémités de grosses houppes de chanvre en étoupe (fig. 51). Dès lors les houppes de chanvre sont devenues pour nous l'accessoire obligé de la drague, accessoire aussi important que la drague elle-même et souvent infiniment plus remarquable par ses effets. Il arrive quelquefois que, lorsque le fond est par trop rugueux pour le draguage ordinaire, nous le faisons avec les houppes seules. Leur usage présente cependant certains inconvénients. La drague, dans les circonstances les plus favorables, est supposée effleurer le fond de la mer sur une certaine étendue, en recueillant les objets détachés qui se trouvent sur son chemin et dont la dimension ne dépasse pas celle de l'ouverture du sac.

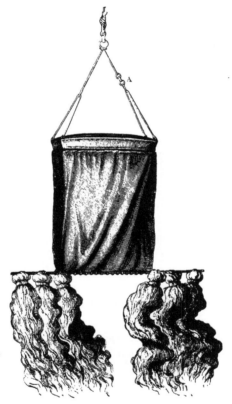

Fig. 51. — La drague munie des houppes de chanvre.

S'ils sont adhérents au sol, la drague passe par-dessus. Si leur dimension n'est pas en rapport avec celle de l'ouverture du sac, telle que la fait dans le moment la position qu'a prise la drague, ils sont poussés de côté et demeurent au fond.

Les Mollusques ont de beaucoup les meilleures chances d'être représentés, dans les recherches faites au moyen de la drague

seule : leurs coquilles sont des corps solides, comparativement
petits, qui entrent facilement dans le sac avec les pierres
du fond, auxquelles ils sont mélangés. Les Échinodermes, les
Coraux et les Éponges, au contraire, sont volumineux, enfouis
en partie, et toujours plus ou moins adhérents à la vase,
de sorte que la drague les manque habituellement. Avec les
houppes c'est le contraire qui arrive : les coquillages pesants et
lisses sont rarement pris, tandis que les houppes, surchargées
des sphères épineuses du *Cidaris*, des grands *Holtenia* à barbe
blanche, des touffes étincelantes d'*Hyalonema*, qui contrastent
avec les étoiles écarlates de l'*Astropecten* et du *Brisinga*, présentent souvent un spectacle dont il est difficile de se faire une
idée. Dans une circonstance que j'ai déjà racontée, je suis certain qu'en une seule fois il n'est pas remonté sur les houppes
moins de 20 000 exemplaires d'*Echinus norvegicus*. Ils avaient
pénétré jusqu'au milieu des houppes, qui en étaient littéralement remplies, si bien qu'il nous fut impossible de les en retirer,
et qu'ils demeurèrent pendant bien des jours suspendus aux
bastingages comme des chaînes d'oignons chez les marchands
de légumes. L'emploi des houppes, si favorable à leur capture,
pourrait donc avoir pour effet de donner aux animaux rayonnés et aux Éponges une suprématie basée sur une erreur, si
l'on ne faisait entrer ces faits en ligne de compte en estimant leur
proportion dans la faune d'un espace donné.

Les houppes mettent en piteux état les spécimens qu'elles
ramènent : et c'est toujours avec une première impression de
chagrin que nous entreprenons la tâche ingrate et désespérante
de détacher avec des ciseaux à lames courtes, les dépouilles
mutilées des Plumes de mer, les pattes de Crabes rares, les
disques privés de membres, les bras détachés des Crinoïdes et
des Ophiurides fragiles et délicats. Il faut chercher sa conso-
lation dans le nombre, relativement petit, des animaux qui
arrivent entiers, attachés aux fibres extérieures des houppes,
et se dire que, sans ce mode un peu barbare de capture, ces
spécimens seraient demeurés inconnus au fond des mers.

Le chargement de la drague varie beaucoup selon les localités. Habilement manœuvré, le sac revient ordinairement à moitié plein. Quand il a été plongé à une grande profondeur, hors de portée des courants, là où le mouvement des eaux est assez lent pour que le sédiment le plus fin ne soit pas entraîné, il ne ramène guère qu'une boue fine, calcaire ou alumineuse, dans laquelle sont distribuées les espèces dont se compose la faune de la localité. Dans les eaux plus basses, il peut se trouver du gravier ou des pierres de divers volumes, mélangés au sable et à la boue.

La première chose à faire après la capture, c'est d'examiner avec soin le contenu du sac et de mettre en sûreté le produit de la pêche. La drague halée sur le pont, il y a deux manières de la débarrasser de son contenu. On peut la retourner et le répandre sur le pont, ou bien, au moyen d'un arrangement organisé d'avance, délacer le fond du sac. La première méthode est la plus simple et celle qui est le plus généralement pratiquée ; la seconde a l'avantage de dégager plus doucement et plus facilement la masse des objets contenus dans la poche ; seulement le *laçage* est une complication qui devient quelquefois fâcheuse, parce que le lacet est sujet à se relâcher et même à se rompre. Quand une opération de draguage est bien organisée, on doit se munir d'un châssis à rebords élevés, destiné à recevoir le contenu de la drague ; on peut cependant encore le verser sur un vieux morceau de prélart. Tout objet visible sur la surface du tas est alors soigneusement enlevé et placé, en attendant d'être classé, dans les bocaux ou dans les baquets d'eau de mer, dont il doit toujours y avoir un certain nombre tout prêts. Le tas ne devra être remué que le moins possible ; les objets délicats qui y sont contenus ont été déjà inévitablement assez malmenés, et moins on leur fera éprouver le contact des pierres, mieux on s'en trouvera.

Il faudra préparer tout près de l'endroit où se vide la drague un ou deux baquets d'environ deux pieds de diamètre et de vingt pouces de profondeur ; chaque baquet sera accompagné

d'un système de tamis combiné de manière que le tamis inférieur s'adapte exactement au fond du baquet et que les trois
supérieurs s'adaptent exactement les uns dans les autres (fig. 52).
Chaque tamis devra être pourvu de deux poignées de fer formant boucle et dans lesquelles la main pourra s'introduire
facilement. Celles du plus grand des tamis seront assez allongées pour qu'on puisse, par leur moyen, soulever le tout sans

FIG. 52. — Les tamis pour le draguage.

avoir à se baisser et sans plonger les mains dans l'eau. Le
tamis supérieur, qui est le moins grand, est ordinairement plus
profond que les autres; il est fait d'un fort et large filet de fil
de cuivre dont les mailles ont un demi-pouce carré; le second,
beaucoup plus fin, a des mailles d'un quart de pouce, le
troisième est plus fin encore, et le quatrième assez serré pour
ne laisser échapper que le limon et le sable. Les tamis sont
posés dans le baquet, celui-ci contenant de l'eau de mer jusqu'à
mi-hauteur du tamis supérieur, qu'on remplit alors à moitié du
contenu du sac. On remue doucement les tamis de haut en bas,
dans l'eau. Il est essentiel de ne leur imprimer aucun mouvement de rotation pendant cette partie de l'opération, parce
que ce serait la destruction des organismes fragiles qu'ils peuvent contenir; les grilles seront donc soulevées et abaissées
délicatement, ensemble ou séparément. Il n'est pas besoin de dire
que les plus grosses pierres ainsi que les organismes les plus

volumineux seront retenus dans le tamis supérieur ; le limon
fin et le sable traversent tous les tamis et arrivent au fond
du baquet, pendant que les trois dernières grilles retiennent
les séries graduées des corps intermédiaires. On les fait
passer successivement à l'examen, et les organismes qui s'y
trouvent, enlevés avec précaution au moyen de pinces de
cuivre ou d'os, sont mis dans les bocaux d'eau de mer ou dans
des flacons d'esprit-de-vin dilué.

La valeur scientifique d'une opération de draguage dépend
surtout de deux choses : du soin avec lequel les objets obtenus sont conservés et étiquetés en vue des études futures, et de
l'exactitude qu'on met à noter toutes les circonstances qui ont
accompagné le draguage, position, profondeur, nature du terrain, température du fond, date, etc. Il m'est impossible d'entrer ici dans de grands détails au sujet des différentes méthodes
de conserver les spécimens. Il existe de nombreux moyens de
conservation spéciaux aux divers groupes d'Invertébrés, et la
taxidermie est en elle-même un art fort compliqué. Je ne par-
lerai donc que d'un ou deux points d'une application générale.
Un spécimen, quel que soit le groupe auquel il appartienne,
augmente considérablement de valeur scientifique quand
il peut être conservé entier, avec toutes ses parties molles.
Pour cela, le moyen le plus généralement adopté, c'est de le
mettre tout de suite dans un alcool convenablement étendu
d'eau. Il faut éviter d'entasser un trop grand nombre d'échantillons dans le même bocal, sous peine de les voir se décolorer
rapidement ; les bocaux doivent être très-surveillés, et l'alcool
qu'ils renferment mis à l'épreuve de l'aréomètre, et, s'il le
faut, renouvelé au bout d'un jour ou deux, à cause de l'énorme
quantité d'eau que recèlent les animaux marins. Si le temps
est chaud et les spécimens volumineux, il sera bon de se servir
d'alcool très-concentré. L'esprit-de-vin qui se vend habituellement dans le commerce suffit pour les cas ordinaires ; mais
si l'on veut conserver un échantillon en vue d'une dissection
minutieuse, j'aime mieux l'alcool pur.

Quand il s'agit d'animaux délicats et transparents, tels que les Salpes, les Siphonophores, les Polycystines, etc., la solution de Goadby me paraît être préférable ; mais, quoi qu'on fasse, le spécimen conservé de l'un de ces charmants organismes ne sera jamais qu'un *caput mortuum*, une ombre pâlie et tristement effacée de ce que fut sa beauté ; tout au plus servira-t-il à la démonstration anatomique de sa structure.

Pour conserver *à sec* les animaux marins, il faut autant que possible les séparer de toutes leurs parties molles, qu'on remplace par de l'étoupe ou par du coton ; l'animal à conserver sera passé par plusieurs eaux douces pour le débarrasser de sa salure, puis il faudra le dessécher d'une manière complète, mais graduelle et lente. Chaque échantillon, qu'il soit conservé à sec ou dans l'alcool, sera étiqueté immédiatement avec le numéro sous lequel le draguage est inscrit dans le carnet du dragueur. La promptitude avec laquelle ces choses-là s'entremêlent et se confondent, si cette règle n'est pas strictement observée, est vraiment incroyable. Les petites étiquettes de papier avec encadrements de fantaisie, dont les merciers se servent pour marquer leurs marchandises, se trouvent à très-bas prix chez tous les papetiers en gros, et elles sont commodes. Leur seul inconvénient, c'est de se détacher si l'on mouille les bocaux ou flacons sur lesquels elles sont collées.

Les marchands de graines vendent des crayons avec lesquels on écrit sur des planchettes destinées à être exposées à la pluie les noms des plantes et des fleurs. Peut-être le moyen le plus sûr serait-il de marquer le numéro et la date avec un crayon de cette espèce, sur un morceau de parchemin ou de papier-parchemin qu'on introduirait *à l'intérieur du bocal*. Ce détail peut paraître puéril, mais la négligence qu'on apporte à prendre ces précautions donne lieu à tant d'inconvénients, qu'en insistant sur la nécessité d'un étiquetage exact et immédiat, je suis sûr d'avance de l'assentiment de tous ceux qui ont quelque souci des résultats scientifiques du draguage.

Il est peut-être d'une importance plus grande encore qu'à

chaque pêche, certains faits intéressants soient méthodiquement et régulièrement inscrits sur le carnet du dragueur ou
sur un registre préparé à cet effet. Dans les draguages côtiers,
la position exacte de la station devra être établie en indiquant
sa distance du rivage, et en désignant sur le rivage quelque
objet fixe comme point de repère; dans les draguages de pleine
mer, en inscrivant exactement la latitude et la longitude. En
1868, en draguant sur le *Lightning*, à 100 milles environ
de la pointe de Lews, nous tombâmes sur un ensemble fort
curieux de formes animales des plus intéressantes. L'année
suivante, avec le *Porcupine*, nous désirions essayer de trouver
au même endroit quelques spécimens d'une Éponge dont nous
avions commencé l'étude. La position avait été inscrite fort
exactement sur le registre de bord du *Lightning;* nous fîmes un
draguage d'un demi-mille de profondeur à l'endroit indiqué, et
trouvâmes un groupe de formes identiques avec celui de l'année
précédente. Au retour, le capitaine Calver descendit encore la
drague au même endroit et avec le même succès. La profondeur en brasses devra être soigneusement inscrite, car c'est
un détail important, quand on veut déterminer les conditions
de la vie et la distribution des espèces; il faudra constater aussi
la nature du fond, limon, sable ou gravier, définir la nature
et la composition des rochers et cailloux dont il se compose,
et, autant que possible, leur provenance. Maintenant que nous
possédons dans le thermomètre de Miller-Casella un instrument
digne de confiance, la température du fond devra toujours être
constatée et inscrite; ce détail est important pour les petites
comme pour les grandes profondeurs. Dans les eaux basses,
on obtient par ce moyen une donnée qui permet de déterminer
l'amplitude des variations annuelles de température que peuvent supporter certaines espèces. Dans les grandes profondeurs, il est plus urgent encore de le faire, parce qu'il est
maintenant reconnu que le mouvement de grandes masses
d'eau ayant des directions variées et des températures diverses
donne lieu, dans les grandes profondeurs, à des conditions de

température totalement différentes les unes des autres : ces zones aqueuses ne sont séparées quelquefois seulement que par une distance d'un petit nombre de milles; leurs limites ne peuvent être connues qu'au moyen d'expériences directes et répétées. Il est important, en constatant la température du fond, d'inscrire aussi celle de la surface de la mer, la température de l'air, la direction et la force du vent, et les conditions atmosphériques générales. Quand bien même le dragueur serait uniquement zoologiste, n'attachant que peu d'intérêt aux problèmes de physique, encore vaudrait-il la peine de faire toutes les observations indiquées, et d'en publier les résultats; ceux-ci passeront sous les yeux des hommes qui s'occupent de géographie physique, pour lesquels toute donnée digne de confiance est infiniment précieuse lorsqu'elle vient s'ajouter aux myriades d'observations qu'il faut réunir pour arriver à une généralisation vraie des phénomènes de distribution de la température.

En 1839, lors de la réunion de l'Association Britannique, une commission fut nommée « pour faire, au moyen du draguage, des recherches intéressant l'étude de la zoologie marine de la Grande-Bretagne, la classification et la distribution géographique des animaux marins, et l'étude approfondie des fossiles de l'époque pliocène, sous la surveillance de MM. Gray, Forbes, Goodsir, Patterson, Thompson de Belfast, Ball de Dublin, Smith de Jordan-Hill, A. Strickland et le Dr George Johnston ». La nomination de cette commission peut être considérée comme le début de l'emploi méthodique de ce mode de recherches. Edward Forbes en était l'âme; et sous l'influence de l'ardent enthousiasme qu'il savait si bien communiquer, on fit, pendant les dix années qui suivirent, de grands pas dans la connaissance de la faune des mers britanniques; cette étude fut, pour les membres de cette première commission et pour ceux qui plus tard vinrent grossir leur nombre, une source abondante de vives jouissances. Chaque année des communications furent envoyées par les sous-commissions anglaise, écossaise et irlandaise, et en 1850 Edward Forbes soumit à l'Association son premier rapport général sur la zoologie marine des Iles-Britanniques. Ce rapport était de la plus grande valeur, ainsi qu'on pouvait s'y attendre d'après le mérite et les capacités de son éminent auteur; on peut dire qu'avec les mémoires remarquables qu'il avait déjà publiés sur « la distribution des Mollusques et des Radiaires de la mer Égée », et sur « les rapports géologiques de la faune actuelle et de la flore des Iles-Britanniques », il marque une ère nouvelle dans le progrès de l'intelligence humaine.

Après avoir fait l'énumération des lacunes qui restent encore à combler dans la connaissance de la distribution des Invertébrés des mers britanniques, Forbes termine son rapport par la phrase suivante: « En dernier lieu et bien que je n'ose espérer de sitôt la réalisation de ce vœu, quelque ardent qu'il soit, il est évident qu'une série de draguages exécutés entre les îles Shetland et Faröer, parages où la plus grande profondeur est inférieure à 700 brasses, jetteraient plus de lumière sur l'histoire naturelle de l'Atlantique du Nord et sur la zoologie de la mer en général qu'aucun des travaux qui ont été entrepris jusqu'ici. »

Le rapport général de Forbes fut suivi de notes nombreuses présentées successivement par les différentes subdivisions de la commission principale. Parmi celles-ci, je citerai le remarquable mémoire fait par la commission de draguage de Belfast, communiqué à différentes réunions par M. George C. Hyndman; les rapports de la commission de Dublin par le professeur Kinahan et le professeur E. Perceval Wright ; les importants catalogues de la faune de la côte orientale de l'Angleterre dressés pour les Sociétés d'histoire naturelle de Northumberland, Durham et Newcastle-upon-Tyne et pour le cercle des naturalistes de Tyne-side, par M. Henry T. Mennell et M. G. S. Brady ; et enfin les rapports, précieux à tous les égards, sur la faune marine des Hébrides et des Shetland, qui ont coûté pendant bien des années, labeurs, peines et privations sans nombre à

MM. Gwyn Jeffreys, Barlee, Edward Waller et le rév. A. Merle Norman, qui en ont été sans doute dédommagés par des jouissances infinies ; ces rapports ont été réunis aux procès-verbaux de l'Association, de 1863 à 1868. On peut dire que les commissions de draguage de l'Association Britannique, en faisant des vacances de l'été une occasion d'avancement pour la science, ont complété l'étude de la faune marine britannique jusqu'à la zone de 100 brasses, car il est bien rare maintenant que, dans l'étendue qu'elles ont parcourue, le travail du dragueur lui procure quelque nouveauté remarquable ; il faut qu'il se résigne à n'ajouter aux catalogues britanniques que des noms qui appartiennent aux groupes les plus inférieurs.

Pendant ce temps quelques membres de la commission de draguage, avec ceux de leurs amis à qui le temps et les moyens dont ils disposaient rendaient pareilles entreprises possibles, poussaient leurs opérations à de grandes distances, et travaillaient fructueusement sur les côtes lointaines. En 1850, M. Mac Andrew publia plusieurs notices précieuses sur la faune lusitanienne et sur celle de la Méditerranée, et en 1856, sollicité par la section de biologie de l'Association Britannique, il soumit à la réunion de Cheltenham un « rapport général sur les Mollusques testacés marins du nord-est de l'Atlantique et des mers avoisinantes, et sur les conditions physiques qui influent sur leur développement ». Le champ de ce laborieux travail s'étendait des îles Canaries au cap Nord, comprenant environ 43 degrés de latitude ; plusieurs espèces sont inscrites par lui comme ayant été draguées à des profondeurs de 160 à 200 brasses sur les côtes de la Norvége. M. Gwyn Jeffreys a parcouru depuis lors les mêmes parages, et ajouté de nombreuses espèces aux listes de ses devanciers.

Nos voisins ne sont pas demeurés non plus inactifs. Dans la Scandinavie un brillant triumvirat, composé de Lovén de Stockholm, Steenstrup de Copenhague, et Michel Sars de Christiania, n'a cessé d'avancer à grands pas dans la science de la zoologie marine. Milne Edwards étudiait la faune des côtes

15

de la France, et Philippi, Grube, Oscar Schmidt et d'autres encore, continuaient dans la Méditerranée les travaux si bien commencés par Donati, Olivi, Risso, Delle Chiaje, Poli et Cantraine, pendant que Deshayes et Lacaze-Duthiers étudiaient la faune des côtes de l'Algérie. Il s'était déjà accompli tant de progrès soit chez nous, soit à l'étranger, que pendant l'année 1854 Edward Forbes jugea le moment venu de donner au public au moins un aperçu préliminaire de la faune des mers européennes, travail qu'il a commencé, mais que la mort est venue interrompre.

Je n'ai pas besoin de dire que les travaux des commissions de draguage de l'Association Britannique se faisaient en général avec la conviction qu'à la zone de 100 brasses, limite du draguage d'amateurs, on arrivait à peu près à celle de la vie animale, conviction qui devait disparaître petit à petit devant l'évidence des faits. De loin en loin cependant, des savants expérimentés soutenaient, avec sir James Clark Ross, que « de quelque profondeur qu'il soit possible de ramener la boue et les pierres qui garnissent le fond de l'Océan, on peut être certain de les trouver pullulant d'êtres animés ». L'opinion opposée était trop universellement répandue et trop bien établie, pour que les recherches dans les grandes profondeurs trouvassent beaucoup de stimulant, et les données nécessaires ne se recueillirent que fort lentement.

J'ai déjà fait allusion (page 15 et suivantes) aux observations de sir John Ross en 1818, de sir James Ross en 1840, et de M. Harry Goodsir en 1845. Dans le courant de l'année 1844, le professeur Lovén envoya à l'Association Britannique un travail *sur la distribution bathymétrique*[1] *de la vie sous-marine sur les côtes septentrionales de la Scandinavie*. « Chez nous, dit-il, la région des Coraux des grandes profondeurs est caractérisée par l'*Oculina ramea* et *Terebratula*, et dans le nord, par l'*Astrophyton*, le *Cidaris* et le *Spatangus purpureus* de

---

1. Terme de physique : mesure des profondeurs de la mer ; de βαθύς, profond, μέτρον, mesure. (*Note du traducteur.*)

très-grandes dimensions, tous vivants, sans compter les *Gor-gonia* et le gigantesque *Alcyonium arboreum*, qui se rencontre à toutes les profondeurs que peut atteindre la ligne du pêcheur. Quant au point où s'arrête la vie animale, il doit certainement exister quelque part, mais jusqu'à ce jour il nous est encore inconnu[1]. »

En 1863, le même naturaliste, parlant des résultats de l'expédition suédoise au Spitzberg en 1861, pendant laquelle on ramena d'une profondeur de 1400 brasses des Mollusques, des Crustacés et des Hydrozoaires, émettait l'opinion, fort peu répandue alors, et que les recherches faites ultérieurement paraissent confirmer de tout point, « qu'une faune de caractère identique s'étend d'un pôle à l'autre, à travers tous les degrés de latitude, et que quelques-unes des espèces qui la composent sont très-largement distribuées[2] ».

Keferstein raconte avoir vu à Stockholm, en 1846, une collection complète d'Invertébrés, Crustacés, Phascolosomes, Annélides, *Spatangus*, *Myriotrochus*, Éponges, Bryozoaires, Rhizopodes, etc., pris à 1400 brasses de profondeur dans les filets pendant l'expédition de O. Torell au Spitzberg. La même année O. Torell fait allusion à l'un des Crustacés pêchés dans ces profondeurs, comme étant de couleur fort brillante[3].

En 1846, le capitaine Spratt de la Marine royale, draguant par 310 brasses, à 40 milles à l'est de l'île de Malte, ramena un grand nombre de Mollusques, qui, depuis, ont été examinés par M. Gwyn Jeffreys; il les a trouvés identiques avec les espèces draguées à des profondeurs considérables dans les mers du Nord, pendant l'expédition du *Porcupine*. La liste comprend : *Leda pellucida* (Philippi), *Leda acuminata* (Jeffreys), *Dentalium agile* (Sars), *Hela tenella* (Jeffreys), *Eulima steno-stoma* (Jeffreys), *Trophon Barvicensis* (Johnston), *Pleurotoma*

---

1. Report of the Fourteenth Meeting of the British Association, held at York in september 1844. (Transactions of the Sections, page 50.)

2. Forh. ved de Skand. Naturforskeres Möde i Stockholm, 1863, p. 384.

3. Nachrichten der Königl. Gesellsch. der Wissensch. zu Göttingen. Marz 1846.

carinatum (Bivona), et *Philine quadrata* (S. V. Wood). Le capitaine Spratt pense que, « bien que dans la mer Égée la limite de la vie animale soit généralement à 300 brasses, elle persiste ailleurs à des profondeurs beaucoup plus considérables [1] ».

En 1850, Michel Sars, en faisant le récit d'une expédition zoologique en Finlande et aux Lofoten, exprime sa conviction que sur les côtes de Norvége la vie animale se trouve dans son plein développement à des profondeurs considérables. Il énumère dix-neuf espèces prises par lui-même au delà de 300 brasses, et fait remarquer que deux d'entre elles appartiennent aux espèces les plus grandes de leurs genres respectifs [2].

J'ai parlé aussi (page 21) des notices du professeur Jenkin sur les animaux trouvés vivants attachés au câble méditerranéen, à 1200 brasses de profondeur, ainsi que des travaux faits par le Dr Wallich à bord du vaisseau de Sa Majesté le *Bull-dog*.

Ces recherches méritent de trouver place dans une récapitulation générale des progrès qui ont été accomplis dans l'étude des conditions de la vie animale aux grandes profondeurs, car, malgré leurs inexactitudes, elles marquent incontestablement un sérieux progrès. Le Dr Wallich, ne disposant que de moyens d'action très-imparfaits, n'a pu produire des preuves d'une valeur suffisante pour faire partager ses convictions ; mais, d'après ce qu'il a vu, il regarde comme très-certain l'existence à toutes les profondeurs de l'Océan d'êtres vivants occupant un rang élevé sur l'échelle animale ; il a développé l'enchaînement des faits qui l'ont conduit à cette conviction, et ses conclusions ont été en tout point confirmées par les découvertes subséquentes. L'espace dont je dispose ne me permet ni de discuter ni même de citer les arguments du Dr Wallich. Je suis

1. On the Influence of Temperature upon the Distribution of the Fauna in the Ægean Sea. Report of the Eighteenth Meeting of the British Association, 1848.
2. Beretning om en i Sommeren 1849, foretagen zoologisk Reise i Lofoten og Finmarken. Christiania, 1850.

parfaitement d'accord avec lui sur quelques-uns d'entre eux,
sur certains autres nos avis diffèrent. Les faits qu'il cite étaient
déjà d'une importance sérieuse, et leur signification est devenue bien plus grande encore depuis qu'ils ont été corroborés
par des expériences faites sur une grande échelle. A 59° 27′
de latit. N. et 26° 41′ de longit. O., avec une profondeur de
1 200 brasses, constatée au préalable, « on immergea une drague
d'un nouveau modèle et destinée aux grandes profondeurs ;
le résultat n'ayant pas été satisfaisant, on fit plonger un second
appareil (la coupe conique) avec 50 brasses de corde en plus
de la profondeur mesurée, pour que la descente se fît sans
ralentissement. La drague avait déjà remonté une faible quantité de dépôt à Globigérines d'une ténuité extrême, accompagné de quelques petites pierres. Le second appareil revint tout
rempli de dépôt, mais ne rapporta pas de pierres. Les 50 dernières brasses de corde, celles qui avaient dû reposer quelques
instants sur le fond, se trouvaient garnies de treize *Ophiocoma*,
dont le diamètre, d'un bras à l'autre, variait entre deux et cinq
pouces. » Le malheur voulut que ces Astéries n'entrassent pas
dans le sac de la drague; si on les y eût trouvées, elles passaient d'emblée à la postérité. Nous ne doutons pas *maintenant*
qu'elles ne vinssent du fond; mais, au point où se trouvait
alors la science et avec les préjugés qui régnaient, l'irrégularité de leur mode de capture faisait beau jeu à l'incrédulité.

Dans trois sondages (y compris celui qui avait produit des
Astéries), à 1260, 1913 et 1268 brasses, « on a trouvé de
petits tubes cylindriques, variant d'un huitième à un demi-
pouce de longueur, et d'un cinquantième à un vingtième de
pouce de diamètre. Ils se composaient presque exclusivement
de coquilles de Globigérines cimentées à des débris calcaires
plus imperceptibles encore.....

» Les coquilles dont se composait la couche extérieure des
tubes étaient incolores et dépourvues de toute matière sar-
codique, mais la surface interne du cylindre était enduite
d'une couche parfaitement distincte, quoique très-mince.

de chitine rougeâtre. » Le Dr Wallich suppose que ces tubes avaient contenu quelque espèce d'Annélide. « Un sondage qui a été fait par 63° 31' de latitude N. et 13° 45' de longitude O., dans 682 brasses, a produit un fragment d'un tube de *Serpula* de cinq douzièmes de pouce de longueur environ et de trois seizièmes de pouce de diamètre, appartenant à une espèce connue; d'après l'état dans lequel ce débris a été remonté, on ne peut douter qu'il n'ait été détaché par la sonde du rocher ou de la pierre à laquelle il adhérait, et que l'animal auquel il avait appartenu ne fût vivant. Un *Serpula* plus petit, et un groupe de Polyzoaires vivants, selon toute apparence, adhéraient à sa surface externe. Un *Spirorbis* minuscule fut pris aussi pendant le même sondage. Enfin, à une petite distance des côtes de l'Islande, on remonta, d'une profondeur de 445 brasses, deux Crustacés amphipodes et un Annélide d'environ trois quarts de pouce de longueur. » Le Dr Wallich base son opinion sur ces faits, et conclut par diverses propositions dont on peut dire que les deux plus importantes devancent les résultats des travaux accomplis depuis. Les autres portent sur ce que je regarde comme une classification erronée des espèces animales qui ont été prises; je n'ai donc que faire de les citer ici[1].

« 1° Les conditions qui dominent dans les grandes profondeurs, bien qu'elles diffèrent beaucoup de celles qui existent à la surface de l'Océan, ne sont pas incompatibles avec l'existence de la vie animale.....

» 5° La découverte d'une seule espèce, vivant d'une manière normale à une grande profondeur, motive suffisamment l'opinion que les abîmes ont leur faune spéciale. qu'elles l'ont toujours eue dans les siècles passés, et que les couches fossilifères qu'on supposait avoir été déposées à des profondeurs

1. And see Professor Sars Bemærkninger over det dyriske Livs Udbredning i Havets Dybder, med særligt Hensyn til et af. Dr Wallich i London nylig udkommet Skrift, The North Atlantic Sea-bed. » (Vidensk.-Selsk. Forhandlinger for 1864.)

relativement faibles. l'ont été au contraire à de grandes profondeurs [1]. »

En 1864, sur les côtes de Norvége, le professeur Sars enrichit beaucoup la liste des animaux provenant de 200 à 300 brasses. « Les espèces énumérées, dit-il, ne sont certainement pas nombreuses (on en comptait 92) ; mais, si l'on réfléchit que la plupart d'entre elles ont été prises accidentellement sur les cordes des pêcheurs, et que dans un très-petit nombre de cas seulement, dans les grandes profondeurs, on s'est servi de la drague, on ne peut méconnaître qu'il n'y ait là, pour le naturaliste pourvu de l'outillage nécessaire, un champ vaste et intéressant à exploiter. »

En 1868, le professeur Sars ajouta encore à la faune connue des grandes profondeurs des mers de Norvége des découvertes assez importantes pour qu'il ait pu dire « qu'elle est assez complète aujourd'hui pour donner une idée générale de la vie animale de ces côtes ». Le professeur Sars ajoute qu'on est redevable de cet accroissement de connaissances presque entièrement aux efforts infatigables de son fils, G. O. Sars, inspecteur des pêcheries pour le Gouvernement suédois, qui mit à profit les facilités que lui donnait sa charge pour exécuter des draguages jusqu'à la profondeur de 450 brasses sur certaines parties de la côte et entre les îles Loffoten. Sars parle aussi des espèces découvertes par ses anciens compagnons de travail, Danielssen et Koren. Le nombre des espèces trouvées à la profondeur de 250 à 450 brasses, sur les côtes de Norvége, s'élève à 427, qui se classent ainsi qu'il suit :

PROTOZOAIRES... { Rhizopodes................... 68
                { Porifères.................... 5
                                            — 73

CŒLENTÉRÉS... { Hydrozoaires................. 2
              { Anthozoaires................. 20
                                          — 22

1. North Atlantic Sea-bed, p. 154.

ÉCHINODERMES...	Crinoïdes.....................	2
	Astéries, y compris les Ophiurides..	21
	Échinides.....................	5
	Holothuries..................	8
		— 36
VERS..........	Géphyrées....................	6
	Annélides....................	51
		— 57
MOLLUSQUES.....	Polyzoaires..................	35
	Tuniciers....................	4
	Brachiopodes.................	4
	Conchifères..................	37
	Céphalophores...............	53
		— 133
ARTHROPODES....	Arachnides..................	1
	Crustacés....................	105
		— 106

Parmi ces espèces, 24 Protozoaires, 3 Échinodermes, et 13 Mollusques viennent d'une profondeur de 450 brasses. Le professeur Sars ajoute : « Nous pouvons affirmer, d'après l'état actuel de nos connaissances, que la zone profonde commence véritablement à 100 brasses. La plupart des espèces de grande profondeur se montrent là, quoiqu'elles y soient peu abondantes encore ; le nombre des individus va augmentant, à mesure que l'on descend, jusqu'à 300 brasses, et dans certains cas jusqu'à 450, toutes les fois que les recherches ont été poussées jusque-là. On ignore encore jusqu'à quelle profondeur s'étend cette zone, et s'il en existe, plus bas encore, une autre plus profonde et de caractère différent [1].

Pendant l'année 1864, M. Barboza du Bocage, directeur du Muséum d'histoire naturelle de Lisbonne, étonna beaucoup le monde savant en annonçant l'apparition, sur les côtes du Portugal, de touffes de spicules siliceux semblables à ceux de l'*Hyalonema* du Japon [2]. Ces touffes avaient été ramenées par les pêcheurs de Requins de Setubal, qui (circonstance non moins étonnante) exerçaient leur métier à 500 brasses de profondeur. Le professeur Percival Wright, désireux de s'assurer par lui-

1. Fortsatte Bemaerkninger over det dyriske Livs Udbredning i Havets Dybder, af M. SARS. (Vidensk.-Selsk. Forhandlinger for 1868).
2. Proceedings of the Zoological Society of London for the year 1864, p. 265.

même de la réalité de la chose, et de se procurer l'*Hyalonema* à l'état frais, partit pour Lisbonne pendant l'automne de 1868, et, avec l'aide du professeur du Bocage et de quelques-uns de ses amis, il se procura à Setubal un bateau découvert et un équipage de huit hommes, avec 600 brasses de corde, la drague et quantité d'hameçons, d'appâts et des provisions pour deux ou trois jours. « Nous quittâmes le port de Setubal, dit M. Wright, un peu avant cinq heures du soir, et après une nuit entière de navigation nous arrivâmes à ce que je compris, aux signes des pêcheurs, être le bord de la vallée profonde où ils avaient l'habitude de prendre le Requin, et d'où ils avaient accidentellement ramené l'*Hyalonema*. Il était environ cinq heures du matin, et les hommes, après avoir déjeuné, mirent le bateau sous le vent et descendirent la drague ; avant d'atteindre le fond, elle avait entraîné environ 480 brasses de corde; nous en déroulâmes encore une trentaine pour donner du jeu, puis, au moyen d'une petite voile mise à l'avant, nous la traînâmes lentement sur le fond pendant l'espace d'un mille. Il fallut les efforts réunis de six hommes, retirant la corde à l'aide d'une moufle à double poulie, pour remonter la drague, qui mit juste une heure à revenir à la surface. Elle était remplie d'un limon jaunâtre et tenace, au travers duquel on voyait reluire de longs et innombrables spicules d'*Hyalonema* ; en passant lentement les doigts dans ce limon, on en retirait une poignée de ces spicules. Un spécimen d'*Hyalonema*, ses longs spicules implantés dans le limon, et couronné de ses parties spongieuses, fut la récompense de mon premier essai de draguage à pareille profondeur [1]. » Ce draguage offre un intérêt particulier, en ce qu'il prouve que, bien que la chose soit laborieuse et accompagnée de certaines difficultés, peut-être même de quelque péril, il n'est pourtant pas impossible, avec un bateau ouvert, monté par un équipage de pêcheurs étrangers, d'étudier la nature du fond et le caractère de la faune à une profondeur de 500 brasses.

1. Notes on Deep-Sea Dredging, by Edward Perceval Wright, M. D., F. L. S., from the Annals and Magazine of Natural History for December 1868.

En 1868, le comte L. F. de Pourtalès, l'un des officiers employés à l'inspection côtière par le Gouvernement des Etats-Unis, sous la direction du professeur Pierce, commença une série de draguages profonds à travers le Gulf-stream sur la côte de la Floride; ces travaux furent repris l'année suivante et donnèrent les résultats les plus précieux. Plusieurs mémoires intéressants du comte de Pourtalès, de M. Alexandre Agassiz, de M. Théodore Lyman et d'autres encore, sont venus enrichir le *Bulletin du Muséum de zoologie comparée* de Boston, et étendre nos connaissances sur la faune profonde du Gulf-stream; nous y avons gagné de précieux renseignements sur la nature du fond dans ces régions, et sur les changements qui sont en voie de s'y opérer.

Une grande partie des collections résultant de ces draguages se trouvait malheureusement à Chicago, entre les mains du D‏r Stimpson, chargé de leur classification, au moment de la terrible catastrophe qui a réduit en cendres la plus grande partie de cette ville. Tout ce qui y était fut détruit; seulement, par une circonstance singulièrement heureuse, notre collègue M. Gwyn Jeffreys se trouvant à Chicago un peu avant l'incendie, le D‏r Stimpson lui confia une série de Mollusques obtenus en duplicata, pour qu'il les comparât avec les espèces draguées par le *Porcupine*. C'est ainsi qu'une partie des collections a été sauvée. M. de Pourtalès, dans une lettre adressée à l'un des éditeurs du *Journal de Silliman*, et datée du 20 septembre 1868, dit: « Le draguage a été fait à l'extérieur de la chaîne des brisants qui borde la Floride, simultanément avec les sondages profonds, par zones s'étendant des rochers jusqu'à une profondeur de 400 à 500 brasses, de manière à reconnaître la forme du fond et à en étudier la composition et la faune. Six de ces zones ont été sondées et draguées dans l'espace compris entre Sandy-Bay et Coffin's Patches. Toutes sont à peu près identiques: depuis les rochers jusqu'à la zone de 100 brasses, le fond se compose, à 4 ou 5 milles en avant, principalement de coquilles brisées avec de rares Coraux; il y a là très-peu d'animaux. Une seconde région s'étend du voisinage de la zone de 100 brasses jusqu'à environ 300 brasses; la pente est extrêmement douce, surtout entre 100 et 200 brasses; le fond est rocailleux et habité par une faune abondante et riche. La largeur de cette zone varie de 10 à 20 milles. La troisième région commence entre 250 et 300 brasses; c'est là que se trouve la couche des Foraminifères qui s'étend si largement sur le lit de l'Océan.....

» La drague ramena de la troisième région des spécimens moins nombreux, mais non moins intéressants, dont le plus remarquable est un nouveau Crinoïde qui appartient au genre *Bourguetticrinus* de d'Orbigny; il se pourrait même qu'il appartînt à l'espèce nommée par lui *Bourguetticrinus Hotessieri*, qui se trouve à l'état fossile dans une formation récente à la Guadeloupe, mais dont on n'a retrouvé que de petits fragments de tiges. J'en ai pêché entre 230 et 300 brasses cinq ou six échantillons, malheureusement tous plus ou moins endommagés par la drague. Le draguage le plus profond s'est fait à 517 brasses; il a produit un très-beau *Mopsea*, et quelques Annélides[1]. »

Les résultats de la croisière que fit le *Lightning* en 1868, pendant laquelle le draguage se fit avec succès jusqu'à 650 brasses, ont été déjà racontés.

Pendant l'été de 1870, M. Marshall Hall, portant à la science un intérêt qui est malheureusement rare parmi les propriétaires de yacht, consacra le petit navire *Norna* au draguage profond, pendant une croisière qu'il fit sur les côtes de l'Espagne et du Portugal. A en juger par diverses notes préliminaires qu'a fait paraître sur ce sujet M. Saville Kent, les collections faites pendant cette excursion doivent être abondantes et précieuses[2].

Les recherches les plus récentes sont celles qui ont été faites

---

1. American Journal of Science, vol. XCVI, p. 413.

2. Zoological Results of the 1870 Dredging Expedition of the Yacht *Norna*, off the coasts of Spain and Portugal, communicated to the Biological Section of the British Association, Edinburgh, August 8, 1871. *Nature*, vol. IV, p. 456.

en 1869 et 1870, à bord du vaisseau de S. M. le *Porcupine*.
Nous disposions d'un vaisseau qui, appartenant au service de
surveillance du Gouvernement, était abondamment pourvu
du matériel nécessaire; toutes les bonnes chances étaient donc
en notre faveur, et le draguage fut poussé, ainsi que je l'ai
déjà dit, jusqu'à 2435 brasses. Le fait de l'existence d'une
faune d'Invertébrés abondante et caractéristique à toutes les
profondeurs a été constaté d'une manière qui ne saurait plus
admettre de doute. C'est là, jusqu'à présent, tout ce qu'il est
permis d'affirmer. Le champ des investigations est ouvert,
mais la culture en est terriblement laborieuse. Chaque voyage
de la drague ramène à la lumière des formes nouvelles et
inconnues, formes qui se rattachent d'une manière étrange
à celles des périodes écoulées de l'histoire de la terre; mais
nous sommes loin encore de posséder les données qui sont
indispensables pour généraliser ce que nous connaissons de la
faune des grandes profondeurs et établir ses rapports biologiques et géologiques: malgré notre ferme volonté et tous les
avantages qui ont été mis à notre disposition, les parties du
fond de la mer qui ont été sérieusement draguées jusqu'ici
se comptent par mètres carrés seulement.

Fuglö, vu de la côte ouest de Viderö (Faröer).

APPENDICE A

L'un des bulletins de draguage publiés par l'Association Britannique,
rempli par M. Mac Andrew.

BULLETIN DE DRAGUAGE N° 5.

Date . . . . 7 juin 1849.
Localité . . . . Malte.
Profondeur . . . . 40 brasses.
Distance du rivage . . . . 1 à 2 milles.
Fond . . . . Sable et galets.
Région . . . .

ESPÈCES OBTENUES.	SPÉCIMENS VIVANTS.	SPÉCIMENS MORTS.	OBSERVATIONS.
Dentalium Dentalis	Nombreux.		
rubescens *ou* fissura	. . .	1	
tarentinum var. (?)	. . .	1	Strié avec aspect ondulé.
Caecum trachea	. . .	2	
Ditrupa coarctata, *ou* strangulata .	Plusieurs.		
Id. id.	. . .	2	Avec entailles à l'extrémité supérieure.
Corbula nucleus	Plusieurs.		
Neaera cuspidata	. . .	1 et des valves.	
costulata	1	2 et des valves.	
Pandora obtusa	2		
Psammobia Feroensis	. . .	Valves.	
Tellina distorta	. . .	1 et des valves.	
balaustina	3		
serrata	. . .	1 et des valves.	
depressa	. . .	Une valve.	
Syndosmya tenuis? (prismatica ?) . .	. . .	Valves.	
Venus ovata	1	Valves.	
Astarte incrassata?	8	. . .	Quelques-unes radiées au bord.
Cardium papillosum	1		
minimum	1		
laevigatum	. . .	Une valve.	
Cardita squamosa	5		
Lucina spinifera	5		
Diplodonta rotundata	. . .	Une valve.	
Modiola barbata	1		
Nucula nucleus	Plusieurs.		
Leda emarginata	3		
striata	4		
Arca tetragona	8		
antiquata	. . .	Une valve.	
Pectunculus glycymeris	. . .	1 et des valves.	

ESPÉCES OBTENUES.	SPÉCIMENS VIVANTS.	SPÉCIMENS MORTS.	OBSERVATIONS.
Lima subauriculata............	...	Valves.	
Pecten Jacobæus..............	...	Valves.	
gibbus...............	...	Valves.	
polymorphus.............	...	Valves.	
testæ...................	1		
similis	...	Des valves.	
sulcatus..............	...	1 et des valves.	
Anomia patelliformis	1		
Pileopsis hungaricus...........	...	1	
Bulla lignaria...............	...	1	
Cranchii..............	...	2	
Hydatis...............	...	1	
striatula...............	...	1	
Rissoa Bruguieri............	...	3	
carinata (costata).........	...	2	
acuta var...............	...	5	Longues, dépourvues de côtes; une très-grosse.
Desmarestii.............	...	3	
Id. id.	...	4	Semblable au cimex, mais petite.
Natica macilenta..............	2		
Eulima polita.............	...	1	
distorta...............	...	1	
Chemnitzia varicosa...........	...	4	Incomplète.
elegantissima.........	...	4	
indistincta (?)...........	...	2	
Id. id.	...	3	
Eulimella acicula	1		
Trochus tenuis ou dubius.......	...	1	
Magus	Plusieurs.		
Montagui.............	...	1	
Id. id.	...	Plusieurs.	
Id. id.	...	Plusieurs.	
Turritella terebra............	Peu.	...	Petites.
tricostalis...........	1		
Cerithium vulgatum var........	...	1	
reticulatum............	...	Plusieurs.	
Id. id.	...	2	Blanches.
Fusus muricatus.............	1		
Id. id.	1	...	Cette espèce à Gibraltar.
Pleurotoma nanum...........	1		
secalinum	1		
Murex tetrapterus...........	...	2	
Chenopus Pes-pelicani.........	1		
Buccinum ?	1		
Mitra ebenea..............	...	1	
Id. id.	1	...	D'un orangé brillant; petit, marqué de bandes, strié.
Ringicula auriculata...........	...	2	
Marginella secalina...........	3	4	
clandestina	Plusieurs.	Plusieurs.	
Cypræa Pulex	...	2	
Cidaris Hystrix.............	3		
Zoophytes			
Algues			

CHAPITRE VII

TEMPÉRATURES DES GRANDES PROFONDEURS

Des courants de l'Océan et de leur influence sur les climats. — Relevé des températures
de surface. — Thermomètres pour les grandes profondeurs. — Thermomètre enregistreur ordinaire, d'après le système de Six. — Thermomètre perfectionné de Miller-
Casella. — Observations de températures faites pendant les trois croisières du navire
de S. M. le *Porcupine* pendant l'année 1869, etc.

APPENDICE A. — Températures de surface relevées à bord du navire de S. M. le *Porcupine* pendant les étés de 1869 et 1870.

APPENDICE B. — Températures de la mer à différentes profondeurs sur la limite orientale du bassin de l'Atlantique du Nord, relevées au moyen de sondages en séries et
de sondages de fond.

APPENDICE C. — Échelles comparatives indiquant la réduction de la température avec
l'accroissement de la profondeur, à trois stations, situées sous des latitudes différentes,
mais toutes sur la limite orientale du bassin de l'Atlantique.

APPENDICE D. — Température de la mer à différentes profondeurs dans les régions
chaudes et dans les régions froides qui se trouvent entre le nord de l'Écosse, les îles
Shetland et les îles Faröer, relevée au moyen de sondages en séries et de sondages
de fond.

APPENDICE E. — Températures intermédiaires provenant du mélange des courants chauds
et des courants froids sur les limites des régions chaudes et des régions froides.

Si la terre que nous habitons avait une surface uniformément sèche, tout en conservant d'ailleurs ses conditions actuelles de chaleur centrale, de position par rapport au soleil,
et d'enveloppe atmosphérique, quelques zones pourraient présenter certaines particularités de température dues au mélange
de courants d'air chauds et froids ; mais, dans l'ensemble, les

lignes isothermes, c'est-à-dire les lignes qui traversent tous
les lieux qui ont la même moyenne de température, seraient
partout d'accord avec les parallèles de la latitude. Il suffit de
jeter un coup d'œil sur une carte isothermale, calculée pour
une année, pour un été, un hiver, ou même pour un seul mois,
pour se convaincre qu'il est loin d'en être ainsi. Les lignes de
température égale s'éloignent toujours, et souvent considérablement les unes des autres et de leur parallélisme normal
avec les degrés de latitude. La même carte démontrera aussi
que les lignes isothermes, qui tendent à conserver une direction régulière et normale en traversant de vastes espaces
continentaux, s'en éloignent en décrivant des courbes considérables, toutes les fois qu'il se présente une grande étendue
de mer comprenant plusieurs degrés de latitude, et conséquemment des conditions climatériques très-diverses.

Les terres qui avoisinent l'Océan participent à cette diffusion de chaleur et à cette amélioration de climat ; de là
vient la différence très-marquée entre les climats continentaux et ceux du littoral. Les premiers passent par les extrêmes
de la chaleur en été et du froid en hiver, tandis que les
autres jouissent d'une température infiniment plus égale, un
peu inférieure sous les tropiques, à la température normale,
et généralement de beaucoup inférieure en dehors de leurs
limites.

L'Irlande, la Grande-Bretagne et la côte occidentale de la
Scandinavie sont comprises dans le système le plus extrême
des courbes anormales des bassins océaniques; c'est à cette particularité de la distribution de la température dans l'Atlantique
du Nord que nous sommes redevables de la douceur singulière
de nos hivers. La carte planche VII résume les résultats de
centaines et de milliers d'observations individuelles, et représente la distribution des lignes de température moyenne du
mois de juillet à la surface de l'Atlantique du Nord. On voit
que les lignes isothermes, au lieu de traverser directement
l'Océan, décrivent une série de courbes qui vont s'élargissant

et s'aplatissant vers le nord, et qui toutes sont soumises à certaines *inflexions* qui leur donnent une apparence festonnée. Toutes sont dues à l'influence d'une source commune de chaleur, ayant son origine dans les régions qui avoisinent le détroit de la Floride.

Ces particularités de distribution de la température à la surface de la mer proviennent ordinairement de la circulation des grandes masses d'eau qui prennent leur source dans des régions où elles sont soumises à l'influence de climats bien différents, aux courants océaniques chauds ou froids, qui manifestent aussi leur puissance en accélérant ou en retardant la marche des navires, quelquefois même en les forçant à s'écarter de leur route. Il arrive cependant que, tout en entraînant une grande masse d'eau et en exerçant sur le climat une influence très-positive, le courant est assez lent pour que sa marche soit imperceptible et complétement dissimulée par des courants locaux ou accidentels, ou même par le mouvement qu'imprime le vent régnant à la surface de la mer.

C'est ainsi que le Gulf-stream, ce vaste « fleuve chaud » de l'Atlantique du Nord, qui produit les plus bienfaisantes et les plus remarquables des déviations des lignes isothermes du monde entier, est sans aucune influence sur la navigation au delà du 45° parallèle de latitude N., particularité qui a été et qui est encore la cause de nombreuses erreurs touchant son caractère véritable.

La manière de constater le degré de température de la surface de la mer est des plus simples : On descend du pont un baquet, en ayant soin de l'agiter pendant quelques minutes dans l'eau, pour en égaliser la température; on le laisse s'emplir à un pied environ au-dessous de la surface; on prend ensuite la température de l'eau contenue dans le baquet, au moyen d'un thermomètre ordinaire dont on a observé l'*écart*. Un thermomètre ordinaire du modèle de l'observatoire de Kew, gradué d'après Fahrenheit, peut, avec un

16

peu d'habitude, se lire à un quart de degré, et un thermomètre centigrade d'un grand modèle, à un dixième de degré près. On relève en général la température de surface de deux heures en deux heures, et l'on inscrit chaque fois celle de l'air. La latitude et la longitude s'observent à midi, ou plus souvent encore, s'il le faut, par estimation.

Toute observation de la température de surface de la mer faite avec soin, et accompagnée de notes exactes, de la date, de la position géographique et de la température de l'air, est précieuse. Les études de température de la surface faites sur le navire de S. M. le *Porcupine*, pendant ses croisières de draguage de l'été de 1869, font le sujet de l'Appendice A.

La température de la surface de l'océan Atlantique du Nord a donné lieu à d'innombrables observations de ce genre, faites avec plus ou moins d'exactitude. Le Dr Petermann, dans un travail important sur l'extension septentrionale du Gulf-stream, a pris la moyenne du résultat de plus de cent mille de ces observations, et a basé sur ce calcul le système de courbes qui, moyennant quelques légères modifications, a servi pour le tracé de cette carte.

Jusqu'à une époque fort récente on ne savait à peu près rien de certain sur la température de la mer au-dessous de sa surface. C'est là pourtant un sujet d'étude des plus importants, au point de vue de la géographie physique. Une connaissance exacte de la température à différentes profondeurs est le seul moyen de s'éclairer sur l'épaisseur, le volume, la direction et la marche des courants chauds de l'Océan, qui sont les principaux agents de diffusion de la chaleur équatoriale, et, plus particulièrement encore, sur ces courants plus profonds d'eau glacée qui complètent, en allant prendre la place des premiers, le cycle de la circulation océanique. L'imperfection des instruments dont on s'est servi jusqu'ici est certainement la cause principale de cette absence de données exactes sur la température des grandes profondeurs.

L'instrument presque universellement adopté jusqu'à présent est le thermomètre enregistreur ordinaire de Six, enfermé dans un solide étui de cuivre percé d'ouvertures aux deux extrémités, de manière à admettre librement un courant d'eau au travers du cylindre jusqu'à la boule de l'instrument. Le thermomètre enregistreur de Six consiste en un tube de verre recourbé en forme de V (fig. 53), dont une des branches est terminée par une grosse ampoule cylindrique entièrement pleine d'un mélange de créosote et d'eau. La partie recourbée du tube renferme une colonne de mercure, et la seconde branche du V se termine par une ampoule plus petite, qui contient une petite quantité de créosote et d'eau, mais dont la plus grande partie est vide, ou plutôt remplie des vapeurs du liquide et d'air comprimé. Un petit indicateur d'acier, entouré d'un cheveu, qui agit comme ressort et maintient l'indicateur dans la position qu'il a prise, est contenu libre dans le tube à chacune des extrémités de la colonne de mercure, et plonge dans la créosote. Ce thermomètre donne ses indications uniquement par l'effet de la contraction et de l'expansion de la liqueur dont est remplie la grosse boule; il est conséquemment sujet à de légers *écarts* causés par l'influence de la température sur les liquides contenus dans les autres parties du tube. Dès qu'il y a expansion du liquide que renferme le grand réservoir, la colonne de mercure est chassée vers le haut, dans la direction de la petite ampoule, et la branche du tube dans l'intérieur de laquelle il s'élève est graduée de bas en haut, pour indiquer la chaleur croissante. Quand, au contraire, il y a contraction du liquide de la grosse ampoule, la colonne de mercure baisse dans cette branche pour s'élever dans celle qui se termine par la boule pleine et qui est graduée de haut en bas. Pour se servir du thermomètre, on attire en bas les deux indicateurs au moyen d'un fort aimant, jusqu'à ce que des deux côtés ils touchent la surface du mercure. Quand le thermomètre sort de l'eau, la hauteur à laquelle se trouve placée l'extrémité inférieure de chacun des indicateurs marque le point extrême auquel ils ont été poussés par le mercure, ou, en d'autres termes, le degré le plus intense de chaleur et de froid auquel l'instrument a été exposé.

On ne peut malheureusement pas compter sur l'exactitude du thermomètre de Six au delà d'une faible profondeur; le verre de l'ampoule qui renferme la liqueur *expansible* cède à la pression de l'eau, et, en comprimant le fluide contenu, fait indiquer par l'instrument une élévation qui n'est pas uniquement l'effet de la température. Cette cause d'erreur n'est pas toujours identique dans ses effets, puisque le degré de compression que subit le réservoir dépend de sa forme, de l'épaisseur et de la qualité du verre dont il est fait. Ainsi, l'écart des bons thermomètres faits d'après le modèle du Bureau hydrographique varie de 7° C. à 10°,5 C., sous une pression de 6817 livres par pouce carré, qui représente une profondeur de 2500 brasses. Dans les thermomètres parfaitement construits, tels que ceux que font Casella et Pastorelli pour l'Amirauté anglaise, l'écart dû à la pression est presque uniforme; et le capitaine Davis, de la Marine royale, qui a fait dernièrement sur ce sujet des expériences fort sérieuses, a émis l'avis qu'avec des observations très-suivies et une étude complète, on arriverait à obtenir une échelle qui permettrait d'amener les thermomètres dont on s'est servi jusqu'ici à un degré d'exactitude fort rapproché de la vérité absolue, et ainsi d'utiliser jusqu'à un certain point les études qui ont été faites avec nos instruments dont on se sert habituellement.

Pendant l'expédition de 1868, faite sur le *Lightning*, nous avons employé le modèle ordinaire du Bureau hydrographique, et un grand nombre de thermomètres de différents auteurs ont été embarqués avec nous, pour subir épreuves et comparaisons. Quand les profondeurs n'étaient pas considérables, les relevés de la température se faisaient facilement, et comptent parmi les phénomènes les plus intéressants dont nous ayons eu à prendre note. Certains instruments se comportaient d'une manière désordonnée à quelques centaines de brasses, et plusieurs cédèrent sous la pression. A notre retour, au mois

d'avril 1869, le Dr W. A. Miller, présent à une réunion de
la commission des grandes profondeurs de la Société Royale
au bureau hydrographique, proposa d'enfermer l'ampoule
pleine dans une enveloppe extérieure de verre contenant de
l'air, afin que cet air, étant comprimé par la pression de l'eau
sur l'enveloppe extérieure, protégeât le réservoir intérieur.

On demanda à M. Casella de construire quelques thermomètres d'après ces données; seulement, au lieu d'être remplie
d'air, l'enveloppe extérieure le fut presque entièrement d'alcool
chauffé, afin d'expulser une bonne partie de ce qu'elle pouvait
contenir d'air; puis la chambre extérieure fut hermétiquement
close; on laissa pénétrer seulement une bulle d'air et de vapeur
d'alcool, qui, cédant sous la pression extérieure, devait en préserver l'ampoule intérieure. Le thermomètre Miller-Casella se
trouva approcher tellement de la perfection, qu'il fut décidément adopté, et qu'on s'en servit comme point de comparaison
dans une série d'expériences dont le but était d'éprouver les
thermomètres ordinaires de Six, faits d'après le modèle du
Bureau hydrographique. Pendant les croisières que nous fîmes
ensuite sur le *Porcupine*, nous nous en rapportâmes complétement à ce thermomètre, dont l'exactitude nous satisfit pleinement. Pendant l'été de 1869, des observations de température
ont été faites à plus de quatre-vingt-dix stations et à des profondeurs qui variaient entre 10 et 2435 brasses. Deux thermomètres ont été immergés à chacune de ces stations, et il
n'en est pas une seule où ils nous aient donné quelque raison
de douter de leur exactitude. Toutes les observations ont été
faites par le capitaine Calver lui-même; le plomb et les
thermomètres qui y étaient attachés ont toujours été immergés
de ses propres mains; et la meilleure preuve, à mon avis, de
l'adresse et de l'habileté de notre ami, c'est qu'à la fin de
l'année, il a ramené à Woolwich ces deux précieux et fragiles
instruments parfaitement intacts.

La figure 53 représente le thermomètre enregistreur de Six
le plus récemment modifié et perfectionné d'après le système

Miller-Casella. L'instrument est de petit volume, afin de diminuer le plus possible le frottement de l'eau. Le tube est monté
sur *ébonite*, pour éviter la dilatation que l'eau occasionne à
une monture de bois, expansion qui fait
que l'instrument demeure quelquefois
engagé dans son étui. L'échelle est de
porcelaine blanche, graduée d'après les
degrés de Fahrenheit; la grosse ampoule est enfermée dans une enveloppe
extérieure de verre, remplie aux trois
quarts d'alcool et hermétiquement close.
Il est juste de faire mention ici, d'après
ce que sir Edward Sabine m'en a dit,
des thermomètres dont s'est servi sir
John Ross en 1818, pendant son voyage
aux mers arctiques; ils étaient *abrités*
d'après un système presque semblable.
Il faut parler aussi d'un thermomètre
capable de résister à la pression, construit sous la direction de feu l'amiral
Fitzroy, à l'instigation de M. Glaisher,
et qui ne différait guère du modèle
Miller-Casella que par l'introduction
dans l'enveloppe extérieure de l'ampoule

Fig. 53. — Thermomètre enregistreur de Six modifié par
Miller-Casella. L'enveloppe
de la grande ampoule est
double; entre les deux parois
se trouve une couche liquide
avec une bulle de vapeur
ayant pour but d'atténuer les
effets de la pression.

d'un peu de mercure au lieu d'alcool;
l'instrument était peut-être aussi un peu
plus fragile et un peu moins portatif[1].
Un thermomètre à maxima de Phillip,
modifié par sir William Thomson, et qui
est entièrement enfermé dans un étui de
verre partiellement rempli d'alcool, paraît être, de tous, celui
qui présente le moins d'écart.

1. Il est question d'un thermomètre pour les observations dans les grandes profondeurs, construit d'après cette donnée, dans le catalogue d'instruments météorologi-
ques publié en 1864 par MM. Negretti et Zambra. Ces thermomètres ne diffèrent pas

Un très-heureux perfectionnement du thermomètre métallique de Bréguet a été imaginé par Joseph Saxton, membre
du Bureau des poids et mesures des États-Unis. Deux rubans,
l'un de platine et l'autre d'argent, sont
réunis par une soudure d'argent à une
plaque intermédiaire d'or ; les rubans
réunis sont enroulés autour d'un axe
central de cuivre, celui d'argent en dessous. De tous les métaux, l'argent est
celui qui éprouve la plus forte dilatation sous l'influence de la chaleur, et le
platine un de ceux qui en ont le moins.
L'or occupe entre eux une place intermédiaire, et son interposition entre le
platine et l'argent a pour effet d'empêcher le rouleau d'éclater, en modérant
la tension. La partie inférieure du rouleau est fixée à l'axe de cuivre, et la
supérieure est assujettie à un court cylindre. Toute variation de température
produit sur le rouleau un effet de contraction ou d'expansion qui fait tourner
sur elle-même la tige de l'axe. Ce mouvement, traduit et amplifié par des

Fig. 51. — Lanterne de bronze
pour abriter le thermomètre
Miller-Casella. Le couvercle
et le fond sont percés de
nombreuses ouvertures pour
laisser l'eau circuler librement à l'intérieur.

rouages multiplicateurs, est enregistré sur le cadran de l'instrument par un indicateur qui pousse devant lui une aiguille
dont le frottement sur le cadran suffit pour qu'elle se main-

essentiellement de ceux qu'on désigne sous le nom de thermomètres de Six ; voici en
quoi ils en diffèrent. Les thermomètres ordinaires de Six ont un réservoir central qui
contient de l'alcool ; ce réservoir, qui est la seule partie de l'instrument susceptible
d'être altérée par la pression, est *remplacé*, dans le nouvel instrument de MM. Negretti
et Zambra par un solide cylindre de verre qui renferme du mercure et de l'eau. De
cette manière, la partie de l'instrument exposée à la compression est rendue assez
résistante pour qu'aucune pression, quel qu'en soit le degré, ne puisse la faire varier.
Le mot *remplace* donne une certaine ambiguïté à cette explication, mais MM. Negretti
et Zambra m'affirment qu'en principe cet instrument est exactement le même que celui
qui a été imaginé par M. le professeur Miller et exécuté par M. Casella.

tienne à l'endroit où l'a placée l'indicateur du thermomètre. L'instrument est gradué après essai comparatif. Les parties qui sont de cuivre ou d'argent reçoivent, au moyen du procédé galvanoplastique, une épaisse dorure qui les préserve de toute détérioration par l'eau de mer. L'étui qui renferme le rouleau et la partie indicatrice du thermomètre, n'a d'autre destination que de le préserver de tout accident; il est ouvert de manière à permettre le libre passage de l'eau de la mer. Cet instrument est suffisant, paraît-il, pour les profondeurs moyennes; jusqu'à 600 brasses, son écart ne dépasse pas de beaucoup 0°,5 C. ; à 1500 brasses cependant, son écart arrive à 5° C., tout autant que pour les thermomètres non abrités de Six, et il est moins régulier. Il est évident que dès qu'il s'agit de grandes pressions, on ne peut avoir que bien peu de confiance dans les instruments qui marchent par des rouages métalliques.

Avant le départ du *Porcupine* pour sa croisière de l'été de 1869, on a fait à Woolwich une série d'expériences des plus intéressantes sur les effets produits par la pression sur des thermomètres enregistreurs de différents modèles. L'ingénieur hydrographe et la commission de la Société Royale pour l'exploration des grandes profondeurs présidaient à ces expériences. Le but de ces études était de soumettre tous les modèles de thermomètres dont on fait usage à l'action d'une presse hydraulique, équivalente à la pression qu'ils doivent subir aux différentes profondeurs de l'Océan ; on peut se rendre compte ainsi des causes et de l'étendue de leur écart, signaler le moins défectueux parmi ces différents modèles, et si possible, inventer une échelle au moyen de laquelle on peut utiliser, en les rectifiant d'une manière approximative, les observations faites jusque-là avec les instruments ordinaires. On éprouva quelques difficultés à trouver une presse convenable, et M. Casella fit construire chez lui, à Hatton-Garden, un appareil à épreuves capable de fournir une pression de trois tonnes par pouce carré.

Les résultats furent des plus remarquables [1]. La première expérience était destinée à éprouver la valeur de chacun des instruments. On plaça dans le cylindre un thermomètre Miller-Casella n° 57, avec un bon instrument fait par Casella d'après le modèle du Bureau hydrographique; ils furent soumis ensemble à une pression de 4032 livres, égale à celle que donneraient 1480 brasses de profondeur. Voici quel en fut le résultat :

THERMOMÈTRE.	MINIMUM.		MAXIMUM.		DIFFÉRENCE DES MAXIMA.
	AVANT.	APRÈS.	AVANT.	APRÈS.	
N° 2.	8,6 C.	8,6 C.	8,6 C.	8,85 C.	0,25 C.
N° 57.	8,6	8,6	8,6	12,75	4,15

C'est-à-dire que, la température demeurant la même, la pression a fait monter le n° 57 à 12°,75, et que l'index y était demeuré.

Cette expérience a démontré du premier coup la supériorité de la chambre abritée. Elle a été répétée pour d'autres thermomètres avec la même pression et pendant le même espace de temps, et a prouvé que la moyenne des différences n'étant pour les réservoirs abrités que de 0°,95, celle des thermomètres ordinaires de grandes profondeurs se trouvait être, comme pour le n° 57, de 7°,25. Il résulte aussi de ces expériences que presque toute la différence provient de la pression de la colonne d'eau sur l'ampoule pleine, et qu'en l'abritant, on obtient des instruments à peu près parfaits.

La série suivante d'expériences a été faite pour établir une échelle de degrés qui permît de corriger par approximation les résultats acquis auparavant avec les thermomètres ordinaires.

1. On Deep-Sea Thermometers, by Captain J. E. Davis, R. N. (*Nature*, vol. III, p. 124) Abridged from a Paper read before the Meteorological Society, April 19th, 1871.

Ce tableau indique l'écart de six thermomètres sous différentes pressions. Celui qui est désigné comme servant de point de comparaison est un thermomètre abrité Miller-Casella; le dernier est un thermomètre enregistreur à minima, enfermé dans un cylindre de verre hermétiquement clos, d'après le système de sir William Thomson.

PRESSION EN BRASSES.	THERMOMÈTRE ÉTALON.	N° 54.	N° 56.	N° 76.	N° 73.	MODÈLE THOMSON.
250	0,4 C.	0,8 C.	1,0 C.	0,7 C.	0,8 C.	0,0 C.
500	0,4	1,7	1,5	1,4	1,7	0,05
750	0,7	2,2	2,2	2,3	2,5	0,0
1000	0,8	2,9	2,9	2,7	2,7	0,2
1250	0,9	3,5	3,5	3,5	4,1	0,05
1500	0,8	4,3	4,3	4,0	4,3	0,3
1750	0,95	4,6	4,9	4,7	5,7	0,2
2000	1,1	5,4	5,5	5,3	6,4	0,3
2250	1,1	6,2	6,0	6,0	6,8	0,4
2500	1,2	7,2	6,7	6,5	7,6	0,2

Voici quelle a été la moyenne des différences pour 250 brasses, pour chacun des thermomètres :

THERMOMÈTRE.	DIFFÉRENCE.
Étalon......................	+ 0,12 C.
N° 54......................	+ 0,72
N° 56......................	+ 0,67
N° 76......................	+ 0,65
N° 73......................	+ 0,76
Modèle Thomson.............	+ 0,03

Pendant ces expériences on maintenait autant que possible l'eau du cylindre à la même température, ou du moins à une température connue; mais comme la compression subite de l'eau développe nécessairement de la chaleur, on a fait la série

suivante d'expériences pour se bien rendre compte de la quantité de calorique produite. On s'est servi pour cela de trois des
thermomètres maxima de Phillip (système de sir William
Thomson) absolument abrités contre toute compression, et voici
les résultats obtenus :

Pression : 6817 livres = 2500 brasses de profondeur.

THERMOMÈTRE.	DIFFÉRENCE.
11,424........................	+ 0,05 C.
9,649........................	+ 0,22
9,645........................	+ 0,11

Cette cause d'écart est insignifiante.

D'après ces expériences, il faut conclure que le véritable
écart pour le thermomètre Miller-Casella est :

Pour 250 brasses................. de 0,079 C.
— 2500 brasses................. de 0,79

Ce qui permet de le regarder comme un instrument parfaitement approprié à tous les usages ordinaires.

Un certain nombre des instruments qui avaient subi l'épreuve
de la presse ont été embarqués sur le *Porcupine*, pendant sa
croisière de l'été de 1869 ; à son retour, les résultats des observations faites à différentes profondeurs par le capitaine Calver
ont été comparés à ceux obtenus par des pressions équivalentes
appliquées aux thermomètres dans la presse hydraulique de
M. Casella. Le résultat, pour l'Océan, contrairement à celui
que donne la presse hydraulique, prouverait que l'élasticité
n'est pas régulière et ne croît pas en raison de la pression,
mais qu'après s'être maintenue d'une façon régulière jusqu'à
une profondeur de 1000 brasses, elle décroît en raison inverse,

jusqu'à celle de 2000 brasses, où elle disparaît à peu près complétement.

Le tableau suivant donne un aperçu comparatif des effets produits sur les thermomètres de Casella, du modèle du Bureau hydrographique, dans l'Océan et dans la presse hydraulique :

PRESSION EN BRASSES.	ÉCART.		POUR 250 BRASSES.	
	PRESSE HYDRAULIQUE.	OCÉAN.	PRESSE HYDRAULIQUE.	OCÉAN.
250	0,726 C.	0,738 C.	0,726 C.	0,738 C.
500	1,548	1,564	0,774	0,782
750	2,123	2,223	0,708	0,741
1000	2,474	3,015	0,674	0,754
1250	3,255	3,492	0,651	0,698
1500	4,107	3,921	0,684	0,653
1750	4,555	4,056	0,650	0,579
2000	5,354	4,284	0,669	0,536
2250	6,021	»	0,669	»
2500	6,817	»	0,682	»

Pour faire des sondages de température à de grandes profondeurs, on assujettit deux ou plusieurs thermomètres Miller-Casella à la corde de la sonde, à une faible distance les uns des autres, et à quelques pieds seulement au-dessus de l'anneau d'attache d'une sonde dont le poids est destiné à demeurer au fond. L'engin est descendu rapidement, et on laisse écouler cinq à dix minutes après que son contact avec le fond l'a détaché, avant de remonter les thermomètres ; il suffit même de quelques instants pour que l'instrument marque le degré vrai de la température. Pour faire des sondages de séries, c'est-à-dire pour se rendre compte de la température qui règne à différents intervalles de profondeur, dans les eaux profondes, on attache les thermomètres au-dessus d'un plomb ordinaire de grande profondeur, on déroule la quantité de corde nécessaire pour chaque relevé de température, et à chacun des relevés de la série on remonte le tout. Cette opération est longue et minutieuse : une seule série de sondages faite dans la baie de Biscaye, où la profondeur était de 850 brasses, et où nous relevâmes la température toutes les cinquante brasses, occupa la journée entière.

Il est bon de dire ici qu'en prenant la température du fond avec le thermomètre de Six, l'instrument n'indique jamais que la température la plus basse à laquelle il ait été exposé, de sorte qu'en supposant que l'eau du fond se fût trouvée plus chaude que celle des couches supérieures traversées par l'instrument, l'indication serait nécessairement erronée. Ceci ne peut se déterminer que par des séries de sondages; partout où la température a été étudiée pendant les expéditions du *Porcupine*, on a trouvé que la température s'abaissait graduellement, quelquefois d'une manière très-constante, quelquefois avec irrégularité, de la surface jusqu'au fond, où l'eau s'est toujours montrée la plus froide. Il est probable que dans certaines conditions, dans les mers polaires, par exemple, où la surface est exposée à un froid intense, la couche d'eau inférieure peut être la plus chaude, jusqu'au point où l'équilibre se trouve rétabli par la circulation; mais je considère ce fait comme très-rare : la règle, c'est que, si l'on en excepte une mince surface sur laquelle les variations diurnes peuvent avoir quelque influence, la température, à toutes les latitudes, va s'abaissant de la surface jusqu'au fond.

La première série sérieuse des relevés de température a été faite pendant l'expédition de sir John Ross aux mers arctiques en 1818. Le 1er septembre, par 73° 37' de latit. N. et 77° 25' de longit. O., la surface étant à 1°,3 C., le thermomètre enregistreur indiqua à 80 brasses 0° C., et à 250 brasses, — 1°,4 C. Le 6 septembre, par 72° 23' de latit. N. et 73° 07' de longit. O., on fit la première tentative de sondage en séries qui ait jamais été tentée. Le thermomètre fut plongé successivement à 500, 600, 700, 800 et 1000 brasses, et indiqua une température de plus en plus basse, jusqu'à la plus grande de ces profondeurs, où il tomba à — 3°,6 C. Le 19 septembre, par 66° 50' de latit. N. et 60° 30' de longit. O., on fit encore une série d'observations : à 100 brasses, la température indiquée était de — 0°,9 C.; à 200, — 1°,7 C.; à 400, — 2°,2 C., et à 660 brasses, — 3°,6 C. Le 4 octobre, par 61° 41′ de latit. N. et 62° 16′ de longit. O., sir John Ross fit un sondage, mais sans trouver de fond, à 950 brasses. Le thermomètre enregistreur, descendu en même temps, marquait à cette profondeur 2° C., pendant que la surface était à 4° C. et la température de l'air à 2°,7 C. Le général sir Edward Sabine, qui a pris part à l'expédition de sir John Ross m'a appris, que ces relevés de température ont été faits avec des thermomètres enregistreurs abrités à peu près de la même manière que ceux dont on a fait usage sur le *Porcupine*. Ces thermomètres devaient être protégés d'une manière suffisante, car les températures indiquées par eux aux plus grandes profondeurs sont telles qu'on pourrait les attendre des thermomètres Miller–Casella. Des instruments non abrités auraient certainement donné des indications plus élevées.

Le dernier de ces relevés, fait à une distance considérable dans le détroit de Davis, offre un intérêt tout particulier : la température de la surface était de près d'un degré et demi centigrade supérieure à celle de l'air, et celle de l'eau était d'une élévation inusitée. On sait maintenant qu'à certaines époques de l'année le Gulf–stream s'étend jusqu'à l'entrée du détroit. Les lignes isothermes pour septembre et juillet sont tracées sur la carte d'après des données qui m'ont été obligeamment fournies par M. Keith Johnston.

Dans un extrait de son journal particulier de l'expédition de sir John Ross, cité par le Dr Carpenter[1], sir Edward Sabine indique une température inférieure à toutes celles qui jusque-là avaient été inscrites. « Après avoir jeté la sonde à 750 brasses, le 19 septembre 1818, dit-il, on descendit à 680 brasses le thermomètre enregistreur, dont l'index marquait, en remontant, 25°,75 Fahr. (— 3°,5 C.). Ne l'ayant jamais vu descendre au-dessous de 28° (— 2°,2 C.) dans les sondages précédents,

---

1. Dr Carpenter's Preliminary Report on Deep-Sea Dredgings. Proceedings of the Royal Society of London, vol. XVII, p. 186.

même à la profondeur de 1000 brasses, et quelquefois tout près du fond, j'examinai avec le plus grand soin le thermomètre, sans pouvoir découvrir d'autre cause de cet abaissement extraordinaire que la seule froidure de l'eau. » Parmi les expériences qui tendent aux mêmes conclusions, nous citerons celles du lieutenant Lee, du service de surveillance côtière des États-Unis, qui en août 1847, au-dessous du Gulf-stream, par 35° 26′ de latit. N., 73° 12′ de longit. O., trouva une température de 2°,7 C. à la profondeur de 1000 brasses; et celle du lieutenant Dayman, qui trouva une température de 0°,4 C., à 1000 brasses, par 51° de latit. N., et 40° de longit. O., la surface étant à 12°,5 C. Malgré ces faits, l'opinion généralement répandue parmi les physiciens et ceux qui s'occupaient de géographie physique était que l'eau salée, subissant la même loi que l'eau douce, atteint sa plus grande densité à la température de 4° C. Le résultat inévitable de cette propriété, si elle existait réellement, est ainsi expliqué par sir John Herschel : « Dans les eaux très-profondes, sur toute la surface du globe, règne une température uniforme de 39° Fahr. (4° C.). Au-dessus du niveau où commence cette température, on peut regarder l'Océan comme divisé en trois grandes régions ou zones : une zone équatoriale, et deux polaires. Dans la première l'eau la plus chaude, et dans les deux autres l'eau la plus froide se trouve à la surface. Les lignes de démarcation de ces zones sont évidemment les deux isothermes de 39° Fahr. de température moyenne annuelle. » Le Dr Wallich fait un excellent résumé de cette singulière théorie : « Mais, dit-il, tandis que la température de l'atmosphère, au delà de la ligne de congélation perpétuelle, va toujours s'élevant, celle de l'eau, au-dessous de la ligne isotherme, demeure uniforme jusqu'au fond. N'était l'action de la loi d'où procède ce dernier phénomène, l'Océan tout entier se serait depuis longtemps solidifié, et terre et mer seraient devenus inhabitables pour les organismes vivants. Contrairement aux autres corps, sur lesquels toute élévation de température produit un effet de dilatation et de diminution de den-

sité, l'eau arrive à sa plus grande densité, non au degré de froid
le plus bas, mais à 39°,5 Fahr. : il se passe donc ceci, qu'aus-
sitôt que la couche supérieure de la mer a atteint ce degré
de refroidissement, elle descend, ce qui permet à une nouvelle
couche de monter à la surface et de s'y refroidir. Cette opération
se renouvelle jusqu'à ce que toute la couche supérieure soit réduite à la température de 39°,5. Alors elle cesse de se contracter,
subit un effet de dilatation, devient plus légère que l'eau qui se
meut au-dessous d'elle, se refroidit toujours plus, et se congèle à
28°,5. C'est ainsi qu'en vertu d'une loi qui n'est exceptionnelle
qu'en apparence, l'équilibre de la circulation océanique peut
se maintenir, pendant qu'à l'équateur la température moyenne
de la couche d'eau supérieure, qui est de 82° Fahr., décroît graduellement, pour arriver à 1200 brasses à 39°,5 Fahr., qu'elle
conserve jusqu'au fond dans les régions polaires du nord et
du sud ; jusqu'à 56° 25' de latitude dans chaque hémisphère,
la température va s'élevant, de la surface en bas, jusqu'à la
ligne isotherme, au delà de laquelle elle demeure stationnaire,
ainsi qu'il a été dit plus haut. De là il résulte qu'à 56° 25'
de latitude, la température est uniforme de la surface jusqu'au fond, et il est prouvé par l'observation qu'à 70° de latitude environ, la ligne isotherme se trouve à 750 brasses
au-dessous de la surface [1]. »

Il n'est pas douteux que cette théorie, qui depuis quelques
années était universellement acceptée, ne soit complétement
fausse. Il a été démontré par M. Despretz [2], à la suite d'une
série d'expériences faites avec le plus grand soin, et qui,
depuis, ont été répétées avec le même résultat, que l'eau de
mer, en sa qualité de solution saline, augmente de densité en se
contractant, jusqu'à ce qu'elle arrive à son point de congélation : ce phénomène a lieu, lorsqu'elle n'est soumise à aucun
mouvement, à environ — 3°,67 C. (25°,4 Fahr.), et lorsqu'elle
est agitée, à — 2°,55 C.

1. Dr Wallich, North Atlantic Sea-bed, p. 99.
2. Recherches sur le maximum de densité des dissolutions aqueuses. (Loc. cit.)

Les études de température faites par sir James Clarke Ross, pendant son expédition de 1840-41 aux mers antarctiques, paraîtraient donner gain de cause à la théorie de l'uniformité de la température à 4°,5 C., à une grande profondeur; mais il est aussi évident que ses observations ont été faites avec des instruments non abrités, tandis qu'en 1818 sir John Ross s'est servi de thermomètres garantis contre toute pression. On ne peut donc les accepter que comme une preuve qu'aux latitudes tout à fait méridionales, la température de la surface est quelquefois plus basse que celle des couches profondes; mais le calcul de l'écart causé par la pression ne peut se faire d'une manière certaine, puisqu'il dépend de la façon dont étaient construits les thermomètres employés : ces corrections doivent, dans tous les cas, réduire considérablement les différences que les instruments ont indiquées entre ces températures extrêmes.

Un certain nombre de thermomètres du modèle du Bureau hydrographique ont été employés à bord du *Lightning*, et le commandant May s'en servait pour faire des relevés de température. Nous eûmes plus tard, au retour, l'occasion de les éprouver, et nous connaissons maintenant d'une manière à peu près certaine, pour les avoir nous-mêmes expérimentés, la *somme* de leur écart. En parlant des températures relevées par le *Lightning*, j'entends donc les températures prises avec des thermomètres ordinaires, mais corrigées approximativement d'après le thermomètre Miller-Casella, dont plus tard on a fait usage sur le *Porcupine*.

En quittant Stornoway sur le *Lightning*, le 11 août 1868, nous prîmes la direction des bancs de Faröer, et, jetant la sonde dans 500 brasses, à 60 milles environ de la pointe de Lews, nous trouvâmes une température de fond de 9°,4 C. avec le thermomètre ordinaire de Six, seul modèle qui fût alors en usage. Cette température, abstraction faite de la pression, se trouva réduite à 7°,8 C. Une telle élévation du thermomètre ne laissa pas que de nous causer quelque étonnement et de nous inspirer quelques doutes à l'endroit de l'exactitude de ce sondage,

17

qui avait été fait par une assez forte brise; ceux que nous fîmes plus tard au même endroit vinrent pourtant en confirmer l'exactitude. La moyenne de la température sur les bancs de Faröer était de 9° C., au-dessous de 100 brasses, pendant que celle de la surface était de 12° C. Mais les indications de température n'ont que peu de valeur sur cette côte, où l'eau doit certainement subir à quelque degré dans toute sa profondeur l'influence de la radiation directe du soleil. Le relevé suivant s'est fait par 60° 45' de latit. N. et 4° 49' de longit. O., à une profondeur de 510 brasses, avec température de fond de — 0°,5 C., à 140 milles environ, directement au nord du cap Wrath. Après cela vient une série de sondages, n°ˢ 7, 8, 10 et 11 de la carte (pl. I), faits en traversant la partie septentrionale du détroit qui se trouve entre l'Écosse et le plateau des Faröer; ils donnèrent, en suivant l'ordre où ils sont indiqués, — 1°,1, — 1°,2, — 0°,7, et — 0°,5 C. Le n° 9, par 170 brasses de profondeur et une température de 5° C., ne doit compter que comme exception; c'est là, selon toute apparence, le point culminant d'une arête ou d'un banc. En draguant à cette station, nous trouvâmes de nombreux exemplaires du rare et beau *Terebratula cranium;* mais l'année suivante, nous cherchâmes cet endroit-là avec le *Porcupine,* sans réussir à le retrouver. Le 6 septembre, nous avons sondé et fait des relevés de température par 59° 36' de latit. N. et 7° 20' de longit. O., avec 530 brasses; la moyenne de trois thermomètres, qui ne différaient guère l'un de l'autre de plus du tiers d'un degré, indiqua une température de fond de 6°,4 C. Dans la matinée du 7 septembre, par 59° 5' de latit. N. et 7° 29' de longit. O., on fit un sondage de température à la profondeur très-modérée de 189 brasses, et l'on trouva 9°,6 C. Les trois sondages portant les n°ˢ 13, 14 et 17, aux profondeurs respectives de 650, 570 et 620 brasses, et s'étendant à l'ouest de l'Atlantique du Nord, jusqu'à 12° 36' O., indiquèrent une température de fond de 5°,8, 6°,4 et 6°,6 C., dans l'ordre de leurs numéros.

Le résultat général de ces recherches nous a paru remarquable. La région que nous n'avions précédemment étudiée que d'une manière incomplète, comprenait d'abord le canal, large d'environ 200 milles, qui s'étend entre la limite septentrionale du plateau de la Grande-Bretagne et le bas-fond dont les îles Faröer, avec leur grande étendue de côtes, sont le point culminant; la plus grande profondeur y est inférieure à 600 brasses; puis une partie restreinte de l'Atlantique du Nord, située à l'ouest et au nord de l'ouverture du canal. Dans ces deux espaces rapprochés, qui communiquent librement ensemble, et qui ont une température de surface presque identique, les conditions de climat sont totalement dissemblables pour les couches inférieures. La moyenne de la température, dans le canal des Faröer, est à 500 brasses de profondeur de — 1°,0 C., tandis qu'à la même profondeur, dans l'Atlantique, l'index minima s'arrêtait sur + 6° C.; la différence était donc de 7 C., ou près de 13° Fahr.

La conclusion que nous avons promptement tirée de ces phénomènes, et qui nous en a paru être la seule explication possible, c'est qu'un courant arctique d'eau glacée venant du nord-est se glisse dans le canal des Faröer, et coule dans sa partie la plus profonde, à cause de sa densité plus grande; tandis qu'une masse d'eau chauffée à un degré supérieur à celui de la température normale de cette latitude, et provenant conséquemment de quelque source méridionale, s'achemine vers le nord en traversant son extrémité occidentale, et en remplissant, depuis la surface jusqu'au fond, toute cette partie relativement peu profonde de l'Atlantique.

Ces études ont établi d'une manière qui n'admet pas le doute plusieurs faits importants et d'une application générale, en ce qui touche la géographie physique. Elles ont démontré que, dans la nature comme dans les expériences de M. Despretz, l'eau de la mer ne participe pas aux conditions de l'eau douce, qui, ainsi que cela est connu depuis longtemps, atteint sa densité la plus grande à 4° C.; mais, comme la plupart des autres

liquides, l'eau de mer augmente de densité jusqu'à son point
de congélation. Elles ont fait connaître aussi que, par l'effet du
mouvement de grandes masses d'eau, de températures différentes, dans des directions diverses, on peut trouver très-rap-
prochées l'une de l'autre deux régions de l'Océan dont le fond
présente un climat fort dissemblable. Cette découverte et celle
d'une vie animale abondante à toutes les profondeurs ont une
portée des plus sérieuses pour l'étude de la distribution des
espèces et pour l'explication de certains faits de paléontologie.

La croisière du *Lightning* avait eu lieu dans des circonstances
si peu favorables aux recherches sérieuses, que nous convînmes
ensemble de saisir la plus prochaine occasion qui s'offrirait, de
parcourir de nouveau cette région, pour tracer les limites de ces
espaces chauds et froids, et en étudier les conditions avec plus
de soins. Le *Porcupine* ayant été mis à notre disposition l'année
suivante, le D Carpenter et moi quittâmes Stornoway le 15 août
1869. Cette fois-ci tout nous souriait : le temps était magnifique, le navire parfaitement équipé en vue de nos recherches,
et nous étions pourvus de thermomètres Miller–Casella, sur la
fidélité desquels nous pouvions compter. On trouvera à l'Appendice A, à la suite de ce chapitre, un tableau des précieux relevés
thermo–métriques faits par le capitaine Calver pendant cette
expédition.

Parvenus à l'endroit où, l'année précédente, nous avions fait
notre premier sondage, nous y relevons une température de
région chaude de 7°,7 C. (station n° 46, pl. IV). Nous nous
dirigeons ensuite lentement vers les bancs de pêche des Faröer,
relevant et inscrivant successivement aux stations 47, 49 et 50 :
6°,5, 7°,6 et 7°,9 C. A 40 milles environ au S. du banc, à
la station 51, nous trouvons un abaissement sensible de température : le thermomètre indique 5°,6 C. à 440 brasses de profondeur; à 20 milles, en allant directement au N., un sondage
(station 52) fait par 60° 25' de latit. N., 8° 10' de longit. O.,
avec une profondeur de 380 brasses seulement, donne un minimum de température de — 0°,8 C., qui prouve que nous

avions franchi la limite et que nous nous trouvions dans la région froide.

Arrivés là, nous demandons au capitaine Calver de faire un sondage en série, pour relever la température à toutes les 50 brasses de profondeur. La chose fut faite, et voici quels en ont été les résultats :

Surface....................................	11,8 C.
50 brasses.............................	9,2
100 id.	8,4
150 id.	8,0
200 id.	7,5
250 id.	3,5
300 id.	0,8
384 id. (fond)........................	0,6

Nous avons donc constaté que le minimum de température se trouve au fond; c'est ce que nous avons trouvé pour toute la région que nous avons étudiée, quelle que fût la température du fond. Nous avons constaté aussi que la décroissance de la température, de la surface jusqu'en bas, n'est point uniforme, mais qu'après avoir eu une certaine régularité pendant les 200 brasses qui succédaient à la couche de surface, il survenait, de 200 à 300 brasses, un abaissement extraordinairement rapide de plus de 7° C. A 300 brasses de profondeur, le minimum de la température est à peu près atteint.

Les quelques relevés suivants (stations 53 à 59) ont été faits dans les limites de la région froide, et nulle part la température du fond, à des profondeurs qui variaient entre 360 et 630 brasses, ne tomba au degré de congélation de l'eau douce; sur un seul point (station 59), par 60° 21′ de latit. N. et 5° 41′ de long. O., l'index s'arrêta à — 1°,3 C. Le samedi 21, nous fîmes un sondage à 187 brasses, sur l'extrême bord du plateau des Faröer, à 20 milles environ au nord de la station précédente, qui nous donna une température de 6°,9 C., ce qui nous avertit que nous étions sortis des limites du bassin froid.

Les deux premiers sondages qui suivirent notre départ de Thorshaven (stations 61 et 62) se trouvèrent dans les bas-fonds du banc de Faröer, à 114 et 125 brasses, avec une température de 7°,2 et 7°,0 C. ; mais, après une course de 80 milles, la station suivante (n° 63), avec 317 brasses et 0°,9 C., nous prouva que nous étions rentrés dans les limites de la région froide. De ce point, franchissant le détroit dans la direction du S. E., vers l'extrémité septentrionale des Shetland, nous traversons la région froide dans sa partie la plus caractérisée. A la station 64, par 61° 21′ de latit. N. et 3° 44′ de longit. O., nous trouvons une profondeur de 640 brasses, avec une température de fond de — 1°,2 C. Un sondage en série nous donne des résultats qui ressemblent beaucoup à ceux du n° 52. La température de la surface est plus basse, et celle de la couche inférieure jusqu'à 200 brasses légèrement plus basse; à 350 brasses elle se trouva un peu plus élevée :

Surface		9,8 C.
50 brasses		7,5
100	id.	7,2
150	id.	6,3
200	id.	4,1
250	id.	1,3
300	id.	0,2
350	id.	0,3
400	id.	0,5
450	id.	0,8
500	id.	— 1,0
550	id.	— 1,0
600	id.	— 1,1
640	id.	— 1,2

Sur ce point cependant, l'eau glacée du courant arctique, qui remplit le fond de ce grand sillon, a tout près de 2000 pieds d'épaisseur, et l'eau tempérée qui le recouvre a une profondeur à peu près égale. Toutefois la moitié inférieure de cette couche est à une température fort abaissée par l'effet du mélange. La figure 55 représente le résultat général des observations faites dans la région froide. La profondeur, à la station suivante (n° 65), est de 354 brasses, annonçant l'approche des bas-fonds de Shetland; cependant la température est encore basse, presque exactement à 0° C. La station 66, à 18 milles plus loin, dans la direction des côtes des Shetland, donne une profondeur de 267 brasses avec température de fond de 7°,6 C., celle de la surface étant de 11°,3 C. Nous étions sortis du sillon où coule le courant glacé, pour passer dans les profondeurs moindres, remplies depuis la surface jusqu'au fond par la couche méridionale chaude.

La série suivante de sondages, du n° 67 au n° 75, a été faite, soit dans les bas-fonds des Shetland, soit dans les eaux sur le rebord du plateau, mais pas assez profondément pour atteindre le courant glacé. Il est assez remarquable que les deux sondages n°° 68 et 69, faits à 75 et 67 brasses à l'E. de Shetland, viennent donner une température de fond de 6°,6 C., tandis qu'une série faite à l'ouverture occidentale des Faröer a donné, à la même profondeur, une température d'environ 8°,8 C. Cette circonstance, réunie à d'autres dont il sera fait mention plus tard, semblerait indiquer qu'une nappe considérable d'eau froide s'étend sur le lit très-peu profond de la mer du Nord.

Aux stations 76 à 86, qui toutes sont situées sur les confins méridionaux de la région froide, nous faisons des sondages de température dans le but de nous rendre compte de la position de ces limites du côté du sud: ces sondages

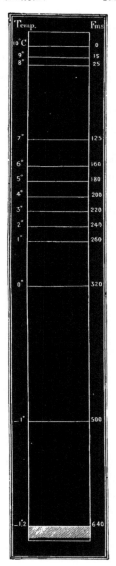

Fig. 55. — Sondages en série. Station n° 61.

sont faits tantôt un peu en deçà, tantôt un peu au delà. Leur
résultat est indiqué sur la planche IV, par le bord méridional
de l'espace ombré. Aux nᵒˢ 87 à 90 nous retrouvons la région chaude, l'eau a une profondeur de plus de 700 brasses,
et, après les premières 300 brasses, elle se maintient à une
température constante qui est de 6° à 7° C. supérieure à celle
des mêmes profondeurs dans la région froide. Un sondage
en série a été fait à la station n° 87, par 59° 35′ de latit. N.
et 9° 11′ de longit. O., avec une profondeur de 767 brasses:
elle fait un contraste complet avec la série de la station n° 64.
Le résultat de ce sondage est représenté figure 56. Après les
200 premières brasses, la température n'est relevée qu'à
chaque centaine.

Surface.................................	11,4 C.
50 brasses.............................	9,0
100 id.	8,5
150 id.	8,3
200 id.	8,2
300 id.	8,1
400 id.	7,8
500 id.	7,3
600 id.	6,1
767 id.	5,2

On verra, en jetant les yeux sur la carte, qu'il a été fait deux
séries de sondages à peu près parallèles, s'étendant depuis les
bas-fonds du côté de l'Écosse jusque sur les bords du banc de
Faröer, près de l'ouverture occidentale du canal de Faröer ;
l'une de ces séries, comprenant les stations 52, 53, 54 et 86, est
dans la région froide, tandis que l'autre, embrassant les stations
48, 47, 90, 49, 50 et 51, se trouve dans la région chaude. Il
n'y a pas de grandes différences de profondeur entre ces séries
de sondages, et rien n'indique qu'une arête quelconque les
sépare ; on ne trouve qu'une explication admissible de cette
différence marquée de deux climats sous-marins si voisins l'un
de l'autre et participant apparemment à des conditions identiques. Le courant arctique qui remplit la partie la plus profonde

du canal des Faröer se trouve limité dès son entrée dans ce
détroit par la marche lente vers le nord
du courant méridional chaud. Les lignes
isothermes de la température de surface
sont légèrement mais constamment dé-
primées dans les bas-fonds qui existent
le long de la côte occidentale de la
Grande-Bretagne. Ceci vient, je crois,
du courant froid des Faröer, dont une
partie s'échappe dans cette direction, se
trouve maintenue près des côtes par le
courant chaud, puis s'écoule graduellement, vers le sud, mélangée et étendue
de manière à ne se trahir que par cette
légère influence sur les lignes isothermes. Le premier dessin (fig. 55) représente la distribution de la température
dans la région froide, et le second
(fig. 56) la distribution dans la région
chaude. Dans le dessin fig. 57 les résultats de la série de sondages portant
les nᵒˢ 52, 64 et 87 sont traduits en
courbes. En rapprochant ces dessins, il
ressortira que pendant les 50 premières
brasses, il se fait un rapide abaissement
de près de 3° C. A la station 64, qui est
située beaucoup plus au nord que les
deux autres, la température de la surface est plus basse, de sorte que le total
de l'abaissement, qui est à peu près le
même dans les trois stations, commence
plus bas à celle-ci. La température de
la surface est produite sans aucun doute
par la chaleur directe du soleil, et le
premier et brusque abaissement est dû

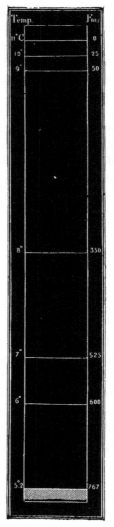

Fig. 56. — Sondages en série.
Station nᵒ 87.

à la prompte décroissance de cette cause immédiate. Dans les trois sondages, la température ne s'abaisse que très-peu de 50 à 200 brasses, et demeure considérablement au-dessus de la température normale de l'Océan à ce parallèle de latitude; à la profondeur de 200 brasses cependant, la divergence entre les courbes de la région chaude et celles de la froide devient on ne peut plus marquée. La courbe de la région chaude, n° 87, témoigne d'une chute d'un demi-degré à peine à 500 brasses, et d'un peu moins d'un degré à 767 brasses, c'est-à-dire au fond. Entre 200 et 300 brasses, les courbes de la région froide passent de 8° C. à 0° C., ne laissant plus qu'un seul degré d'abaissement graduel pour les 300 brasses suivantes. La température de la convexité que dessinent les courbes de la région froide entre 50 et 200 brasses se rapproche tellement de celle de la régulière concavité de la courbe de la région chaude, qui part de la surface pour arriver presque jusqu'au fond, qu'il est naturel de l'attribuer à la même cause. Nous supposons donc qu'une couche mince du Gulf-stream, s'avançant lentement vers le nord, recouvre dans la région froide une couche glacée qui produit la grande et subite dépression des courbes, tandis que dans la région chaude ce courant froid n'existe pas et le Gulf-stream coule jusqu'au fond.

En suivant la région chaude dans la direction du sud, le long des côtes de l'Écosse, depuis l'entrée du détroit de Faröer, on découvre que l'espace qui s'étend entre les Faröer, la pointe de Lews et Rockall, est une sorte de plateau qui a une profondeur de 700 à 800 brasses, et il nous est permis de conclure par analogie, bien que cette région n'ait pas encore été étudiée, que la température du fond n'y est pas inférieure à 4°,5 C. Prenant son point de départ à Rockall, une grande vallée s'étend entre le vaste bas-fond dont le point culminant est le rocher isolé de Rockall et la côte occidentale de l'Irlande; elle va ensuite se confondre avec le bassin de l'Atlantique du Nord.

La température de cette vallée océanique a été étudiée avec grand soin pendant la première et la seconde croisière du *Por-*

cupine en 1869, et les recherches ont produit des résultats si uniformes pour la région tout entière, qu'il serait superflu

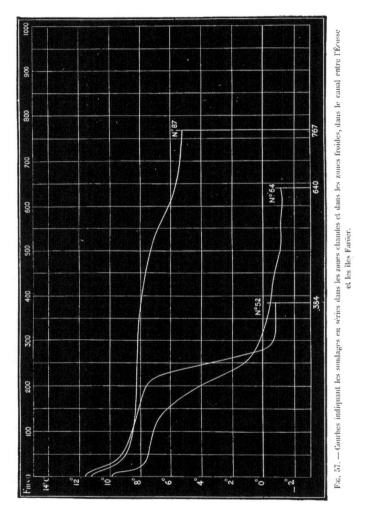

Fig. 57. — Courbes indiquant les sondages en séries dans les zones chaudes et dans les zones froides, dans le canal entre l'Écosse et les îles Faröer.

d'énumérer en détail les différences insignifiantes qui peuvent exister entre ses divers points. Ces variations n'affectent que la

couche de surface de l'eau, et dépendent uniquement des différences de latitude. Dans les profondeurs, la température s'est
montrée la même partout. Pendant la première croisière, et
sous la direction scientifique de M. Gwyn Jeffreys, le capitaine
Calver fit une première série de sondages entre Lough Swilly
et Rockall. C'est au milieu du détroit qu'on a trouvé la plus
grande profondeur, 1380 brasses; un sondage fait sur ce point,
par 56° 24′ de latit. N. et 11° 49′ de longit. O., a indiqué une
température de fond de 2°,8 C. Un peu au sud de Rockall, une
profondeur de 630 brasses (n° 23) a donné une température de
6°,4 C., presque identique à celle de la même profondeur dans
la région chaude qui se trouve à la hauteur de l'ouverture du
détroit des Faröer; un sondage à 500 brasses, qui faisait partie
d'une série faite à la station 21, avec une température de fond
de 2°,7 C. à 1476 brasses, indiqua 8°,5 C., température plus
élevée d'un peu moins d'un degré que celle de la même profondeur à la station 87. A la station 21, la température a été
relevée à intervalles de 250 brasses.

Surface	13,5 C.
250 brasses	9,0
500 id.	8,5
750 id.	5,8
1000 id.	3,5
1250 id.	3,3
1476 id	2,7

Nous trouvons ici, sur une grande échelle, ainsi que le Dr Carpenter l'a fait observer, des conditions analogues à celles qui
existent dans des proportions moindres et à des profondeurs
relativement faibles dans le détroit de Faröer : une couche de
surface d'environ 50 brasses, échauffée en août par une radiation solaire directe, et, ainsi que l'indiquent les variations des
isothermes de la surface, changeant beaucoup avec les saisons de
l'année; plus bas, une zone qui plonge ici à une profondeur de
près de 800 brasses et dans laquelle le thermomètre tombe graduellement à 5° C.; puis environ 200 brasses d'un mélange dont

la température s'abaisse rapidement ; et enfin une masse d'eau froide qui commence à 1000 brasses pour se prolonger jusqu'au

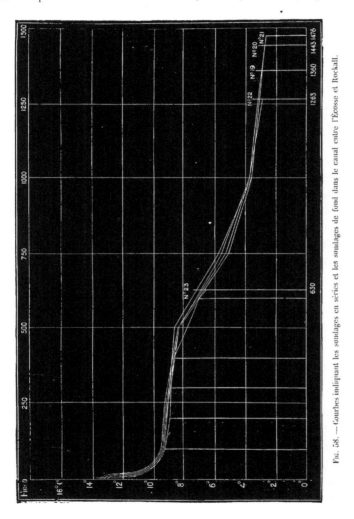

Fig. 58. — Courbes indiquant les sondages en séries et les sondages de fond dans le canal entre l'Écosse et Rockall.

fond. et au travers de laquelle. quelle qu'en soit la profondeur, le thermomètre ne baisse que d'une manière imperceptible ;

ces eaux n'arrivent nulle part au froid glacial du courant arctique sous-marin du détroit de Faröer, et la température la plus basse est toujours celle du fond (fig. 58).

La région qui a été étudiée pendant la seconde croisière du *Porcupine*, à l'entrée de la baie de Biscaye, à 200 milles environ à l'ouest d'Ouessant, peut être considérée comme un simple prolongement méridional de la grande voie qui s'étend entre l'Écosse, l'Irlande et le banc de Rockall. Cependant, comme on y a trouvé des profondeurs plus considérables qu'aucune de celles auxquelles nous eussions encore atteint, si considérables même qu'elles représentent probablement la moyenne de profondeur des grands bassins de l'Océan, il est peut-être bon d'expliquer ici avec quelque détail les conditions de température ainsi que les méthodes d'après lesquelles elle a été étudiée.

Le sondage qui a été fait dans 2435 brasses, à la station 37, a déjà été décrit comme exemple de la méthode la plus exacte pour mesurer les profondeurs extrêmes. Deux thermomètres Miller–Casella, enfermés dans leurs étuis de cuivre, furent attachés à la corde de sondage, l'un à une brasse, l'autre à une brasse et demie environ du plomb de sonde de l'*hydre*. Ces deux instruments avaient été préparés et essayés avec un soin extrême, et avaient servi pendant toute la durée de la première croisière. Le zéro avait été vérifié à Belfast, dans la crainte que les énormes pressions auxquelles ils avaient été exposés n'en eussent altéré le verre; nous pouvions donc avoir toute confiance dans leurs indications. Avant d'immerger les instruments, on mit leurs index à la température de la surface, 21°,1 C. et 21°,15 C. Ils demeurèrent au fond pendant dix minutes, et, à leur retour à la surface, au bout de deux heures, ils s'accordaient parfaitement pour indiquer un minimum de 1°,65 C. Le petit écart, presque imperceptible, de 0°,05 C., à 21° C., avait disparu à cette basse température.

On ne pouvait se défendre d'un étrange intérêt à voir partir pour leur longue et périlleuse mission ces deux petits instru-

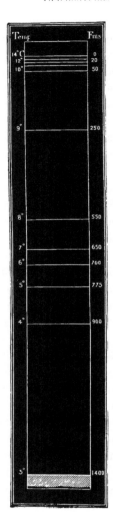

Fig. 59. — Diagramme montrant la relation
entre la profondeur et la température sur
le banc de Rockall.

Fig. 60. — Diagramme montrant la relation
entre la profondeur et la température dans
un bassin de l'Atlantique.

(*Temp.* = Température. — *Fms* = Brasses.)

ments, dont la construction avait coûté tant de travail, tant de calculs et tant de réflexion : c'est le sentiment qu'éprouvait ce groupe d'hommes anxieux et préoccupés, qui attendaient leur retour, carnets en main, prêts à inscrire ces premières indications destinées à éclairer d'une vive lumière les conditions physiques d'un monde jusque-là inconnu.

Le 24 juillet, par 47° 39′ de latit. N. et 11° 33′ de longit. O., on fit une série de sondages de température, en procédant à intervalles de 250 brasses jusqu'à 2090 brasses de profondeur.

Températures observées.		Différences entre deux profondeurs consécutives.	
Surface................	17,08 C.		
250 brasses	10,28	En moins qu'à la surface......	7,5 C.
500 id.	8,8	— 250 brasses.....	1,5
750 id.	5,17	— 500 id.	3,6
1000 id.	3,5	— 750 id.	1,7
1250 id.	3,17	— 1000 id.	0,3
1500 id.	2,9	— 1250 id.	0,3
1750 id.	2,61	— 1500 id.	0,3
2090 id.	2,4	— 1750 id.	0,2

On s'est servi, comme pour l'observation précédente, des deux mêmes thermomètres Miller-Casella.

Quelques jours après, on fit une nouvelle série de sondages, un peu plus près de la côte d'Irlande, dans 862 brasses d'eau. Dans ce sondage, la température a été relevée à intervalles de 10 brasses jusqu'à 50 brasses de profondeur, et à partir de cette profondeur jusqu'au fond, à 50 brasses d'intervalle, afin de se rendre compte exactement de la proportion dans laquelle la température diminue et de la profondeur précise de ses irrégularités les plus marquées.

Températures observées.		Différences entre deux profondeurs consécutives.	
Surface................	17,22 C.		
10 brasses............	16,72	En moins qu'à la surface......	0,5 C.
20 id.	15,22	— 10 brasses......	1,5
30 id.	13,33	— 20 id.	1,9
40 id.	12,44	— 30 id.	0,9
50 id.	11,8	— 40 id.	0,64
100 id, ...	10,6	— 50 id.	1,2
150 id.	10,5	— 100 id.	0,1

PLANotrant les relations entre la profondeur et la température.
es II., III., et IV.

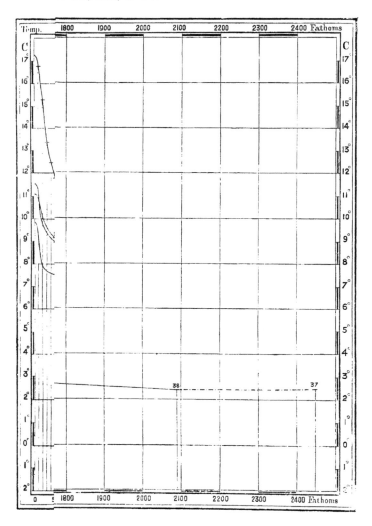

PLANCHE VI. *Diagramme indiquant la suite des sondages du 'Porcupine' dans l'Océan Atlantique et dans la mer des Farœr, et montrant les relations entre la profondeur et la température.*
Les nombres inscrits dans la Carte se rapportent aux stations indiquées dans les planches II., III., et IV.

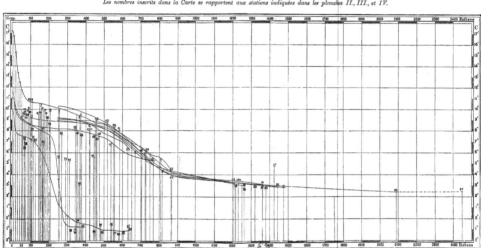

Températures observées.		Différences entre deux profondeurs consécutives.		
200 brasses	10,3 C.	En moins qu'à 150 brasses		0,2 C.
250 id.	10,11	—	200 id.	0,2
300 id.	9,8	—	250 id.	0,3
350 id.	9,5	—	300 id.	0,3
400 id.	9,17	—	350 id.	0,3
450 id.	8,7	—	400 id.	0,5
500 id.	8,55	—	450 id.	0,15
550 id.	8,0	—	500 id.	0,55
600 id.	7,4	—	550 id.	0,5
650 id.	6,83	—	600 id.	0,6
700 id.	6,44	—	650 id.	0,4
750 id.	5,83	—	700 id.	0,6
800 id.	5,55	—	750 id.	0,3
862 (fond)	4,3	—	800 id.	1,25

Le résultat général de ces deux séries de sondages est des
plus importants. L'abaissement de 7°,5 C. à 250 brasses, dans
la première série, est dû, sans aucun doute, à l'absence de la
radiation solaire directe; ceci est démontré encore plus clairement par la seconde série : l'abaissement est de près de 4° C.
entre la surface et une profondeur de 30 brasses, et un peu
plus de 2" C. de plus entre 30 et 100 brasses. De 100 à
500 brasses, la température est encore assez élevée et passablement égale, mais elle tombe rapidement entre 500 et
1000 brasses. On verra, en jetant un coup d'œil sur cette
seconde série, que cet abaissement rapide a lieu entre 650 et
850 brasses; dans cet intervalle il y̆ a perte de plus de 3° C.
Cette seconde période d'élévation de température qui se fait
entre 250 et 700 brasses, et qui est représentée par la singulière saillie que décrivent les courbes de température (fig. 61,
pl. VI), paraît avoir pour cause un retour, dans la direction
du nord-est, du grand courant équatorial, dans des conditions particulières dont nous parlerons plus loin. Depuis
1000 brasses, en descendant, l'abaissement se poursuit d'une
manière égale à raison d'environ 0°,3 C. pour 250 brasses.
Une singularité remarquable de cet abaissement de température du dernier mille, c'est qu'il se fait d'une manière tout
à fait égale et régulière; ce fait doit éloigner l'idée de l'attri-

18

buer à un courant sous-marin, et ferait plutôt soupçonner

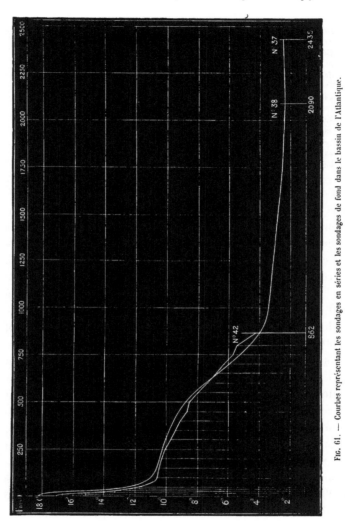

FIG. 61. — Courbes représentant les sondages en séries et les sondages de fond dans le bassin de l'Atlantique.

l'existence d'une nappe d'eau froide, immobile et étendue,
amenée par l'effet de la gravitation, des sources les plus pro-

fondes et les plus glacées, pour remplir le vide que laisse l'eau chaude,
dans sa marche continuelle vers le
nord.

En 1870, M. Gwyn Jeffreys fit ses
premières études de température à
l'entrée de la Manche, et s'aperçut
qu'elles correspondaient exactement
à celles de l'année précédente. Ainsi,
le 9 juillet, la température du fond,
à 358 brasses (station 6, pl. V), était
à 10° C., et en 1869 une série de
sondages faits dans le voisinage immédiat et à la même profondeur
avait indiqué à peu près 9°,8 C. Les
sondages suivants, nᵒˢ 10 à 13, ont
été faits dans des eaux relativement basses, sur les côtes du Portugal ; mais les quatre stations suivantes peuvent être regardées comme
des types de la température de ces
latitudes, aux grandes profondeurs.
La station 14 présente, à 469 brasses, une température de surface de
18°,3 C., celle du fond 10°,7 C. La
station 15, à 722 brasses, une température de 9°,7 C. La station 16,
à 994 brasses, 4°,4 C., et la station 17, à 1095 brasses, 4°,3 C. Ce
résultat ressemble fort à celui que
nous obtînmes en 1869 près d'Ouessant ; sauf quelques variations qui
paraissent devoir être attribuées à
la différence de latitude, nous trouvons les mêmes phénomènes : une

Fig. 62. — Diagramme montrant le
rapport entre la profondeur et la
température, d'après les observations relevées entre le cap Finisterre et le cap Saint-Vincent, en
août 1870.

couche mince de surface, échauffée par les rayons directs
du soleil; une couche d'eau chaude au travers de laquelle
la température s'abaisse très-lentement jusqu'à 800 brasses;
une zone mélangée, de près de 200 brasses d'épaisseur, où le
thermomètre baisse rapidement; et enfin la couche froide et
profonde, où ces sondages ne pénètrent pas bien loin, et où
la température s'abaisse presque imperceptiblement à partir
de 4° C. La seule différence qu'il y ait entre ces sondages et
ceux qui ont été faits l'année précédente à l'entrée de la baie
de Biscaye, c'est qu'à toutes les profondeurs leur température
était un peu plus élevée.

Je m'abstiens pour le moment de tout détail sur la distribution de la température dans la Méditerranée et me borne à
tracer une esquisse rapide des conditions très-intéressantes
qui y ont été étudiées par le Dr Carpenter.

Le Dr Carpenter a limité ses études au bassin occidental de
la Méditerranée, où la température de la surface lui a donné
une moyenne de 23° à 26° C. pendant les mois d'août et de septembre. A deux reprises seulement elle tomba beaucoup plus
bas, ce qui fut attribué à l'action des courants de surface plus
froids, qui de l'Atlantique s'introduisent par le détroit de
Gibraltar. Le tableau suivant de la série des sondages faits
à la station 53 donne à peu près la moyenne de la décroissance de la température pendant les 100 premières brasses:

Surface	25,0 C.
5 brasses	24,5
10 id.	21,6
20 id.	16,4
30 id.	15,5
40 id.	14,1
50 id.	13,6
100 id.	13,0

Le Dr Carpenter a découvert ce fait remarquable, que « le
degré auquel la température de l'eau est arrivée à 100 brasses
est celui auquel elle se maintient jusque dans les plus grandes

profondeurs connues ». La température à 100 brasses s'écarte peu de 13° C. (55°,5 Fahr.), et la Méditerranée atteint fréquemment une profondeur de 1500 brasses : nous voyons donc là le phénomène étrange d'une couche inférieure d'eau de 1400 brasses à une température moyenne et uniforme. Les choses se passent d'une manière singulièrement différente dans l'Atlantique aux mêmes profondeurs. Nous étudierons plus loin les ingénieuses explications du Dr Carpenter sur les causes de cette différence.

Église de Vaaÿ à Suderö (Faröer).

APPENDICE A

*Températures de surface relevées à bord du vaisseau de Sa Majesté,
le* Porcupine *pendant les étés de 1869 et 1870.*

TEMPÉRATURES RELEVÉES EN 1869.

DATE ET POSITION.	HEURES.	TEMPÉRATURE DE L'AIR.	TEMPÉRATURE DE LA SURFACE.	DATE ET POSITION.	HEURES.	TEMPÉRATURE DE L'AIR.	TEMPÉRATURE DE LA SURFACE.
		Degrés cent.	Degrés cent.			Degrés cent.	Degrés cent.
28 mai..........	2	10,0	9,4	31 mai..........	2	9,4	10,8
	4	10,0	10,2		4	10,0	11,1
	6				6	11,1	11,1
	8				8	13,3	11,1
	10	10,0	10,5		10	13,3	11,1
Près des Great Skelligs..........	Midi.	9,4	10,8	Latit. 51°52' N.... Long. 11°34' O....	Midi.	13,9	11,6
	2		11,9		2	13,9	11,4
	4	11,6	11,1		4	12,7	
	6		11,4		6	12,2	11,9
	8				8	12,2	11,6
	10	11,6	10,2		10	11,6	11,6
	Minuit.	10,0	10,5		Minuit.	11,9	11,9
29 mai..........	2			1er juin..........	2	12,2	12,2
	4	7,2			4	12,2	12,2
	6	11,6	10,2		6	12,2	11,9
	8	11,1	10,8		8	13,0	11,9
	10	13,3	12,7		10	13,9	11,9
Baie de Dingle.....	Midi.	13,9	11,6	Latit. 51°22' N.... Long. 12°26' O....	Midi.	14,4	11,9
	2	13,9	11,4		2	14,4	12,2
	4	12,7	11,4		4	12,2	11,6
	6		10,5		6	13,3	11,9
	8	10,0	10,5		8	12,2	11,9
	10	11,6			10	11,9	12,2
	Minuit.	11,1			Minuit.	11,6	11,9
30 mai..........	2	11,6		2 juin..........	2	11,9	11,9
	4	10,0	9,4		4	11,1	11,9
	6	10,8	10,8		6	10,5	11,9
	8	12,2	11,1		8	11,6	
	10	15,0	11,1		10	12,2	12,2
A Valentia........	Midi.	15,0	12,7	Latit. 52°08' N.... Long. 12°50' O....	Midi.	15,0	12,2
	2	12,8	12,2		2	14,4	12,2
	4	12,5	11,4		4	15,0	12,2
	6	11,4	11,1		6	13,9	12,2
	8				8	11,1	11,9
	10	10,0	11,1				
	Minuit.	9,4	11,1				

DATE ET POSITION.	HEURES.	TEMPÉRATURE DE L'AIR.	TEMPÉRATURE DE LA SURFACE.	DATE ET POSITION.	HEURES.	TEMPÉRATURE DE L'AIR.	TEMPÉRATURE DE LA SURFACE.
		Degrés cent.	Degrés cent.			Degrés cent.	Degrés cent.
2 juin..........	10	11,4	11,9	7 juin..........	8		
	Minuit.	11,1	11,9		10	16,1	
3 juin..........	2	11,1	11,6	Dock de Galway ...	Midi.	18,3	
	4	10,8	11,6		2	17,7	
	6	11,1	11,9		4	17,7	
	8	12,7	11,6		6	17,2	
	10	15,0	11,9		8	15,0	
Latit. 52° 26' N. / Long. 11° 41' O.	Midi.	13,3	11,6		10	13,9	
	2	14,7	11,9		Minuit.	12,2	
	4	13,0	12,2	8 juin..........	2	11,1	
	6	11,6	12,2		4	10,0	
	8	11,1	11,8		6	10,0	
	10	11,1	11,6		8		
	Minuit.	10,8	11,6		10	17,2	
4 juin..........	2	11,1	11,6	Dock de Galway ...	Midi.	21,1	
	4	11,1	11,6		2	20,5	
	6	11,1	11,6		4	20,5	17,7
	8	10,8	11,6		6	20,0	
	10	10,5	11,6		8	16,6	15,0
Latit. 52° 14' N. / Long. 11° 45' O.	Midi.	10,5	11,1		10	11,6	12,7
	2	13,3	11,6	9 juin..........	Minuit.	11,1	12,5
	4	13,3	11,6		2	7,2	12,2
	6	12,8	11,9		4	7,7	11,6
	8	12,8	12,2		6	10,5	12,2
	10	12,2	11,4		8	12,7	12,5
	Minuit.	11,9	11,9		10	16,1	13,3
5 juin..........	2	11,9	11,9	Dock de Galway ...	Midi.	19,4	13,9
	4	11,6	11,6		2	17,4	13,9
	6	12,7	11,1		4	17,2	13,6
	8	12,7	11,1		6	15,0	12,5
	10	12,7	11,6		8	11,4	12,7
Dock de Galway ...	Midi.	16,1	13,3		10	10,5	12,5
	2	15,5	15,0		Minuit.	10,5	12,5
	4	13,9		10 juin..........	2	10,0	11,6
	6	15,5			4	10,5	11,6
	8	13,3			6	10,2	12,2
	10	13,3			8	12,2	12,5
	Minuit.	13,9			10	11,6	12,5
6 juin..........	2	13,3		Latit. 53° 16' N. / Long. 11° 52' O.	Midi.	12,7	12,5
	4	12,7			2	13,3	12,7
	6				4	12,2	12,2
	8				6	11,6	12,7
	10	14,4			8	10,5	12,3
Dock de Galway ...	Midi.	12,2			10	10,9	12,3
	2	17,2			Minuit.	10,9	12,3
	4	19,4		11 juin..........	2	10,0	12,2
	6	19,4			4	10,0	12,2
	8				6	11,1	12,5
	10	13,9			8	11,1	12,5
	Minuit.	13,3			10	12,5	12,5
7 juin..........	2	13,3		Latit. 53° 22' N. / Long. 13° 23' O.	Midi.	15,0	12,2
	4	12,7			2	13,9	12,7
	6				4	14,4	12,7

DATE ET POSITION.	HEURES.	TEMPÉRATURE DE L'AIR.	TEMPÉRATURE DE LA SURFACE.	DATE ET POSITION.	HEURES.	TEMPÉRATURE DE L'AIR.	TEMPÉRATURE DE LA SURFACE.
		Degrés cent.	Degrés cent.			Degrés cent.	Degrés cent.
11 juin..........	6	11,9	12,7	15 juin..........	Minuit.	10,5	11,1
	8	10,5	12,7	16 juin..........	2	10,0	11,7
	10	11,1	12,2		4	10,2	11,4
	Minuit.	10,0	12,2		6	12,7	11,5
12 juin..........	2	10,0	12,2		8	12,0	11,5
	4	10,2	12,3		10	13,9	11,6
	6	11,1	12,9	Latit. 54°02' N.... Long. 12°14' O....	Midi.	15,0	11,6
	8	11,4	13,0		2	13,9	11,9
	10	12,2	12,7		4	13,3	12,1
Latit. 53°24' N.... Long. 15°24' O....	Midi.	12,2	12,7		6	12,2	11,6
	2	11,4	12,7		8	10,2	11,1
	4	12,2	12,7		10	11,1	11,4
	6	10,8	13,0		Minuit.	11,4	11,4
	8	11,1	12,9	17 juin..........	2	11,6	11,6
	10	11,1	12,5		4	11,6	11,6
	Minuit.	10,5	12,3		6	11,9	11,8
13 juin..........	2	10,5	11,9		8	13,6	11,6
	4	10,0	12,2		10	12,5	11,6
	6	9,1	12,2	Latit. 54°27' N.... Long. 11°43' O....	Midi.	13,9	11,8
	8	9,7	11,9		2	13,3	11,9
	10	9,4	12,0		4	13,3	11,9
Latit. 53°28' N.... Long. 15°08' O....	Midi.	10,8	12,2		6	12,2	11,9
	2	10,5	12,5		8	12,2	11,6
	4	11,4	12,2		10	11,9	11,6
	6	11,1	12,2		Minuit.	12,2	11,6
	8	10,7	12,3	18 juin..........	2	11,6	11,6
	10	11,1	12,2		4	11,6	12,0
	Minuit.	11,1	12,2		6	12,2	12,0
14 juin..........	2	11,1	12,2		8	12,2	12,1
	4	11,4	12,2		10	12,2	12,2
	6	11,4	11,9	Latit. 54°10' N.... Long. 10°59' O....	Midi.	12,5	12,2
	8	11,9	12,5		2	12,9	12,2
	10	11,1	12,2		4	12,7	12,4
Latit. 53°43' N.... Long. 13°48' O....	Midi.	13,3	12,2		6	12,7	11,8
	2	11,7	12,2		8	11,9	11,8
	4	13,0	12,2		10	11,4	11,6
	6	12,7	12,2		Minuit.	11,4	11,4
	8	11,1	11,8	19 juin..........	2	11,1	11,6
	10	11,1	11,1		4	11,1	11,1
	Minuit.	11,1	11,4		6	11,6	11,8
15 juin..........	2	10,8	11,1		8	11,6	12,2
	4	10,8	11,6		10	13,9	11,8
	6	11,1	11,6	A Killibegs........	Midi.	13,9	11,9
	8	11,4	11,6		2	13,3	12,2
	10	12,2	11,6		4	12,2	12,2
Latit. 53°47' N.... Long. 13°14' O....	Midi.	12,7	10,6		6	11,6	12,3
	2	13,6	11,6		8	13,0	12,7
	4	13,0	11,6		10	11,1	12,2
	6	13,9	11,8		Minuit.	10,5	12,2
	8	10,8	11,8	20 juin..........	2	10,5	11,9
	10	10,8	11,6		4	11,1	11,6
					6	11,6	11,6

DATE ET POSITION.	HEURES.	TEMPÉRATURE DE L'AIR.	TEMPÉRATURE DE LA SURFACE.	DATE ET POSITION.	HEURES.	TEMPÉRATURE DE L'AIR.	TEMPÉRATURE DE LA SURFACE.
		Degrés cent.	Degrés cent.			Degrés cent.	Degrés cent.
20 juin	8	12,7	12,2	24 juin	10	14,7	15,0
	10	13,0	11,9		Minuit.	14,7	15,3
À Killibegs	Midi.	13,9	12,2	25 juin	2	14,4	14,4
	2	15,0	12,2		4	14,1	14,4
	4	14,4	12,5		6	13,9	13,6
	6	14,4	12,5		8	18,3	14,4
	8	12,2	12,5		10	20,0	13,9
	10	10,0	12,2	À Bundoran	Midi.	20,5	16,6
	Minuit.	10,8	12,5		2	23,9	16,6
21 juin	2	11,1	12,2		4	15,0	15,0
	4	11,1	12,2		6	16,1	13,9
	6	11,8	12,2		8	15,0	14,1
	8	12,2	12,2		10	15,5	15,5
	10	13,0	12,2		Minuit.	14,4	15,5
À Killibegs	Midi.	15,0	12,5	26 juin	2	14,1	15,8
	2	15,3	12,2		4	13,9	15,0
	4	14,4	12,5		6	13,9	13,3
	6	13,0	12,2		8	15,3	13,6
	8	11,6	12,3		10	18,0	14,4
	10	11,1	11,6	Baie de Donegal	Midi.	19,1	13,9
	Minuit.	10,5	12,2		2	22,2	15,3
22 juin	2	11,1	11,8		4	19,4	16,1
	4	11,1	11,9		6	16,6	15,5
	6	11,1	11,6		8	15,5	15,5
	8	11,6	12,0		10	12,7	15,3
	10	13,3	12,2		Minuit.	12,5	15,0
À Killibegs	Midi.	13,3	12,2	27 juin	2	11,1	14,4
	2	13,9	12,3		4	11,4	14,4
	4	13,3	12,2		6	12,7	13,9
	6	12,2	12,2		8	13,6	13,9
	8				10	15,5	14,4
	10	11,1	12,5	À Killibegs	Midi.	16,6	14,4
	Minuit.	11,1	11,9		2	20,0	15,0
23 juin	2	10,8	12,2		4	17,2	14,4
	4	11,1	12,2		6	13,3	13,3
	6	12,4	12,2		8	13,3	13,3
	8	13,9	12,2		10	13,3	13,3
	10	15,5	12,5		Minuit.	13,3	13,3
À Killibegs	Midi.	16,6	12,5	28 juin	2	12,7	13,3
	2	15,5	12,5		4	12,7	12,9
	4	17,7	12,7		6	12,7	12,7
	6	16,6	13,3		8	13,3	13,0
	8	13,3	13,0		10	13,9	13,3
	10	13,6	13,3	Latit. 54° 54' N. Long. 10° 59' O.	Midi.	14,7	13,3
	Minuit.	12,7	13,0		2	14,7	13,3
24 juin	2	12,7	13,3		4	13,9	13,3
	4	13,9	13,3		6	13,0	13,9
	6	14,4	13,5		8	13,6	13,0
	8	15,3	13,3		10	12,7	13,3
	10	16,6	13,5		Minuit.	12,9	13,6
À Killibegs	Midi.	17,5	13,5	29 juin	2	12,7	13,3
	2	17,7	13,9		4	12,2	13,3
	4	17,7	14,1		6	13,6	13,3
	6	17,2	15,0		8	14,4	13,3
	8	16,1	14,1				

DATE ET POSITION.	HEURES.	TEMPÉRATURE DE L'AIR.	TEMPÉRATURE DE LA SURFACE.	DATE ET POSITION.	HEURES.	TEMPÉRATURE DE L'AIR.	TEMPÉRATURE DE LA SURFACE.
		Degrés cent.	Degrés cent.			Degrés cent.	Degrés cent.
29 juin	10	16,6	13,9	3 juillet	4	16,1	13,9
Latit. 55° 11′ N.... Long. 11° 31′ O....	Midi.	16,6	14,4		6	14,7	13,6
	2	16,1	15,0		8	13,9	12,5
	4	15,5	14,4		10	13,3	12,5
	6	15,5	14,4		Minuit.	12,7	12,2
	8	15,0	14,4	4 juillet	2	13,4	13,6
	10	13,6	13,9		4	13,9	13,9
	Minuit.	13,3	13,9		6	13,6	14,0
30 juin	2	13,0	14,1		8	14,1	13,6
	4	13,3	14,0		10	14,7	14,7
	6	16,6	13,9	Latit. 56° 47′ N.... Long. 12° 49′ O....	Midi.	15,0	13,9
	8	18,0	13,9		2	14,4	14,7
	10	16,1	14,4		4	14,4	14,8
Latit. 55° 44′ N.... Long. 12° 53′ O....	Midi.	16,4	14,4		6	13,9	14,8
	2	17,7	14,5		8	13,9	14,9
	4	17,7	14,4		10	13,9	15,0
	6	15,8	15,0		Minuit.	13,3	14,7
	8	15,0	15,0	5 juillet	2	12,7	15,0
	10	14,4	15,3		4	13,3	15,0
	Minuit.	13,6	14,4		6	13,9	14,7
1er juillet	2	12,7	13,9		8	13,9	14,7
	4	13,3	13,9		10	14,4	14,7
	6	15,5	14,4	Latit. 56° 41′ N.... Long. 12° 56′ O....	Midi.	13,9	14,7
	8	16,3	14,4		2	14,4	15,0
	10	17,3	14,7		4	13,3	15,0
	Midi.	17,2	14,8		6	12,7	14,4
	2	17,2	15,5		8	12,2	14,1
	4	16,6	15,0		10	12,5	14,4
	6	15,0	14,4		Minuit.	12,5	14,4
	8	14,4	14,4	6 juillet	2	12,2	13,9
	10	14,1	14,1		4	12,7	13,9
	Minuit.	14,1	14,1		6	12,4	13,8
2 juillet	2	14,1	13,9		8	13,9	14,1
	4	14,1	14,0		10	14,1	13,9
	6	15,0	14,1	Latit. 56° 22′ N.... Long. 11° 37′ O....	Midi.		13,9
	8	15,5	14,1		2	15,0	
	10	15,5	14,4		4	15,3	14,1
Latit. 56° 09′ N.... Long. 14° 10′ O....	Midi.	17,7	14,4		6	13,9	14,4
	2	17,4	14,7		8	13,3	14,4
	4	16,2	14,2		10	12,0	13,9
	6	15,5	14,5		Minuit.	11,1	13,3
	8	14,7	14,4	7 juillet	2	12,7	13,3
	10	15,0	14,6		4	14,1	13,3
	Minuit.	14,4	13,9		6	14,7	13,3
3 juillet	2	13,9	13,9		8	14,7	13,3
	4	13,3	13,9		10	15,0	13,4
	6	14,9	14,1	Latit. 55° 55′ N.... Long. 10° 17′ O....	Midi.	15,0	13,3
	8	15,5	14,1		2	15,0	13,9
	10	16,1	14,0		4	15,0	13,6
Latit. 56° 58′ N.... Long. 13° 17′ O....	Midi.	15,3	13,9		6	15,0	13,9
	2	16,9	14,4		8	15,0	13,9

DATE ET POSITION	HEURES	TEMPÉRATURE DE L'AIR	TEMPÉRATURE DE LA SURFACE	DATE ET POSITION	HEURES	TEMPÉRATURE DE L'AIR	TEMPÉRATURE DE LA SURFACE
		Degrés cent.	Degrés cent.			Degrés cent.	Degrés cent.
7 juillet.........	10	14,4	13,3	12 juillet.........	8	15,5	11,1
	Minuit.	14,4	13,3		10	16,1	10,5
8 juillet.........	2	14,4	13,9	A Belfast Lough...	Midi.	15,5	11,1
	4	14,4	13,6		2	16,1	11,1
	6	15,5	13,9		4	13,9	14,4
	8	15,5	13,9		6	14,4	14,4
	10	15,0	13,9		8	14,4	14,1
Latit. 56°06' N.... Long. 9°36'O....	Midi.	15,0	13,3		10	12,7	12,2
	2	14,7	13,6		Minuit.	12,2	11,6
	4	15,0	13,6	13 juillet.........	2	10,5	13,3
	6	13,3	13,9		4	11,1	13,3
	8	13,3	13,6		6	12,2	13,3
	10	13,3	13,9		8	13,3	13,6
	Minuit.	12,7	12,7		10	13,3	14,1
9 juillet.........	2	12,2	13,9	A Belfast.........	Midi.	15,5	15,5
	4	12,2	12,7		2	17,2	17,2
	6				4	16,6	17,2
	8	14,1	13,3		6	17,7	17,2
	10	15,5	13,3		8	15,5	17,2
A Lough Swilly....	Midi.	15,8	13,3		10	12,2	16,6
	2	16,1	13,3	14 juillet.........	Minuit.	11,6	16,6
	4	15,5	13,0		2	13,3	16,6
	6	15,3	13,3		4	13,3	16,6
	8	13,9	13,3		6	14,1	16,3
	10	12,2	13,3		8	15,8	16,6
	Minuit.	11,6	12,7		10	17,5	16,6
10 juillet.........	2	11,6	13,6	A Belfast.........	Midi.	17,8	16,6
	4	12,2	13,6		2	18,3	16,6
	6	14,1	13,0		4	17,8	
	8	16,1	13,4		6		
	10	16,1	13,4		8		
A Lough Foyle....	Midi.	17,7	14,4		10	16,1	
	2	17,7	15,0	15 juillet.........	Minuit.	16,1	16,6
	4	18,3	14,7		2	15,5	16,1
	6	16,1	14,4		4	15,0	16,6
	8	14,4	13,9		6	16,6	16,1
	10	13,9	13,3		8	18,3	16,4
11 juillet.........	Minuit.	14,4	13,9		10	20,5	17,7
	2	15,0	14,4	A Belfast.........	Midi.	21,4	
	4	13,9	14,4		2	21,1	
	6	14,7	13,9		4	21,1	
	8	16,3	13,9		6	20,5	17,2
	10	16,6	13,6		8	19,4	17,7
A Moville et à Lough Foyle.	Midi.	18,9	14,4		10	19,4	17,2
	2	20,5	15,5	16 juillet.........	Minuit.	17,7	17,2
	4	21,1	15,0		2	17,2	17,2
	6	18,9	14,4		4	16,6	17,2
	8	18,0	14,4		6	17,5	17,2
	10	15,8	13,9		8	18,9	17,2
	Minuit.	15,8	14,4		10	22,5	17,7
12 juillet.........	2	15,3	15,0	A Belfast.........	Midi.	22,5	18,9
	4	13,0	14,7		2	17,2	18,9
	6	13,9	11,4		4	16,1	19,4
					6	16,1	18,9
					8	17,7	18,9

DATE ET POSITION.	HEURES.	TEMPÉRATURE DE L'AIR.	TEMPÉRATURE DE LA SURFACE.	DATE ET POSITION.	HEURES.	TEMPÉRATURE DE L'AIR.	TEMPÉRATURE DE LA SURFACE.
		Degrés cent.	Degrés cent.			Degrés cent.	Degrés cent.
16 juillet	10	17,2	18,9	21 juillet	10	18,9	17,5
	Minuit.	14,7	18,9	Latit. 48°51′ N. Long. 11°08′ O.	Midi.	19,4	17,5
17 juillet	2	12,7	18,3		3	20,8	17,2
	4	12,2	17,2		4	18,3	17,2
	6	16,4	18,3		6	18,3	17,2
	8	17,7	18,3		8	18,0	17,7
	10	19,4	18,9		10	17,7	17,7
A Belfast	Midi.	26,1	19,7		Minuit.	17,7	17,7
	2	18,9	13,9		2	17,7	16,9
	4	15,3	11,6	22 juillet	4	17,7	17,7
	6	14,7	11,6		6	18,3	18,3
	8	15,0	12,7		8	18,9	18,0
	10	15,0	13,9		10	17,2	17,7
	Minuit.	16,6	15,5	Latit. 47°38′ N. Long. 12°11′ O.	Midi.	19,4	18,3
18 juillet	2	16,1			2	19,4	18,3
	4	15,5			4	20,0	18,3
	6	16,1			6	18,9	18,3
	8	15,5			8	17,5	18,3
	10	16,9			10	17,5	18,3
A Tuskar L. H.	Midi.	16,6			Minuit.	17,2	18,0
	2	18,9		23 juillet	2	17,2	18,0
	4	19,4			4	16,6	18,3
	6	17,9			6	17,7	17,7
	8	19,4			8	19,4	18,0
	10	18,0			10	19,1	18,0
	Minuit.	17,7		Latit. 47°39′ N. Long. 11°52′ O.	Midi.	20,0	18,0
19 juillet	2	16,1			2	20,0	18,3
	4	15,5			4	17,2	18,3
	6	16,3			6	18,9	18,3
	8	19,7			8	17,5	18,3
	10	21,6			10	17,2	18,3
A Haulbowline	Midi.	22,8			Minuit.	16,6	18,3
	2	20,0		24 juillet	2	17,2	18,3
	4				4	17,2	18,3
	6	20,0			6	17,5	
	8	17,2	17,4		8	18,6	18,0
	10	16,6	16,6		10	18,9	18,3
	Minuit.	16,6	16,6	Latit. 47°40′ N. Long. 11°38′ O.	Midi.	18,3	18,3
20 juillet	2	16,9	17,7		2	19,4	18,3
	4	16,6	18,0		4	18,9	18,3
	6	17,6	18,3		6	18,0	17,7
	8	20,5	18,3		8	18,0	18,0
	10	21,1	18,9		10	18,3	18,3
Latit. 50°28′ N. Long. 9°37′ O.	Midi.	22,2	18,9		Minuit.	17,7	18,3
	2	20,8	19,7	25 juillet	2	17,2	18,0
	4	20,0	19,4		4	16,9	18,3
	6	20,0	18,9		6	16,6	17,7
	8	18,6	18,3		8	17,7	17,7
	10	17,7	18,3		10	18,0	17,7
	Minuit.	17,2	18,0	Latit. 49°01′ N. Long. 12°22′ O.	Midi.	18,9	17,7
21 juillet	2	17,7	17,7				
	4	17,2	16,9				
	6	17,7	17,5				
	8	17,7	17,5				

DATE ET POSITION.	HEURES.	TEMPÉRATURE DE L'AIR.	TEMPÉRATURE DE LA SURFACE.	DATE ET POSITION.	HEURES.	TEMPÉRATURE DE L'AIR.	TEMPÉRATURE DE LA SURFACE.
		Degrés cent.	Degrés cent.			Degrés cent.	Degrés cent.
25 juillet.........	2	18,3	17,7	29 juillet.........	8	16,3	17,2
	4	18,3	17,7		10	16,1	16,6
	6	18,3	17,7		Minuit.	16,1	17,2
	8	19,4	18,3	30 juillet.........	2	16,1	15,8
	10	18,3	17,7		4	16,1	15,8
	Minuit.	18,9	17,5		6	17,2	15,8
26 juillet.........	2	16,1	17,2		8	17,2	15,8
	4	16,1	17,2		10	17,2	15,5
	6	17,2	17,4	Latit. 51°05' N. Long. 11°22' O.	Midi.	17,7	15,8
	8	16,1	17,5		2	17,7	
	10	18,9	17,7		4	17,5	16,1
Latit. 49°00' N. Long. 11°58' O.	Midi.	18,9	17,7		6	17,2	16,6
	2	17,2	17,7		8	16,6	16,6
	4	16,9	17,7		10	16,6	15,5
	6	16,9	17,7		Minuit.	16,6	15,8
	8	16,4	17,7	31 juillet.........	2	16,3	15,5
	10	16,1	17,7		4	15,5	15,5
	Minuit.	15,8	17,7		6	15,3	14,7
27 juillet........	2	15,5	17,7		8	17,2	14,7
	4	15,0	17,2		10	18,9	12,5
	6	17,2 ?	17,5	Près du port de Cork	Midi.	16,6	12,2
	8	14,6	17,5		2		
	10	18,9	17,5		4	18,3	16,1
Latit. 49°10' N. Long. 12°45' O.	Midi.	18,0	17,5		6	16,1	15,8
	2	17,7	17,5		8	14,4	14,4
	4	18,9	17,7		10	12,7	11,6
	6	18,3	17,7		Minuit.	12,7	11,1
	8	16,1	17,7	1er août.........	2	12,2	
	10	16,1	17,7		4	12,2	
	Minuit.	15,8	17,7		6	13,9	
28 juillet.........	2	15,3	17,5		8	16,6	
	4	15,0	16,6		10	17,5	14,7
	6	15,5	16,9	A Queenstown.....	Midi.	19,1	14,7
	8	18,6	16,6		2	18,9	15,3
	10	17,7	16,6		4	18,9	15,8
Latit. 49°59' N. Long. 12°22' O.	Midi.	19,4	16,6		6		
	2	19,7	16,9		8	13,9	15,8
	4	18,3	17,1		10	12,2	15,0
	6	16,6	16,9		Minuit.	12,5	14,7
	8	15,5	16,9	2 août.........	2	12,2	14,4
	10	15,8	15,5		4	11,9	15,0
	Minuit.	16,1	16,6		6	12,7	15,5
29 juillet.........	2	16,1	17,2		8	15,0	15,3
	4	15,5	17,7		10	14,7	
	6	15,8	16,9	A Queenstown.....	Midi.	15,5	
	8	16,4	16,9		2	15,5	
	10	16,6	16,6		4	16,4	15,0
Latit. 50°24' N. Long. 11°42' O.	Midi.	17,2	16,3		6	15,3	15,4
	2	16,1	16,3		8	13,9	15,0
	4	17,7	16,3		10	13,9	15,0
	6	17,7	16,6		Minuit.	13,9	13,9
				3 août.........	2	15,3	14,4
					4	15,5	14,1
					6	15,0	13,9

DATE ET POSITION.	HEURES.	TEMPÉRATURE DE L'AIR.	TEMPÉRATURE DE LA SURFACE.	DATE ET POSITION.	HEURES.	TEMPÉRATURE DE L'AIR.	TEMPÉRATURE DE LA SURFACE.
		Degrés cent.	Degrés cent.			Degrés cent.	Degrés cent.
3 août	8	15,5	13,9	7 août	6	15,5	
	10	15,5	14,1		8		
Latit. 52°22' N.... à Blackwater. Latit. N. 11 milles.	Midi.	16,1	13,6		10	14,7	15,5
					Minuit.	15,0	14,7
	2	16,2	13,9	8 août	2	13,9	15,0
	4	18,3	14,1		4	13,9	15,0
	6	17,2	14,7		6		
	8	15,5	13,3		8	15,0	15,0
	10	14,4	13,3		10	15,5	15,3
	Minuit.	14,4	13,3	A Belfast	Midi.	17,2	15,8
4 août	2	13,9	13,9		2	20,8	16,1
	4	13,3	13,9		4	16,6	15,8
	6	13,3	12,7		6	13,9	15,5
	8	11,9	12,5		8	14,4	15,8
	10	13,9	12,2		10	13,6	15,8
A l'île de Copeland.	Midi.	14,4	12,5		Minuit.	13,9	15,5
	2	15,0	13,9	9 août	2	13,3	15,5
	4	16,1	16,1		4	13,3	15,5
	6	16,6	15,8		6	13,3	15,3
	8	13,3			8	13,3	
	10	13,3	15,0		10	14,4	15,5
	Minuit.	11,1	13,9	A Belfast	Midi.	15,0	15,5
5 août	2	11,1	14,1		2	16,1	15,5
	4	10,5	14,1		4	16,6	15,5
	6	12,7	14,6		6	14,4	15,8
	8	15,3	14,7		8	11,4	15,5
	10	18,3	15,0		10	10,5	15,0
A Belfast.	Midi.	16,9	15,5		Minuit.	10,0	14,4
	2	17,4		10 août	2	11,1	13,9
	4	17,7	16,4		4	10,5	14,7
	6	12,8	15,5		6	10,5	14,4
	8				8	11,4	14,4
	10	11,1	15,0		10	13,9	
	Minuit.	10,0	15,0	A Belfast	Midi.	15,5	15,0
6 août	2	10,5	14,7		2	15,0	
	4	10,0	14,4		4	14,7	
	6	12,5	14,1		6	12,7	
	8	16,6	14,4		8	11,9	15,0
	10	17,7	14,7		10	11,6	14,4
A Belfast	Midi.	18,3	15,5		Minuit.	11,6	13,9
	2			11 août	2	10,5	13,9
	4	18,9	17,2		4	11,7	13,3
	6	15,0			6	12,2	13,6
	8	13,0	16,6		8	13,3	13,9
	10	11,1	16,1		10	14,4	
	Minuit.	10,0	15,0	Belfast Lough	Midi.	14,4	14,4
7 août	2	10,8	15,5		2	15,3	12,2
	4	11,1	15,5		4	15,0	13,0
	6	12,7	15,5		6	13,9	12,2
	8	14,4	15,5		8	12,2	12,2
	10	15,3	15,5		10	11,7	11,7
A Belfast	Midi.	15,0	15,0		Minuit.	12,0	11,7
	2	15,3	15,5	12 août	2	12,2	12,2
	4	15,0	15,5		4	11,1	11,7
					6	11,4	12,0

DATE ET POSITION.	HEURES.	TEMPÉRATURE DE L'AIR.	TEMPÉRATURE DE LA SURFACE.	DATE ET POSITION.	HEURES.	TEMPÉRATURE DE L'AIR.	TEMPÉRATURE DE LA SURFACE.
		Degrés cent.	Degrés cent.			Degrés cent.	Degrés cent.
12 août	8	13,3	12,5	16 août	4	13,3	12,2
	10	17,2	12,7		6	13,3	12,2
Ile de Coll. 3 milles N.	Midi.	18,3	12,5		8	12,7	12,2
	2	15,3	13,3		10	12,5	12,2
	4	14,4	12,2		Minuit.	12,2	12,2
	6	12,7	12,2	17 août	2	11,1	11,6
	8	12,2	12,0		4	12,2	11,9
	10	11,7	12,2		6	12,2	11,9
	Minuit.	12,0	12,2		8	12,2	
13 août	2	12,7	11,6		10	13,9	12,2
	4	12,5	11,6	Latit. 59°36' N. Long. 7°12' O.	Midi.	13,9	12,2
	6	12,7	12,0		2	13,6	11,9
	8	12,5	12,0		4	14,1	11,9
	10	11,7	11,6		6	13,0	11,9
Iles de Shiant. 6 milles au N. N. O.	Midi.	13,3	11,6		8	12,5	11,4
	2	12,5	11,6		10	12,7	11,1
	4	12,7	12,2		Minuit.	12,2	11,1
	6	13,3	11,6	18 août	2	12,2	10,5
	8	12,0	12,7		4	12,2	11,1
	10	11,1	11,6		6	12,7	11,1
	Minuit.	11,1	12,2		8	13,9	11,4
14 août	2	11,6	12,0		10	13,6	10,8
	4	11,4	11,4	Latit. 60°25' N. Long. 8°09' O.	Midi.	13,6	11,4
	6	11,4	12,2		2	12,7	11,1
	8	13,3	12,0		4	12,5	10,8
	10	12,7			6	12,2	11,1
A Stornoway	Midi.	15,5	12,2		8	12,2	11,1
	2	16,1	12,5		10	12,2	11,1
	4	15,0	12,7		Minuit.	12,2	11,1
	6	14,7		19 août	2	12,2	11,1
	8	13,3	12,2		4	12,2	11,1
	10	13,3	12,5		6	12,7	11,4
	Minuit.	12,7	12,2		8	12,7	11,4
15 août	2	13,3	12,2		10	13,3	11,1
	4	13,3	12,2	Latit. 60°13' N. Long. 6°41' O.	Midi.	12,7	11,1
	6	13,3	12,2		2	13,3	11,1
	8	13,9	12,2		4	13,9	
	10	13,9	12,2		6	12,7	11,1
A Stornoway	Midi.	14,4	12,2		8	12,7	11,1
	2	15,8	12,5		10	12,7	11,1
	4	16,1	12,5		Minuit.	12,2	10,5
	6	15,5	12,5	20 août	2	12,2	10,5
	8	13,3	12,5		4	12,0	10,0
	10	12,7	12,7		6	12,2	10,8
	Minuit.	13,0	12,2		8	12,5	10,5
16 août	2	12,7	12,2		10	12,5	10,3
	4	12,7	12,2	Latit. 60°35' N. Long. 6°41' O.	Midi.	13,3	11,4
	6	13,3	12,2		2	12,7	11,4
	8	13,3	12,2		4	12,2	11,6
	10	13,6	12,2		6	9,4	11,4
Latit. 59°21' N. Long. 6°58' O.	Midi.	13,3	12,0		8	9,4	10,5
	2	13,0	12,2				

DATE ET POSITION.	HEURES.	TEMPÉRATURE DE L'AIR.	TEMPÉRATURE DE LA SURFACE.	DATE ET POSITION.	HEURES.	TEMPÉRATURE DE L'AIR.	TEMPÉRATURE DE LA SURFACE.
		Degrés cent.	Degrés cent.			Degrés cent.	Degrés cent.
20 août	10	9,7	10,0	25 août	10	12,5	9,4
	Minuit.	10,0	9,4	Latit. 61°36′ N.	Midi.	12,2	9,4
21 août	2	10,0	9,4	Long. 3°45′ O.			
	4	9,4	9,4		2	12,2	9,7
	6	10,0	9,4		4	11,6	9,4
	8	10,0	10,0		6	11,6	9,4
	10	13,6	9,7		8	11,4	9,7
A Sandö, iles Faröer	Midi.	13,3	9,1		10	11,4	9,1
	2	11,4	8,8		Minuit.	12,0	10,5
	4	11,7	9,1	26 août	2	12,0	11,1
	6	11,4	9,1		4	12,0	11,1
	8	10,5	9,1		6	12,0	11,1
	10	10,8	9,4		8	12,0	11,4
	Minuit.	10,5	9,4		10	12,2	11,6
22 août	2	10,5	9,1	Latit. 61°14′ N.	Midi.	12,7	11,4
	4	10,8	9,4	Long. 1°58′ O.			
	6	11,1	9,1		2	12,7	11,4
	8	11,6	9,4		4	11,6	11,4
	10	12,7	9,4		6	11,1	11,4
A Thorshaven	Midi.	14,4	9,4		8	11,6	11,4
	2	13,3	9,7		10	11,6	11,1
	4	12,2	10,0		Minuit.	11,4	11,1
	6	13,3	9,7	27 août	2	11,1	11,1
	8	10,5	9,4		4	11,1	11,1
	10	10,0	9,4		6	11,1	11,1
	Minuit.	10,0	9,4		8	11,1	11,4
23 août	2	9,4	9,4		10	11,6	11,6
	4			Latit. 60°26′ N.	Midi.	12,5	11,6
	6	10,8	9,4	Long. 0°15′ O.			
	8	10,5	9,4		2	13,3	12,2
	10	12,7	9,7		4	12,2	11,9
A Thorshaven	Midi.	12,7	9,7		6	11,1	11,9
	2	12,7	9,4		8	11,1	12,2
	4	12,7	9,4		10	10,0	12,2
	6	12,2	9,4		Minuit.	9,4	11,1
	8	11,6	9,1	28 août	2	10,5	11,6
	10	11,1	9,4		4	12,2	11,6
	Minuit.	11,1	9,1		6	11,9	11,9
24 août	2	11,1	9,1		8	10,0	11,1
	4	11,1	9,4		10	10,0	11,1
	6	11,1	9,4	A Lerwick	Midi.	9,4	11,1
	8	11,4	9,1		2	10,5	11,1
	10	11,6	9,1		4	11,1	11,1
A dix milles environ à l'E. de Haalsö.	Midi.	15,5	9,1		6	9,7	11,1
	2	12,0	9,7		8	8,8	11,1
	4	13,3	10,0		10	7,5	11,1
	6	11,1	9,4		Minuit.	7,2	11,1
	8	11,1	9,4	29 août	2	7,2	11,1
	10	10,5	9,4		4	7,7	10,3
	Minuit.	11,1	9,4		6	7,7	11,4
25 août	2	11,6	9,7		8	9,4	11,1
	4	11,6	9,7		10	9,7	11,1
	6	12,5	9,4	A Lerwick	Midi.	9,4	11,1
	8	12,5	9,7		2	9,4	11,1
					4	9,4	11,1

DATE ET POSITION.	HEURES.	TEMPÉRATURE DE L'AIR.	TEMPÉRATURE DE LA SURFACE.	DATE ET POSITION.	HEURES.	TEMPÉRATURE DE L'AIR.	TEMPÉRATURE DE LA SURFACE.
		Degrés cent.	Degrés cent.			Degrés cent.	Degrés cent.
29 août	6	9,4	11,1	3 septembre	4	11,1	11,1
	8	7,7	11,1		6	11,1	11,6
	10	7,7	10,8		8	11,6	11,6
	Minuit.	8,9	10,8		10	13,0	11,6
30 août	2	8,3	11,1	Latit. 60°3' N.... Long. 5°10' O....	Midi.	12,7	11,6
	4	7,7			2	12,5	11,6
	6	8,3	10,8		4	12,2	11,6
	8	10,3	11,1		6	12,2	11,4
	10	11,1	11,1		8	12,5	11,4
A Lerwick	Midi.	11,6	11,1		10	12,7	11,6
	2	12,7	11,4		Minuit.	12,7	12,2
	4	12,2	11,1	4 septembre	2	12,7	12,2
	6				4	13,3	12,2
	8	7,7	11,1		6	13,9	12,5
	10	7,2	11,1		8	13,9	12,5
	Minuit.	6,6	11,1		10	14,4	12,2
31 août	2	7,2	10,5	Latit. 59°43' N.... Long. 6°35' O....	Midi.	13,3	12,2
	4	7,7	10,5		2	13,3	12,2
	6	10,0	11,1		4	13,0	12,2
	8	10,0	11,1		6	12,7	12,2
	10	11,6	10,8		8	12,7	11,6
A Lerwick	Midi.	12,2	11,1		10	12,2	11,6
	2	13,6	11,1		Minuit.	12,5	12,0
	4	11,1	11,1	5 septembre	2	12,2	12,0
	6	10,5	11,1		4	12,5	11,6
	8	11,1	11,1		6	12,7	11,6
	10	10,8	10,8		8	12,7	11,6
	Minuit.	10,5	11,1		10	13,3	12,0
1er septembre	2	11,1	11,1	Latit. 59°38' N.... Long. 8°25' O....	Midi.	14,4	12,2
	4	11,1	11,6		2	13,6	11,6
	6	11,6	11,6		4	12,0	11,6
	8	11,6	11,6		6	11,1	11,6
	10	11,1	11,4		8	11,1	11,6
Latit. 60°27' N.... Long. 3°11' O....	Midi.	11,1	11,6		10	10,8	11,4
	2	12,2	11,6		Minuit.	11,1	11,4
	4	13,3	11,4	6 septembre	2	11,1	11,4
	6	11,6	11,1		4	11,1	11,4
	8	11,4	11,1		6	12,2	11,6
	10	11,1	11,6		8	13,0	11,6
	Minuit.	11,1	11,6		10	12,7	12,0
2 septembre	2	10,8	10,8	Latit. 59°37' N.... Long. 9°04' O....	Midi.	12,7	12,2
	4	10,8	10,5		2	13,0	
	6	11,1	10,3		4	12,7	12,2
	8	11,1	10,3		6	12,2	12,0
	10	11,1	10,3		8	12,2	12,2
Latit. 60°29' N.... Long. 4°38' O....	Midi.	11,4	10,0		10	12,2	12,2
	2	11,4	10,3		Minuit.	11,6	11,6
	4	11,6	10,5	7 septembre	2	11,4	11,6
	6	11,6	11,1		4	10,5	11,6
	8	11,1	11,1		6	10,5	11,9
	10	11,6	11,4		8	12,2	11,6
	Minuit.	11,1	11,6				
3 septembre	2	11,6	11,1				

DATE ET POSITION.	HEURES.	TEMPÉRATURE DE L'AIR.	TEMPÉRATURE DE LA SURFACE.	DATE. ET POSITION.	HEURES.	TEMPÉRATURE DE L'AIR.	TEMPÉRATURE DE LA SURFACE.
		Degrés cent.	Degrés cent.			Degrés cent.	Degrés cent.
7 septembre	10	14,7	11,9	11 septembre	4	11,1	12,7
Latit. 59° 41' N.	Midi.	15,5	12,2		6	11,1	12,7
Long. 7° 32' O.	2	13,9	12,2		8	11,1	12,7
	4	13,3	12,2		10	13,9	12,7
	6	12,7	12,2	A Stornoway	Midi.	15,3	12,7
	8	12,5	12,5		2	13,3	12,2
	10	12,7	12,2		4	11,6	12,7
	Minuit.	12,2	12,2		6	11,4	12,7
8 septembre	2	12,2	11,6		8	10,8	12,7
	4	12,7	11,9		10	9,7	12,2
	6	12,7	11,9		Minuit.	9,4	12,2
	8	13,6	12,2	12 septembre	2	9,1	12,2
	10	15,0	12,7		4	8,9	12,2
Latit. 59° 07' N.	Midi.	14,4	12,7		6	9,4	12,2
Long. 6° 35' O.	2	15,3	12,7		8	11,4	12,2
	4	15,5	12,7		10	12,5	12,2
	6	13,3	12,5	A Stornoway	Midi.	12,7	12,2
	8	13,3	12,5		2	12,7	12,5
	10	13,3	13,0		4	12,7	12,5
	Minuit.	12,7	13,0		6	11,1	12,2
9 septembre	2	13,3	12,7		8	10,5	12,2
	4	13,3	12,7		10	10,0	12,2
	6	13,3	12,7		Minuit.	11,1	12,0
	8	13,0	12,7	13 septembre	2	10,0	11,6
	10	13,3	12,7		4	9,1	11,1
A Stornoway	Midi.	13,9	12,7		6	11,1	11,6
	2				8	11,1	11,6
	4	14,4	12,7		10	13,0	12,2
	6	15,3	12,7	A Loch Sheildag	Midi.	12,2	12,0
	8	15,5	12,7		2	14,1	12,2
	10	15,5	13,3		4	14,4	12,2
	Minuit.	15,5	12,7		6	13,9	12,2
10 septembre	2	13,9	12,7		8	13,0	12,2
	4	14,4	12,7		10	12,2	12,2
	6	14,4	12,7		Minuit.	12,2	12,2
	8	15,0	12,7	14 septembre	2	11,6	12,5
	10	13,9	12,7		4	12,2	12,2
A Stornoway	Midi.	16,3	13,3		6	12,5	12,2
	2	16,3	13,9		8	12,2	12,7
	4	15,0	13,6		10	11,6	12,7
	6	13,9	13,3	Devant Mull	Midi.	12,7	13,0
	8	12,7	13,3		2	14,4	13,3
	10	12,2	13,0		4	14,4	13,3
	Minuit.	11,6	12,7		6	13,6	12,7
11 septembre	2	11,1	12,7		8	13,0	13,3
					10	12,5	13,0
					Minuit.	12,0	13,0

TEMPÉRATURES DE SURFACE RELEVÉES PENDANT L'ÉTÉ DE 1870.

DATE ET POSITION.	HEURES.	TEMPÉRATURE DE L'AIR.	TEMPÉRATURE DE LA SURFACE.	DATE ET POSITION.	HEURES.	TEMPÉRATURE DE L'AIR.	TEMPÉRATURE DE LA SURFACE.
		Degrés cent.	Degrés cent.			Degrés cent.	Degrés cent.
6 juillet.........	2	13,9	12,2	9 juillet.........	6	16,4	16,6
	4	14,4	12,7		8	16,4	16,1
	6	13,9	12,5		10	16,6	16,6
	8	14,7	14,7		Minuit.	16,1	16,4
	10	15,3	13,6	10 juillet.........	2	16,1	16,6
Aux îles Scilly.....	Midi.	18,6	18,3		4	16,4	16,4
	2	19,7	17,4		6	16,6	16,4
	4	19,4	18,3		8	16,4	16,4
	6	18,9	18,3		10	17,3	18,6
	8	17,4	17,7	Latit. 48°28' N.... Long. 9°42' O....	Midi.	16,1	16,6
	10	16,6	17,2		2	17,7	16,9
	Minuit.	16,1	17,2		4	19,4	16,9
7 juillet.........	2	16,6	16,6		6	19,6	16,6
	4	16,6	16,6		8	16,2	16,6
	6	16,6	16,6		10	16,1	16,1
	8	16,9	16,9		Minuit.	16,1	16,1
	10	17,7	16,4	11 juillet.........	2	16,1	16,6
Latit. 48°49' N.... Long. 9°35' O....	Midi.	18,3	16,4		4	16,4	16,4
	2	19,4	16,4		6	16,4	16,1
	4	18,9	17,2		8	18,3	16,1
	6	19,4	16,4		10	18,6	16,6
	8	17,2	16,1	Latit. 48°08' N.... Long. 9°18' O....	Midi.	18,6	16,9
	10	16,9	16,4		2	18,4	17,2
	Minuit.	16,6	16,4		4	19,1	17,3
8 juillet.........	2	16,6	16,1		6	17,3	17,4
	4	16,1	16,1		8	16,6	16,6
	6	16,9	16,1		10	17,2	17,2
	8	19,1	16,2		Minuit.	17,2	17,2
	10	20,8	16,1	12 juillet.........	2	17,2	17,7
Latit. 48°31' N.... Long. 10°06' O....	Midi.	19,6	17,2		4	17,7	17,7
	2	20,0	17,5		6	17,4	18,0
	4	18,6	17,5		8	17,7	18,3
	6	19,1	17,5		10	18,6	18,0
	8	17,7	17,2	Latit. 46°26' N.... Long. 9°31' O....	Midi.	19,1	18,2
	10	16,9	17,2		2	19,4	18,0
	Minuit.	16,6	16,9		4	17,7	18,0
9 juillet.........	2	16,1	16,9		6	17,9	18,0
	4	16,6	16,6		8	16,6	18,0
	6	16,1	16,6		10	16,6	17,2
	8	16,1	16,6		Minuit.	16,6	17,7
	10	17,5	16,6	13 juillet.........	2	17,2	17,7
Latit. 48°26' N.... Long. 9°43' O....	Midi.	17,5	16,6		4	17,5	18,3
	2	16,4	16,6		6	17,7	17,7
	4	17,2	16,6		8	18,6	17,5

DATE ET POSITION.	HEURES.	TEMPÉRATURE DE L'AIR.	TEMPÉRATURE DE LA SURFACE.	DATE ET POSITION.	HEURES.	TEMPÉRATURE DE L'AIR.	TEMPÉRATURE DE LA SURFACE.
		Degrés cent.	Degrés cent.			Degrés cent.	Degrés cent.
13 juillet........	10	18,9	17,7	17 juillet........	6	22,5	16,4
Latit. 44°59′ N....	Midi.	19,7	18,2		8	20,8	16,4
Long. 9°33′ O....	2	21,1	18,9		10	20,0	16,5
	4	22,5	18,9		Minuit.	18,6	16,2
	6	21,1	18,3	18 juillet........	2	18,3	16,4
	8	17,5	18,3		4	17,7	
	10	17,5	18,0		6	18,9	16,1
	Minuit.	17,2	18,0		8	19,4	16,6
14 juillet........	2	17,7	17,9		10	18,9	
	4	17,2	17,2	Latit. 41°55′ N....	Midi.	19,1	16,2
	6	16,9	16,1	Long. 9°30′ O....	2	18,6	16,3
	8	18,3	16,1		4	18,9	16,3
	10	18,6	15,5		6	18,9	16,4
Cap Finisterre. E. N. E., 10 milles.	Midi.	18,6	15,8		8	18,3	16,6
	2	18,6	15,8		10	18,3	16,6
	4	19,1	15,8		Minuit.	17,7	16,4
	6	17,5	15,8	19 juillet........	2	17,7	16,9
	8	16,6	15,5		4	17,7	16,9
	10	16,6	15,8		6	19,4	16,9
	Minuit.	16,6	16,1		8	20,8	17,5
15 juillet........	2	16,6	16,1		10	20,1	17,7
	4	16,6	16,6	Latit. 40°16′ N....	Midi.	20,3	17,9
	6	17,5	16,4	Long. 9°33′ O....	2	20,3	18,0
	8	18,3	16,9		4	20,3	18,0
	10	18,9	17,2		6	19,5	17,9
Latit. 42°11′ N.... Long. 9°13′ O....	Midi.	20,0	16,4		8	19,4	18,3
	2	22,3	17,5		10	18,9	18,4
	4	21,2	17,9		Minuit.	18,6	18,4
	6	19,0	18,9	20 juillet........	2	18,3	18,3
	8	17,9	18,9		4	18,3	18,3
	10	17,7	18,9		6	19,4	18,4
	Minuit.	18,9	19,3		8	24,4	18,9
16 juillet........	2	15,5	19,0		10	23,3	20,5
	4	17,2	18,9	Latit. 40°00′ N.... Long. 9°49′ O....	Midi.	24,4	21,1
	6	18,3	17,9		2	25,5	21,1
	8	20,1	19,4		4	26,3	21,8
	10	23,2	17,9		6	23,3	21,8
A Vigo..........	Midi.	23,6	17,8		8	21,6	19,7
	2	23,6	17,9		10	21,3	20,8
	4	23,4	18,0		Minuit.	21,3	20,5
	6	21,6	17,2	21 juillet........	2	21,1	20,5
	8	18,4	16,1		4	21,5	19,7
	10	17,7	16,6		6	23,3	18,9
	Minuit.	17,2	16,9		8	22,7	19,4
17 juillet........	2	17,7	16,1		10	24,5	19,4
	4	17,5	16,5	Latit. 39°39′ N.... Long. 9°36′ O....	Midi.	25,5	19,4
	6	17,7	16,6		2	25,0	19,4
	8	19,7	16,4		4	23,9	19,7
	10	22,2	16,1		6	21,8	19,4
A Vigo..........	Midi.	32,2	16,4		8	20,1	19,4
	2	26,6	16,9		10	19,6	19,4
	4	25,8	15,8				

DATE ET POSITION.	HEURES.	TEMPÉRATURE DE L'AIR.	TEMPÉRATURE DE LA SURFACE.	DATE ET POSITION.	HEURES.	TEMPÉRATURE DE L'AIR.	TEMPÉRATURE DE LA SURFACE.
		Degrés cent.	Degrés cent.			Degrés cent.	Degrés cent.
21 juillet	Minuit.	19,5	19,1	26 juillet	10	20,3	19,3
22 juillet	2	19,4	18,9	Latit. 38° 17′ N. Long. 9° 23′ O.	Midi.	20,0	18,9
	4	18,9	18,9		2	20,0	19,1
	6	20,0	18,2		4	20,0	19,1
	8	21,2	18,3		6	20,0	19,4
	10	25,0	19,4		8	19,4	19,1
Iles Farilhoe, 5 milles au S. S. E.	Midi.	25,0	18,9		10	20,0	19,1
	2	23,9	19,1		Minuit.	20,0	19,0
	4	23,3	20,5	27 juillet	2	19,4	19,1
	6	23,9	19,4		4	19,4	19,1
	8	20,0	19,4		6	19,4	19,1
	10	18,9	18,3		8	20,0	19,0
	Minuit.	19,1	18,0		10	21,3	20,0
23 juillet	2	18,9	18,5	Latit. 37° 18′ N. Long. 9° 12′ O.	Midi.	21,1	20,3
	4	19,3	19,4		2	23,3	20,5
	6	20,5	18,3		4	21,1	20,6
	8	23,3	20,5		6	20,0	20,7
	10	24,7	22,0		8	20,0	20,5
A Lisbonne	Midi.	22,5	21,1		10	19,4	20,5
	2	23,6	19,1		Minuit.	19,5	20,8
	4	21,6	20,0	28 juillet	2	19,4	20,3
	6	23,0	21,6		4	19,4	20,5
	8	20,5	20,3		6	19,1	20,0
	10⁻	19,5	19,1		8	21,1	21,1
	Minuit.	20,1	19,5		10	21,1	21,2
24 juillet	2	19,4	18,6	Latit. 36° 55′ N. Long. 8° 44′ O.	Midi.	21,8	21,3
	4	19,4	20,5		2	21,6	21,6
	6	20,1	21,6		4	21,6	22,0
	8	20,8	20,8		6	20,5	20,5
	10	21,2	20,1		8	18,9	20,0
A Lisbonne	Midi.	24,1	19,4		10	18,9	19,4
	2	23,0	20,5		Minuit.	18,6	19,1
	4	22,1	20,1	29 juillet	2	18,3	19,7
	6	22,2	21,2		4	18,3	19,7
	8	20,5	21,4		6	21,1	21,6
	10	20,0	20,0		8	22,1	22,4
	Minuit.	19,4	19,7		10	23,0	22,2
25 juillet	2	19,1	20,0	Latit. 36° 45′ N. Long. 8° 08′ O.	Midi.	23,3	22,5
	4	19,0	20,0		2	23,3	22,3
	6	20,3	19,1		4	24,8	23,1
	8	20,4	19,4		6	22,2	22,5
	10	20,8	19,1		8	21,1	22,3
Latit. 38° 10′ N. Long. 9° 29′ O.	Midi.	21,8	19,4		10	21,1	21,6
	2	21,1	19,4		Minuit.	20,5	21,6
	4	20,8	19,4	30 juillet	2	20,3	21,9
	6	21,6	19,4		4	20,5	22,2
	8	20,0	18,0		6	20,5	22,8
	10	18,6	17,7		8	22,4	22,5
	Minuit.	18,0	17,7		10	23,3	22,9
26 juillet	2	18,3	17,4	Latit. 36° 27′ N. Long. 6° 39′ O.	Midi.	23,9	23,1
	4	18,3	17,7				
	6	19,1	19,1				
	8	19,4	19,1				

DATE ET POSITION.	HEURES.	TEMPÉRATURE DE L'AIR.	TEMPÉRATURE DE LA SURFACE.
		Degrés cent.	Degrés cent.
30 juillet	2	25,3	24,1
	4	22,5	24,1
	6	22,8	24,2
	8	21,6	24,1
	10	21,6	24,3
	Minuit.	21,5	24,3
31 juillet	2	21,1	22,8
	4	21,9	23,3
	6	21,9	23,6
	8	22,5	24,1
	10	24,5	23,9
A Cadix	Midi.	25,2	24,0
	2	25,1	24,1
	4	24,0	24,3
	6	24,0	24,4
	8	23,4	24,4
	10	22,7	24,1
	Minuit.	22,5	24,1
1er août	2	22,3	23,9
	4	21,6	22,8
	6	22,5	23,9
	8	24,4	24,1
	10	24,1	24,4
A Cadix	Midi.	23,9	24,7
	2	23,6	24,4
	4	23,6	24,4
	6	21,6	23,3
	8	21,6	23,6
	10	21,6	23,9
	Minuit.	21,8	23,9
2 août	2	21,9	23,3
	4	21,3	23,0
	6	21,6	23,3
	8	21,7	23,2
	10	22,8	24,4
Latit. 36° 18' N. Long. 6° 45' O.	Midi.	22,8	23,0
	2	22,5	23,0
	4	22,7	23,0
	6	21,8	22,8
	8	21,2	22,2
	10	21,3	22,5
	Minuit.	21,1	22,2
3 août	2	20,5	22,0
	4	20,5	22,0
	6	21,8	22,8
	8	23,7	22,2
	10	23,3	21,8
Latit. 35° 39' N. Long. 7° 04' O.	Midi.	21,6	22,0
	2	22,6	22,2
	4	24,1	22,2
	6	23,2	22,2
	8	21,8	22,2
	10	21,8	22,0

DATE ET POSITION.	HEURES.	TEMPÉRATURE DE L'AIR.	TEMPÉRATURE DE LA SURFACE.
		Degrés cent.	Degrés cent.
3 août	Minuit.	22,5	22,0
4 août	2	22,2	22,2
	4	22,2	22,2
	6	23,2	22,2
	8	23,9	22,2
	10	24,4	23,3
Latit. 35° 35' N. Long. 6° 24' O.	Midi.	25,0	23,3
	2	27,2	23,4
	4	25,6	23,3
	6	24,4	23,3
	8	22,2	21,8
	10	22,2	22,0
	Minuit.	22,2	22,2
1er octobre	2	17,4	18,9
	4	17,8	18,9
	6	18,0	18,0
	8	19,4	17,9
	10	22,1	21,5
Détroit de Gibraltar.	Midi.	23,3	22,2
	2	24,1	23,4
	4	22,5	22,8
	6	22,0	22,6
	8	22,1	22,5
	10	21,5	22,2
	Minuit.	20,8	22,6
2 octobre	2	21,1	22,8
	4	22,3	23,3
	6	22,6	22,9
	8	24,7	23,2
	10	24,7	22,3
Latit. 36° 27' N. Long. 8° 31' O.	Midi.	21,1	23,3
	2	22,6	23,4
	4	23,7	23,0
	6	20,5	22,5
	8	20,5	20,5
	10	20,5	20,8
	Minuit.	20,5	21,6
3 octobre	2	20,0	21,1
	4	19,4	18,3
	6	19,1	20,5
	8	18,3	20,8
	10	18,6	20,5
Latit. 38° 39' N. Long. 9° 30' O.	Midi.	22,2	20,3
	2	21,6	20,5
	4	21,1	21,1
	6	20,5	20,6
	8	20,0	19,8
	10	20,6	20,3
	Minuit.	20,5	20,5
4 octobre	2	20,8	21,1
	4	20,6	21,1
	6	21,1	21,1

DATE ET POSITION.	HEURES.	TEMPÉRATURE DE L'AIR.	TEMPÉRATURE DE LA SURFACE.	DATE ET POSITION.	HEURES.	TEMPÉRATURE DE L'AIR.	TEMPÉRATURE DE LA SURFACE.
		Degrés cent.	Degrés cent.			Degrés cent.	Degrés cent.
4 octobre.........	8	21,6	21,5	6 octobre.........	4	19,3	18,4
	10	22,2	21,0		6	18,3	18,0
Latit. 40°57' N.... Long. 9°29' O....	Midi.	22,2	21,9		8	18,3	18,3
	2	22,9	21,1		10	17,9	18,3
	4	22,2	21,0		Minuit.	18,3	17,7
	6	20,0	20,5	7 octobre.........	2	18,2	16,6
	8	20,3	20,4		4	17,6	16,6
	10	18,9	19,4		6	16,7	16,6
	Minuit.	19,3	19,4		8	16,6	17,2
5 octobre.........	2	18,3	18,9		10	17,5	17,2
	4	18,6	19,4	Latit. 48°51' N.... Long. 5°54' O....	Midi.	17,5	17,0
	6	17,5	18,3		2	17,7	16,9
	8	17,2	17,2		4	17,7	13,6
	10	19,8	18,3		6	15,3	13,6
Latit. 43°33' N.... Long. 9°03' O....	Midi.	20,0	17,7		8	14,7	14,1
	2	20,5	19,1		10	15,3	14,4
	4	19,8	19,3		Minuit.	16,1	15,5
	6	18,3	19,4	8 octobre.........	2	15,5	15,5
	8	17,9	18,6		4	15,0	15,8
	10	18,5	19,4		6	15,6	16,0
	Minuit.	18,3	18,9		8	16,1	16,1
6 octobre.........	2	18,1	19,4		10	16,6	16,4
	4	18,3	19,1	Pointe Saint-Alban, dans la Manche.	Midi.	18,6	16,2
	6	18,3	18,9		2	19,5	16,0
	8	18,9	18,8		4	16,6	15,8
	10	20,1	18,6		6	15,0	15,8
Latit. 46°12' N.... Long. 8°08' O....	Midi.	20,0	18,4		8	14,7	15,7
	2	19,5	18,6		10	15,5	15,6
				A Cowes.........	Minuit.	15,3	15,5

APPENDICE B

Température de la mer à différentes profondeurs, près des limites orientales du bassin de l'Atlantique du Nord, constatée par des sondages en séries et par des sondages de fond.

SONDAGES EN SÉRIES.

PROFONDEUR.	TEMPÉRATURE.						
	Sér. 23.	Sér. 42.	Sér. 22.	Sér. 19.	Sér. 20.	Sér. 21.	Sér. 38.
Brasses.	Degrés cent.	Degrés cent.	Degrés cent.	Degrés cent.	Degrés cent.	Degrés cent.	Degrés cent.
0	14,0	17,0	13,8	12,6	13,0	13,4	17,7
50	...	11,8					
100	9,1	10,6					
150	...	10,5					
200	8,9	10,2					
250	...	10,1	9,1	8,9	9,1	9,0	10,2
300	8,7	9,7					
350	...	9,5					
400	8,6	9,1					
450	...	8,6					
500	7,7	8,5	8,1	8,1	8,3	8,6	8,8
550	...	8,0					
600	6,9	7,5					
630	6,3						
650	...	6,8					
700	...	6,4					
750	...	5,8	5,5	5,1	5,3	5,7	5,2
800	...	5,5					
862	...	4,3					
1000	...	...	3,7	3,6	3,7	3,6	3,5
1250	...	...	...	...	3,1	3,2	3,1
1300							
1360	...	...	...	3,0			
1400							
1443	...	...	...	...	2,7		
1476	...	...	...	...	...	2,7	
1500	...	...	...	...	...	...	2,9
1750	...	...	...	...	...	...	2,6
2000	...	...	...	...	...	...	2,4

SONDAGES DE FOND.

NUMÉROS DES STATIONS.	PROFONDEUR.	TEMPÉRATURE DE LA SURFACE.	TEMPÉRATURE DU FOND.
	Brasses.	Degrés cent.	Degrés cent.
N°27.	54	13,1	9,0
34.	75	18,9	9,8
6.	90	12,2	10,0
35.	96	17,4	10,7
8.	106	12,3	10,6
24.	109	14,3	8,0
7.	159	11,8	10,2
14.	173	11,8	9,7
18.	183	11,8	9,6
13.	208	12,0	9,7
4.	251	12,0	9,7
26.	345	14,1	8,1
1.	370	12,2	9,4
15.	422	11,2	8,3
45.	458	15,9	8,9
40.	517	17,4	8,7
39.	557	17,2	8,3
41.	584	17,4	8,0
236.	664	14,1	5,3
12.	670	11,2	5,9
3.	723	12,5	6,1
36.	725	17,7	6,6
2.	808	12,3	5,2
16.	816	11,6	4,1
44.	865	16,2	4,1
43.	1207	16,5	3,1
28.	1215	14,2	2,8
17.	1230	11,8	3,2
29.	1264	13,8	2,7
32.	1320	13,3	3,0
30.	1380	13,3	2,8
37.	2435	18,6	2,5

APPENDICE C

Rapport entre l'abaissement de la température et l'accroissement de la profondeur. Observations faites à trois stations sous des latitudes différentes, mais toutes sur les limites orientales du bassin de l'Atlantique.

PROFONDEUR.	STATION 42. Latit. 49° 12'.		STATION 23. Latit. 56° 13'.		STATION 87. Latit. 59° 35'.	
	TEMPÉRATURE.	DIFFÉRENCE.	TEMPÉRATURE.	DIFFÉRENCE.	TEMPÉRATURE.	DIFFÉRENCE.
Brasses.						
Surface.	17,0 C.		14,0 C.		11,4 C.	
		6,4 C.		4,9 C.		2,9 C.
100	10,6		9,1		8,5	
		0,4		0,2		0,3
200	10,2		8,9		8,2	
		0,5		0,2		0,1
300	9,7		8,7		8,1	
		0,6		0,1		0,3
400	9,1		8,6		7,8	
		1,0		1,0		0,5
500	8,1		7,6		7,3	
		0,6		0,7		1,2
600	7,5		6,9		6,1	
		1,7				0,9
750	5,8					
767					5,2	

APPENDICE D

Température de la mer à différentes profondeurs, dans les régions chaudes et dans les régions froides, entre le nord de l'Écosse, les îles Shetland et les îles Faröer, constatée par des sondages en séries et par des sondages de fond.

N. B. — Les chiffres romains indiquent les températures observées par le *Lightning*, déduction faite de l'écart produit par la pression.

RÉGION CHAUDE.						RÉGION FROIDE.						
SÉRIE 87.						SÉRIE 64.		SÉR.52				
PROFONDEUR.	TEMPÉRATURE.	NUMÉROS DES STATIONS.	PROFONDEUR.	TEMPÉRATURE DE LA SURFACE.	TEMPÉRATURE DU FOND.	PROFONDEUR.	TEMPÉRATURE.	TEMPÉRATURE.	NUMÉROS DES STATIONS.	PROFONDEUR.	TEMPÉRATURE DE LA SURFACE.	TEMPÉRATURE DU FOND.
Brasses.	Degrés cent.		Brasses.	Degrés cent.	Degrés cent.	Brasses.	Degrés cent.	Degrés cent.		Brasses.	Degrés cent.	Degrés cent.
0	11,4					0	9,8	11,1				
50	8,9	N°73.	84	11,5	9,3	50	7,5	9,1	N°70.	66	11,9	7,3
		80.	92	11,8	9,6				69.	67	11,9	6,5
100	8,5					100	7,2	8,5	68.	75	11,4	6,6
		71.	103	11,6	9,2				61.	114	10,2	7,2
		81.	142	11,8	9,5				62.	125	9,7	7,0
150	8,3	84.	155	12,3	9,5	150	6,2	8,0	60.	167	9,7	6,8
		85.	190	12,1	9,2				IX.	170	11,1	5,0
200	8,2	74.	203	11,4	8,7	200	4,2	7,5				
						250	1,2	3,5				
300	8,1					300	0,2	—0,7				
									63.	317	9,4	—1,0
									65.	345	11,1	—1,2
									76.	344	10,2	—1,3
		50.	355	11,4	7,9	350	—0,3		54.	363	11,4	—0,3
		46.	374	12,1	7,7	384		—0,8				
400	7,8					400	—0,6		86.	445	12,0	—1,1
		89.	445	11,7	7,5	450	—0,8					
		90.	458	11,7	7,3				56.	480	11,4	—0,7
		49.	475	12,0	7,4				53.	490	11,2	—1,1
500	7,2					500	—1,1		X.	500	10,5	—0,7
		XII.	530	11,4	7,1				58.	540	10,8	—0,7
		47.	542	12,2	6,5				VIII.	550	11,6	—1,3
		XV.	570	11,1	6,3	550	—1,1		77.	560	10,5	—1,3
									59.	580	11,5	—1,3
600	6,1					600	—1,2					
		XVII.	620	11,1	6,3				55.	605	11,4	—1,3
		XIV.	650	11,6	5,8				57.	632	11,1	—0,8
700						640	—1,4					
		88.	705	11,9	5,9							
767	5,2											

APPENDICE E

Températures intermédiaires provenant du mélange des courants chauds et des courants froids, sur les limites des régions chaudes et des régions froides.

NUMÉROS DES STATIONS.	PROFONDEUR.	TEMPÉRATURE.		NUMÉROS DES STATIONS.	PROFONDEUR.	TEMPÉRATURE.	
		SURFACE.	FOND.			SURFACE.	FOND.
	Brasses.				Brasses.		
N° 72.	76	11,3 C.	9,3 C.	N° 75.	250	10,8 C.	5,5 C.
79.	76	11,2	9,3	78.	290	11,2	5,3
73.	84	11,5	9,3	82.	312	11,3	5,1
71.	103	11,6	9,2	83.	362	11,8	3,0
74.	203	11,4	8,7	»	»	»	»
66.	267	11,4	7,6	15.	440	10,9	5,6

CHAPITRE VIII

LE GULF-STREAM

Toutes les études relatives à la température de la mer faites sur les navires le *Lightning* et le *Porcupine* pendant les années 1868, 1869 et 1870, si l'on en excepte une série d'observations qui ont été faites dans la Méditerranée pendant l'été de 1870, sous la direction du Dr Carpenter, sont comprises dans un espace de 2000 milles anglais de longueur sur 250 de largeur, commençant un peu au delà des îles Faröer, par 62° 30′ de latitude N., et se prolongeant jusqu'au détroit de Gibraltar, à 36° de latitude N.

La plus grande partie de cette zone forme la limite orientale de l'Atlantique du Nord et côtoie l'Europe occidentale. Un espace restreint, mais des plus intéressants, forme le canal qui sépare les îles Faröer du nord de l'Écosse : c'est une des grandes voies de communication entre le nord de l'Atlantique et la mer du Nord; aussi quelques-uns des sondages pratiqués dans les bas-fonds qui sont à l'est des îles Shetland se trouvent-ils situés dans le bassin peu profond de la mer du

Nord. Il est donc évident que la plus grande partie, si ce n'est la totalité de cette zone, doit participer aux causes de la distribution de la température dans l'Atlantique du Nord, et doit tenir d'une loi très-générale les particularités qui peuvent se présenter dans ses conditions thermales.

Pour toutes nos observations de température, si j'en excepte le petit nombre qui ont été faites en 1868 sur le *Lightning*, nous nous sommes servis de thermomètres abrités contre la pression, d'après le système du professeur Miller ; chaque thermomètre avait été soumis par le capitaine Davis à une pression équivalant à environ 3 tonnes par pouce carré, avant d'être livré au navire ; ils ont été aussi à plusieurs reprises ramenés jusqu'au point de congélation pendant la durée de l'expédition, pour s'assurer qu'aucun accident n'était venu en altérer le verre. Les indications peuvent, après cela, être acceptées avec la plus entière confiance, sauf erreurs commises en faisant les observations, et que le soin extrême apporté par le capitaine Calver a réduites à un minimum des plus insignifiants.

Un grand nombre d'observations isolées, dont malheureusement la plupart ont été faites à l'aide d'instruments auxquels on ne peut accorder toute confiance pour l'exactitude des détails (leur écart pourtant a toujours lieu probablement dans le sens de l'exagération de la chaleur), établissent ce fait très-curieux que, bien que la température de la surface de la mer puisse monter dans les régions équatoriales jusqu'à 30° C., aux plus grandes profondeurs, soit dans l'Atlantique, soit dans le Pacifique, elle ne s'élève pas au-dessus de 2° à 4°,6 C., et tombe quelquefois, dans les très-grandes profondeurs, à 0°. J'emprunte au remarquable discours présidentiel de M. Prestwich à la Société géologique pour l'année 1871, un tableau des plus importantes de ces premières observations faites dans l'Atlantique et dans le Pacifique [1] :

1. Address delivered at the Anniversary Meeting of the Geological Society of London, on the 17th of February 1871, by Joseph PRESTWICH, F. R. S. Pp. 36, 37.

TEMPÉRATURES DE L'ATLANTIQUE.

LATITUDE.	LONGITUDE.	PROFONDEUR en BRASSES.	TEMPÉRATURE.		OBSERVATEURS ET DATES DES OBSERVATIONS.
			SURFACE.	FOND.	
42° 00′ N.	34° 40′ O.	780	16,7 C.	6,6 C.	Chevalier..1837.
29 00	34 50	1400	24,4	6,1	Id........1837.
7 21	20 40	505	26,6	2,2	Lenz......1832.
4 25	20 06	1006	27,0	3,2	Tessan....1841.
15 03 S.	23 14	1200	25,0	4,1	Id........1841.
25 10	7 59 E.	886	19,6	3,0	Id........1841.
29 33	10 57	1051	19,1	2,0	Id........1841.
32 20	43 50	1074	21,6	2,4	Lenz......1832.
38 12	54 80 O.	333	16,8	3,0	Tessan....1841.

TEMPÉRATURES DE L'OCÉAN PACIFIQUE.

LATITUDE.	LONGITUDE.	PROFONDEUR en BRASSES.	TEMPÉRATURE.		OBSERVATEURS ET DATES DES OBSERVATIONS.
			SURFACE.	FOND.	
51° 34′ N.	161° 41′ E.	957	11,8 C.	2,5 C.	Tessan....1832.
28 52	173 09	600	25,5	5,0	Beechey...1828.
18 05	174 10	710	24,7	4,8	Id........1836.
4 32	134 24 O.	2045	27,2	1,7	La *Bonite*.1837.
Équateur.	179 34	1000	30,0	2,5	Kotzebue..1824.
21 14 S.	196 01	916	27,2	2,2	Lenz......1834.
32 57	176 42 E.	782	16,4	5,4	Id........1834.
43 47	80 06 O.	1066	13,0	2,3	Tessan....1841.

On peut ajouter à ces observations celles du lieutenant S. P. Lee, appartenant au service de surveillance côtière des États-Unis, qui, en août 1847, a inscrit une température de 2°,7 C. au-dessous du Gulf-stream, à une profondeur de 1000 brasses, par 35° 26′ de latit. N. et 73° 12′ de longit. O., et celles du lieutenant Dayman, qui, à 1000 brasses, par 51° de latit. N. et 40° de long. O., trouva une température de — 0°,4, celle de la surface étant de 12°,5 C. Ces résultats sont pleinement confirmés par les récents relevés du capitaine Shortland, de la Marine royale, qui donnèrent une température de 2°,5 C. dans les grandes profondeurs du golfe Arabique, entre Aden et Bombay [1], par ceux du commandant Chimmo et du lieutenant Johnson, de la Marine royale, qui trouvèrent sur divers points de l'Atlantique une température d'environ 3°,9 C. à 1000 brasses, avec un lent abaissement depuis cette profondeur jusqu'à 2270 brasses, où la température indiquée par des thermomètres non abrités était de 6°,6 C., réduite par la correction à environ 1°,6 C. [2] ; enfin par les observations faites pendant les expéditions du *Porcupine*, avec les plus grands soins et au moyen d'instruments abrités, mais qui ne se sont rapprochées des tropiques que jusqu'à la latitude du détroit de Gibraltar : tous paraissent s'accorder à établir ce fait, qu'il règne aux grandes profondeurs une température à peu près uniforme, qui se rapproche du point de congélation de l'eau douce.

Comme il est évident que les basses températures des eaux profondes dans les régions tropicales ne peuvent être attribuées à leur contact avec la surface de la croûte terrestre, on est arrivé depuis longtemps à cette conclusion, qu'elles doivent être causées par une circulation océanique générale, par des courants chauds de surface se dirigeant vers les pôles, pour y prendre la place des contre-courants froids qui des pôles vont à l'équateur. Humboldt constate qu'en 1812 il démontrait

1. Sounding Voyage of H. M. S. *Hydra*, captain P. F. SHORTLAND. London, 1869.
2. Soundings and Temperatures in the Gulf-stream. By Commander W. CHIMMO, R. N. (Proceedings of the Royal Geographical Society, vol. XIII.)

déjà que « la basse température dans les grandes profondeurs des mers tropicales ne pouvait avoir pour cause que les courants des pôles à l'équateur [1] ».

D'Aubuisson attribuait aussi, en 1819, la basse température des grandes profondeurs, sous l'équateur, ou dans son voisinage, aux courants venus des pôles [2].

Mais, bien que le fait de l'existence de courants froids qui abaissentla température de l'eau dans les grandes profondeurs des régions équatoriales fût accepté par de nombreuses autorités en matière de géographie physique, les causes de cette circulation demeuraient entourées d'obscurité. La doctrine dont nous avons déjà fait mention, d'une température égale, permanente et universelle de 4° C., régnant au delà d'une certaine profondeur, est venue plus tard compliquer et obscurcir encore cette question, dont l'étude n'a été reprise qu'à l'époque où le séduisant ouvrage du capitaine Maury sur la *Géographie physique de la mer* est venu donner un stimulant extraordinaire à l'étude de cette branche de la science.

La position géographique et les grandes facilités qu'il offre pour l'étude des innombrables données se rattachant à un pareil sujet, ont fait tout naturellement tomber sur le bassin de l'Atlantique du Nord, le choix de ceux qui désiraient s'y livrer; les particularités de climat y sont aussi nettement marquées et aussi extrêmes dans leur caractère que l'espace où elles se manifestent est limité dans son étendue.

Il semble, au premier abord, assez singulier qu'il puisse y avoir place pour l'erreur au sujet des causes, des sources et de la direction des courants qui, traversant l'Océan dans notre voisinage immédiat, ont une influence des plus directes sur notre économie et sur notre bien-être. Leur étude présente pourtant de grandes difficultés. Certains courants sont suffisamment visibles et marchent avec une vitesse et une force qui

1. Fragments de géologie et de climatologie asiatiques. 1831.
2. Traité de géognosie. — Quoted in the Anniversary Address to the Geological Society of London, 1871.

les font aisément découvrir et rendent relativement facile la
mesure de leur volume et la détermination de leur trajet. Mais
les grands mouvements de l'Océan, ceux qui produisent les résultats les plus importants par les modifications de température
et de climats, ne sont pas, paraît-il, de même nature; ils s'ache-
minent au contraire si lentement, que leur mouvement de surface est constamment dissimulé par la dérive due à des vents
variables, qui neutralisent ainsi l'influence qu'ils pourraient
avoir sur la navigation.

Le trajet et les limites de pareils cours d'eau ne peuvent se
déterminer qu'au moyen du thermomètre. Par suite des phénomènes de la diffusion et du mélange, l'uniformité de température de masses d'eau en contact les unes avec les autres,
et inégalement échauffées, s'accomplit avec une lenteur qui
permet généralement de distinguer entre eux, sans trop de difficultés, les courants qui proviennent de sources différentes.

Jusqu'à l'époque actuelle, on avait peu cherché à étudier,
au moyen du thermomètre, la profondeur et le volume des
courants : ceux qui sont profonds étaient inconnus pour la
plupart; la limite des courants de surface avait seule été
déterminée avec une grande précision, par l'étude de la température de la surface de l'Océan, quand même la lenteur de
leurs mouvements les rendait presque imperceptibles.

La somme de chaleur venant directement du soleil peut
être calculée approximativement; elle dépend de la latitude
seule, et s'ajoute à celle des eaux de la surface, de quelque
source que cette dernière provienne. Ainsi les observations de
la température de surface nous indiquent la somme de chaleur
reçue directement du soleil dans la région même, puis la somme
de chaleur émanant de la même source et reçue pendant le
trajet de l'eau à la région observée, ajoutées à la somme de
chaleur de l'eau elle-même. Si donc l'eau d'une région quelconque est dérivée ou fait partie d'un courant de provenance
polaire, et si l'eau de surface d'un autre espace situé sur le
même parallèle de latitude fait partie d'un courant équatorial,

20

bien que la somme de la chaleur solaire reçue à cette latitude soit la même pour tous deux, il y aura une différence sensible dans leur température. Citons un exemple pris dans un cas extrême : la température moyenne de la mer, au mois de juillet, à la hauteur des Hébrides, par 58° de latit. N., sur le trajet du Gulf-stream, est de 13° C., pendant qu'à la même latitude, sur la côte du Labrador et sur le trajet du courant du Labrador, elle est de 4°,5 C.

La distribution de la température de surface dans l'Océan Atlantique du Nord est certainement très-exceptionnelle. Un coup d'œil jeté sur la carte (pl. VII) qui représente la distribution générale de la chaleur pour le mois de juillet, nous fait voir que les lignes isothermes pour ce mois-là, loin de tendre à suivre la direction des parallèles de latitude, forment des séries de courbes allongées, dont quelques-unes se prolongent jusque dans la mer Arctique.

La température des terres qui avoisinent la mer n'est qu'imperceptiblement influencée par la radiation directe de la mer, mais elle subit à un haut degré l'action des vents régnants. Sans nous occuper du point, plus important encore, de l'égalité de la température de l'été et de l'hiver, remarquons que la température moyenne annuelle de Bergen, située par 60° 24′ de latit. N., mais soumise à l'influence bienfaisante du vent régnant de sud-ouest, qui lui arrive après avoir soufflé sur les eaux tempérées du Nord-Atlantique, est de 6°,7 C., tandis que celle de Tobolsk, par 58° 13′ de latit. N., est de — 2°,4 C.

Mais la température de l'Atlantique du Nord et de son littoral n'est pas supérieure seulement à celle des localités continentales situées sur le même parallèle de latitude, elle l'est aussi à celle de localités de l'hémisphère méridional placées dans des conditions selon toute apparence identiques : ainsi la température moyenne annuelle des îles Faröer, à 62° 2′ N., est de 7°,1 C., à peu près la même que celle des îles Falkland, à 52° de latit. S., qui est de 8°,2 C.; et la température de

PLANCHE VII.—Carte Physique de l'Atlantique septentrional, montrant les profondeurs, et la distribution générale de la température pendant le mois de Juillet.

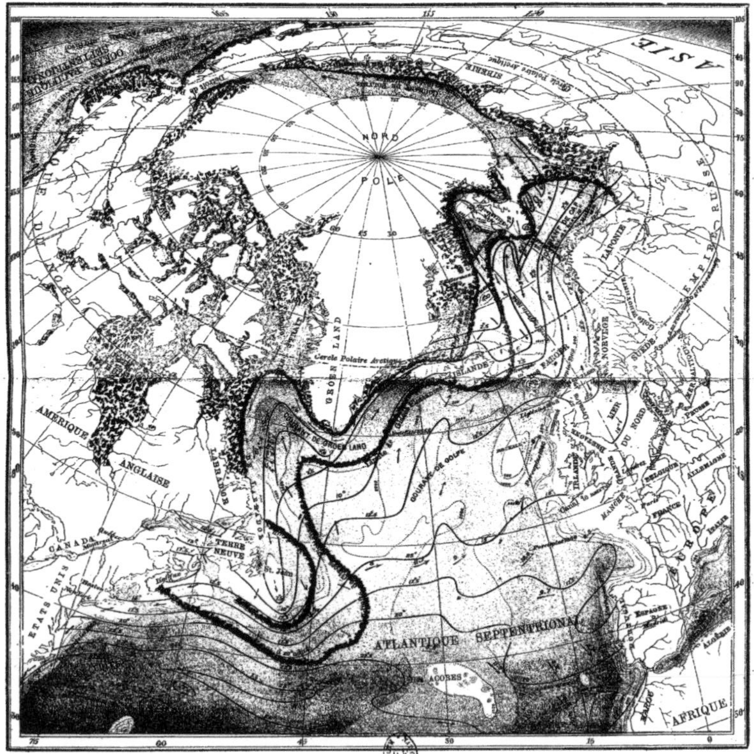

Dublin. à 53° 21′ N.. est de 9°,6 C., tandis que celle de Port-Famine. à 58° 8′ S.. est de 5°,3 C. De plus, la température élevée de l'Atlantique du Nord n'est pas également distribuée, mais elle se fait sentir d'une manière très-marquée sur les côtes nord-est : ainsi la température moyenne annuelle d'Halifax (Nova Scotia), par 44° 39′ de latit. N., est de 6°,2 C., tandis que celle de Dublin, à 53° 21′ de latit. N., est de 9°,6 C., et que celle de Boston (Massachusetts), par 42° 21′ de latit. N., est exactement la même que celle de Dublin.

Ce remarquable écart de leur direction normale que font les lignes isothermes est dû à l'influence des courants océaniques qui agissent sur la température de la surface en transportant les eaux chaudes des tropiques vers les régions polaires, d'où un contre-courant froid sous-marin non interrompu vient remplir le vide qu'elles laissent.

Nous arrivons ainsi à cette conclusion bien connue, que la température des eaux qui baignent les plages situées au nord-est de l'Atlantique du Nord est élevée bien au-dessus de son degré normal par des courants qui amènent un échange entre les eaux tropicales et les mers polaires; les terres littorales de l'Atlantique du Nord participent à cette amélioration de climat par la chaleur que ces eaux communiquent aux vents qui y règnent.

L'Atlantique du Nord n'est pas seul à jouir de ce privilége, bien que, par sa configuration particulière et par l'action qu'il exerce sur ses plages. il présente l'exemple le plus frappant du phénomène dont nous venons de décrire les effets. Une série correspondante de courbes un peu moins accentuées longe la côte orientale de l'Amérique du Sud. et une autre, des plus accusées. occupe l'angle nord-est du Pacifique, à la hauteur des îles Aléoutiennes et de la côte de Californie.

Deux avis se sont élevés sur les causes des courants de l'Atlantique du Nord. L'un d'eux, émis et formulé pour la première fois, d'une manière précise, par le capitaine Maury. ensuite soutenu un peu vaguement par le professeur Buff,

affirme que les grands courants et contre-courants chauds ou
froids sont produits par une circulation de l'enveloppe aqueuse
du globe, semblable à celle de son enveloppe atmosphérique,
c'est-à-dire par la chaleur tropicale, par l'évaporation qui en
résulte et par le froid arctique.

Il n'est pas facile de bien comprendre les idées du capitaine
Maury. Il attribue l'existence de tous les courants océaniques
aux différences de pesanteur spécifique. « Si nous en exceptons, dit-il, les courants partiels de la mer, tels que ceux qui
sont formés par l'influence des vents, nous pouvons accepter
comme règle que tous les courants de l'Océan doivent leur origine aux différences de pesanteur spécifique qui existent entre
l'eau d'une localité et celle d'une autre mer ; car partout où
il y a une différence de cette nature, qu'elle soit un effet de la
température, du degré de salure de l'eau, ou de toute autre
cause, cette différence, en rompant l'équilibre, donne naissance
aux courants [1]. » Il attribue ces différences de pesanteur spécifique à deux causes principales : aux différences de température
et à l'excès de salure produit par l'évaporation. Pour expliquer
sa théorie sur la première de ces causes, le capitaine Maury
cite un exemple : « Supposons, dit-il, que toute l'eau contenue
entre les tropiques, jusqu'à la profondeur de 100 brasses, se
trouve tout d'un coup transformée en huile ; l'équilibre des
eaux de notre planète en sera rompu, et nous verrons naître
un système général de courants et de contre-courants : l'huile,
se maintenant à la surface, se dirigera vers les pôles sous
forme de nappe ininterrompue, et l'eau, en contre-courant
sous-marin, prendra sa direction vers l'équateur. Admettons
qu'alors l'huile arrivée dans le bassin polaire reprenne sa
première forme, et que l'eau, en traversant les tropiques du
Cancer et du Capricorne, se change en huile, s'élève à la surface dans les régions intertropicales et reprenne le chemin des
pôles. L'eau froide du nord, l'eau chaude du golfe du Mexique

1. The Physical Geography of the Sea, and its Meteorology. By M. T. MAURY, L. L. D.

rendue spécifiquement plus légère par la chaleur tropicale, présentant un système tout semblable de courants et de contre-courants, ne sont-elles pas semblables dans leurs rapports réciproques à l'eau et à l'huile[1]? »

Il n'est pas douteux que la conclusion de Maury ne soit que les eaux intertropicales dilatées par la chaleur et celles des régions polaires contractées par le froid ne produisent un courant de surface de l'équateur aux pôles, et un courant profond des pôles à l'équateur[2].

Quant à l'augmentation de pesanteur spécifique attribuée à l'excès de salure, voici ce que dit le capitaine Maury :

« La salure de l'Océan assainit la terre ; c'est à elle que la mer doit sa puissance dynamique, et ses courants leur principale force[3]. L'un des buts, qu'il entrait sans doute dans le grand plan de la Création d'atteindre en faisant les mers salées plutôt que douces, c'était de donner à leurs eaux assez de force et de puissance pour que leur circulation fût complète[4]. Dans l'état actuel de nos connaissances, en ce qui touche ce prodigieux phénomène, car le Gulf-stream est certainement une des choses les plus merveilleuses de l'Océan, nous n'en sommes guère encore qu'aux conjectures ; nous connaissons pourtant quelques-unes des causes actives auxquelles nous pouvons l'attribuer avec quelque assurance. Une de celles-ci, c'est l'augmentation de salure des eaux, après l'absorption par les vents alizés des vapeurs qui s'en dégagent, que cette absorption soit considérable ou faible. L'autre est la petite quantité de sel contenue dans la Baltique et dans les autres mers septentrionales[5]. Ici nous avons la mer des Caraïbes et le golfe du Mexique, dont les eaux sont une véritable saumure, et de l'autre côté, le grand bassin polaire, la Baltique et la mer du

1. Captain MAURY, op. cit.
2. On Ocean Currents. Part III. On the Physical Cause of Ocean Currents. By James CROLL, of the Geological Survey of Scotland. (Philosophical Magazine, October 1870.)
3. Captain MAURY. Op. cit.
4. Id., ibid.
5. Id., ibid.

Nord, dont les deux dernières sont à peine saumâtres. L'eau est pesante dans les premiers de ces bassins maritimes, dans les autres elle est légère. L'étendue de l'Océan les sépare, mais l'eau cherche et conserve son niveau ; ne découvrons-nous pas là une des causes du Gulf-stream [1] ? »

Ainsi que M. James Croll l'a démontré avec une grande clarté, les deux causes invoquées par le capitaine Maury doivent avoir pour effet de se neutraliser réciproquement.

« Il est parfaitement évident que si la différence de température doit se combiner avec la différence de salure pour produire les courants océaniques, les eaux les plus salées, c'est-à-dire les plus denses, se trouveront dans les régions polaires, et les moins chargées de sel, c'est-à-dire les plus légères, seront dans les espaces équatoriaux et intertropicaux. L'eau la plus salée se trouvant à l'équateur et la plus douce aux pôles, l'influence de la chaleur serait neutralisée, et l'existence de courants résultant des différences de température rendue impossible. » Suivant ces deux théories, ce sont les différences de densité entre les eaux équatoriales et les eaux polaires qui produisent les courants : seulement l'une donne aux premières *moins de densité*, tandis que suivant l'autre elles sont *plus pesantes* que les polaires. L'une ou l'autre de ces théories peut être la vraie, ou toutes deux se trouver fausses, mais il est logiquement impossible qu'elles soient justes l'une et l'autre, par cette simple raison que les eaux de l'équateur ne sauraient se trouver à la fois plus légères et plus lourdes que celles des pôles. Tant que ces deux causes continueront à agir, aucun courant ne pourra se produire, à moins que la puissance de l'une n'arrive à surpasser celle de l'autre, et alors le courant produit n'existera que dans la proportion exacte de cet excédant de puissance [2]. »

Il serait inutile d'entrer dans d'autres détails sur la théorie des courants océaniques exposée par le capitaine Maury; ce

1. Captain MAURY, op. cit.
2. James CROLL, op. cit.

travail est remarquable surtout par son ambiguïté et par la facture agréable et familière du style. Mon collègue et ami le Dʳ Carpenter vient de mettre en évidence et sous une forme bien arrêtée une théorie qui paraît être la même, avec quelques modifications.

Dans l'excellent petit volume sur la *Physique du globe*, le professeur Buff dit, à propos des mouvements de la couche d'eau froide qui vient des mers polaires et garnit le fond de l'Océan des tropiques : « Une expérience bien connue démontre d'une manière frappante comment se produit ce mouvement. On remplit un vase de verre d'une eau qu'on a mélangée d'une poussière quelconque, puis on en fait chauffer le fond. On voit bientôt, aux mouvements des particules, que des courants se forment dans des directions différentes au travers du liquide. L'eau chaude s'élève au centre du vase et se répand sur toute la surface, pendant que celle qui est plus froide, et conséquemment plus pesante, retombe autour de la circonférence. Des courants semblables doivent exister dans tous les bassins et même dans les océans, pour peu que différentes parties de leurs surfaces soient irrégulièrement chauffées[1]. »

Ceci n'est qu'une simple expérience d'école pour démontrer le mouvement dû à la chaleur. Il est évidemment impossible que les courants de l'Océan se produisent de cette manière-là, car chacun sait que partout, excepté dans quelques rares régions du bassin polaire, la température de la mer décroît depuis la surface, et atteint son minimum au fond, et que la chaleur tropicale ne se fait sentir qu'à la surface. On se demande comment cet exemple, étranger à la question, a pu être invoqué par le professeur Buff, dont l'explication de l'origine et de la marche du Gulf-stream, ce type des courants océaniques, est parfaitement conforme aux idées reçues.

1. Familiar Letters on the Physics of the Earth; treating of the chief Movements of the Land, the Water and the Air, and the Forces that give rise to them. By Henry BUFF, professor of Physics in the University of Giessen. Edited by A. W. Hofmann, Ph. D. F. R. S. London, 1871.

Après avoir étudié les relevés de température de l'expédition du *Porcupine* en 1869, le Dr Carpenter paraît s'être convaincu que la masse d'eau relativement chaude de 800 brasses de profondeur, dont nous avions affirmé l'existence, et qui paraît se mouvoir dans la direction du nord-est, le long des côtes de la Bretagne et de la péninsule lusitanienne, ne peut être un prolongement du Gulf-stream, mais doit avoir pour cause la circulation générale des eaux de l'Océan, comparable à la circulation atmosphérique.

« L'influence du Gulf-stream même (et par là nous entendons désigner la masse d'eau chaude qui se fait jour à travers les *détroits* du golfe du Mexique), si elle s'étend jusqu'à ces parages, ce qui est fort douteux, n'en pourrait atteindre que la couche la plus superficielle ; on peut en dire autant du courant dérivé produit par la fréquence des vents du sud-ouest, auquel on a souvent attribué les phénomènes dus au prolongement du Gulf-stream dans ces régions. La présence de la masse d'eau qui se trouve entre 100 et 600 brasses, et dont la température varie de 48° (8°,85 C.) à 42° (5°,5 C.), ne peut guère s'expliquer que par l'hypothèse d'un grand mouvement général des eaux équatoriales vers les espaces polaires, courant dont le Gulf-stream constitue une partie, modifiée par certaines conditions locales. De même le courant arctique qui coule sous les couches superficielles chaudes, dans notre espace froid, constitue une branche spéciale modifiée par les conditions locales d'un grand courant général des eaux polaires vers les espaces équatoriaux, qui abaisse la température des parties les plus profondes des grands bassins de l'Océan, presque jusqu'au point de congélation[1]. »

Au début, le Dr Carpenter paraît avoir considéré cette circulation océanique comme un cas de simple transport de la masse aqueuse. « A quoi peut-on alors attribuer le courant au nord-est de la couche supérieure chaude de l'Atlantique du

---

1. A Lecture delivered at the Royal Institution, abstracted with the Author's signature in *Nature*, vol. I, p. 188 (March 10th, 1870.)

Nord? J'ai essayé de démontrer qu'il fait partie de l'échange qui a lieu entre les mers polaires et les mers équatoriales; il est entièrement soustrait aux influences locales, telles que celles que produit le Gulf-stream même, et met en mouvement des masses d'eau bien autrement larges et profondes que celles que transporte celui-ci.

La théorie physique et l'observation même donnent une double preuve de cet échange. Un mouvement pareil doit nécessairement se produire, ainsi que l'a depuis longtemps indiqué le professeur Buff, toutes les fois qu'une masse d'eau d'étendue considérable est chauffée dans une de ses parties et refroidie dans une autre : c'est sur ce principe qu'est basé le chauffage des appartements par l'appareil à eau chaude. Il a été admirablement démontré, il y a quelques mois, à l'Institution Royale, par l'expérience suivante, dont M. Odling m'a obligeamment préparé les éléments. « Le Dr Carpenter décrit alors l'expérience du professeur Buff sur les mouvements d'une masse liquide, la chaleur étant appliquée au moyen d'un jet de vapeur introduit verticalement à l'une des extrémités d'un étroit auget de verre, pendant qu'un morceau de glace était fixé à l'autre. » Dans cette expérience on peut constater que la circulation avait lieu dans la cuve par suite de l'application de la chaleur à l'une de ses extrémités et du froid à l'autre; l'eau chaude coulait à la surface, de l'extrémité chaude à l'extrémité froide, et l'eau refroidie coulait au fond, de l'extrémité froide à l'extrémité chaude. C'est ainsi, dit-on, que les eaux équatoriales circulent à la surface dans la direction des pôles, et que les eaux polaires retournent à l'équateur en rasant le fond, lorsque ces courants ne sont ni interrompus par des obstacles, ni arrêtés par des courants contraires et accidentels, produits par des causes locales [1].

Il a été démontré qu'un pareil courant *ne peut s'expliquer* par cette hypothèse. Le Dr Carpenter, faisant une conférence

---

1. The Gulf-stream. A letter from Dr Carpenter to the Editor of *Nature*, dated Gibraltar, August 11th, 1870. (*Nature*, vol. II, p. 334.)

à la Société royale de géographie et supposant deux bassins, l'un dans les conditions équatoriales, et l'autre dans les conditions polaires, réunis par un détroit[1], dit : « L'effet de la chaleur de la surface sur l'eau du bassin tropical sera, pour la plus grande partie, limité à sa couche supérieure, et nous pouvons n'en pas tenir compte. Mais l'effet du froid de la surface sur l'eau du bassin polaire sera de réduire la température de la masse entière au-dessous du point de congélation de l'eau douce : la couche de surface s'enfoncera en se refroidissant, à cause de la diminution de son volume et de l'accroissement de sa densité; elle sera remplacée par une eau qui n'aura pas encore atteint ce même degré de refroidissement. Cette eau plus chaude ne remontera pas du fond; c'est de la surface des espaces environnants qu'elle sera attirée dans le bassin polaire, et comme il faut bien que celle qui est ainsi attirée soit remplacée par d'autres eaux venant d'une distance plus grande encore, le refroidissement continuel de la couche de surface du bassin polaire fera avancer des masses d'eau depuis les régions tropicales, à travers les espaces océaniques qui les séparent. » Plus loin le Dr Carpenter ajoute : « On voit par là que l'application du *froid à la surface* est précisément l'équivalent, comme force motrice, de l'application de la *chaleur au fond*; c'est le principe sur lequel est établie la circulation de l'eau dans de nombreux appareils de chauffage. Il n'est pas douteux que l'application du froid à la surface d'une masse d'eau dont la température était primitivement uniforme, ne produisît le même effet que celle de la chaleur au fond, et dans les deux cas nous aurions un exemple du *mouvement* simple, la couche inférieure plus chaude s'élevant à la surface au travers d'une couche supérieure froide. Mais ce n'est point là ce qui se passe dans les mers polaires, car la température de la mer Arctique s'abaisse graduellement après les quelques brasses qui se trouvent immé-

---

1. On the Gibraltar Current, the Gulf-stream, and the general Oceanic Circulation. By Dr W. B. CARPENTER, F. R. S. Reprinted from the Proceedings of the Royal Geographical Society of London, 1870.

diatement au-dessous de la surface jusqu'au fond, où elle atteint
sa température minimum avec la densité maximum qui en
résulte. Ainsi, dans ce cas, l'application du froid à la surface
n'équivaut pas à l'application de la chaleur au fond d'un appareil de chauffage, et le Dr Carpenter a prouvé qu'il s'en doutait,
en supposant le trajet inverse d'un courant de surface.

Qu'il se produise un certain accroissement de pesanteur spécifique par le refroidissement d'une mince couche superficielle
de l'océan Arctique, cela n'est guère douteux : mais l'étendue
où cet effet maximum se produit est très-limitée ; pendant le
long hiver arctique, la plus grande partie de cet espace est pro-
tégée par une épaisse couche de glace, corps très-mauvais
conducteur du calorique.

Cette cause me paraît donc tout à fait insuffisante à produire
un puissant courant d'une profondeur énorme, de 6000 milles
de longueur et de plusieurs milliers de milles de largeur ; c'est
pourtant là l'effet que le Dr Carpenter lui attribue.

Pendant l'été de 1870, puis en 1871, le Dr Carpenter a fait
une série d'études sur le courant du détroit de Gibraltar. L'existence d'un courant sous-marin sortant de la Méditerranée paraît avoir été parfaitement établie, et les conclusions auxquelles
on est arrivé sur ces causes ne diffèrent pas sensiblement de
celles qui étaient généralement admises. Le Dr Carpenter croit
cependant que les conditions du détroit de Gibraltar et celles
du Sund dans la Baltique sont une démonstration exacte de
la circulation océanique, et confirment pleinement ses théories
sur ce sujet.

J'emprunte les passages suivants au résumé du discours du
Dr Carpenter à la Société de géographie :

« Voici quelle est l'application des principes qui précèdent
aux cas particuliers qui sont étudiés dans ce travail :

» VIII. Un courant engendré dans le détroit de Gibraltar
par l'évaporation de la Méditerranée supérieure à la quantité
d'eau douce se déversant dans son bassin, *abaisse le niveau*
et *accroît la densité de cette mer* ; de telle sorte qu'un cou-

rant salé de surface s'y introduit et en relève le niveau; le
poids du sel contenu excède le poids de l'eau douce enlevée
par l'évaporation. Ce courant détruit l'équilibre de la Méditerranée, et produit *un courant profond sortant*, qui, à son
tour, en abaisse le niveau. On peut affirmer que la même
chose se passe dans le détroit de Bab-el-Mandeb.

» IX. Une circulation verticale existe dans le Sund de la
Baltique, produite par la surabondance d'eau douce intro-
duite dans cette mer; cette masse liquide élève le niveau et
diminue la densité de façon à produire un courant de surface
du dedans au dehors. La colonne d'eau du côté de la Baltique
étant la plus légère des deux, il faut nécessairement qu'un
courant profond *du dehors au dedans* vienne rétablir l'équilibre. On peut être certain que le Bosphore et les Dardanelles
présentent des phénomènes semblables.

» X. D'après les mêmes principes, la circulation verticale
ne peut pas manquer d'exister entre les eaux polaires et les
équatoriales, produite par la différence de leurs températures.
Le niveau des mers polaires doit être diminué et leur densité
accrue par *le froid* auquel leur surface est soumise : cet abaissement de température imprime un mouvement de descente à
chacune des couches successives qui y sont tour à tour exposées; le niveau des mers équatoriales doit être élevé, et leur
densité diminuée par *la chaleur* qui agit à leur surface. La
première de ces actions est de beaucoup la plus puissante, puisqu'elle se fait sentir sur toute la masse profonde des eaux,
tandis que la seconde ne produit d'effet sensible que sur la
couche superficielle. C'est ainsi qu'un mouvement de l'équateur aux pôles est imprimé à la couche supérieure de l'Océan,
tandis que ses couches inférieures sont attirées des pôles à
l'équateur. »

La doctrine de mon savant collègue, si toutefois je l'ai bien
comprise, me paraît donner lieu aux objections dont j'ai déjà
parlé à propos des théories du capitaine Maury.

En admettant que les courants marchent dans la direction

et avec la constance admise par le Dr Carpenter pour le détroit
de Gibraltar et pour le Sund de la Baltique, si leur vitesse et
leur direction sont dues aux causes auxquelles il les rapporte,
et pour peu qu'il y ait quelque analogie entre les conditions
d'équilibre de ces mers presque fermées et celles de l'Océan,
il me semble que la vaste région équatoriale, qui est la voie
des vents alizés et la zone de la radiation solaire verticale, doit,
sous le rapport de l'évaporation, rappeler les conditions de la
Méditerranée, en les exagérant même beaucoup. Mais aucune
de ces propositions ne me paraît avoir été résolue d'une manière concluante. L'accumulation de sel qui aura lieu dans
toute la profondeur, puisque l'eau salée tend toujours à aller
au fond, doit l'emporter de beaucoup sur l'insignifiante expansion produite par la chaleur sur les couches de surface. Je
donne ce fait pour ce que Petermann appellerait une réflexion
sans conséquence. D'un autre côté, le bassin arctique, plus
restreint, rappelle jusqu'à un certain point, ainsi que l'a fait
observer il y a longtemps déjà le capitaine Maury, les conditions qui caractérisent la Baltique, et je me trompe fort, si le
peu de pesanteur spécifique de la mer polaire, résultant de la
condensation et de la précipitation des vapeurs des régions
intertropicales, n'équivaut pas largement à la contraction par
le froid arctique de la même couche superficielle.

La profondeur de l'océan Atlantique du Nord est à la masse
de la terre en proportion infiniment moindre que celle du
papier qui recouvre une sphère de 18 pouces à la sphère
elle-même; la surface chauffée directement par la radiation
solaire peut se comparer pour l'épaisseur à la couche de vernis
dont ce même globe est enduit : en réalité, sa profondeur ne
dépasse pas la hauteur de l'église Saint-Paul à Londres. Les
physiciens paraissent éprouver quelque difficulté à accorder la
puissance nécessaire pour mettre en mouvement, dans notre
enveloppe aqueuse, des courants de 6000 milles de longueur,
3 milles de largeur et 2 milles d'épaisseur, aux forces auxquelles le Dr Carpenter les attribue; ces causes, dans les cir-

constances particulières et au degré où nous les voyons agir
dans la nature, ne nous permettent pas encore de fournir aux
savants les données qui leur en feraient apprécier l'intensité.
M. Croll, qui fait autorité dans ces matières, a essayé de faire
quelques calculs qui l'ont amené à conclure qu'aucune d'elles
ne suffirait à vaincre le frottement de l'eau et à produire un
courant quelconque [1]; mais il faut bien dire que cette théorie
est loin d'avoir obtenu une approbation générale. Je suis moi-
même disposé à croire que dans une grande masse d'eau
salée, avec des températures diverses, une évaporation inégale,
soumise à des pressions barométriques variables, et sujette à
l'impulsion de vents qui changent sans cesse, des courants de
toute nature, grands et petits, variables et plus ou moins per-
manents, doivent nécessairement se former [2]; seulement le résultat probable doit se réduire à fort peu de chose : cela n'est
pas douteux lorsque nous voyons des causes déjà par elles-
mêmes d'une efficacité douteuse agir en sens contraire. On en
est réduit à attribuer alors l'effet définitif à la somme des forces
dont la moins faible d'entre elles dépasse de bien peu les autres.
En l'absence complète de toute donnée digne de confiance, je
crois que si l'on attribue la circulation océanique aux seules
causes invoquées par le Dr Carpenter, en faisant abstraction
de tout autre agent, en admettant qu'alors cette circulation ait
lieu, ce qui est assez douteux, les probabilités seraient plutôt
en faveur d'un courant chaud sous-marin, poussé vers le nord
par l'excès de salure, et contre-balancé par un courant de
surface marchant en sens inverse et formé d'une eau arctique
plus douce, quoique plus froide.

J'accepte donc, jusqu'à nouvel avis, en ce qui touche cette
question d'une circulation générale produite par des différences
de pesanteur spécifique, l'opinion exprimée par sir John

1. James Croll, op. cit.
2. On the Distribution of Temperatures in the North Atlantic. An Address delivered to
the Meteorological Society of Scotland at the General Meeting of the Society, July
5th, 1871, by professor Wyville Thomson.

Herschel, dans une lettre excellente et pleine de réserve, adressée par lui au Dr Carpenter, lettre qu'il m'est permis de citer tout au long, puisqu'elle a été déjà imprimée, et qui présente un intérêt tout particulier, car elle est une des dernières de sir John Herschel ayant trait à un sujet scientifique :

Collingwood, ce 9 avril 1871.

Mille remercîments pour votre travail sur le courant de Gibraltar et sur le Gulf-stream. Après avoir réfléchi sur tout ce que vous avancez, je pense que la logique des choses, l'expérience journalière des appareils à eau chaude de nos serres, nous forcent à admettre qu'une circulation océanique spéciale doit résulter de la chaleur, du froid et de l'évaporation, comme *causes efficientes ;* vous avez fait ressortir la puissance d'action du froid polaire, ou plutôt l'*intensité d'action* du froid polaire, car son effet maximum se produit sur un espace bien plus restreint que celui sur lequel agit le maximum de la chaleur tropicale.

De même, l'action des vents alizés et contre-alizés ne peut être niée ; la question des courants océaniques devra donc être étudiée dorénavant à ce double point de vue. Les courants produits par les vents sont de beaucoup les plus accessibles aux recherches, parce que toutes les causes qui les produisent se trouvent à la surface et qu'aucun de ces agents ne peut échapper à l'investigation : la configuration des côtes, qui est une cause déterminante de leur direction, est chose visible. Il n'en est pas de même des autres courants : ils ont lieu dans les profondeurs de l'Océan, et leur marche, leur direction, leurs points de jonction, dépendent de la configuration du fond de la mer, dont il faudrait reconnaître la surface entière par la méthode, fort insuffisante, du sondage.

Je vous félicite d'avoir réussi à vous procurer des échantillons de l'eau de la Méditerranée pris à l'emplacement de la source présumée d'eau salée de Smyth et de Wollaston ; ces expériences prouveront que leur opinion est due à la substitution d'une bouteille à une autre, ou bien à l'évaporation du liquide. Je n'ai jamais eu grande confiance en cette théorie.

Voilà donc qu'après tout il existe un courant sous-marin qui sort du détroit de Gibraltar !

Je vous réitère mes remercîments pour cet intéressant mémoire, et vous prie de me croire, mon cher monsieur,

Tout à vous,

J. F. W. Herschel [1].

1. *Nature*, vol. IV, p. 71.

La seconde théorie, soutenue par le D' Petermann (de Gotha) et par la plupart des savants versés dans la géographie physique, en Allemagne et dans l'Europe du Nord, et fortement appuyée par sir John Herschel dans ses *Esquisses de géographie physique* publiées en 1846, attribue la presque totalité des phénomènes appréciables de la distribution de la chaleur dans l'Atlantique du Nord au Gulf-stream et aux contre-courants arctiques, qui sont entraînés vers le sud par le déplacement des eaux tropicales que le Gulf-stream emporte vers les régions polaires. Dès que l'on admet, ne fût-ce que pour un instant, que ce soit presque exclusivement au Gulf-stream qu'il faut attribuer les singuliers avantages de climat que les côtes orientales de l'Atlantique du Nord possèdent, à l'exclusion des côtes occidentales, il est certain que le point de départ de ce grand courant, son étendue, sa direction, la nature et la somme de son influence, deviennent des questions du plus haut intérêt. Avant de les approfondir pourtant, il sera bon de bien définir ce qu'on entend ici par Gulf-stream, car sur ce point même il y a eu beaucoup de malentendus.

Par Gulf-stream j'entends désigner cette masse d'eau chaude qui, sortant du détroit de la Floride, s'élance à travers l'Atlantique du Nord, et aussi un courant chaud plus large, mais moins distinct, qui fait évidemment partie du même cours d'eau, et qui, à l'est des Indes occidentales, décrit une courbe vers le nord. Je n'hésite pas à considérer ce courant comme un simple affluent du courant équatorial, grossi sans aucun doute pendant son trajet au nord-est par le courant de surface dû aux vents alizés, qui suit à peu près la même direction.

La marche et les limites du Gulf-stream seront mieux comprises, si nous étudions d'abord son origine et ses causes. Divisés, comme chacun le sait, en deux bandes, l'une au nord, l'autre au sud de l'équateur, et poussés dans une direction méridionale par le frottement que produit le mouvement oriental de rotation de la terre, les vents alizés du nord-est et du sud-est chassent devant eux un magnifique courant

chaud de surface de 4000 milles de longueur sur 450 milles de
largeur, avec une vitesse moyenne de 30 milles par jour. Sur
les côtes d'Afrique, près de son point de départ, au sud des
iles Saint-Thomas et Anna-Bon, ce courant équatorial a une
vitesse de 40 milles par vingt-quatre heures, et une température de 23° C.

Augmentant sans cesse de volume, et s'étendant de plus en
plus de chaque côté de l'équateur, il coule rapidement à l'ouest,
dans la direction de l'Amérique du Sud. Au cap Saint-Roch,
le point le plus oriental de l'Amérique du Sud, le courant
équatorial se divise en deux : l'une de ses branches se précipite
vers le sud, où elle fait dévier les lignes isothermes de 21°,
15°,5, 10° et 4°,5 C., et les transforme en *courbes* sur nos cartes,
pour le plus grand bien-être des habitants des îles Falkland
et du cap Horn. La partie septentrionale du courant, suivant
la côte nord-est de l'Amérique du Sud, accroît constamment
sa température sous l'influence du soleil des tropiques. Là
il acquiert une vitesse de 68 milles par vingt-quatre heures,
et sa réunion aux eaux de la rivière des Amazones la porte
à 100 milles (6,5 pieds par seconde), mais elle décroît de nouveau en entrant dans la mer des Caraïbes. Il traverse ensuite
lentement cette mer dans toute sa longueur, entre dans le golfe
du Mexique par le détroit de Yucatan, où une partie s'en détache et entoure immédiatement l'île de Cuba. Le courant principal, « après avoir fait le tour du golfe du Mexique, traverse
le détroit de la Floride, d'où il sort Gulf-stream, majestueux
courant de plus de 30 milles de large et de 2200 pieds de
profondeur, avec une vitesse moyenne de 4 milles à l'heure et
une température de 30° C. [1]. » En sortant du détroit, l'eau chaude
incline au nord-est, à cause de sa grande vitesse initiale.
M. Croll [2] a calculé que le Gulf-stream est égal à un cours d'eau

1. Physical Geography. From the Encyclopaedia Britannica. By sir John F. W.
Herschel, Bart., K. H. P. Edinburgh, 1861, p. 49.
2. On Ocean Currents. By James Croll, of the Geological Survey of Scotland. Part I.
Ocean Currents in relation to the Distribution of Heat over the Globe. (Philosophical
Magazine, February, 1870.)

21

de 50 milles de largeur et de 1000 pieds de profondeur, coulant
à raison de 4 milles à l'heure, transportant, conséquemment, 5 575 680 000 000 pieds cubes d'eau par heure, ou
133 816 320 000 000 pieds cubes d'eau par jour. Cette masse
liquide a une température moyenne de 18° C. en sortant du
golfe, mais son trajet vers le nord la fait tomber à 4°,5;
la perte de chaleur est donc de 13°,5 C. La somme totale
de chaleur transportée chaque jour des régions équatoriales
s'élève à quelque chose comme 154 959 300 000 000 000 000
calories .

Cette quantité est presque égale à la totalité de la chaleur
que les régions arctiques reçoivent du soleil; en la réduisant
de moitié pour éviter toute possibilité d'exagération, elle est
encore égale à un cinquième de la somme de chaleur répandue
par le soleil sur l'espace entier de l'Atlantique du Nord. Le
Gulf-stream sortant du détroit de la Floride et se répandant
dans l'Océan en se dirigeant vers le nord est probablement le
plus magnifique phénomène naturel qui existe à la surface du
globe. Ses eaux ont la transparence du cristal; elles sont d'un
bleu intense, et longtemps encore, après avoir pénétré dans la
haute mer, elles s'en distinguent facilement par leur chaleur,
leur teinte et leur limpidité : les bords du courant se dessinent
d'une manière si tranchée, qu'il pourrait arriver à un vaisseau
d'avoir sa proue dans ce beau courant bleu, pendant que sa
poupe se trouverait encore dans les eaux ordinaires de l'Océan.

L'ouvrage du capitaine Maury, auquel nous avons déjà
fait allusion, parle des puissances dynamiques du Gulf-stream
avec un étonnement que nous ne pouvons nous empêcher de
trouver un peu déplacé, comme s'il y avait la plus petite raison
pour douter qu'il ne doive son origine aux vents alizés[2].
Mettant de côté la question plus générale de la possibilité
d'une circulation océanique provoquée par la chaleur, par le

---

1. La calorie (foot pounds) est la quantité de chaleur que doit recevoir une livre
d'eau pour élever sa température à 1° Fahrenheit.

2. HERSCHEL, op. cit., p. 51.

froid et par l'évaporation, je crois que le capitaine Maury et le
Dr Carpenter sont les deux seules autorités qui, dans ces dernières années, aient discuté la source de ce courant visible et
qui peut se jauger et se mesurer à sa sortie du détroit de la
Floride ; car il serait puéril de rappeler les premières conjectures auxquelles il a donné lieu : on le supposait provenir du
Mississippi, ou engendré par l'écoulement d'une masse d'eau
amoncelée dans la mer des Caraïbes par l'action des vents
alizés.

Le capitaine Maury écrit [1] que « les forces qui donnent naissance au Gulf-stream sont le fait de la différence de pesanteur
spécifique qui existe entre les eaux intertropicales et les eaux
polaires ». La puissance dynamique dont le Gulf-stream est
l'expression peut, avec autant de raison, être supposée exister
dans ces eaux septentrionales que dans les mers des Indes occidentales, puisque, d'un côté, nous avons la mer des Caraïbes
et le golfe du Mexique fortement salés ; de l'autre, le grand
bassin polaire, la Baltique et la mer du Nord, dont les eaux
sont à peine saumâtres. L'eau est pesante dans les premiers
de ces bassins ; dans les autres, elle est légère. L'Océan s'étend
entre eux, mais l'eau cherchant et conservant son niveau, nous
découvrons là un des agents donnant naissance au Gulf-stream.
Quelle est la puissance de cette cause ? Est-elle supérieure à
celle des autres agents ? et de combien l'est-elle ? Nous ne saurions répondre à cette question, mais nous savons que c'est là
un des agents principaux. De plus, quelles que soient nos conjectures au sujet des forces employées à réunir dans la mer des
Caraïbes toutes ces eaux qui ont chargé de vapeurs les vents
alizés, et à les transporter à travers l'Atlantique, nous sommes
forcés de reconnaître que le sel abandonné sous les tropiques
par l'évaporation due aux vents alizés doit être ramené de ces
régions, et mélangé dans la proportion voulue à l'eau des
autres mers, y compris la Baltique et l'océan Arctique : ce sont

1. Maury's Physical Geography of the Sea. (Op. cit.)

là, en partie du moins, les eaux que nous voyons courir dans
le Gulf-stream. Ce transport est probablement un des emplois
qui lui ont été assignés dans l'économie de l'Océan; mais le
lieu où résident les forces qui ont mis en mouvement le Gulf-
stream et qui l'y maintiennent, les amateurs de théories peuvent le placer avec une raison tout aussi philosophique d'un
côté de l'Océan ou de l'autre. Les eaux pénètrent dans la mer
du Nord et dans l'océan Arctique en vertu de leur pesanteur
spécifique, et l'eau de ces parages, pour la remplacer, et en
vertu aussi de sa pesanteur spécifique, revient en contre-
courant dans le golfe. La puissance dynamique que produit le
Gulf-stream peut donc être supposée résider dans les eaux
polaires aussi bien que dans les eaux intertropicales de l'Atlantique.

Suivant cette théorie, l'eau des tropiques pénétrerait, à cause
de son plus grand poids, vers les pôles, pendant que les eaux
polaires, en vertu de leur poids moindre, se dirigeraient vers
le sud et viendraient les remplacer. Le résultat serait donc un
système de courants sous-marins chauds et de courants froids
de surface ; c'est là ce qui n'a pas lieu dans la réalité. Je ne
cite ce passage que comme une curieuse justification de cet
adage que, dans la plupart des questions, on peut trouver beaucoup d'arguments *pour et contre*.

Nous avons déjà examiné la théorie soutenue récemment
par le D\ Carpenter, d'une circulation océanique générale, et
il ne me reste qu'à indiquer ici quels sont les rapports de cette
doctrine avec notre manière d'expliquer l'origine du Gulf-
stream; ses rapports au sujet de l'étendue et de la distribution du courant seront étudiés plus tard. Ainsi que cela a été
déjà dit, le D\ Carpenter attribue tous les grands mouvements
de l'Océan à une circulation générale dont il considère le Gulf-
stream comme un cas particulier. Dans le passage déjà cité
(page 312) de son discours prononcé à l'Institution Royale, le
D\ Carpenter déclare que « le Gulf-stream constitue un cas spécial modifié par des conditions locales, d'un grand mouvement

général des eaux équatoriales vers les espaces polaires ». Je
suis forcé d'avouer une manière de voir totalement différente.
Le Gulf-stream me paraît être l'unique phénomène physique
sur la surface du globe dont l'origine et la cause principale,
les courants dus aux vents alizés, se découvrent facilement
et clairement.

Le trajet et l'extension du Gulf-stream dans l'Atlantique du
Nord, dans leurs rapports avec les climats, ont été pourtant
une source fertile de discussions. La première partie de son
trajet, à sa sortie du détroit, est très-visible, l'eau conservant longtemps une teinte et une température toutes différentes
de celles de l'Océan. D'ailleurs, un courant capable d'avoir une
influence marquée sur la navigation, et roulant des eaux si
dissemblables à celles qu'il traverse, doit être reconnaissable sur
une grande étendue. « Étroit à son origine, il coule autour de
la péninsule de la Floride, et avec une vitesse de 70 à 80 milles
il suit la côte dans une direction septentrionale d'abord, et
tourne ensuite au nord-est. Il quitte définitivement les côtes de
l'Amérique du Nord à la latitude de Washington, et conserve sa
direction vers le nord-est; puis, au sud des bancs de Terre-
Neuve et de Saint-George, ses eaux s'étendent de plus en plus
sur la surface de l'océan Atlantique jusqu'aux Açores. Là une
partie retourne au sud-est, vers la côte d'Afrique. Tant que
ses eaux sont réunies, le long de la côte américaine, le Gulf-
stream conserve une température de 26°,6 C. ; et même, sous
cette latitude septentrionale de 36°, Sabine trouva 23°,3 C. au
commencement de décembre, pendant que l'eau de la mer, en
dehors du courant, n'était qu'à 16°,9 C. Suivant Humboldt,
sous la latitude septentrionale de 40° à 41°, l'eau du courant
est à 22°,5 C., et celle qui n'en fait pas partie à 17°,4 C. [1]. »

La portion du Gulf-stream qui coule sur les côtes de l'Amérique du Nord a été soigneusement étudiée par les officiers
des États-Unis, sous les ordres du professeur Bache d'abord,

1. Professor BUFF, op. cit., p. 199.

et en dernier lieu sous ceux de l'habile directeur actuel du Bureau hydrographique, le professeur Pierce. En 1860, M. Bache publia un compte rendu des résultats obtenus[1]. Quatorze sections du Gulf-stream, à environ 100 milles de distance les unes des autres, avaient été soigneusement étudiées ; la première presque dans le golfe du Mexique, de Fortingas à Havana, et la dernière à la hauteur du cap Cod, par 41° de latit. N., là où le courant perd son parallélisme avec la côte américaine et se précipite vers l'est. Ces sections mettent en évidence les phénomènes principaux de la première partie du trajet de ce merveilleux courant, que le professeur Bache appelle avec juste raison « le grand trait hydrographique des États-Unis ».

A la hauteur de Fortingas, passant le long de la côte cubaine, le courant est ininterrompu et sa vitesse faible ; sa température est, à la surface, d'environ 26°,7 C. A sa sortie du détroit de Bemini, la forme des côtes force le courant à se diriger vers le nord ; un peu au nord du détroit, sa vitesse est de 3 à 5 milles à l'heure ; son épaisseur n'est que de 325 brasses. La température de la surface est d'environ 26°,5 C., et celle du fond de 4°,5 C. Ainsi donc, à la profondeur très-modérée de 325 brasses, le courant équatorial, à la surface, et le courant polaire sous-marin, ont assez d'espace pour se croiser ; celui du nord se tempère évidemment beaucoup par le mélange. Au nord de l'entrée de Mosquito, le courant se précipite au nord-est, et à la hauteur de Saint-Augustin il a une direction sensible vers l'est. Entre Saint-Augustin et le cap Hatteras, le courant et la côte ne divergent que de bien peu, ne faisant que 5° vers l'est dans 5° vers le nord. A Hatteras, il décrit une seconde courbe vers le nord, puis se précipite à l'est. A la latitude du cap Charles, il tourne complétement à l'est, avec une vitesse d'un mille à un mille et demi à l'heure.

---

1. Lecture on the Gulf-stream, prepared at the request of the American Association for the Advancement of Science, by A. D. Bache, Superintendent U. S. Coast Survey. (From the American Journal of Science and Arts, vol. XXX, November 1860.)

Une courte description d'une des sections donnera mieux que toute autre chose une idée des phénomènes généraux du courant sur les côtes de l'Amérique. Je choisis celle qui suit une ligne droite s'étendant de la côte à la hauteur de Sandy-Hook. A partir du rivage, pendant une distance d'environ 250 milles, la température de la surface s'élève graduellement de 21° à 24° C.; à 10 brasses, elle s'élève de 19° à 22°, et à 20 brasses elle se maintient, avec quelques irrégularités, à une température de 19°, pendant qu'à 100, 200, 300 et 400 brasses, on constate les températures de 8°,8, 5°,7, 4°,5 et 2°,5 C. C'est donc par de l'eau froide que cet espace est occupé, et l'observation a suffisamment démontré que cet abaissement de température est produit par un embranchement du courant du Labrador, qui coule lentement le long de la côte, dans la direction contraire à celle du Gulf-stream. Arrivé au détroit de la Floride, ce courant froid se divise : une partie passe, sous l'eau chaude du Gulf-stream, dans le golfe du Mexique; l'autre coule autour de l'extrémité occidentale de Cuba. A 240 milles de la côte, toute la masse d'eau s'élève soudain de 10° C., sur une largeur de 25 milles, élévation de température qui se fait sentir presque également à toutes les profondeurs, et qui produit le singulier phénomène de deux masses qui se côtoient sur le même niveau, dont l'une chemine lentement vers le sud, l'autre plus rapidement vers le nord, avec des températures totalement différentes. Cette ligne de contact du courant froid avec le courant chaud est si tranchée, qu'elle a été désignée avec beaucoup d'à-propos, par le lieutenant Bache, sous le nom de *muraille froide*. Dépassant cette muraille froide, nous arrivons au Gulf-stream, qui présente tous ses caractères particuliers de coloration, de limpidité et de température. Dans la section que nous avons choisie pour exemple, pendant plus de 300 milles, la température de la surface est d'environ 26°,5 C., mais la chaleur n'est pas égale dans toute la largeur du courant et dans toute sa longueur; loin vers le sud, au niveau du cap Canaveral, le courant est divisé en bandes longitudinales formées d'une eau plus ou moins chaude. A la hauteur de Sandy-Hook, au delà de la muraille froide, le courant s'élève à un maximum de 27°,8 C., et cette zone chaude a une étendue de 60 milles environ. Plus loin, la température tombe au minimum de 26°,5, qu'elle conserve pendant à peu près 30 milles; puis survient une seconde zone à 27°,4 C., qui se trouve dans l'axe même du Gulf-stream, et qui a environ 170 milles de largeur. Elle est suivie d'une seconde bande à 25°,5 C., et celle-ci d'une troisième, après laquelle les zones cessent d'être distinctes. Ce qui est fort curieux, c'est que les bandes à température *minima* correspondent à des dépressions du fond semblables à des vallées qui suivent successivement les contours des côtes, et qui reçoivent de profondes ramifications des courants arctiques.

La dernière des sections étudiées par les hydrographes américains s'étend dans la direction du sud-est, depuis le cap Cod, 41° de latit. N., et suit le Gulf-stream, qui, toujours divisé en zones de température inégale, s'étend directement à l'est à travers l'Atlantique; sa rapidité est cependant devenue moins considérable, et l'aide du thermomètre devient nécessaire pour suivre ses limites.

Au delà de ce point, le trajet du Gulf-stream a été l'objet de grandes discussions. J'emprunte à M. Buff ce qui peut être considéré comme la théorie la plus généralement adoptée par les physiciens géographes :

« Une grande masse d'eau chaude est transportée en partie par son mouvement propre, mais surtout par les vents régnants de l'ouest et du nord-ouest, vers les côtes d'Europe et même au delà du Spitzberg et de la Nouvelle-Zemble; c'est ainsi qu'une partie de la chaleur du sud pénètre au loin dans l'océan Arctique. Aussi sur les côtes septentrionales du vieux continent trouve-t-on des bois provenant des régions méridionales, qui ont flotté jusque-là : c'est la raison pour laquelle ce côté-ci de l'océan Arctique demeure libre de glaces jusqu'au 80° de latitude pendant une grande partie de l'année, tandis que sur

la côte opposée (celle du Groenland), la glace ne fond pas
entièrement, même en été. »

Ainsi donc, les deux forces citées par le professeur Buff pour
accomplir ce travail sont le *vis à tergo* du courant formé par
les vents alizés, et la puissance d'impulsion directe des vents
contre-alizés, qui produisent ce qu'on appelle le courant des
contre-alizés : ces idées sont les mêmes que celles soutenues
ici. Dans l'état actuel de nos connaissances, il est impossible
de déterminer la proportion dans laquelle ces deux forces
agissent.

M. G. Findlay, dont l'autorité en matière d'hydrographie
est incontestable, a lu devant la Société royale de géographie
un travail sur le Gulf-stream, publié dans le XIIIᵉ volume
des Actes de la Société. M. Findlay, tout en admettant que
la température du nord-est de l'Europe est adoucie d'une
manière anormale par l'action d'un courant de surface chaud,
combat l'idée que le Gulf-stream même, c'est-à-dire le courant poussé par les vents alizés, né pour ainsi dire dans
l'Atlantique, dans les détroits qui avoisinent la Floride, se
disperse et se perd à la hauteur des bancs de Terre-Neuve,
par environ 45° de latit. N. Les eaux chaudes des parties méridionales du bassin de l'Atlantique du Nord sont portées plus
loin encore, dans une direction septentrionale ; mais M. Findlay
attribue ce mouvement uniquement aux vents contre-alizés,
vents du sud-ouest, qui par leur persistance maintiennent à la
couche supérieure des eaux la direction du nord-est.

Le Dʳ Carpenter croit positivement que la dispersion des
eaux du Gulf-stream peut être considérée comme un fait
accompli à 45° de latit. N. environ et 35° de longit. O. Il
admet l'exactitude de la projection des isothermes sur les cartes
de Berghaus, Dove, Petermann et Keith Johnston ; il pense
aussi que la douceur anormale du climat des côtes du nord-
ouest de l'Europe est due à un mouvement des eaux équatoriales dans la direction du nord-ouest. « Ce que je mets en
question, dit-il, c'est la justesse de la doctrine qui veut que

le courant nord-est soit un prolongement du Gulf-stream,
chassé en avant par l'impulsion des vents alizés, doctrine qui
(à mon grand étonnement) est adoptée et défendue par mon
collègue le professeur Wyville Thomson. Bien que ces autorités
rapportent la totalité ou la presque totalité de ce courant au
Gulf-stream même, j'ai la conviction que la plus grande partie,
si ce n'est la totalité de celui qui côtoie nos plages de l'ouest
et passe au nord et au nord-est, entre l'Islande et la Norvége,
pour arriver jusqu'au Spitzberg, en est tout à fait indépendante, et qu'il continuerait d'exister lors même que, les continents des deux Amériques venant à se disjoindre, les courants
équatoriaux seraient poussés par les vents alizés dans l'océan
Pacifique, au lieu de se précipiter dans le golfe du Mexique,
pour en être ensuite chassés dans la direction du nord-est,
à travers les détroits qui environnent le cap de la Floride[1]. »
Le Dr Carpenter n'entend point du tout pourtant adopter
l'opinion de M. Findlay, qui attribue le courant, au delà du
45e parallèle de latitude, uniquement à l'impulsion des vents
contre-alizés ; car il ajoute : « D'après la théorie que je sou-
tiens, le courant du nord-est aurait pour cause l'impulsion
(*vis à fronte*) due à l'action du froid sur les eaux des espaces
polaires, qui tend à en déprimer sans cesse le niveau[2]. L'adoucissement du climat du nord-ouest de l'Europe serait donc
amené par un *cas accidentel* de la circulation générale de
l'Océan, et non par le Gulf-stream ou par l'impulsion des vents
contre-alizés.

Bien qu'il n'ait été fait jusqu'ici que bien peu d'études de
la température des grandes profondeurs qui soient complètement dignes de confiance, la température de la surface de
l'Atlantique du Nord a été relevée avec beaucoup de soin.

Le caractère général des lignes isothermes et leurs déviations au nord, qui donnent lieu à de singulières *courbes*, sont
connus depuis longtemps, grâce aux cartes dressées par les

1. Dr Carpenter, Proceedings of the Royal Geographical Society for 1870, op. cit.
2. Op. cit.

géographes dont nous avons déjà cité les noms; pendant les années qui viennent de s'écouler, une quantité prodigieuse de documents ont été réunis, à l'étranger, par notre Amirauté et par le Bureau météorologique.

Le Dr Petermann, de Gotha, a publié[1] en 1870 une série précieuse de cartes de températures, comprenant les résultats de la réduction de plus de 100 000 observations puisées principalement aux sources suivantes :

1" Dans les cartes des vents et des courants du lieutenant Maury, comprenant environ 30 000 observations bien distinctes de températures.

2" Dans les 50 000 observations relevées par des capitaines de la marine hollandaise, et publiées par le Gouvernement des Pays-Bas.

3" Dans les livres de bord des vapeurs Cunard, faisant le trajet entre Liverpool et New-York, et dans ceux des vapeurs de la Compagnie de Montréal, entre Glasgow et Belle-Ile.

4" Dans les renseignements qui concernent la température de la mer sur les côtes d'Écosse, recueillis par M. Buchan, secrétaire de la Société météorologique écossaise.

5" Dans les publications de l'Institut Norvégien, sur les températures de la mer entre la Norvége, l'Écosse et l'Islande.

6" Dans les matériaux fournis par le contre-amiral danois Irminger, sur la température de la mer entre le Danemark et les établissements danois du Groenland.

7" Dans les observations faites par lord Dufferin, à bord de son yacht *Foam*, entre l'Écosse, l'Islande, le Spitzberg et la Norvége.

Et enfin, dans de récentes observations recueillies par les expéditions anglaises, suédoises, allemandes et russes aux régions arctiques et vers le pôle nord.

Le Dr Petermann a consacré une grande partie de son exis-

---

1. Der Golf-Strom und Standpunkt der thermometrischen Kentmiss des Nord-Atlantischen Oceans und Landgebietes im Jahre 1870. Justus PERTHE'S Geographische Mittheilungen, Band XVI. Gotha, 1870.

tence à l'étude de la distribution de la chaleur à la surface de l'Océan, et il ne peut y avoir l'ombre d'un doute sur l'exactitude de son travail et sur l'attention consciencieuse qu'il a apportée à son exécution. La planche VII est tracée, dans son ensemble, d'après ses cartes, avec quelques modifications et additions commandées par l'acquisition récente de données nouvelles. Le remarquable écart des lignes isothermes est causé, sans aucun doute, par des courants océaniques de surface qui transportent vers les régions polaires les eaux chaudes des tropiques. Ce ne sont point là de vaines théories, puisque le courant se trahit souvent par son influence sur la navigation, et que le trajet des eaux chaudes se reconnaît facilement par l'observation thermométrique.

Dans l'Atlantique du Nord, chaque courbe de température égale, de l'été ou de l'hiver, pour un seul mois ou pour l'année entière, se manifeste tout de suite comme faisant partie d'un système de courbes qui partent toutes du détroit de la Floride, source première de la chaleur; le courant chaud est visible à cause de l'agitation des eaux, et se reconnaît encore, quand son mouvement n'est plus appréciable, par sa forme particulière. Il s'étend en éventail du voisinage du détroit à travers l'Océan, suivant les côtes de la France, de la Bretagne et de la Scandinavie; tournant le cap Nord, traversant la mer Blanche et la mer de Kara, baignant les plages occidentales de la Nouvelle-Zemble et du Spitzberg, et enfin se précipitant le long des côtes de la Sibérie, en envoyant une ramification dans le Pacifique du Nord, à travers le passage étroit et peu profond de Behring (voy. la planche VII).

Quand nous n'aurions que ces courbes de la carte, déduites d'un nombre presque infini d'observations et de nombreuses études antérieures, sans même qu'aucun fil vînt nous mettre sur la voie de leur raison d'être, nous serions encore contraints d'admettre que, quelles que soient la somme et la distribution de chaleur produite par une circulation océanique générale, résultat elle-même de l'effet des vents qui règnent dans la région, d'une pression barométrique inégale, de la chaleur tropicale ou du froid arctique, le Gulf-stream, le majestueux courant chaud dont le trajet est indiqué par les écarts des lignes isothermes, possède une puissance auprès de laquelle tout le reste s'efface, et qui est capable de produire à elle seule tous ces phénomènes anormaux de température.

Les températures de fond relevées sur le *Porcupine* sont importantes au point de vue de cette question, en nous indiquant quels sont la profondeur et le volume de la masse d'eau qui, chauffée à un degré bien supérieur à sa température normale, doit être considérée comme la cause de l'adoucissement des vents qui soufflent sur les côtes de l'Europe. Nous avons vu (fig. 60) que, dans la baie de Biscaye, à une couche mince échauffée par la radiation solaire directe, succède une zone d'eau chaude qui s'étend jusqu'à une profondeur de 800 brasses, puis une couche froide, profonde d'environ 2000 brasses. Dans le canal de Rockall (fig. 59), la couche chaude a la même puissance, et la zone froide du fond a 500 brasses d'épaisseur. A la pointe de Lews (fig. 56), la température du fond est de 5°,2 C. à 767 brasses; ici la couche chaude arrive donc décidément jusqu'au sol. Dans le canal de Faröer (fig. 55), l'eau chaude forme la couche de surface, et l'eau froide coule au-dessous, et commence à la profondeur de 200 brasses, à 567 brasses au-dessus du niveau du fond de la couche chaude à la pointe de Lews. L'eau froide coule côte à côte avec l'eau chaude, rien ne les sépare; une partie de l'eau chaude roule sur la surface de la nappe froide, et forme la couche supérieure du canal des Faröer. Quel est l'obstacle qui empêche l'eau froide de s'enfoncer, en vertu de sa pesanteur plus grande, sous la couche chaude à la pointe de Lews? Il y a évidemment là quelque force active qui maintient l'eau chaude dans cette position et la fait se mouvoir dans cette direction. J'ai toujours attribué la température relativement élevée qui commence à 100 brasses, et persiste jusqu'à 900, à l'accumulation septentrionale des eaux du Gulf-stream. La somme de chaleur qui se communique directement du soleil à l'eau, pendant son trajet à travers une région quelconque, dépend uniquement de la latitude. En tenant compte de ce fait, nous avons trouvé que, dans les *espaces chauds*, les températures de surface coïncidaient parfaitement avec les courbes de Petermann, qui indiquent le trajet septentrional du Gulf-stream.

J'emprunte ce qui va suivre à une lettre adressée, le 23 septembre 1872, par le professeur H. Mohn, directeur de l'Institut météorologique de Christiania, à M. Buchan, le savant secrétaire de la Société météorologique écossaise : « J'ai fait, cet été, des relevés de température qui seront, je crois, d'un intérêt général pour nos climats. Dans le Trondhjemsfjord, j'ai trouvé 16°,5 à la surface, et à partir de 50 brasses jusqu'au fond (200 brasses) une température uniforme de 6°,5 C. à un endroit, et 6° C. un peu plus à l'intérieur. Dans le Sœgnefjord, j'ai trouvé 16° C. à la surface, et constamment, depuis 10 brasses jusqu'à 700, 6°,5 C. Entre l'Islande et Faröer, le lieutenant Müller, commandant du steamer qui fait le trajet entre Bergen et l'Islande, a trouvé, cet été, 8° C. au fond, à 300 brasses. Ceci prouve que l'eau du Gulf-stream remplit entièrement le canal, à l'inverse de ce qui a lieu dans l'espace qui sépare les Shetland des Faröer, où l'on trouve de l'eau glacée à 300 brasses de profondeur. » Ces faits sont importants et confirment entièrement nos conclusions; mais, en les citant, j'ai pour but principal de montrer combien l'explication qui attribue au Gulf-stream l'élévation de température de la mer sur les côtes scandinaves est acceptée sans hésitation par les hommes les plus compétents.

L'Atlantique du Nord et la mer Arctique forment ensemble un *cul-de-sac* fermé du côté du nord, car il n'existe aucun passage praticable pour une grande masse d'eau à travers le détroit de Behring. Pendant qu'une grande partie du courant, ne trouvant pas d'issue vers le nord-est, tourne au midi dans la direction des Açores, le reste, au lieu de s'écouler et de se perdre, tend à s'accumuler sur les côtes qui ferment les parties septentrionales du bassin. Aussi lui trouvons-nous sur la côte occidentale de l'Islande une profondeur d'au moins 4800 pieds, et une largeur qui n'a pas été mesurée. Le Dr Carpenter dit, en discutant ce fait : « Il est, pour moi, matériellement impossible que cette insignifiante couche d'eau de surface, plus légère (parce qu'elle est plus chaude), puisse se maintenir en nappe même, en supposant qu'elle ait conservé une certaine élévation de température, et que, en s'enfonçant dans le bassin, elle déplace une masse d'eau beaucoup plus froide et plus lourde qu'elle-même, à une profondeur plus grande que celle à laquelle elle coulait au moment où elle était douée de sa plus grande force, à sa sortie des détroits de la Floride. Ceux qui soutiennent cette hypothèse auront à expliquer comment cette force de cohésion suivie d'un pareil plongeon s'accorde avec les principes de la physique[1]. » Les expériences faites sur une petite échelle sont en général de peu d'utilité comme démonstration des phénomènes naturels, cependant il en est une bien simple qui prouve que la chose est possible. En mettant une cuillerée de cochenille dans une burette d'eau chaude, de manière à la colorer en rouge, puis en la lançant avec force au moyen d'un tuyau de caoutchouc à la surface d'un certaine quantité d'eau froide contenue dans un bassin, on voit la masse rouge s'étendre, en devenant plus pâle, sur toute la superficie de l'eau, jusqu'à ce qu'elle arrive au bord opposé ; bientôt après, la teinte de plus en plus foncée d'une bande qui se forme le long de cette paroi opposée, indique une accumulation de l'eau colorée à l'endroit où le courant s'est trouvé arrêté. Si l'on trempe alors la main dans l'eau au centre du bain, un cercle chaud entoure le poignet, tandis qu'à l'extrémité du bain opposée à celle par laquelle on a introduit le courant chaud, l'eau chaude, bien que très-mélangée, enveloppe toute la main.

L'Atlantique du Nord nous présente un bassin fermé au nord.

<hr>

1. Dr CARPENTER'S Address to Geographical Society, op. cit.

Dans un des angles de ce bassin, comme dans une baignoire, obéissant à la direction nord-est qui lui est imprimée par sa vitesse initiale, et comme si le robinet chaud du bain était perpétuellement ouvert, une énorme masse d'eau arrive jour et nuit, hiver et été. Quand le bassin est plein, mais à ce moment seulement, l'excédant de l'eau, maîtrisant l'impulsion qui la pousse vers le nord, prend en tourbillonnant une direction méridionale; l'eau chaude tend à s'accumuler ainsi dans le bassin septentrional et à longer les côtes du nord-est [1].

Il est inutile de rappeler que toute quantité d'eau qui s'introduit dans le bassin de l'Atlantique du Nord, et qui ne disparaît pas par l'évaporation, doit être *restituée* à la mer d'où elle vient. L'eau froide pouvant arriver de toutes les directions dans les parties les plus profondes de l'Océan, aucun mouvement ressemblant à un courant ne se forme, si ce n'est dans des conditions toutes particulières. Ces circonstances se présentent dans les passages étroits et bornés qui se trouvent entre l'Atlantique du Nord et la mer Arctique. Entre le cap Farewell et le cap Nord, il n'existe que deux passages qui aient quelque profondeur : l'un, très-étroit, longe la côte orientale de l'Islande; l'autre est situé le long de la côte orientale du Groenland. Les parties peu profondes de la mer sont entièrement occupées, du moins en été, par les eaux chaudes du Gulfstream, excepté en un seul point, où un rapide courant d'eau froide, très-étroit et de peu d'épaisseur, tourne autour de l'extrémité méridionale du Spitzberg, et plonge dans les eaux du Gulf-stream, à l'entrée septentrionale de la mer d'Allemagne.

Ce fleuve froid, rapide d'abord, puis faible courant d'eau, influe beaucoup sur la température de la mer du Nord; il se perd ensuite complétement, car le léger courant que produit l'extrême étroitesse du pas de Calais a une température d'été de 7°,5 C. Le trajet du courant froid du Spitzberg se reconnaît

1. Ocean Currents. An Address delivered to the Royal United Service Institution June 15th, 1871. By J. K. Laughton, M. A., Naval Instructor at the Royal Naval College. (From the Journal of the Institution, vol. XV.)

facilement sur la carte aux dépressions des lignes isothermes
et au draguage, à l'abondance des gigantesques Crustacés amphipodes, isopodes, et autres espèces des régions arctiques.

D'après sa faible rapidité initiale, le contre-courant arctique
doit sans aucun doute tendre légèrement à l'ouest, et la pesanteur spécifique de l'eau froide doit la précipiter dans les parties
les plus profondes. Il n'est pas impossible que, par la combinaison des deux causes et dans le cours des siècles, les courants ne se creusent de profonds sillons dans la direction du
sud-ouest. Quoi qu'il en soit, les grands courants arctiques
se voient nettement sur la carte se dirigeant dans ce sens,
ce qu'indiquent les déviations très-marquées des lignes isothermes. Le plus remarquable de tous, c'est le courant du
Labrador, qui descend le long des côtes de la Caroline et de
New-Jersey, qui rencontre le Gulf-stream à la singulière
muraille froide, plonge au-dessous de lui à sa sortie du golfe,
et reparaît à la surface un peu au delà; une portion de ce
courant se jette même dans le golfe du Mexique, en passant
comme contre-courant froid sous le Gulf-stream.

Je soupçonne le Gulf-stream de former, à 50 ou 60 milles
de la côte occidentale de l'Écosse, une seconde muraille froide,
moins tranchée que la première. En 1868, après que nous
eûmes étudié pour la première fois le remarquable courant
froid du canal qui sépare les Shetland des Faröer, j'exprimai
ma conviction que le courant était complétement maintenu dans
le canal de Faröer par le passage du Gulf-stream à son entrée.
Depuis lors j'ai été conduit à supposer qu'une portion des
eaux arctiques s'échappe le long de la côte d'Écosse, très-
mélangées et assez peu profondes pour être pénétrées jusqu'au
fond par la radiation solaire. A 60 ou 70 milles de la côte,
les lignes isothermes subissent une déviation légère, mais
générale. Dans les eaux basses de cette zone se trouvent en
grand nombre les types qui caractérisent la faune scandinave;
mais, malgré une habitude de la drague qui date de bien des
années, je n'y ai jamais trouvé aucun des Ptéropodes du Gulf-

22

stream, les charmantes Polycystines, ni les Acanthométrines, qui littéralement pullulent au delà de cette limite. La différence de température moyenne entre les côtes orientales et occidentales de l'Écosse, qui est de 1° C., est un peu moindre qu'elle ne le serait si le Gulf-stream arrivait plus près de la côte occidentale.

Les communications entre l'Atlantique du Nord et la mer Arctique, qui est un second *cul-de-sac*, sont ainsi restreintes, et l'échange des eaux chaudes et des froides dans la direction du courant du Gulf-stream est assez gêné pour qu'une grande partie du courant soit forcée de tourner vers le sud; les ouvertures du bassin antarctique sont aussi libres que possible, et se font par une vallée ouverte et continue de 2000 brasses de profondeur, qui s'étend, au nord, le long des côtes occidentales de l'Europe et de l'Afrique.

On ne pouvait guère douter, d'après la configuration du terrain, que les eaux méridionales ne vinssent sourdre dans cette vallée, mais ici nous en trouvons encore dans les cartes de curieuses indications par la disposition remarquable des courbes des isothermes. La température de l'eau du fond à 1230 brasses de Rockall est de 3°,22 C., exactement identique à celle de la même profondeur dans la série de sondages faite par 47° 38′ de latit. N. et 12° 08′ de longit. O., dans la baie de Biscaye; on peut supposer que, dans les deux cas, l'eau provient de la même source. L'eau du fond, à Rockall, est plus chaude que celle de la baie de Biscaye (2°,5 C.), et une chaîne de sondages de température partant du nord-ouest de l'Écosse pour arriver à un point situé sur un bas-fond de l'Islande ne donne aucune température inférieure à 6°,5 C. Il est donc fort peu probable que la basse température de la baie de Biscaye soit attribuable à une partie un peu considérable du courant du Spitzberg passant le long de la côte occidentale de l'Écosse; comme le courant froid de l'est de l'Islande chemine vers le sud beaucoup plus à l'ouest, ainsi que cela est indiqué sur la carte par les dépressions successives des isothermes, on peut supposer que les conditions de température et la marche lente de cette énorme masse d'eau modérément froide, et épaisse de près de 2 milles, ont une origine antarctique plutôt qu'arctique.

L'Atlantique du Nord paraît donc se composer d'abord d'une immense nappe d'eau chaude apportée par le courant équatorial dans sa marche vers le nord; la plus grande partie traverse le détroit de la Floride, poussée dans la direction du nord-est par les vents contre-alizés : on l'appelle dans son ensemble le Gulf-stream. D'après les observations du capitaine Chimmo et d'autres personnes encore, l'épaisseur de cette couche est variable, diminuant jusqu'à 100 brasses environ dans la partie centrale de l'Atlantique, et atteignant à une profondeur de 700 à 800 brasses sur les côtes de l'Islande et sur celles de l'Espagne. Secondement, d'une couche mélangée qui a environ 200 brasses dans la baie de Biscaye, et au travers de laquelle la température s'abaisse rapidement; et enfin, d'une nappe sous-marine d'eau froide ayant 1500 brasses d'épaisseur dans la baie de Biscaye, masse d'eau que l'effet de la gravitation amène des sources les plus profondes, arctiques ou antarctiques. A première vue, il semble inadmissible que les eaux froides qui remplissent de profondes vallées océaniques situées dans l'hémisphère septentrional proviennent en grande partie de l'hémisphère méridional; cette difficulté naît, je crois, de l'idée fausse qu'il existe à l'équateur comme un diaphragme qui sépare le bassin océanique du nord de celui du midi : c'est là une des erreurs produites par la théorie d'une circulation océanique semblable à celle de l'atmosphère. Il se fait sans doute un exhaussement graduel de la zone intertropicale d'eau froide sous-marine que soulève l'eau plus froide encore qui vient prendre la place de celle qu'a emportée le courant équatorial et de celle qui a disparu par l'évaporation, mais un tel mouvement doit se faire irrégulièrement sur des espaces immenses : il doit être très-lent et sans aucun rapport avec la division produite dans l'atmosphère par l'envahissement violent des vents alizés du nord-est et du sud-est dans la zone calme. Une des preuves les plus

concluantes de la lenteur extrême des mouvements sous-
marins, c'est la nature du fond. Il s'amasse sur une grande
partie du fond de l'Atlantique un dépôt de coquillages microscopiques, qui, avec leurs hôtes vivants, n'ont pas une pesanteur spécifique beaucoup plus grande que celle de l'eau dans
laquelle ils vivent. Ils forment une couche blanchâtre, floco-
neuse, que doit nécessairement entraîner le moindre mouvement. Dans ces profondeurs moyennes, sur le trajet d'un
courant, ce dépôt disparaît pour faire place à un gravier fin
ou grossier.

C'est à la surface de la mer seulement qu'une ligne est tracée
par le courant équatorial, qui déverse une énorme quantité
d'eau sur chaque hémisphère, en se brisant sur les plages
orientales des terres équatoriales. On peut s'en rendre compte
en jetant les yeux sur la carte physique la plus élémentaire.

Le Gulf-stream perd une énorme quantité de chaleur pendant son trajet vers le nord. Sur un point, situé à 200 milles à
l'ouest d'Ouessant, des expériences ont été faites à bord du *Porcupine* aux plus grandes profondeurs; là une section des eaux
de l'Atlantique montre l'existence de trois zones où s'accomplissent des échanges de température. D'abord la surface supérieure du Gulf-stream, qui perd rapidement sa chaleur par
le contact d'une couche d'air constamment agitée et refroidie
par le mouvement, et par la transformation de ses eaux en
vapeur[1]. Ce refroidissement du Gulf-stream, ayant lieu surtout à la surface, la température de la masse se maintient
par le mouvement à peu près uniforme. On rencontre ensuite
la zone inférieure du Gulf-stream, qui se trouve en contact
avec la surface supérieure du courant froid. Ici l'échange
de température doit être fort lent, bien qu'il ne soit pas
douteux, car il y a une légère dépression des isothermes sur
tout le trajet du courant froid; le mélange s'étend sur un

---

1. On Deep-sea Climates. The Substance of a Lecture delivered to the Natural Science
Class in Queen's College, Belfast, at the close of the Summer Session 1870, by professor
Wyville Thomson. (*Nature*, July 28th, 1870.)

espace considérable. L'eau froide étant à la couche inférieure,
le mélange,¹ dans le sens ordinaire du mot, ne peut avoir lieu.
et l'échange de température se fait par *conductibilité* et par *diffusion*. Ces moyens, lorsqu'il s'agit de pareilles masses d'eau, ·
doivent avoir exigé des siècles pour arriver à un résultat appréciable. Les courants locaux et les marées ont aussi une action.
mais peu prompte et peu étendue.

La troisième zone est celle située entre la nappe froide et le
fond de la mer. La température de la croûte terrestre a été calculée, et les résultats varient de 4° à 11° C., mais elle doit être
fortement refroidie par le mouvement et par le renouvellement
incessant d'eau froide; cependant le contact avec le fond ne saurait être une cause d'abaissement de température. La température des eaux du Gulf-stream est à peu près égale dans toute
sa profondeur; il y a une zone bien définie de mélange au point
de jonction de l'eau froide et de la chaude, et la nappe froide est
stratifiée d'une manière régulière par l'effet de la gravitation.
de telle sorte que, dans les eaux profondes, les lignes du contour du fond de la mer sont généralement des lignes de température égale. En songeant à l'immense influence que les courants océaniques exercent sur la distribution des climats à
l'époque actuelle, je ne crois pas trop m'avancer en concluant
que ces courants, mouvements communiqués à l'eau par des
vents réguliers, ont existé à toutes les périodes géologiques.
comme l'un des grands moyens, je dirai presque le seul capable de produire une circulation générale et de distribuer
ainsi la chaleur dans l'Océan. Ils ont dû exister partout où il
s'est trouvé des terres équatoriales pour interrompre le courant des vents alizés. Toutes les fois qu'un courant chaud
s'est détourné au nord ou au sud de la zone équatoriale, une
masse d'eau polaire est venu sourdre au fond et prendre la place
des eaux ainsi emportées: l'Océan devait donc, comme de nos
jours l'Atlantique et le Pacifique, se composer d'une couche
supérieure d'eau chaude et d'une couche inférieure d'autant
plus froide qu'elle est plus profonde.

Contrairement donc aux idées de mon collègue distingué, je suis contraint de répéter que je ne vois jusqu'ici aucune raison de modifier ma manière de voir. Je suis toujours plus convaincu que les remarquables conditions de climat des côtes du nord de l'Europe sont dues surtout à l'influence du Gulf-stream. Et quoique des mouvements d'une certaine importance puissent se produire à la faveur des différences de pesanteur spécifique, l'influence du grand cours d'eau que nous nommons le Gulf-stream, branche du grand courant équatorial, est trop dominante pour ne pas effacer toutes les autres.

Le Géant et la Sorcière (Faröer).

CHAPITRE IX

LA FAUNE DES GRANDES PROFONDEURS

Les Protozoaires des mers profondes. — Le *Bathybius*. — Les *Coccolithes* et les *Cocco-sphères*. — Les Foraminifères des espaces chauds et ceux des espaces froids. — Éponges des mers profondes. — Les Hexactinellides. — Le *Rossella*. — L'*Hyalonema*. — Coraux des mers profondes. — Les Crinoïdes à tige. — Le *Pentacrinus*. — Le *Rhizocrinus*. — Le *Bathycrinus*. — Les Astéries des mers profondes. — Distribution générale et rapports des Oursins des mers profondes. — Les Crustacés, les Mollusques et les Poissons recueillis pendant les expéditions du *Porcupine*.

Le moment de présenter une description détaillée de la faune des mers profondes n'est point encore venu, fût-il même possible de la faire sous la forme d'une simple esquisse des résultats généraux des recherches qui viennent d'avoir lieu. Je me bornerai donc pour le moment à faire un court résumé de la distribution des formes de la vie animale qui se sont rencontrées dans la zone étudiée pendant les draguages du *Porcupine*, zone qui ajoute 100 milles, sur les côtes du nord et de l'ouest des Iles Britanniques, aux espaces géologiques qui leur sont propres. La limite des profondeurs autrefois sérieusement étudiées était de 200 brasses; nous avons porté nos recherches jusqu'à 800, 1000 brasses, et, dans une ou deux circonstances, jusqu'à l'extrême limite de 2000 brasses.

Ces investigations, qui ont eu pour résultat la découverte, dans ces grandes profondeurs, d'une faune abondante et variée d'Invertébrés marins, nous ont fourni des sujets d'étude en telle profusion, que certaines classes les plus étendues demanderont aux spécialistes des années de travail. Ne pouvant qu'effleurer l'histoire de ceux des ordres qu'il a été impossible jusqu'ici d'atteindre, je m'étendrai un peu plus sur certains groupes restreints qui éclaircissent plus particulièrement la question des conditions qui régissent la région des abîmes et celle des rapports de leur faune avec celles des autres provinces zoologiques et des périodes antérieures. A la tête de ces groupes spéciaux la première et la plus simple des sous-divisions d'Invertébrés, les Protozoaires, représentés par trois de leurs classes, les Monères, les Rhizopodes et les Éponges, occupent une place importante.

Les Monères ont été placés récemment dans une classe distincte par le professeur Ernest Haeckel [1]. Ce sont des êtres presque informes, apparemment privés de toute structure interne, organismes rudimentaires qui vivent et se meuvent sous une forme gélatineuse. Leur caractère principal, qui, selon Haeckel, les distingue des autres Protozoaires, leur reproduction non sexuelle, mais uniquement par subdivision spontanée, peut, avec le temps et les progrès de la science, être controuvé; mais leur nombre, la ressemblance qu'ils ont entre eux, qui n'empêche pourtant pas de distinguer les différentes espèces, quoique douées de caractères peu tranchés, le rôle important qu'ils jouent dans l'économie de la nature, tout paraît leur donner droit à une position d'une importance plus qu'ordinaire. Les naturalistes allemands, dans leur enthousiasme pour la théorie Darwinienne de l'évolution, voient naturellement dans ces Monères l'attribut essentiel de l'*Urschleim*, puissance illimitée pour le progrès physiologique dans toutes les directions possibles. Pour les biologistes plus positifs, ils offrent un profond intérêt, parce qu'ils présentent les phénomènes essentiels de la vie, la nutrition et l'irritabilité, tout en n'ayant que l'apparence d'un composé chimique homogène et dépourvu d'organisation.

1. Biologische Studien. Von Dr Ernst HAECKEL, Professor an der Universität Iena. Leipzig, 1870.

Des Monères on passe aux Rhizopodes, qui donnent quelques signes de perfectionnement dans les formes arrêtées et la structure gracieuse des coquilles que la plupart d'entre eux sécrètent : les deux groupes peuvent être réunis.

Le draguage à 2435 brasses, fait à l'entrée de la baie de Biscaye, a donné une idée très-juste des conditions du fond de la mer sur une zone fort étendue, ainsi que nous l'ont appris les nombreuses observations qui ont été faites depuis, au moyen des divers instruments de sondage inventés pour ramener des échantillons du fond. Dans ces parages, la drague remonta environ 150 livres de limon calcaire. D'après son contenu, il était évident que le lourd châssis était tombé pesamment et s'était en partie enfoui dans la vase molle qui lui avait opposé peu de résistance. L'ouverture du sac avait été ainsi partiellement obstruée, ce qui avait empêché l'introduction des organismes vivants. Les matières contenues dans la drague consistaient surtout dans une masse compacte, de couleur bleuâtre, recouverte d'une couche mince (évidemment superficielle) beaucoup plus molle, d'une consistance crémeuse et d'une teinte jaunâtre. On vit à l'aide du microscope que cette couche supérieure se composait principalement de coquilles entières de *Globigerina bulloides* (fig. 2, page 18) grands et petits, et de fragments de ces coquilles mélangés d'une quantité de matières amorphes calcaires en particules impalpables, d'un peu de sable, de beaucoup de baguettes d'Oursins plus ou moins brisées, de coquilles de Radiolaires, de quelques spicules d'Éponges et de quelques carapaces de Diatomées. Au-dessous de la couche de surface, le sédiment devient graduellement moins compacte, une légère nuance grise, qui provient, selon toute vraisemblance, de matières organiques en décomposition, se prononce de plus en plus, et les coquilles entières de Globigérines tendent à disparaître : tous les fragments deviennent plus petits et l'on ne trouve plus qu'un limon calcaire très-fin. En examinant ce sédiment, on ne peut douter qu'il ne se compose en majeure partie de l'accumulation et de la désagrégation des coquilles de

Globigérines : coquilles entières, fraîches et vivantes dans la couche supérieure ; plus bas, mortes, tombant graduellement en poussière par l'effet de la décomposition de leur ciment organique et de la pression des couches supérieures ; matière animale qui a beaucoup de ressemblance, par la manière dont elle se forme, avec celle produite par l'accumulation des matières végétales dans une tourbière : la vie et la croissance dans les régions supérieures ; la mort, une lente décomposition et des phénomènes dus à la pression, dans les couches inférieures.

Dans ce draguage, comme dans la plupart de ceux qui ont été faits dans l'Atlantique, on a trouvé en quantités considérables une matière organique molle et gélatineuse qui donne une certaine viscosité au limon de la surface. Quand on agite ce limon dans de l'alcool peu concentré, il s'en détache de légers flocons semblables à des mucosités coagulées, et quand on place dans une goutte d'eau de mer, sous la lentille du microscope, une parcelle du limon le plus pénétré de ces viscosités, on aperçoit en général, au bout de quelques instants, une membrane presque imperceptible formée d'une matière qui ressemble à du blanc d'œuf, qui ne se distingue que parce qu'elle conserve ses contours et ne se mélange pas avec l'eau. On voit cette membrane varier lentement de forme, et les granules et autres corps étrangers qui y sont engagés changer de position. La matière gélatineuse est donc susceptible d'un certain mouvement, et il n'est pas douteux que ce ne soit là une manifestation de la vie sous une forme des plus élémentaires.

C'est à cet organisme, s'il est permis de désigner ainsi un être qui ne montre pas trace de *différentiation* d'organes, qui consiste, selon toute apparence, dans une mince couche d'une matière amorphe protéique, sensible à un degré presque nul, mais capable de s'assimiler la nourriture, auquel le professeur Huxley a donné le nom de *Bathybius Haeckelii* (fig. 63). S'il doit être reconnu pour une entité vivante ayant acquis sa forme distincte et définitive, il doit prendre place dans la division la plus simple des Rhizopodes sans coquille, ou parmi les Monères.

si nous adoptons la classification de Haeckel. Ce qui donne au *Bathybius* son principal intérêt, c'est son aire de dispersion : qu'il

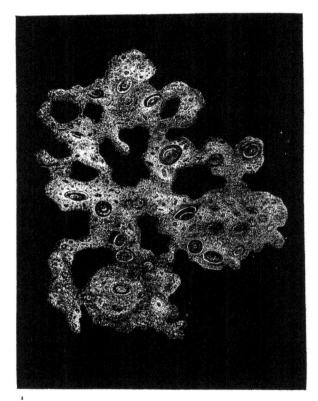

Fig. 63. — Une grande cystode de *Bathybius* avec des *Coccolithes*. Le protoplasma, contenant beaucoup de *Discolithes* et de *Cyatholites*, forme un filet à trame épaisse 1. — (Grossissement, 700 diamètres.)

se montre sur de vastes étendues ou en groupes circonscrits et séparés, il paraît occuper une grande partie du lit de l'Océan; et, comme aucun être vivant, si passive qu'on suppose son

1 *Biologische Studien*. Von Dr Ernst Haeckel, Professor an der Universität Iena. Leipzig, 1870.

existence, n'est jamais absolument immobile, mais agit et réagit continuellement sur tout ce qui l'entoure, il faut en conclure que le fond de la mer est, comme sa surface et celle de la terre, le théâtre d'un changement incessant, et remplit un grand rôle dans l'œuvre du maintien de « l'équilibre de la nature organique ».

Des corpuscules calcaires de forme particulière, constamment engagés et emportés dans ces courants visqueux, ont été regardés pendant longtemps comme faisant partie du *Bathybius*. Ces petits corps, soigneusement étudiés par Huxley[1], Sorby[2], Haeckel[3], Carter[4], Gümbel[5] et d'autres encore, rappellent par leur forme certains boutons ovales, doubles, qui ferment le devant de chemises d'homme. Ils se composent d'un petit disque ovale d'environ $0^{mm},01$ de longueur, ayant au centre une espèce de cône oblong, grossièrement taillé à facettes, autour duquel, chez les spécimens vivants, se dresse une sorte de frange composée de matière organique; une courte tige ou col, puis un second disque plus petit, qui rappelle le petit disque inférieur du bouton de chemise. Huxley donne à ces corps, qu'on rencontre à tous les degrés de développement, le nom de *Coccolithes*. On les trouve quelquefois agglomérés à la surface de petites boules membraneuses, transparentes, qu'on a supposé d'abord être pour quelque chose dans la production des *Coccolithes*, et que le Dr Wallich nomme *Coccosphères* (fig. 64). Le professeur Ernest Haeckel décrivait récemment un fort élégant organisme appartenant aux Radiolaires, et, selon toute apparence, allié au *Thalassicolla*, le *Myxobrachia rhopalum*. Aux extrémités des bizarres appendices divergents de cet animal, il a découvert des agglomérations de corpuscules très-semblables aux Coccolithes et aux Coccosphères du fond de la mer. Ces corps paraissent

1. Quarterly Journal of Microscopical Science, 1868, p. 203.
2. Proceedings of the Sheffield Literary and Philosophical Society, October 1860.
3. Op. cit.
4. Ann. and Mag. Nat. Hist., 1871, p. 184.
5. Jahrbuch Münch, 1870, p. 753.

avoir servi de nourriture au *Myxobrachia*. et les parties dures
s'étaient accumulées dans les cavités du corps de l'animal,
après l'absorption des parties assimilables. Il n'est pas douteux
qu'un grand nombre des organismes dont les squelettes sont
mélangés au limon du fond de la mer ne vivent à la surface:
les légers disques. les spicules déliés, siliceux ou calcaires.
tombent lentement à travers les couches aqueuses, et finissent.

Fig. 64. — Coccosphères — Grossissement, 1000.

quelle que soit la masse d'eau à traverser, par arriver au fond.
Je crois que l'opinion la plus généralement accréditée maintenant, c'est que les Coccolithes sont les articulations d'une
petite Algue unicellulaire qui vit à la surface de la mer; elles
s'enfoncent et se mélangent au sarcode du *Bathybius*: de cette
façon. les matières végétales qui en font partie servent à nourrir
la gélatine animale. On ignore encore ce que sont les *Coccosphères* et les rapports qui peuvent exister entre ces organismes
et les *Coccolithes*.

Il est encore une multitude de Protozoaires, de Foraminifères et autres Rhizopodes, Radiolaires et Éponges, qui vivent
au milieu de ces *Bathybius*, mais ce sont des groupes dont les
conditions d'existence sont encore à peu près complètement
inconnues. Nul doute que lorsque le développement de ces

organismes aura été sérieusement étudié, on ne constate que
beaucoup d'entre eux peuvent changer de forme, et que lorsque
nous connaîtrons bien leur mode de multiplication, nous ne
nous trouvions en présence de nombreux cas de polymor-
phisme, présentant de grandes différences entre les individus
sexués et leurs produits. Je ne suis pas du tout convaincu que
le *Bathybius* soit la forme définitive d'un être vivant et distinct; il m'a paru, au contraire, que des individus différents
présentaient des variations d'aspect et de *consistance*. Bien
qu'il n'y ait rien d'improbable dans le fait de l'existence
au fond de la mer d'une masse abondante de Monères sans
coquille, je ne crois pas impossible qu'une grande partie des
Bathybius, c'est-à-dire du protoplasme sans forme qui se
trouve répandu dans les grandes profondeurs, ne soit après
tout qu'une espèce de mycélium, un produit informe du progrès, de la multiplication ou de la décadence de plusieurs
organismes différents.

Des Foraminifères appartenant à différents groupes habitent les grandes profondeurs, et vivent, soit sur la surface, soit
mélangés à la couche supérieure du limon à Globigérines, ou
bien encore fixés sur quelque corps étranger, Éponge, Corail
ou rocher. Tous sont remarquables par leurs grandes dimensions. Dans les « espaces chauds », et partout où le fond se
compose de limon, les formes calcaires dominent, ainsi que les
gros Cristellaires recouverts de sable durci par un ciment calcaire qui fait ressortir chaque grain en sombre sur la surface
blanche de la coquille. Les Miliolines abondent, et les spécimens de *Cornuspira* et de *Biloculina* dépassent de beaucoup
pour la taille tout ce qu'on avait trouvé jusque-là dans les
régions tempérées; elles rappellent les formes tropicales qui
abondent au milieu des îles du Pacifique.

Dans la région froide et sur le trajet des courants froids, les
Foraminifères dont le test est garni de sable sont très-nom-
breux; quelques-uns de ceux qui appartiennent aux genres
Astrorhiza, *Lituola*, et *Botellina*, sont gigantesques, et four-

nissent des exemplaires de 30 millimètres de longueur sur
8 millimètres de diamètre.

Quelques coups de drague dans les eaux profondes ont suffi
pour nous prouver que nos connaissances relatives aux Éponges
sont encore très-rudimentaires; les espèces que nous avons recueillies dans les bas-fonds de nos rivages, et même celles qui
ont été ramenées en petit nombre des grandes profondeurs sur
les cordes de pêche, et qui nous ont charmés par la beauté de
leurs formes et l'éclat de leur lustre, ne donnent qu'une faible
idée de la faune merveilleusement variée des Éponges, qui
paraît s'étendre sur le fond tout entier des mers. Je ne peux
essayer ici qu'une ébauche des caractères généraux de celles
qui sont venues s'ajouter à ce que nous connaissions déjà
de ce groupe. Les Éponges recueillies pendant l'expédition du
Porcupine sont en ce moment entre les mains de M. Henry
Caster, chargé d'en faire la description. Un excellent aperçu
sur les Éponges des profondeurs de l'Atlantique a été publié
par l'homme le plus compétent sur les animaux de ce groupe,
par le professeur Oscar Schmidt, de Grätz.

Ainsi que je l'ai déjà dit, les formes nouvelles les plus
remarquables appartiennent au groupe qui paraît être spécial
aux eaux profondes, les Hexactinellides. J'ai déjà brièvement
décrit (page 59) une des formes les plus abondantes et les
plus singulières de cet ordre, l'*Holtenia Carpenteri:* toutes
les autres, malgré les variations de forme et d'apparence générale, sont conformes à l'*Holtenia* dans leurs caractères
essentiels. Chez les Hexactinellides, tous les spicules, autant
du moins qu'il nous est donné de le constater, sont de forme
serradiée, c'est-à-dire qu'ils ont un axe principal long ou
court, et quatre rayons secondaires qui traversent cet axe
à angle droit. Il arrive assez fréquemment qu'une moitié de
la tige centrale fait défaut ou qu'elle n'est représentée que par
un petit tubercule arrondi; nous avons alors un spicule dont
l'extrémité est en forme de croix, ainsi qu'on les voit fréquemment dans l'armure extérieure de ces Éponges. Quelquefois

aussi les rayons secondaires n'ont pas tout leur développement : lorsqu'il en est ainsi, comme dans les longues fibres de la touffe de l'*Hyalonema*, dans les jeunes spicules et dans d'autres qui sont légèrement anomaux, quatre petites saillies vers le milieu du spicule, recevant quatre branches secondaires du canal central, maintiennent la persistance du type primitif. Chez plusieurs des Hexactinellides, les spicules, tous distincts, sont réunis, comme chez l'*Holtenia*, par une petite quantité de sarcode presque transparent, tandis que chez d'autres, comme chez la « Corbeille de Vénus », et chez les genres presque aussi brillants, *Iphiteon*, *Aphrocallistes* et *Farrea*, les spicules s'entrecroisent et forment un filet siliceux continu. Quand il en est ainsi, en faisant bouillir l'Éponge dans de l'acide nitrique, toutes les matières organiques, toutes les impuretés disparaissent pour ne laisser qu'un squelette, ravissante dentelle tissée du cristal le plus limpide. La forme des spicules à six rayons donne au filet qui résulte de leur combinaison une grande variété de dessin, avec une tendance caractéristique pourtant à présenter des mailles carrées.

Le 30 août 1870, M. Gwyn Jeffreys, draguant à 651 brasses dans l'Atlantique, à l'entrée du détroit de Gibraltar, retira une Éponge semblable à l'*Holtenia*, mais qui s'en distingue cependant par la singulière et charmante particularité d'un léger voile extérieur, tendu à un centimètre de la surface et formé de l'entrelacement des quatre rayons secondaires des grands spicules à cinq bras semblables à ceux de l'*Holtenia*. Les petits spicules du sarcode, enfouis dans les parties gélatineuses de l'Éponge vivante, sont d'une forme totalement différente. Un seul oscule s'ouvre largement, comme chez l'*Holtenia*, à la partie supérieure seulement ; au lieu de former une coupe régulièrement doublée d'un filet membraneux, le fond de la cavité *osculaire* se divise en un certain nombre de conduits qui se ramifient comme chez le *Pheronema Annæ* décrit par le Dr Leidy (fig. 65). Au premier abord j'étais disposé à placer cette espèce dans le genre *Pheronema*, mais ni la description ni le dessin du Dr Leidy ne sont concluants; ils peuvent

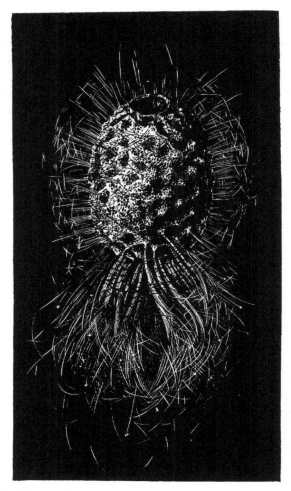

FIG. 65. — *Rossella velata*, WYVILLE THOMSON. Grandeur naturelle. (N° 32, 1870.)

fort bien s'appliquer à quelque autre forme du groupe des *Holtenia*. Les spicules du chevelu sont plus rigides et plus épais

23

que ceux de l'*Holtenia* et sont mélangés de très-gros crochets à quatre pointes.

Par 400 à 500 brasses de profondeur, à la pointe de Lews, nous avons trouvé deux fois des individus adultes d'une espèce qui appartient au genre remarquable *Hyalonema* (fig. 66), dont les plus grands exemplaires avaient des torsades de plus de 40 centimètres de longueur. L'*Hyalonema* est incontestablement un objet d'étude des plus remarquables; et bien que nos spécimens appartiennent, selon toute apparence, à l'espèce déjà signalée par M. Barboza du Bocage sur les côtes du Portugal, l'*Hyalonema lusitanicum*, ils n'en sont pas moins une des acquisitions les plus intéressantes qu'ait faites pendant notre croisière la faune britannique.

Une touffe composée de 200 à 300 fils de silice transparente, d'un éclat soyeux, semblable au verre filé le plus brillant. — Chacun des fils, long de 30 à 40 centimètres, ayant au milieu le volume d'une aiguille à tricoter, puis se terminant en pointe fine à chaque extrémité; la touffe entière réunie en spirale allongée, comme un cordage; les parties moyennes et supérieures soudées et enroulées en hélice par le fait de la torsion de chacun des fils dont elles sont composées; la partie inférieure de la torsade, lorsque l'animal est vivant, plongeant dans le limon, est éraillée de façon que chaque fil se trouve isolé des autres, comme les poils d'une brosse luisante; la partie supérieure, serrée et compacte, assujettie perpendiculairement dans une Éponge conique ou cylindrique. Ordinairement, l'extrémité supérieure de la corde siliceuse et une partie de la substance spongieuse sont recouvertes d'une couche brunâtre semblable à du cuir, dont la surface est constellée des Polypes d'un Zoo-phyte alcyonaire. Tel est l'aspect que présente un spécimen complet de l'*Hyalonema*.

Le genre a été connu en Europe par des échantillons rapportés du Japon par le célèbre naturaliste voyageur von Siebold; on voit encore des exemplaires japonais d'*Hyalonema Sieboldi* (Gray), plus ou moins complets, dans la plupart des Muséums européens. A l'époque où le premier *Hyalonema* fut apporté

Fig. 66. — *Hyalonema lusitanicum*, Barboza du Bocage. Demi-grandeur naturelle. (N° 96, 1869.)

chez nous, les autres Éponges siliceuses qui s'en rapprochent de

si près dans toutes les parties essentielles de leur structure, n'é-
taient pas encore connues ; il est curieux de suivre l'évolution
des idées qui se sont formées successivement à leur sujet.

L'organisme se compose de trois parties bien distinctes : la
première, et de beaucoup la plus remarquable, c'est la torsade
d'aiguilles siliceuses ; l'Éponge, qui pendant longtemps a été
regardée comme la base de laquelle se projetait la touffe luisante
qui était supposée s'étaler au-dessus d'elle dans l'eau ; et enfin
les Zoophytes parasitaires incrustés dans la masse.

Cette conformation compliquée faisait naître beaucoup de
conjectures. L'*Hyalonema* était-il un produit naturel ? Ce
qu'on en voyait constituait-il un organisme complet ? Ses trois
parties devaient-elles nécessairement être réunies ? Si non,
chacune des trois pouvait-elle être indépendante des autres ?
Ou bien deux d'entre elles faisaient-elles partie du même
organisme ?

L'*Hyalonema* a été nommé et décrit pour la première fois
en 1835, par le D\' Edward Gray ; dans deux notices publiées
dans les *Annales d'histoire naturelle*, il a énergiquement
défendu son opinion première. Le D\' Gray associait la touffe
siliceuse aux Zoophytes, et regardait l'Éponge comme un organisme à part. La torsade siliceuse représentait pour lui l'axe
calleux de l'*Éventail de mer* (*Gorgonia*), et la couche semblable
à du cuir comme son écorce charnue. Il supposait exister entre
ce Zoophyte et l'Éponge des rapports d'hôte et de commensal,
le Zoophyte étant invariablement associé à l'Éponge. D'après
cette opinion, il proposa, pour classer le Zoophyte, un nouveau
groupe d'Alcyonaires auquel il donna le nom de *Spongicolæ*,
pour le distinguer des *Sabulicolæ* (*Pennatulæ*) et des *Rupicolæ*
(*Gorgoniæ*).

Sous bien des rapports la théorie du D\' Gray paraissait être
juste, et elle fut acceptée dans ses données principales par le
D\' Brandt, de Saint-Pétersbourg, qui en 1859 publia un long
mémoire dans lequel étaient décrits un certain nombre de spécimens apportés du Japon. Le D\' Brandt plaçait ce qu'il croyait

un Zoophyte composé de la torsade et de l'enveloppe dans
un groupe spécial de Zoanthaires scléreux munis d'un axe
siliceux.

Un fait cependant s'élevait fortement contre l'hypothèse du
Dʳ Gray et du professeur Brandt : aucun Zoophyte connu n'avait
un axe purement siliceux, et cet axe, composé de spicules indépendants et détachés, se trouvait en étrange contradiction avec
les caractères de la classe. D'autre part, les spicules de toutes
formes et de tous volumes sont connus dans les Éponges, et
en 1857 le professeur Milne Edwards, s'autorisant de Valen-
ciennes, si versé dans l'anatomie des *Gorgonia*, réunit l'Éponge
à la torsade, et fit descendre le Zoophyte au rang de simple
parasite.

Tout objet un peu étrange provenant du Japon doit être
examiné avec défiance. Les Japonais sont extrêmement adroits,
et l'un des buts favoris de leur industrie est la fabrication de
monstres impossibles au moyen de la juxtaposition des différentes parties d'animaux divers. Il était donc tout à fait probable
que le tout était une tromperie ; que ces beaux spicules, em-
pruntés à quelque organisme inconnu, avaient été transformés
en corde par les Japonais, puis soumis, pour obtenir la complète
agglutination des fibres, à l'action des Éponges et des Zoophytes
qui pullulent dans les bas-fonds rocailleux. Ce fut là l'impression
qu'éprouva Ehrenberg en examinant l'*Hyalonema*. Il reconnut
tout de suite dans les torsades siliceuses les spicules d'une
Éponge absolument indépendante des Zoophytes dont ils étaient
incrustés, et il pensait que ceux-ci avaient été fixés sur la torsade
par des moyens artificiels et soumis à des conditions spéciales
favorables au développement d'une Éponge d'espèce différente.
L'état où l'on voit en Europe beaucoup de spécimens est fait
d'ailleurs pour exciter des doutes sur leur authenticité. Des
masses de spicules arrangés de différentes manières se vendent,
paraît-il, comme ornements. soit en Chine, soit au Japon. Les
torsades de spicules sont souvent placées verticalement, et leurs
extrémités supérieures passées à travers des trous pratiqués

358   LES ABIMES DE LA MER.

dans des pierres. M. Huxley montrait, il y a quelques années,
à la Société Linnéenne un magnifique spécimen de cette espèce,
maintenant au British Museum. Une pierre a été percée probablement par des Mollusques lithophages et toute une colonie
d'*Hyalonema* jeunes et vieux sortent de ses cavités : les plus
grands individus ont un pied et plus de longueur; les plus
petits ont la dimension du pouce et rappellent de petits pinceaux de poil de chameau. Tous sont incrustés des inévitables
Zoophytes qui s'étendent çà et là jusque sur la pierre où ils ont
probablement été scellés; mais il n'y a pas trace d'Éponge.
Un pareil arrangement ne peut être qu'artificiel.

Le Dr Bowerbank, grande autorité en fait d'Éponges, émet
une autre opinion. Il soutient que « l'axe siliceux, son enveloppe, ainsi que l'Éponge qui se trouve à sa base, font partie
du même animal ». Il considère les Polypes comme des *oscules*
qui, avec la torsade, constituent une espèce de colonne creuse
servant de cloaque.

Le professeur Max Schultze, de Bonn, après avoir étudié
avec grand soin, au Muséum de Leyde, divers spécimens plus
ou moins complets d'*Hyalonema*, a publié en 1860 une description détaillée de sa structure. D'après Schultze, l'Éponge
conique constitue le corps de l'*Hyalonema*, Éponge alliée sous
tous les rapports à l'*Euplectella*, et la torsade siliceuse est un
appendice composé de spicules modifiés. Le Zoophyte est,
cela va sans dire, un animal entièrement distinct, et ses seules
relations avec l'Éponge sont des rapports de *commensalité*; il
s'établit sur l'Éponge, vivant certainement aux dépens de la
torsade, et prenant probablement sa part de l'oxygène et des
matières organiques attirés par l'appareil ciliaire des canaux
de l'animal. Ce genre d'association est très-commun, et nous en
avons un autre exemple dans le *Palythoa Axinella* (Schmidt),
commensal assidu de l'*Axinella cinnamomea* et de l'*Axinella
verrucosa*, deux Éponges de l'Adriatique.

En 1864, le professeur Barboza du Bocage, directeur du
Muséum d'histoire naturelle de Lisbonne, communiquait à la

Société zoologique de Londres la nouvelle inattendue de la découverte, sur les côtes du Portugal, d'une espèce d'*Hyalonema*, et en 1865 il publiait, dans les Procès-verbaux de la même Société, une note supplémentaire sur le lieu d'habitation de l'*Hyalonema lusitanicum*. Il paraît que les pêcheurs de Setubal ramènent fréquemment des grandes profondeurs, sur leurs cordes, des torsades de fil siliceux qui ressemblent beaucoup à celles de l'espèce japonaise, qu'elles surpassent même en longueur, car elles atteignent parfois 50 centimètres. Les pêcheurs paraissent les bien connaître. Ils les appellent « fouets de mer»; mais, avec l'esprit superstitieux de leur classe, ils regardent tout ce qu'ils prennent et qui sort de l'ordinaire comme « portant malheur», et se hâtent ordinairement de les mettre en pièces et de les rejeter à la mer. A en juger par quelques spécimens du British Museum et par le dessin de du Bocage, la « corde de verre » de l'espèce portugaise est moins épaisse que celle de l'*Hyalonema Sieboldi*. Il y a aussi une légère différence dans la sculpture des longues aiguilles; mais la structure même de l'Éponge et la forme très-caractéristique des petits spicules sont identiques. Je ne pense pas qu'il y ait entre les deux formes d'autres différences que quelques imperceptibles nuances dans les détails, et, s'il en est réellement ainsi, c'est une nouvelle espèce à ajouter à la liste de celles qui sont communes à nos mers et aux mers du Japon.

La plus singulière peut-être des circonstances qui ont accompagné ces études, c'est que pendant toute leur durée l'Éponge a été étudiée sens dessus dessous, et que personne n'a eu l'idée de la placer en sens inverse. Cela vient de l'arrangement des spécimens apportés du Japon et assujettis dans des pierres; il est certain que l'Éponge a tout l'air d'avoir été faite pour servir de base à l'édifice. Quand les Éponges draguées plus tard sur les côtes d'Europe furent comparées à d'autres espèces voisines, il devint évident que la touffe sortant de la partie inférieure de l'Éponge est placée là pour la soutenir, et que le disque plat ou légèrement creusé qui reçoit l'ex-

trémité supérieure de la torsade, avec une papille au centre, de
larges ouvertures osculaires, et une frange de spicules déliés
rayonnant autour des bords, est la partie supérieure de l'Éponge
destinée probablement à s'étendre à la surface du limon.

L'*Hyalonema* se rapproche beaucoup, dans sa **structure**
essentielle, de l'*Holtenia* et des formes les plus caractéristiques
des Hexactinellides. La surface est soutenue par un filet **carré**,
formé par l'entrecroisement symétrique des quatre rayons
secondaires de spicules à cinq branches; le sarcode qui relie
ensemble ces rayons est plein lui-même de légers et imperceptibles spicules, qui garnissent les branches comme une frange
déliée. Les ouvertures (*oscula*) sont placées presque **toutes sur**
le disque supérieur, et conduisent à de nombreux **passages qui**
traversent dans tous les sens le corps de l'Éponge. **Lorsque**
l'on étudie son développement, la torsade perd tous ses **mys-**
tères. Un des *Holtenia* pris à la pointe de Lews avait **parmi**
ses fibres une légère accumulation de matière verdâtre **et gra-**
nulée; placée sous le microscope, on découvrit qu'elle se
composait d'un grand nombre de petites Éponges à peine
sorties de l'état de germes. Toutes se ressemblaient parfaitement à première vue : c'étaient de petits corps en **forme**
de poire, avec un long et léger pinceau de spicules **soyeux,**
en guise de tige. En y regardant de plus près cependant, ces
germes parurent appartenir à des espèces différentes, **chacun**
reproduisant, sans qu'on pût s'y méprendre, les formes qui
caractérisaient ses spicules spéciaux. La plupart étaient des
jeunes *Tisiphonia;* mais parmi eux se trouvaient plusieurs
Holtenia, et un ou deux se rapportaient à l'*Hyalonema.* Deux
ou trois draguages dans la même localité nous en amenèrent
à tous les degrés de développement, charmants petits organismes longs d'un centimètre, ayant une seule ouverture
osculaire à leur extrémité supérieure, et une touffe semblable
à un léger pinceau. A ce degré de croissance, le *Palythoa* est
habituellement absent; mais, dès que le corps de l'Éponge
atteint 15 millimètres de longueur environ, on aperçoit géné-

ralement un petit tubercule rougeâtre au point de jonction de
la torsade et du corps de l'Éponge : c'est le germe du premier
Polype.

L'*Hyalonema lusitanicum* (Barboza du Bocage), espèce qui
se trouve dans les mers britanniques et sur les côtes occidentales de l'Europe, paraît habiter une zone restreinte, mais être
fort abondante aux stations où on la rencontre.

Pendant la croisière de M. Gwyn Jeffreys en 1870, on
dragua, à la hauteur du cap Saint-Vincent, sur un terrain

Fig. 67. — *Askonema setubalense*, Kent. Un huitième de la grandeur naturelle. (N° 25, 1870.)

rocailleux et par 374 brasses, deux spécimens d'une très-
curieuse Éponge, faisant partie des Hexactinellides. La plus
grande représente une coupe complète, fort élégante, de 90 centimètres de diamètre, sur 60 de hauteur (fig. 67). L'Éponge
fut retirée pliée en deux, et ressemblait ainsi à un morceau
de molleton de laine grossier et grisâtre. La structure cependant est fort belle. Comme celle de l'*Holtenia*, elle consiste
dans deux couches de filet, une intérieure, l'autre extérieure,

formées par l'entrelacement symétrique des quatre branches
latérales de spicules à cinq rayons; de même que chez l'*Holtenia* et le *Rossella*, le sarcode est plein de spicules excessivement fins, à cinq et à six branches, qui cependant ont un
caractère bien distinct et qui leur est spécial; çà et là un très-
beau spicule en forme de rosette, autre modification curieuse
du type *sexradié*, qui caractérise ce groupe. Entre ces deux
filets, la substance même de l'Éponge se compose de mailles
détachées et arrondies, formées par les faisceaux faiblement
réunis de longues fibres, mélangées de spicules appartenant
à d'autres formes, mais en petite quantité. Cette Éponge paraît
avoir été fixée sur une pierre. Elle est dépourvue de spicules
d'*ancrage*, et le pied de la coupe, qui dans nos deux spécimens
est très-rétréci et de forme carrée, a, selon toute apparence,
été arraché de quelque corps auquel il était adhérent. Cette
belle espèce a été nommée *Askonema setubalense*, et brièvement décrite, d'après un exemplaire du Muséum de Lisbonne,
par M. Saville Kent, dans un mémoire où il fait mention des
Éponges draguées dans le yacht de M. Marshall Hall [1].

D'autres Éponges appartenant à des groupes différents, ramenées aussi des grandes profondeurs, sont presque aussi intéressantes. J'ai déjà fait allusion (page 157) aux belles espèces
branchues appartenant aux Espéradiées, qui abondent sur les
côtes de l'Écosse et du Portugal. Près de l'entrée du détroit de
Gibraltar, on a pris en quantités considérables bon nombre
d'individus qui font partie d'un groupe qu'on a confondu au
premier abord avec les Hexactinellides, parce qu'elles présentent fréquemment un filet siliceux, brillant et continu, qui,
bouilli dans l'acide nitrique, produit la même fine dentelle. Les
Corallio-spongiaires diffèrent pourtant des Hexactinellides par
un caractère très-important. Chez ces dernières, le spicule est
sexradié; chez les premiers, il se compose d'une *flèche* ayant
à une extrémité trois rayons divergents. Il arrive souvent que

---

1. Monthly Microscopic Journal, November 1, 1870.

ceux-ci s'étendent sur un même plan, puis ils se séparent
de nouveau, et il n'est pas rare que les espaces qu'ils laissent
entre eux se remplissent d'une seconde couche siliceuse, dentelée et brodée sur les bords de manière à donner au spicule
l'apparence d'un clou aplati et richement travaillé. Ces étoiles
ou disques à trois branches soutiennent, en se soudant entre
eux, la membrane extérieure, et ce sont des spicules du même
type qui, fondus ensemble suivant des dessins variés, forment
le squelette de l'organisme.

Ce groupe d'Éponges n'est encore qu'imparfaitement connu.
Elles paraissent caractérisées par des formes telles que le
Geodia et le *Tethya*. Le type avec lequel nous sommes le plus
familiers est le genre *Dactylocalyx*, représenté par les masses
en forme de coupes semblables à la pierre ponce, et qui sont
jetées de temps en temps sur les rivages des îles des Indes
occidentales.

Le professeur P. Martin Duncan a déjà publié une description des Madrépores recueillis pendant la croisière du *Porcupine* en 1869, et il a maintenant entre les mains ceux qui ont
été trouvés sur les côtes du Portugal en 1870, et dont quelques-uns sont d'un intérêt d'autant plus grand, qu'ils ressemblent d'une manière frappante à certaines formes crétacées.
On en a dragué en 1869 douze espèces différentes.

Le *Caryophyllia borealis* (Fleeming) (fig. 4, p. 22) est très-
abondant aux profondeurs moyennes, particulièrement le long
de la côte occidentale de l'Irlande, où il présente de nombreuses variétés. La plus grande profondeur à laquelle cette
espèce ait été draguée est de 705 brasses. Il se rencontre à l'état
fossile dans les couches miocènes et pliocènes de la Sicile.

Le joli Corail *Ceratocyathus ornatus* (Seguenza) n'a fourni
qu'un seul échantillon à la pointe de Lews, par 705 brasses.
Il n'était pas encore connu comme espèce vivante : Seguenza
l'avait trouvé dans les couches miocènes tertiaires de Sicile.
Le *Flabellum laciniatum* (Edwards et Haime) abonde de 100
à 400 brasses, depuis les Faröer jusqu'au cap Clear. L'ex-

trême ténuité de son enveloppe extérieure rend ce Corail
excessivement fragile, et parmi plusieurs centaines d'exemplaires remontés dans la drague, c'est à peine s'il s'en est
trouvé une demi-douzaine qui fussent complets. Une autre
belle espèce du même genre, le *Flabellum distinctum* (fig. 68),

FIG. 68. -- *Flabellum distinctum*. Double de la grandeur naturelle. (N° 28. 1870.)

a été draguée à plusieurs reprises, en 1870, sur les côtes du
Portugal. Ce qui donne un intérèt tout particulier à cette
espèce, c'est qu'elle paraît être identique avec une forme des
mers du Japon.

Le *Lophohelia prolifera* (Pallas) (fig. 30, page 141), et ses
nombreuses variétés, abondent dans les profondeurs de 150 à
500 brasses, tout le long des côtes occidentales de l'Écosse
et de l'Irlande, dans un milieu dont la température oscille
entre 0° et 10° C. Dans certains parages, à la station 54 par
exemple, entre l'Écosse et les Faröer, et à la station 15, entre
la côte occidentale de l'Irlande et le banc du Porcupine, ils
paraissent former de véritables lits, car la drague revient
toujours chargée de fragments vivants et morts.

Cinq espèces voisines du genre *Amphihelia* se montrèrent,
mais beaucoup moins abondamment.

L'*Allopora oculina* (Ehrenberg). Très-belle forme dont on
prit quelques spécimens dans la zone froide, à un peu plus
de 300 brasses de profondeur.

Le *Thecopsammia socialis* (Pourtalès) (fig. 69), forme alliée de près au *Balanophyllia*, et qui ressemble à certaines espèces saxophiles. Il avait été déjà dragué dans le golfe de la Floride. Le *Thecopsammia* est assez commun dans les grandes profondeurs des zones froides, où il vit en société : on en ramène parfois cinq ou six exemplaires sur le même fragment de rocher.

FIG. 69. — *Thecopsammia socialis*, POURTALÈS. Une fois et demie la grandeur naturelle (N° 57, 1869.)

J'ai déjà appelé l'attention sur l'erreur que l'on peut commettre en voulant apprécier la proportion dans laquelle certains groupes spéciaux font partie de la faune des grandes profondeurs, d'après le nombre des individus capturés d'une façon ou d'une autre. Leur volume considérable, la longueur et la rigidité de leurs bras et l'habitude qu'ils ont de s'attacher à des objets fixes, empêchent les Échinodermes de se prendre facilement dans la drague, mais en revanche ils sont la proie des « houppes de chanvre ». Il est fort possible que cette circonstance ait, jusqu'à un certain point, donné une idée fausse de leur abondance dans les profondeurs extrêmes ; mais la grande quantité qu'on en ramène prouve cependant d'une manière positive qu'à certains endroits ils sont étonnamment nombreux : il nous est arrivé souvent de draguer des Éponges et des Coraux qui en étaient littéralement couverts, conservant leurs attitudes habituelles, blottis au milieu des fibrilles et dans les angles formés par les branches des Coraux. J'ai compté soixante-treize exemplaires d'*Amphiura abyssicola*, petits et grands, établis sur un seul *Holtenia*.

Le premier ordre des Échinodermes, les Crinoïdes, ont toujours eu pour les naturalistes un intérêt tout spécial, soit à cause de leur beauté et de leur très-grande rareté, soit sous le rapport du rôle important qu'ils ont joué dans la faune des périodes anciennes de l'histoire de la terre. Désireux comme nous l'étions de retrouver les chaînons disparus qui devaient servir à relier le présent au passé, le moindre indice de leur présence devait être le bienvenu parmi nous. Les Crinoïdes étaient fort abondants dans les mers de la période silurienne. Certaines couches profondes du calcaire carbonifère sont formées presque exclusivement de leurs squelettes, dont les articulations sont réunies par un sédiment calcaire ; les calices entiers de l'élégant Crinoïde en forme de lis se comptent souvent par douzaines à la surface d'une plaque de muschelkalk. Mais plus tard l'ordre entier paraît avoir eu le dessous dans la « lutte pour l'existence ». Les exemplaires deviennent rares dans les couches *mézozoïques* récentes, plus rares encore dans les tertiaires ; et jusqu'à ces dernières années on ne connaissait dans les mers de la période actuelle que deux Crinoïdes à tige vivants, qu'on supposait n'exister que dans les grandes profondeurs de la mer des Antilles, d'où les pêcheurs en ramenaient de temps en temps sur leurs cordes des échantillons mutilés. Leur existence est connue depuis plus d'un siècle ; mais, malgré toute l'ardeur des recherches, une vingtaine d'individus tout au plus étaient arrivés jusqu'en Europe ; encore sur ce nombre deux seulement conservaient-ils toutes les plaques et

toutes les articulations du squelette, et tous étaient privés de
leurs parties molles.

Ces deux espèces appartiennent au genre *Pentacrinus*, qui
est abondamment représenté dans les couches du lias et de
l'oolithe, et plus faiblement dans la craie blanche ; elles se
nomment *Pentacrinus Asteria* (L.) et *Pentacrinus Mülleri*
(Oersted). La fig. 70 représente la première des deux. Cette
espèce est connue en Europe depuis l'année 1755, époque où
un spécimen fut apporté de la Martinique à Paris, et décrit par
Guettard dans les *Mémoires de l'Académie royale des sciences*.
Pendant le siècle suivant, quelques exemplaires apparurent
à de longs intervalles, venant des Antilles. Ellis en a décrit un,
qui est maintenant dans le muséum Huntérien à l'université
de Glasgow, dans les *Philosophical Transactions* de 1761. Un
ou deux ont trouvé le chemin des muséums de Copenhague, de
Bristol et de Paris ; deux, celui du British Museum. Il en est
heureusement tombé un entre les mains de feu le professeur
Johannes Müller, de Berlin, qui en a fait paraître une description détaillée dans les *Actes de l'Académie royale de Berlin*
de 1843. Dans le courant de ces dernières années, M. Damon,
de Weymouth, naturaliste collectionneur bien connu, en a
acquis plusieurs fort beaux spécimens, qui sont maintenant
dans les muséums de Moscou, de Melbourne, de Liverpool
et de Londres.

Le *Pentacrinus Asteria* peut être pris comme type de son
ordre : aussi vais-je en faire une rapide description. L'animal se
compose de deux parties bien distinctes, une tige et une tête.
La tige consiste dans une succession d'articulations calcaires
aplaties ; on la brise facilement au point de jonction de deux
de ces articles : en introduisant la pointe d'un canif dans la
suture suivante, on enlève facilement l'articulation entière.
Le centre de l'article est perforé, et ce trou, dans lequel on
pourrait introduire une aiguille fine, fait partie d'un conduit
rempli, pendant la vie de l'animal, d'une matière gélatineuse
et nutritive qui circule dans toute la longueur de la tige, dans

toutes les plaques du calice, et finalement passe à travers l'axe

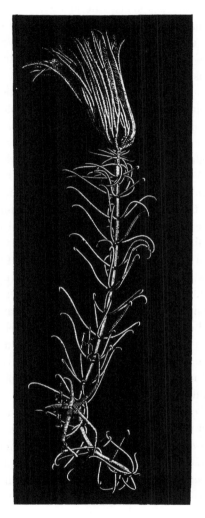

Fig. 70. — *Pentacrinus Asteria*, Linnaeus. Un quart de la grandeur naturelle

de chacun des articles des bras et pénètre jusqu'aux extrémités

des dernières pinnules qui les terminent. Sur les surfaces supérieure et inférieure des articles de la tige, se trouve tracé un
gracieux dessin formé de cinq espaces ovales disposés en rayons.
Chacun d'eux est entouré d'une bordure de côtes alternant avec
des sillons très-fins. Les côtes de la surface supérieure s'ajustent
dans les sillons de la surface inférieure de l'article placé immédiatement au-dessus ; de sorte que, bien que par le fait de sa
subdivision en tronçons la tige soit susceptible de certains
mouvements, ceux-ci sont cependant fort limités.

La bordure de chaque dessin étoilé est exactement à la
mesure de celle de l'étoile qui est au-dessus et de celle qui est
au-dessous ; les cinq petites feuilles dont elles se composent
sont également placées les unes au-dessus des autres. Au centre
des feuilles, la matière calcaire, qui fait le fond même des
articles, est beaucoup moins compacte qu'à la circonférence, et
cinq liens ovales de fibres solides passent dans les espaces intermédiaires, au travers des articulations et de l'une à l'autre,
d'une des extrémités de la tige jusqu'à l'extrémité opposée.
Ces bandes fibreuses prêtent beaucoup de force à la colonne,
qui ne se rompt pas facilement, même quand l'animal est mort
et desséché. Leur élasticité permet aussi une certaine flexibilité
passive. Il n'existe aucun muscle entre les articulations de la
tige, de sorte que l'animal ne paraît pas pouvoir la remuer
à volonté. Il n'est probablement balancé que par les marées,
par les courants et par l'action de ses propres bras.

Chez le *Pentacrinus Asteria*, chaque dix-septième article
environ de la partie inférieure de la tige adulte est un peu plus
épais que les autres, et porte un verticille de cinq longs cirres
ou vrilles. La section de la tige, même près de sa base, est
légèrement pentagonale, et le devient d'une manière plus marquée en approchant de la tête. Les cirres sortent des sillons
peu profonds formés par les angles rentrants du pentagone, et
sont disposés sur cinq rangs, du haut en bas de la tige ; ils se
composent de trente-six ou trente-sept courtes articulations :
à leur naissance, ils sont roides et rigides, mais leur extrémité

24

se recourbe en général vers le bas, et la dernière articulation
est aiguë et en forme de griffe. Ces cirres n'ont pas de véritables muscles; ils sont doués seulement d'une certaine con-
tractilité autour des objets résistants qu'ils touchent; on trouve
souvent des Astéries et autres animaux marins enchevêtrés
parmi eux. C'est ainsi que le spécimen ici représenté est
devenu la demeure temporaire d'une espèce très-élégante
d'*Asteroporpa*.

En se rapprochant de la tête, les cirres deviennent plus
courts et plus minces, leurs verticilles se rapprochent de plus
en plus; en voici la raison. La tige s'accroît immédiatement
au-dessous de la tête, et les articles qui portent les cirres ont
été les premiers formés; les intermédiaires se sont produits
ensuite au-dessous et au-dessus des articles à cirres, qu'ils
séparent graduellement de ceux qui les avoisinent, jusqu'à ce
que le nombre des dix-sept ou dix-huit articulations intermédiaires soit complet. En haut de la tige, cinq petits tubercules
calcaires s'élèvent sur les côtes que forme le pentagone; c'est
sur ces excroissances et sur la partie supérieure de la tige que
repose le calice qui renferme les viscères de l'animal. Dans
cet état, ces tubercules n'ont pas grande importance, mais ils
représentent des articulations qu'on trouve fréquemment développées en plaques larges et très-ornées chez les diverses classes
de ses ancêtres fossiles. Ce sont les plaques de la base du calice.
Sur une rangée supérieure, et alternant avec ces dernières, se
trouve un rang de cinq plaques oblongues, qui font face aux
sillons de la tige, et adhèrent les unes aux autres de manière
à former un anneau; ces plaques sont isolées quand l'animal
est jeune : on les nomme les *premières plaques radiales*.
elles sont le commencement de longues séries d'articulations qui se prolongent jusqu'aux extrémités des bras.
Immédiatement au-dessus de ces plaques, il s'en trouve
une seconde rangée presque de même forme et de mêmes
dimensions : seulement ces dernières ne sont pas adhérentes
les unes aux autres et ne forment pas d'anneau : ce sont les

secondes radiales. Sur celles-ci repose une troisième série de cinq plaques très-semblables à celles des autres rangées. Au centre de leur surface supérieure, deux côtes se croisent, et leurs deux bords, taillés en biseau, reçoivent chacun deux articulations au lieu d'une seule. Les articulations de ce dernier anneau sont les *radiales axillaires*; c'est au-dessus d'elles que se trouve placée la première bifurcation des bras. Ces trois séries d'articulations radiales constituent le calice lui-même. Dans les espèces vivantes, les dimensions en sont peu considérables; mais chez beaucoup d'espèces fossiles ils ont un très-grand développement, et forment parfois, avec l'aide de plaques intermédiaires ou interradiales, et d'une rangée de plaques basilaires, une spacieuse cavité intérieure. Les deux articulations supérieures de chaque rayon sont séparées de celles du rayon voisin par un prolongement inférieur de la membrane ridée qui recouvre la surface supérieure du *disque* ou corps de l'animal; appuyée sur les bords de chacune des articulations axillaires radiales, se trouve une série de cinq articulations, dont la dernière est taillée également en biseau, pour recevoir deux articulations. Ces cinq articles forment la première série des *articulations brachiales*; c'est à partir de la base de cette série que les bras deviennent libres.

La première des articulations brachiales, c'est-à-dire celle qui est immédiatement au-dessus de l'axillaire radiale, est en quelque sorte partagée en deux par une suture toute spéciale que Müller appelle une *syzygie*. Toutes les articulations ordinaires des bras sont pourvues de muscles qui produisent des mouvements variés, et qui assujettissent les articulations fortement ensemble. Les syzygies en sont dépourvues, et, conséquemment, les bras se brisent facilement partout où elles existent. C'est là une admirable précaution pour la sécurité d'un organisme compliqué d'un si grand nombre d'appendices. Un de ses bras venant à s'embarrasser ou à tomber sous la griffe ou sous la dent d'un ennemi, une secousse suffit au Crinoïde pour se séparer du membre compromis, et, grâce à la faculté merveilleuse que possède tout ce groupe de reproduire ses parties endommagées, le bras est bientôt remplacé.

Quand l'animal meurt, il brise généralement tous ses bras aux syzygies, de sorte que la plupart des spécimens qui ont été apportés en Europe y sont arrivés avec les bras séparés du corps.

Sur chacune des branches, à la sixième articulation environ au-dessus de la première, il se présente un second appendice brachial et une autre bifurcation, puis une autre encore sept ou huit articulations plus loin; et ainsi de suite, mais de plus en plus irrégulièrement en s'éloignant du centre, jusqu'à ce que chacun des cinq rayons primitifs se soit divisé et subdivisé en vingt à trente branches terminales, ce qui produit une couronne composée de plus de cent bras. La surface supérieure de chacune des articulations des bras a une profonde rainure, l'inférieure est convexe; alternativement, de chaque côté, une série d'osselets, qui forment les dernières petites branches ou *pinnules*, frangent les bras de la même manière que les barbes d'une plume. Il est fâcheux que la plupart des exemplaires du *Pentacrinus Asteria* trouvés jusqu'ici soient privés de leurs parties molles, et que leurs disques soient endommagés. Je possède pourtant un spécimen complet. La partie supérieure du corps est recouverte d'une membrane tachetée de plaques irrégulières et aplaties; après avoir recouvert le disque, cette membrane pénètre dans les espaces qui séparent les séries des articulations radiales, et complète, avec les articulations du calice, la paroi du corps. La bouche est une ouverture arrondie et de grande dimension, placée au centre du disque; elle communique avec un estomac, suivi d'un intestin court et recourbé, se terminant par un tube excréteur prolongé, qui n'est autre que la prétendue *trompe* des Crinoïdes fossiles : ce tube naît à la surface du disque, près de l'orifice buccal. A partir de la bouche, cinq profondes rainures, bordées de chaque côté de petites plaques carrées, se prolongent jusqu'au bord du disque, et continuent les sillons de la surface supé-

rieure des bras et des pinnules. Dans les angles qui séparent
ces rainures, cinq zones solidifiées du revêtement du disque
entourent la bouche sous forme de *valves*. Elles ont été supposées remplir l'office de dents, mais les Crinoïdes ne sont point
des animaux de proie, et leur nutrition s'opère d'une façon fort
inoffensive. Les rainures des pinnules et des bras sont abondamment pourvues de cils. Le Crinoïde développe ses bras
à la façon des pétales d'une fleur épanouie, et un courant d'eau
de mer chargé de matières organiques en dissolution et en
suspension est dirigé par les cils dans les rainures brachiales
et radiales, et de là dans la bouche de l'animal. Toutes les
matières assimilables sont absorbées dans l'estomac et dans
l'intestin, et la longueur et la direction du conduit excréteur
empêchent l'eau qui a été ainsi épuisée de rentrer immédiatement dans les rainures ciliées.

La seconde espèce de *Pentacrinus*, celle des Indes occidentales, le *Pentacrinus Mülleri*, paraît être plus abondante près
des îles danoises que le *Pentacrinus Asteria*. Les formes de
l'animal sont plus délicates; la tige atteint à peu près la même
longueur, mais elle est plus mince ; les anneaux des cirres se
répètent à douze articulations environ d'intervalle, et à chaque
verticille il y a modification de deux articles : le supérieur porte
la facette destinée à l'insertion des cirres, et l'inférieur présente une rainure qui reçoit la base élargie, laquelle est serrée
fortement contre la tige, avant de devenir libre. La syzygie est
placée entre les deux articulations modifiées, et chez tous les
spécimens complets que j'ai pu voir, la tige est rompue à l'une
de ses syzygies ; l'articulation terminale de la tige qui est usée
et amincie, prouve que l'animal était depuis longtemps libre
de tout lien le fixant au fond.

Le 21 juillet 1870, mon ami M. Gwyn Jeffreys, draguant sur
le *Porcupine*, dans une profondeur de 1095 brasses, par 39° 42′
de latit. N. et 9° 43′ de longit. O., avec 4°,3 C. de température
et un fond de boue molle, prit environ vingt spécimens d'un
beau *Pentacrinus*, embarrassés dans les houppes de chanvre,

et il m'a fait l'honneur d'associer mon nom à ce splendide accroissement de la faune des mers européennes.

Le *Pentacrinus Wyville-Thomsoni* (Jeffreys) (fig. 71) tient le milieu, par quelques-uns de ses caractères, entre le *Pentacrinus Asteria* et le *Pentacrinus Mulleri*; c'est cependant de la dernière espèce qu'il se rapproche le plus. Chez un spécimen adulte, la tige a environ 120 millimètres de longueur, et se compose de cinq ou six entre-nœuds. Les verticilles des cirres sont à 40 millimètres de distance les uns des autres, vers la partie inférieure de la tige, et les entre-nœuds comprennent de trente à trente-cinq articulations. Les cirres sont un peu courts, et sortent en ligne droite de l'articulation, ou se recourbent brusquement en bas, comme chez le *Pentacrinus Asteria*. Cette articulation est simple; elle ne diffère pas essentiellement des autres articulations internodales de la tige. La syzygie la sépare de celle qui est immédiatement au-dessous. Les tiges des exemplaires adultes de cette espèce se terminent uniformément par une articulation à tubercules entourée de son verticille de cirres recourbés comme des racines en forme de griffes. La surface inférieure de l'articulation terminale est arrondie, et témoigne de la liberté dans laquelle, depuis longtemps, l'animal avait vécu. J'avais déjà observé cette particularité chez certains spécimens du *Pentacrinus Mulleri*; je ne doute pas qu'elle ne soit habituelle dans l'espèce en question, et que l'animal ne vive légèrement engagé dans la boue molle, mais changeant de place à volonté, nageant au moyen de ses bras empennés, et occupant, sous ce rapport, une place intermédiaire entre le genre libre *Antedon* et les Crinoïdes décidément fixes.

Un individu jeune du *Pentacrinus Wyville-Thomsoni* indique la manière dont cette liberté s'acquiert dans cette espèce. La longueur totale de ce spécimen est de 95 millimètres, sur lesquels la tête en occupe 35. La tige est rompue au milieu du huitième entre-nœud, en partant du côté de la tête; celui des entre-nœuds complets qui est placé le plus bas compte

14 articulations, le suivant 18, le suivant 20, et le dernier 26.

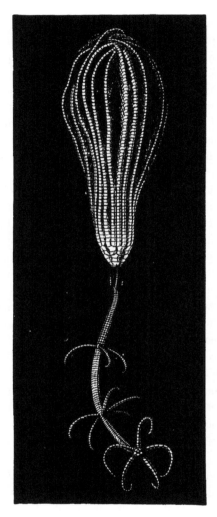

Fig. 71. — *Pentacrinus Wyville-Thomsoni*, JEFFREYS, Grandeur naturelle. (N° 17, 1870.)

Les cirres du verticille inférieur ont 8 articulations, ceux du second 10, ceux du troisième 12, et ceux du quatrième 14. Ceci est l'inverse de ce qui se passe chez les spécimens adultes, dont les articulations *internodales* et celles des cirres décroissent régulièrement de bas en haut. L'entre-nœud rompu chez le jeune individu, les trois entre-nœuds qui sont au-dessus sont atrophiés et n'ont pas acquis leur entier développement; puis, brusquement, au troisième nœud à partir de la tête, la tige augmente de volume et paraît être complétement développée. Il n'est pas douteux, d'après cet exemple, que pendant la première partie de son existence le Crinoïde ne soit fixé, et, plus tard, rendu libre par la dessiccation et la rupture de la partie inférieure de sa tige.

La structure du calice est la même que chez le *Pentacrinus Asteria* et le *Pentacrinus Mulleri*. Les plaques de la base se montrent sous la forme de boucliers qui avancent et recouvrent les angles saillants de la tige. Alternant avec ces plaques, les premières radiales bien développées forment un anneau fermé et tiennent à des secondes radiales libres par des muscles articulaires. Les secondes radiales sont réunies par une syzygie aux axillaires radiales, qui, comme toujours, portent chacune deux premières brachiales sur leurs bords taillés en biseau. Une seconde brachiale se réunit par une syzygie à la première, et, dans l'état normal, cette seconde brachiale est une axillaire, et porte deux bras simples; il arrive cependant quelquefois que l'axillaire brachiale porte un seul bras sur l'un de ses bords ou sur les deux, ce qui diminue le nombre total des bras; quelquefois, au contraire, un des quatre bras fournis par les axillaires brachiales se subdivise, et alors le nombre total des bras est accru. La structure du disque est à peu près la même que dans les espèces déjà connues du même genre.

Deux autres Crinoïdes fixes ont été dragués par le *Porcupine*; il faut les classer parmi les *Apiocrinidæ*, qui diffèrent de toutes les autres sections de leur ordre par la structure de la partie supérieure de la tige. Sur un point situé bien au-dessous de la couronne des bras, les articulations de la tige s'élar-

gissent par l'effet du plus grand développement de l'anneau
calcaire, car le tube central n'augmente pas sensiblement de
volume. L'élargissement des articles de la tige augmente en
remontant jusqu'à produire un corps en forme de poire, ordinairement fort élégant, et qu'on prendrait volontiers pour le
calice; il n'est dû cependant qu'à l'épaississement régulier de
la tige. La cavité du corps occupe une faible dépression placée
au sommet; elle est entourée des plaques du calice, de celles de
la base et des radiales, qui sont plus épaisses et plus massives
que chez les autres Crinoïdes, mais d'ailleurs disposées de la
même manière. La tige est ordinairement longue et demeure
simple jusqu'à sa base; là elle se complique d'un appareil de
fixation comme chez les célèbres Encrinites piriformes du calcaire bathonien (*forest-marble*). Ce sont tantôt des couches
concentriques de ciment calcaire qui la fixent sur un corps
étranger; tantôt, comme chez le *Bourguetticrinus* de la craie,
et le *Rhizocrinus* actuellement vivant, c'est une série irré-
gulière de cirres branchus et articulés.

Les *Apiocrinidæ* ont atteint leur maximum de développement pendant la période jurassique, où ils étaient représentés
par plusieurs belles espèces des genres *Apiocrinus* et *Milleri-
crinus*. Le genre crétacé *Bourguetticrinus* trahit déjà des sym-
ptômes de dégénérescence. La tête est petite, les bras minces
et courts. Les articulations des bras sont si ténues, qu'il est
presque impossible d'en recueillir une série parmi les fragments dont la craie est parsemée, même dans le voisinage d'un
groupe de calices. La tige est démesurément grosse et longue,
circonstance qui ferait supposer que l'animal se nourrissait
surtout par une absorption extérieure de matières organiques,
et que la tête ainsi que les organes spéciaux d'assimilation
servaient principalement aux fonctions de la reproduction.
Le *Rhizocrinus loffotensis* (M. Sars) (fig. 72) a été découvert pendant l'année 1864, dans une profondeur d'environ
300 brasses, près des îles Loffoten, par G. O. Sars, fils du
célèbre professeur de l'université de Christiania, qui en fit la

description en 1868. C'est évidemment là une forme des *Apio-*

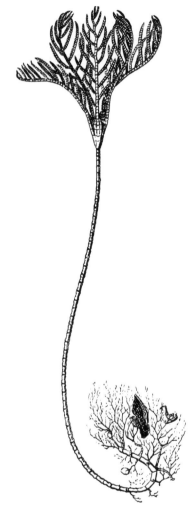

FIG. 72. — *Rhizocrinus lofjotensis*, M. SARS. Une fois et demie la grandeur naturelle.
(N° 13, 1869.)

crinidæ plus dégénérée encore que le *Bourguetticrinus*, auquel

il ressemble beaucoup. La tige est longue et excessivement
épaisse, eu égard au volume de la tête; les articulations en
sont longues, coniques; entre ces articles sont ménagés des
espaces qui alternent de chaque côté de la tige, comme chez le
Bourguetticrinus et chez l'*Antedon*, dans lesquels sont insérés
des fascicules de fibres contractiles. Vers la base de la tige, des
branches s'échappent de la partie supérieure des articulations;
elles se composent d'une succession d'articles qui vont diminuant graduellement. Ils se divisent et se subdivisent, pour
former une touffe de fibres qui souvent s'épanouissent à leurs
extrémités en minces lames calcaires, qui s'accrochent aux
débris de coquilles, aux grains de sable, à tout ce qui est fait
pour favoriser la fixation du Crinoïde dans la boue molle,
qui est à peu près universellement répandue dans les grandes
profondeurs.

Chez les *Rhizocrinus*, on ne peut distinguer les séries de
plaques qui sont à la base du calice. Elles sont cachées dans
l'intérieur d'un anneau fermé placé au sommet de la tige. Cet
anneau se compose-t-il des seules plaques de la base fondues
ensemble, ou d'une articulation supérieure de la tige renfermant ces plaques et formant *rosette*, comme dans le calice de
l'*Antedon*? C'est là une question qui ne pourra se résoudre que
par l'observation attentive des degrés successifs du développement de l'animal. Les premières radiales sont également fondues les unes dans les autres, et forment la partie supérieure et
la plus large d'un calice en forme d'entonnoir. Elles sont profondément entaillées dans leur partie supérieure pour recevoir
les muscles et les ligaments qui les unissent aux secondes
radiales par une véritable articulation. Une des particularités
les plus remarquables de cette espèce, c'est que les premières
radiales, les premiers articles du bras, varient en nombre:
quelques exemplaires ont quatre rayons, d'autres cinq, quelques-uns six, et un très-petit nombre sept, dans la proportion suivante. Sur 75 individus étudiés par G. Sars, il s'en
trouvait:

15 ayant	....	4 bras.
43 —	....	5
15 —	....	6
2 —	....	7

Cette *variabilité* dans un membre aussi important, surtout quand on la rapproche de l'énorme prépondérance de la partie végétative de cet organisme sur la partie animale, doit, sans aucun doute, indiquer une déchéance dans l'organisation des *Apiocrinidæ* de la période jurassique.

Après l'anneau ankylosé des premières radiales, suit une rangée de secondes radiales indépendantes, qui sont réunies par une suture syzygiale droite, à la série suivante, qui se compose des axillaires radiales. La surface de la partie de la tige dilatée en forme d'entonnoir et surmontée par l'anneau des premières radiales est unie et égale; les secondes radiales, ainsi que les axillaires radiales, présentent une surface extérieure lisse et régulièrement cintrée. Les axillaires radiales diffèrent des articulations correspondantes de la plupart des autres Crinoïdes connus par une légère contraction de leur partie supérieure, qui ne présente qu'une seule facette articulaire, et ne donne naissance qu'à un seul bras. Les membres, qui chez les plus grands spécimens ont de 10 à 12 millimètres de longueur, se composent d'une série d'environ vingt-huit à trente-quatre articulations uniformément et transversalement cintrées et garnies de profondes rainures destinées à recevoir les parties molles. Un article sur deux porte une pinnule; les pinnules alternent de chaque côté de l'axe du bras. L'article qui ne porte pas de pinnule est réuni par une syzygie à l'article supérieur, qui en est pourvu : ainsi les articulations avec liens musculaires alternent avec les syzygies sur toute la longueur du bras.

Les pinnules, au nombre de douze ou quatorze, se composent d'une série uniforme de très-petites articulations réunies par des muscles ligamenteux. Les rainures des bras et des pinnules sont bordées d'une double série de plaques calcaires minces.

arrondies et fenestrées, qui, lorsque l'animal est replié et au repos, forment une enveloppe imbriquée garnie de ses délicats tentacules *cirraux*. Elle protége le nerf et le vaisseau radial. La bouche est placée au centre du disque, et des conduits, dont le nombre est égal à celui des bras, traversent le disque, et continuent les rainures des bras. La bouche est entourée d'une rangée de cirres flexibles, disposés à peu près comme chez l'*Antedon pentacrinoides;* elle est pourvue de cinq plaques calcaires ovales, semblables à des valves, qui occupent les angles interradiaux, et se referment à volonté sur la bouche. Une papille placée au fond de l'un des espaces interradiaux, désigne la position d'un imperceptible orifice excréteur.

Le *Rhizocrinus loffotensis* apporte une forme des plus intéressantes à la faune britannique. Nous l'avons découvert en 1869, dans le canal des Faröer, sous la forme de trois exemplaires très-mutilés, pris à 530 brasses, avec température de fond de 6°,4 C., station 12 (1868). Plusieurs spécimens sont arrivés embarrassés dans les houppes des *Holtenia* à la pointe de Lews, et l'on en a dragué vers le cap Clear, dans une profondeur de 862 brasses, plusieurs spécimens de grande dimension. L'étendue occupée par cette espèce est évidemment très-grande. Elle a été draguée par G. O. Sars, au nord de la Norvége; par le comte de Pourtalès, dans le Gulf-stream, vers les côtes de la Floride; par le naturaliste du navire *la Joséphine,* sur le *banc de la Joséphine*, près de l'entrée du détroit de Gibraltar, et par moi-même entre les Shetland et les Faröer, et près d'Ouessant et du cap Clear.

Le genre *Bathycrinus* appartient aussi aux *Apiocrinidæ*, puisque la partie inférieure de la tête s'élargit en entonnoir, et paraît se composer des articulations supérieures de la tige réunies ou fondues ensemble.

Le corps du *Bathycrinus gracilis* (fig. 73) est long et mince. Une tige isolée, pêchée en même temps que le seul exemplaire à peu près complet qu'on en ait obtenu, mesurait 90 millimètres de longueur. Les articulations ont la forme d'entonnoirs, comme celles du *Rhizocrinus*: allongées et amin-

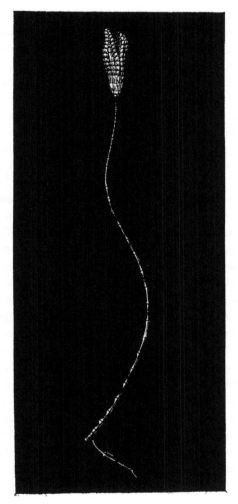

FIG. 73. — *Bathycrinus gracilis*, WYVILLE THOMSON. Double de la grandeur naturelle.
(N° 37, 1869.)

cies vers la partie inférieure de la tige, elles ont au milieu

3 millimètres de longueur sur 0,5 de largeur; les extrémités présentent un renflement qui porte leur largeur à
un millimètre. Comme chez le *Rhizocrinus*, la longueur des
articulations de la tige diminue en se rapprochant de la tête;
là on voit des lamelles calcaires au-dessous des articulations
dont la réunion forme la base de la coupe du calice.

Les premières plaques radiales sont au nombre de cinq.
Elles sont solidement réunies, mais ne paraissent pas être fondues ensemble, comme chez le *Rhizocrinus*, car les sutures se
laissent voir très-distinctement. Le centre de ces premières
radiales se relève comme une carène aiguë, et le bord en est
légèrement déprimé vers la suture, ce qui donne au calice une
apparence cannelée, comme un filtre de papier replié en
plusieurs doubles. Les secondes radiales sont allongées, indépendantes les unes des autres, et réunies aux axillaires radiales
par une suture syzygiale. La forme en est très-singulière : leur
surface extérieure est traversée par une saillie très-accusée, et
l'articulation, très-excavée de chaque côté, se relève vers les
bords. L'axillaire radiale reçoit la prolongation de la même
saillie le long de sa moitié inférieure, puis à la partie moyenne
de l'articulation, cette saillie se bifurque, ménageant ainsi
dans son centre un espace carré des plus caractéristiques; il se
crée ainsi deux facettes destinées à l'insertion de deux premières radiales : les bras sont donc au nombre de dix; ils sont
parfaitement simples, et se composent de douze articulations
chacun. Il n'y a pas trace de pinnules, mais les bras rappellent
par leur caractère les pinnules du *Rhizocrinus*. La première
brachiale est réunie à la seconde par une suture en syzygie,
mais il n'existe pour chaque bras qu'une seule de ces articulations spéciales. Les rainures des bras sont garnies de plaques
circulaires et fenestrées, comme chez le *Rhizocrinus*.

Certains caractères très-marqués dans la structure de la
tige, dans celle de la base du calice, et dans la forme et la
disposition de l'extrémité des bras, rapprochent évidemment
le *Bathycrinus* du *Rhizocrinus*, mais il existe néanmoins entre

eux de bien grandes dissemblances; cinq premières radiales à saillies ciselées et indépendantes remplacent l'anneau uniforme que composent ces mêmes plaques chez le *Rhizocrinus*: les axillaires radiales fournissent chacune deux bras, et se conforment en cela à la disposition habituelle de l'ordre; mais les syzygies alternantes des bras, qui sont un trait si saillant du *Rhizocrinus*, manquent chez le *Bathycrinus*.

On n'a découvert jusqu'ici de cette remarquable espèce qu'un seul spécimen à peu près complet, et une tige isolée, qui ont été ramenés de la plus grande profondeur où l'on soit encore parvenu avec la drague, 2435 brasses, à l'entrée de la baie de Biscaye, à 200 milles au sud du cap Clear.

D'après nos connaissances actuelles, les Crinoïdes à tige appartiendraient à la faune des grandes profondeurs. Un second spécimen d'une autre forme très-remarquable, l'*Holopus Rangi* (d'Orbigny), a été pris récemment près des Barbades, et cette espèce, avec celles qui ont été déjà décrites, composent la liste entière des formes vivantes connues de nos jours. Il est rarement sensé de prophétiser; mais quand on songe qu'il a suffi de quelques coups de drague dans les grandes profondeurs pour ajouter deux nouvelles et très-remarquables espèces aux représentants vivants d'un groupe qui, jusqu'à l'époque actuelle, était supposé à la veille de disparaître, et que toutes les espèces connues appartiennent à des profondeurs qui défient les ressources du draguage ordinaire, il est permis de supposer que les Crinoïdes constituent un des éléments importants de la faune des abîmes.

Il a déjà été question de la distribution générale des Astéries des mers profondes. La plus frappante des particularités qu'elles présentent, c'est peut-être la grande prépondérance des genres *Astrogonium*, *Archaster*, *Astropecten*, et leurs alliés. Les genres appartenant à d'autres groupes ne paraissent pas devenir moins nombreux dans les grandes profondeurs, car l'*Asteracanthion*, le *Cribrella*, l'*Asteriscus* et l'*Ophidiaster* y sont aussi abondants que dans les profondeurs moindres. Mais à mesure qu'on descend, de nouvelles espèces au disque recouvert d'une cuirasse tachetée, et aux plaques marginales massives, surgissent continuellement. Dans nos mers, quelques rares formes très-caractéristiques, telles que l'*Astrogonium phrygianum* et l'*Archaster Andromeda* et

Fig. 74. — *Archaster bifrons* WYVILLE THOMSON, face orale. Trois cinquièmes de la grandeur naturelle. (N° 57, 1869.)

Parellii se rencontrent sur l'extrême limite de la grande profondeur, et l'on en prend de temps en temps en dehors des limites du draguage côtier ou sur les cordes des filets de pêche. Dans les eaux profondes, tout le long du nord et de l'ouest de l'Écosse. l'*Astrogonium granulare*, l'*Archaster tenuispinus* et l'*Astropecten arcticus* abondent, et la drague ramène de temps en temps des exemplaires de l'*Archaster bifrons* (fig. 74), de l'*Archaster vexillifer*, et de l'*Astrogonium longi-*

25

manum (Mobius). Le singulier petit groupe dont le *Pteraster*
peut être pris pour type a reçu de nombreux accroissements,
mais je crois que sa place est, comme pour la plupart des
Ophiuridés, plutôt dans la faune des profondeurs moyennes
à portée de la drague du naturaliste, sur les côtes scandinaves, que dans celle des abîmes. On peut en dire autant

Fig. 75. — *Solaster furcifer*, von Düben et Koren, face orale. Grandeur naturelle.
(N° 55, 1869).

de quelques autres formes, telles que le *Solaster furcifer*
(fig. 75) et le *Pedicellaster typicus*. Ces espèces se trouvent
au delà de la zone de 200 brasses, sur les côtes de la Grande-
Bretagne, mais ne paraissent pas s'étendre à une très-grande
profondeur.

Vingt-six Échinides ont été observés sur les rivages de la
Grande-Bretagne et sur ceux du Portugal, à des profondeurs qui variaient de 100 à 2435 brasses, pendant les croisières du *Lightning* et du *Porcupine*. Ce groupe était représenté à cette dernière profondeur par une petite variété de
l'*Echinus norvegicus*, et par un jeune exemplaire du *Brissopsis
lyrifera*.

Parmi les *Cidaridœ*, le *Cidaris papillata* (Leske) se montre
fort abondant, de 100 à 400 brasses. Cette espèce est très-
répandue et habite une zone, selon toute apparence ininterrompue, qui s'étend du cap Nord au détroit de Gibraltar, et
pénètre même dans la Méditerranée. Cette forme varie, mais

seulement dans des limites très-restreintes. Les spécimens
méridionaux se modifient graduellement pour arriver à la
variété qui est le type de l'espèce de Lamarck, le *Cidaris
Hystrix*. Le *Cidaris affinis* (Philippi) est très-commun dans
la Méditerranée, particulièrement le long des côtes d'Afrique.
Je crois que cette jolie petite espèce doit être, pour le moment,
considérée comme distincte. Les spicules du corps sont d'un
brillant écarlate, et chez les spécimens bien caractérisés, les
longs spicules sont bruns, rayés de rouge ou de rose, ce qui
en fait un objet d'une singulière beauté.

Le genre *Porocidaris*, les trois espèces de la famille des
Echinothuridæ, et leurs rapports pleins d'intérêt avec les
formes fossiles, ont été déjà étudiés; mais elles ne peuvent
nous transporter dans les temps géologiques antérieurs plus
complétement que deux genres d'Oursins irréguliers dont
l'un a été dragué sur la côte d'Écosse, et l'autre à l'entrée de
la Manche.

Le premier de ceux-ci est le *Pourtalesia*, dont une des
espèces, le *Pourtalesia Jeffreysi*, a déjà été dessinée et décrite
(page 92). D'après la classification de Desor, qui fait de la
disposition disjointe des ambulacraires du sommet le trait
distinctif des *Dysasteridæ*, ce genre devrait être réuni à ce
groupe, car son disque supérieur est véritablement disjoint
comme chez le *Dysaster* et chez le *Collyrites*, et non simplement écarté, comme chez l'*Ananchytes*. Cependant la disposition et la forme des pores, et l'apparence générale de l'animal,
me disposeraient à trouver, comme Alexandre Agassiz, qu'il
a plus d'affinités avec des formes telles que l'*Infulaster*. Quel
que soit le groupe dans lequel on le place, le *Pourtalesia* sera
toujours un type spécial.

L'autre genre, le *Neolampas* (Alexandre Agassiz) se rapporte aux *Cassidulidæ*, en vertu de sa bouche pentagonale et
presque centrale, avec une *floscelle* assez distincte et un *anneau
anal* s'ouvrant au fond d'une rainure postérieure profonde,
creusée dans un *rostellum* qui se projette en avant; les espaces

ambulacraires sont petits, et les plaques supérieures serrées et peu considérables. Mais il diffère de tous les genres connus, vivants ou éteints de cette famille, en ce qu'il n'offre pas trace de la disposition *pétaloïde* des ambulacraires, qui sont réduits, sur la surface supérieure du test, à un seul pore qui passe au travers de chaque plaque ambulacraire, et forme ainsi une double rangée de pores simples et alternes pour chaque espace ambulacraire. Je ne crois pas me tromper en *identifiant* un spécimen unique, que nous avons dragué à l'entrée de la Manche, dans une profondeur de 800 brasses, avec l'espèce draguée par le comte de Pourtalès dans des profondeurs de 100 à 150 brasses, dans le détroit de la Floride, et décrite par Alexandre Agassiz sous le nom de *Neolampas rostellatus.*

Sur les vingt-six Échinodermes dragués par le *Porcupine,* six, l'*Echinus Fleemingii,* l'*Echinus esculentus,* le *Psammechinus miliaris,* l'*Echinocyamus angulatus,* l'*Amphidetus cordatus* et le *Spatangus purpureus,* peuvent être considérés comme appartenant aux profondeurs moyennes dans la *province Celtique,* les observations récentes ayant simplement démontré qu'ils occupent un espace un peu plus grand dans le sens de la profondeur qu'on ne l'avait d'abord supposé. Il est probable que le *Spatangus Raschi* est essentiellement une forme des eaux profondes, mais ayant son *quartier général* dans la même région. Sept espèces, le *Cidaris papillata,* l'*Echinus elegans,* l'*Echinus norvegicus,* l'*Echinus varispina,* l'*Echinus microstoma,* le *Brissopsis lyrifera* et le *Tripylus fragilis,* font partie d'une faune des profondeurs intermédiaires, et toutes, y compris l'exemplaire douteux de l'*Echinus microstoma,* ont été observées dans les eaux relativement basses des côtes de la Scandinavie. Cinq espèces, le *Cidaris affinis,* l'*Echinus Melo,* le *Toxopneustes brevispinosus,* le *Psammechinus microtuberculatus* et le *Schizaster caniferus,* sont connues pour faire partie de la faune lusitanienne et méditerranéenne; et sept, le *Porocidaris purpurata,* le *Phormosoma*

placenta, le *Calveria Hystrix*, le *Calveria fenestrata*, le *Neolampas rostellatus*, le *Pourtalesia Jeffreysi* et le *Pourtalesia
phiale*, sont des formes qui ont été mises au jour pour la
première fois pendant les draguages dans les grandes profondeurs, soit de ce côté-ci de l'Atlantique, soit à son autre
extrémité.

Il n'est guère douteux que ces dernières espèces ne doivent
prendre place dans la faune des abîmes, que nous avons à peine
effleurée. Trois des plus remarquables des formes génériques,
le *Calveria*, le *Neolampas* et le *Pourtalesia*, ont été trouvées
par Alexandre Agassiz parmi les produits des draguages
profonds exécutés par le comte de Pourtalès dans le détroit de la Floride, et témoignent d'une distribution latérale
fort étendue; mais ce qui excite un intérêt plus vif encore,
c'est que, tandis que la famille typique des *Echinothuridæ*
n'est connue jusqu'ici qu'à l'état fossile, le groupe entier
trouve, dans les faunes éteintes de la craie ou des tertiaires
anciens, des alliés plus rapprochés que dans celle de la période
actuelle.

Ainsi que je l'ai déjà dit, les Mollusques obtenus pendant les
trois années de draguage sont entre les mains de M. Gwyn
Jeffreys, chargé d'en faire le classement et la description.
D'après le grand nombre des espèces nouvelles, et à cause des
rapports compliqués que plusieurs des formes des grandes profondeurs ont avec des espèces qui s'en trouvent maintenant
séparées par de grands espaces, ou qui appartiennent à des
périodes géologiques écoulées, la tâche sera difficile, et nous
ne pouvons espérer qu'elle se termine avant un certain temps.
En attendant, M. Gwyn Jeffreys a publié plusieurs esquisses
préliminaires qui laissent entrevoir des résultats du plus haut
intérêt.

M. Gwyn Jeffreys croit que les Mollusques des grandes profondeurs qui ont été dragués depuis les îles Faröer jusqu'aux
côtes d'Espagne, sont presque tous d'origine septentrionale.
La plupart des espèces déjà décrites étaient connues dans les

mers scandinaves, et plusieurs de celles dont la description
n'a point encore été faite, appartiennent aux genres du Nord.
Il fait observer que la faune des mers arctiques est encore à
peu près inconnue; mais, d'après les grandes collections faites
au Spitzberg par le professeur Torrell, et d'après les nombreux
fragments de Mollusques qui ont été rencontrés dans les grandes
profondeurs, à l'intérieur du cercle arctique, il conclut que
la faune doit y être riche et variée. Il cite des sondages
faits en 1868, par l'expédition suédoise, qui atteignirent à
2600 brasses, et qui ramenèrent un *Cuma* et un fragment
d'*Astarte* dans la sonde du *Bull-dog*. « Il est évident, dit-il,
que la grande majorité, si ce n'est la totalité de nos Mollusques
sous-marins (et ceci pour les distinguer des espèces littorales et phytophages), ont leur origine dans le Nord; avec le
temps, ils ont été transportés vers le Midi par les grands
courants arctiques. Beaucoup paraissent s'être avancés jusque
dans la Méditerranée, ou avoir laissé leur dépouille dans
les formations tertiaires ou quaternaires du midi de l'Italie;
quelques-uns même ont émigré jusque dans le golfe du
Mexique. »

Ce n'est pas sans de grandes hésitations que je mets en doute
certaines des conclusions de mon ami M. Gwyn Jeffreys,
quelque autorité qu'il ait sur un pareil sujet; mais j'avoue ne
pas trouver que son raisonnement soit concluant, car il semblerait plutôt que le dernier changement qu'a subi la faune
des Mollusques des profondeurs moyennes de la zone britannique ait consisté dans la retraite vers le Nord des espèces
septentrionales à la fin de la période glaciaire, suivie de l'immigration des faunes méridionales. Les couches quaternaires
du district de la Clyde recèlent une riche série de Mollusques;
celles de Rothesay représentent particulièrement les parties les
plus profondes de la zone des Laminaires et des Corallines. Le
trait le plus caractéristique de la faune de cette couche, c'est
que plusieurs de ses espèces les plus nombreuses, par exemple
le *Pecten islandicus*, le *Tellina calcarea* et le *Natica clausa*,

sont maintenant éteintes dans les mers de la Grande-Bretagne. tandis qu'on les trouve en grande abondance dans celles de la Scandinavie et du Labrador; par contre, beaucoup de formes extrêmement communes maintenant dans les mers britanniques et plus au sud, manquent entièrement à ces régions du Nord. Nous avons trouvé vivants quelques-uns des coquillages glaciaires des couches de la Clyde, sur les confins septentrionaux de notre région : le *Tellina calcarea*, par exemple, était très-commun dans quelques-uns des fjords de Faröer. Il paraît évident que cette forme s'est lentement retirée vers le nord, chassée par le changement graduel des conditions d'existence.

Ce changement de faune, que nous pouvons suivre pas à pas, est des plus intéressants au point de vue de la question de la contemporanéité des couches situées à de grandes distances les unes des autres, mais renfermant des faunes identiques. Nous pouvons facilement imaginer qu'un bloc de vase parfaitement durcie puisse être apporté d'une localité voisine du cercle arctique. et renfermer précisément les mêmes espèces de Mollusques que ceux que contiendra un bloc de l'argile glaciaire de la Clyde : la nature minérale de la gangue, dans les deux cas. pourrait même correspondre plus exactement encore. En appliquant la règle géologique ordinaire, ces deux blocs, semblables dans leurs caractères paléontologiques, devraient être contemporains; mais nous n'ignorons pas que la vase durcie appartient à la période actuelle, tandis que les argiles glaciaires de la Grande-Bretagne sont recouvertes d'une couche épaisse de dépôt moderne qui représente une période considérable même au point de vue géologique, et contient une faune d'un caractère bien différent. C'est là sans doute un exemple relativement de peu d'importance; il n'est question que de couches peu profondes qui correspondent paléontologiquement. et qui ne sont cependant pas, nous le savons de science certaine, contemporaines, puisque. l'une est recouverte d'un dépôt plus récent et de grande épaisseur, tandis que l'autre, en voie de formation, nous fournit ainsi une date, chose rare et précieuse en géologie.

J'ai déjà fait observer qu'au point de vue de l'identité des formes appartenant aux grandes profondeurs avec les espèces découvertes jusqu'ici en Scandinavie, il ne faut pas oublier que les conditions de température, dans nos mers méridionales profondes, se rapprochent beaucoup de celles qui règnent dans des profondeurs infiniment moindres dans les mers scandinaves. La température est, de toutes les conditions, celle qui paraît avoir le plus d'influence sur la distribution des espèces. Cette faune correspondante dans les régions du Nord est connue depuis bien plus longtemps, et d'une manière bien plus complète. M. Gwyn Jeffreys insiste beaucoup sur la plus grande abondance, dans les régions arctiques, d'espèces qui se trouvent aussi dans nos mers, et sur la supériorité de leur développement, soit au point de vue du volume, soit à celui de l'ornementation, de la *ciselure* extérieure. C'est ce qui se voit sans doute fréquemment ; cependant il faut reconnaître que plusieurs groupes, et cela plus particulièrement parmi les Mollusques, ont une tendance à se rapetisser dans les grandes profondeurs, et je crois fort possible qu'une espèce puisse arriver à un développement très-supérieur en habitant une zone où les conditions spéciales de température qui sont nécessaires à son existence se trouvent plus près de la surface, et conséquemment plus accessibles à l'influence de l'air et de la lumière.

Plusieurs des Mollusques des grandes profondeurs ne se sont trouvés jusqu'ici que dans les zones septentrionales, et sont généralement alliés aux formes du Nord. Comme échantillons de ce groupe, je peux citer deux espèces intéressantes, qui viennent s'ajouter à la faune déjà célèbre des Shetland : le *Buccinopsis striata* (Jeffreys) (fig. 76), forme un peu voisine du *Buccinopsis Dalei*, qui a été pendant longtemps une des gloires de la mer des Shetland, et le *Latirus albus* (Jeffreys) (fig. 77), connu aussi sur les côtes de Norvége. Le *Cerithium granosum*

(S. V. Wood), commun aussi à la Norvége et aux Shetland, se
trouve à l'état fossile, et le *Fusus Sarsi* (Jeffreys), des Shetland
et de la Norvége, existe à l'état fossile à Bridlington. Plusieurs espèces n'étaient connues jusqu'ici que comme méri-

FIG. 76. — *Buccinopsis striata*, JEFFREYS.   FIG. 77. — *Latirus albus*, JEFFREYS. Double de
Canal de Faröer.   la grandeur naturelle. Canal de Faröer.

dionales, et M. Jeffreys a quelque peine à s'expliquer leur
présence. Ainsi, le *Tellina compressa* (Brocchi) est connu dans
les îles Canaries et dans la Méditerranée, et à l'état fossile dans
les tertiaires italiens très-récents. J'ai déjà fait mention du

a. De l'Est-Atlantique.   *b.* Du golfe du Mexique.

FIG. 78. — *Pleuronectia lucida*, JEFFREYS. Double de la grandeur naturelle.

Verticordia acuticostata (Philippi) comme se rencontrant sur
les côtes du Portugal et sur celles du Japon. C'est un fossile
très-commun dans la Calabre. Les Mollusques qui offrent le
plus d'intérêt cependant, sont ceux qui font partie de la faune

des abîmes, mais nous ne savons encore que fort peu de chose de ce groupe. Comme les Échinodermes, ils paraissent constituer des formes spéciales, et avoir une vaste extension latérale. Le *Pleuronectia lucida* (Jeffreys) (fig. 78), jolie coquille qui appartient au groupe du *Pecten pleuronectes*, est représenté par des individus provenant de l'Atlantique du Nord et du golfe du Mexique. Les Mollusques des abîmes sont loin d'être décolorés, bien qu'ils soient toujours plus ternes que ceux qui habitent les bas-fonds. Le singulier *Dacrydium vitreum*, qui

FIG. 79. — *Pecten Hoskynsi*, FORBES. Double de la grandeur naturelle.

construit et habite un tube mince et délicat en forme d'ampoule, composé de Foraminifères, de spicules d'Éponges, de Coccolithes et d'autres corps étrangers cimentés par une matière organique, et doublé d'une membrane délicate, est d'une belle couleur brun-rouge teinté de vert, et a été trouvé à 2435 brasses. Une ou deux espèces de *Lima* venues des profondeurs extrêmes n'en ont pas moins la couleur ordinaire de vif écarlate orangé. Les Mollusques des abîmes ne sont point non plus privés d'yeux; une espèce nouvelle de *Pleurotoma*, venue de 2090 brasses, avait une paire d'yeux fort bien développés et placés sur de courts pédoncules, et un *Fusus* pris à 1207 brasses en était pourvu d'une manière tout aussi complète. La présence de ces organes à pareilles profondeurs ne permet guère de douter qu'une lumière quelconque n'y arrive. Par bien des raisons, ce ne peut être celle du soleil. J'ai déjà émis l'idée qu'au delà d'une certaine profondeur, toute lumière pourrait bien être produite par la phosphorescence, qui est certainement très-générale, surtout chez les larves et les jeunes des animaux qui habitent ces zones profondes; mais c'est là une question aussi difficile à résoudre qu'intéressante, et qui nécessitera les recherches les plus persévérantes.

Bordö, Kunö et Kalsö : vue prise dans le voisinage du hameau de Viderö (Faröer)

CHAPITRE X

DE LA FORMATION ACTUELLE DE LA CRAIE

Des points de ressemblance qui existent entre le limon de l'Atlantique et la craie blanche. — Des différences qui les distinguent. — Composition de la craie. — Théorie de la permanence de la formation de la craie. — Objections. — Arguments en faveur de la théorie fournis par la Géologie et par la Géographie. — Ancienne distribution des mers et des terres. — Preuves tirées de la Paléontologie. — Les roches crayeuses. — Les Éponges modernes et les Ventriculites. — Les Coraux. — Les Échinodermes. — Les Mollusques. — Opinions du professeur Huxley et de M. Prestwich. — De la composition de l'eau de mer. — Présence de matières organiques. — Analyses des gaz qui y sont contenus. — Différences dans les pesanteurs spécifiques. — Conclusions.

APPENDICE A. — Résumé des résultats des expériences faites sur divers échantillons d'eau de mer pris à la surface et à différentes profondeurs, par William Lant Carpenter.

APPENDICE B. — Résultats de l'analyse de huit échantillons d'eau de mer recueillis pendant la troisième croisière du *Porcupine*, par le Dr Frankland.

APPENDICE C. — Notes sur des spécimens du fond recueillis pendant la première croisière du *Porcupine*, en 1869, par David Forbes.

APPENDICE D. — Notes sur l'acide carbonique contenu dans l'eau de mer, par John Young Buchanan, chimiste de l'expédition du *Challenger*.

Dès que les échantillons du fond des régions moyennes de l'Atlantique, rapportés par la sonde, eurent été soumis à l'analyse chimique et à l'examen du microscope, l'analogie de sa composition et de sa *structure* avec celles de l'ancienne craie frappa plusieurs des observateurs. J'ai déjà décrit le caractère général et le mode d'origine du grand dépôt calcaire qui paraît recouvrir la plus grande partie du lit de l'Atlantique. Si l'on prend un morceau de craie blanche commune dans le midi de l'Angleterre, qu'on le désagrége dans l'eau au moyen d'une brosse, et qu'on place ensuite sous le microscope une goutte du liquide laiteux qui résultera de l'opération, on voit que, comme le limon de l'Atlantique, cette craie est composée en grande partie par de fines particules amorphes de chaux, avec quelques fragments de coquilles de Globigérines, plus rarement de ces coquilles entières, et d'une proportion considérable (près d'un dixième dans certains échantillons) de Coccolithes, qu'aucun caractère ne distingue de ceux du limon océanique. Dans leur ensemble, deux préparations, l'une de craie désagrégée dans l'eau, l'autre du limon de l'Atlantique, se ressemblent si parfaitement, qu'il n'est pas toujours facile, même pour un micrographe expérimenté, de les distinguer. On peut se rendre compte aussi de la composition de la craie en la découpant, comme l'ont fait Ehrenberg et Sorby, en tranches minces et diaphanes, ce qui permet de démontrer très-bien le mode d'agrégation des différentes substances dont elle est composée.

De nombreuses expériences ont rendu de plus en plus évidentes ces ressemblances frappantes qui mettent hors de doute que la craie de la période crétacée et le limon crayeux moderne de l'Atlantique sont identiques; des études plus approfondies encore sont venues prouver qu'il existe cependant entre eux des différences importantes. La craie blanche est très-homogène, plus peut-être qu'aucune autre roche sédimentaire, car on peut dire qu'elle constitue du carbonate de chaux presque pur. Voici, du reste, l'analyse, faite par M. David Forbes[1], de la craie blanche de Shoreham (Sussex) :

Carbonate de chaux	98,40
Carbonate de magnésie	0,08
Débris insolubles	1,10
Alumine et déchet	0,12
	100,00

La craie grise de Folkstone elle-même contient une forte

1. Citée dans le discours présidentiel de M. Prestwich, 1871.

proportion de carbonate de chaux, les autres substances n'y
existent que comme impuretés, et n'entrent pas dans la composition de la roche. L'analyse suivante, faite par M. Forbes,
indique quelle est la base de la craie grise de Folkstone :

Carbonate de chaux..	94,09
Carbonate de magnésie.....	0,31
Débris de roches insolubles.	3,61
Acide phosphorique.................)	
Alumine et déchet. ....)	traces
Chlorure de sodium.................	1,29
Eau..............................	0,70
	100,00

Il est à remarquer, dans cette analyse, que la craie blanche,
presque toujours associée au grès vert et au silex, ne renferme pas un atome de silice.

Le limon crayeux de l'Atlantique ne contient pas plus de
60 pour 100 de carbonate de chaux, avec 20 à 30 pour 100
de silice, et des proportions variables d'alumine, de magnésie
et d'oxyde de fer. Il faut se rappeler cependant que la craie se
présente sous sa forme la plus pure dans les rochers des côtes
anglaises, tandis que dans d'autres parties du monde elle
affecte un caractère tout différent et contient du carbonate de
chaux dans des proportions tout autres. M. Prestwich cite une
couche de la craie blanche de Touraine (terrain sénonien) dont
le carbonate de chaux est entièrement absent.

On ne saurait mettre en doute qu'il n'y ait en voie de formation, au fond de l'Océan, une vaste étendue de roches qui ressemblent beaucoup à la craie. L'ancienne craie, la formation
crétacée, qui, dans certaines parties de l'Angleterre, s'est
trouvée soumise à une énorme *dénudation*, et qui est recouverte par les couches de la série tertiaire, a été formée de la
même manière et dans des circonstances à peu près identiques.
Ceci est probablement vrai non-seulement pour la craie, mais
encore pour toutes les grandes formations calcaires. Les restes
de Foraminifères abondent à peu près partout ; quelques-uns

sont spécifiquement identiques avec les formes vivantes, et dans un grand nombre de calcaires de toutes les époques le Dr Gümbel a trouvé les Coccolithes si caractéristiques.

Longtemps avant les recherches actuelles, certaines considérations m'avaient fait juger très-probable l'existence, dans les parties les plus profondes de l'Atlantique, d'un dépôt en voie de formation. Je pensais que la composition en pouvait varier dans les détails, mais que les caractères généraux en devaient être partout les mêmes. Ce dépôt, selon moi, s'accumulait d'une manière continue depuis la période crétacée, ou même depuis des époques plus anciennes encore, jusqu'à nos jours. J'exposai cette idée dans ma première lettre au Dr Carpenter, en insistant sur l'opportunité d'une exploration du fond de la mer, et elle a trouvé une chaleureuse approbation chez mon collègue, dont l'opinion est d'un grand poids à cause des études approfondies qu'il a faites de plusieurs groupes des animaux dont les restes entrent dans la composition de la craie ancienne, ainsi que dans la craie de nouvelle formation.

A notre retour de l'expédition du *Lightning*, dont les résultats nous avaient paru justifier amplement notre théorie, nous nous sommes exprimé d'une manière qui rendait mal notre pensée, puisqu'elle n'a pas été comprise, en disant que nous pouvions, dans un certain sens, nous considérer comme vivant encore dans la période crétacée. Plusieurs géologues éminents, parmi lesquels se trouvent sir Roderick Murchison et sir Charles Lyell, ont critiqué cette opinion ; mais leur désapprobation s'adressait moins, paraît-il, à l'opinion elle-même qu'aux termes dans lesquels elle se trouvait exprimée : aussi je crois que la théorie de la permanence de la craie, dans le sens où nous l'entendons, est maintenant généralement acceptée.

Je ne prétends point soutenir que la phrase, « nous vivons encore dans la période crétacée », soit exacte dans son acception strictement scientifique ; mais cela vient de ce que les termes d'*époque géologique* et de *période géologique* ont un sens parfaitement indéterminé. Nous parlons indifféremment de la *période silurienne*, de la *période glaciaire*, sans nous préoccuper de leur valeur totalement différente; de la *période tertiaire*, de la *période miocène*, bien que l'une soit comprise dans l'autre. Notre manière de nous exprimer, dans son sens populaire, s'accordait donc avec l'idée qui, jusqu'à une époque toute récente, était généralement répandue; qu'une période a, dans les régions où elle a été étudiée et définie, quelque chose comme un commencement et une fin, qu'elle trouve ses bornes dans telle époque de changements, tels qu'élévation, dénudation ou autres influences dues au cours des siècles. Il serait inadmissible de parler de deux parties d'un dépôt permanent, quelque éloignées que soient les époques de la formation de ce dépôt et quelque distinctes que puissent être les faunes qu'il renferme, comme appartenant à des *périodes géologiques* différentes.

C'est certainement dans ce sens que, dans un discours prononcé en avril 1869, devant un auditoire populaire, j'exprimai l'opinion que ce n'est pas seulement de la *craie* qui se trouve en voie de formation dans l'Océan, mais bien la *craie par excellence*, la *craie de la période crétacée*. En résumant ses objections à cette théorie, sir Charles Lyell dit [1] : « Le lecteur comprendra tout de suite que les noms d'océan Atlantique, Pacifique ou Indien, sont de simples termes géographiques sans signification quand on les applique à la période éocène, et surtout à la période crétacée, et que dire que la craie s'est formée d'une manière ininterrompue dans l'Atlantique, est aussi inadmissible au point de vue géographique qu'à celui de la géologie. » J'avoue que la difficulté géographique m'échappe : l'*océan Atlantique* est certainement un terme géographique; la dépression dont il est ici question occupant l'espace qu'on désigne actuellement de ce nom-là, il nous a paru que l'employer était la manière la plus simple d'en indiquer la position. Les probabilités nous paraissent être en faveur de la for-

---

1. The Student's Elements of Geology. By sir Charles LYELL, Bart., F. R. S. London, 1871, p. 265.

mation non interrompue de la craie sur plusieurs points de cet espace, et notre croyance est fondée sur des données physiques et paléontologiques.

Tous les principaux soulèvements au nord de l'Europe et au nord de l'Amérique sont d'une date de beaucoup antérieure au dépôt des couches tertiaires et même des secondaires, bien que quelques-uns d'entre eux, tels que les Alpes et les Pyrénées, aient reçu, à une époque plus récente, des accroissements considérables. Ces couches plus nouvelles ont donc été déposées de façon à conserver certains rapports de position qui existent encore à l'époque actuelle. Bien des oscillations ont, sans aucun doute, eu lieu depuis, et il n'est probablement aucune portion du plateau européen qui n'ait subi ses alternances de terre et de mer; mais il est difficile de démontrer que, dans le nord de l'Europe, ces oscillations aient dépassé 4000 à 5000 pieds, distance verticale la plus grande qui sépare la base des tertiaires des points les plus élevés où l'on trouve sur les pentes et sur les crêtes des montagnes des coquilles tertiaires et post-tertiaires. Un simple abaissement de 1000 pieds suffirait cependant pour amener sur la plupart des terres septentrionales une mer de 100 brasses de profondeur, plus profonde que la mer d'Allemagne, et un exhaussement de même proportion réunirait les Shetland, les Orcades, la Grande-Bretagne et l'Islande au Danemark et à la Hollande, laissant seulement un fjord profond entre la péninsule Britannique et la Scandinavie. Il faut se rappeler les nombreuses preuves que nous possédons de ces oscillations, qui varient de 1000 pieds à un maximum de 4000 à 5000 pieds, et qui se sont répétées fréquemment dans le monde entier, à des époques relativement récentes, réunissant les terres, puis les séparant par des mers peu profondes, pendant que la position des grandes profondeurs demeurait la même, pour comprendre l'importance de la détermination exacte des profondeurs des mers dans toutes les études qui ont pour objet la distribution géographique et l'origine de faunes spéciales.

26

En jetant un coup d'œil sur la carte (pl. VIII), en se rappelant que le même ordre existe dans les roches plus récentes de l'Amérique du Nord, il paraît évident que le résultat de ces élévations et de ces abaissements de moindre importance, a été un relèvement général des bords, avec dépression d'un bassin dont l'axe de longueur coïncide dans son ensemble avec l'axe de longueur de l'Atlantique. Les couches jurassiques affleurent le long des bords extérieurs du bassin ; les couches crétacées forment une bande médiane, pendant que les dépôts tertiaires occupent les creux et les vallées. Toutes ces couches cependant conservent les unes avec les autres, et toutes avec les plages de la mer actuelle, un certain parallélisme, déterminé par le contour des terres primitives et par la direction des chaînes de montagnes les plus anciennes.

Depuis le 55° parallèle de latitude nord jusqu'à l'équateur, il existe sur chacun des côtés de l'Atlantique une dépression de 600 à 700 milles de largeur, ayant une profondeur moyenne de 15 000 pieds. Ces deux vallées sont séparées par le plateau volcanique récent des Açores. Il ne nous paraît pas probable qu'il se soit produit dans l'hémisphère septentrional aucune oscillation générale assez importante pour créer ces immenses abîmes ou pour les transformer en terre ferme.

S'appuyant sur des données physiques et paléontologiques, M. Prestwich suppose que l'ancien océan crayeux qui formait une grande zone à travers le midi et l'est de l'Europe et le centre de l'Asie, d'une part, l'isthme de Panama et la partie sud de l'Amérique du Nord, de l'autre, était séparé de la mer Arctique par une barrière de terres, circonstance à laquelle il devait sa température plus élevée et plus égale jusqu'au fond. Tout porte à croire que cette barrière a existé au nord du grand bassin atlantique, et qu'elle était la prolongation de la ceinture des terres septentrionales sur lesquelles il n'existe aucun dépôt de roches crétacées. Il dit que « s'il existait une barrière semblable à l'époque de la craie, et que cette barrière

Planche VIII.—*Carte montrant la distribution générale des Terrains Tertiaire, Crétacé, et Jurassique, dans le Nord-ouest de l'Europe.*

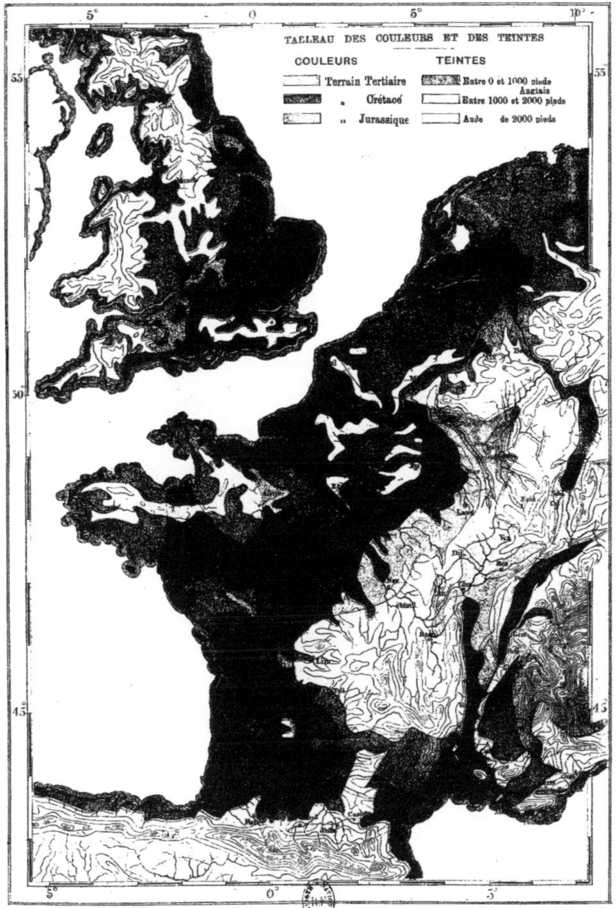

TABLEAU DES COULEURS ET DES TEINTES
COULEURS
TEINTES
Terrain Tertiaire
„ Crétacé
„ Jurassique
Entre 0 et 1000 pieds Anglais
Entre 1000 et 2000 pieds
Au-de de 2000 pieds
5°
0
5°
10°
55
50
45

ait été submergée pendant la première partie de la période tertiaire, cette circonstance, rapprochée des conditions si différentes de profondeur où l'on a trouvé la craie et les tertiaires inférieurs, suffirait pour expliquer l'interruption qui se trouve entre les faunes des deux périodes. »

D'après les renseignements connus sur les profondeurs de l'Atlantique du Sud et du Pacifique du Nord, on n'a cependant aucune raison de supposer qu'il ait existé récemment une barrière qui séparât la mer polaire de l'hémisphère méridional des autres mers; on ne saurait comprendre comment il en résulterait le fait avancé par M. Prestwich, à moins de prendre en considération un autre fait dont l'existence paraît être démontrée. Un banc de roches crétacées entoure notre globe, et passe un peu au nord de l'équateur, partout où il y a terre ferme ; l'étude des profondeurs fait supposer que ce banc crayeux se prolonge également à travers les grands bassins océaniques. Il paraîtrait donc qu'à cette époque aucun continent s'étendant du nord au sud ne venait interrompre le courant équatorial, faire dévier du nord au midi les eaux chaudes de l'équateur, et donner lieu en retour à un courant des eaux polaires. Ce fait détruirait la principale, sinon l'unique cause de la basse température qui règne actuellement dans les grandes profondeurs des tropiques. D'après cette théorie, l'abaissement de température, cause de l'interruption de la faune, serait produit plus encore par l'élévation de l'Amérique centrale, de l'isthme de Panama et des côtes orientales du continent asiatique, que par la dépression de la barrière septentrionale qui a ouvert le bassin arctique.

« Si, à une époque antérieure à la nôtre, le climat de notre globe a été beaucoup plus chaud ou beaucoup plus froid qu'à l'époque actuelle, il a dû conserver cette température plus élevée ou plus basse pendant une succession d'époques géologiques.... La lenteur des changements climatériques à laquelle il est fait ici allusion est due à la grande profondeur de la mer

par rapport à l'élévation des terres et à l'immense laps de
temps qui est nécessaire pour amener un changement dans la
position des continents et des grands bassins océaniques. —
La hauteur moyenne des terres n'est que de 1000 pieds; la
profondeur de la mer de 15 000 pieds : conséquemment, des
mouvements verticaux de 1000 pieds dans chaque direction,
de haut en bas ou de bas en haut, doivent avoir pour résultat
de grands déplacements de terre et d'eau dans les espaces
continentaux autour desquels existent de vastes mers dont la
profondeur ne dépasse pas 1000 pieds; tandis que des mouvements d'égale importance n'occasionneraient pas de changements sensibles dans l'Atlantique ou dans le Pacifique, et ne
transformeraient ni les espaces continentaux, ni les étendues
océaniques. Une dépression de 1000 pieds amènerait la sub-
mersion de vastes espaces de terre, mais il faudrait quinze fois
ce mouvement pour faire de ces terres une mer de profondeur
moyenne, ou pour transformer un des continents actuels en
une mer de 3 milles de profondeur [1]. »

La grande étendue des tertiaires en Europe et au nord
de l'Afrique donne la mesure de tout ce qui a été gagné de
terrain pendant les périodes tertiaire et *post-tertiaire*, et les
grands massifs de montagnes du midi de l'Europe témoignent
de grands bouleversements locaux. Bien que les Alpes et les
Pyrénées soient de nature, par leur altitude et par leur étendue, à produire une profonde impression sur l'esprit humain,
ces montagnes réunies et nivelées ne couvriraient la surface
de l'Atlantique que d'une couche de six pieds d'épaisseur, et
il faudrait au moins 2000 fois leur volume pour remplir
son lit. Pendant que les bords de ce que nous appelons la
grande dépression atlantique se soulevaient graduellement,
sa partie centrale a pu subir une dépression équivalente ; mais
il est peu probable que, les traits principaux du contour de

1. LYELL, Principles of Geology, 1867, p. 265-6.

l'hémisphère septentrional demeurant les mêmes, un espace aussi vaste se soit déprimé de plus que toute la hauteur du mont Blanc. D'après ces données physiques seules, nous pensons qu'une partie considérable de cette étendue est toujours demeurée sous l'eau, et qu'un dépôt s'y forme d'une manière permanente, depuis la période de la craie jusqu'à l'époque contemporaine.

J'aborde maintenant le côté paléontologique de la question. Depuis longtemps M. Lonsdale a démontré que la craie blanche n'est composée que des débris de Foraminifères, et le Dr Mantell estime que le nombre de ces coquillages dépasse un million par pouce cube. Il disait, en 1848, à propos de la craie : « Pour que l'ensemble des dépôts sédimentaires dont elle est composée fût accessible à l'observation, il faudrait qu'une masse du lit de l'Atlantique de 2000 pieds d'épaisseur se trouvât soulevée au-dessus des eaux et passât à l'état de terre ferme; la seule différence essentielle résiderait dans les caractères génériques et spécifiques des restes animaux et végétaux qu'on y trouverait enfouis [1]. » En 1858, le professeur Huxley appelait le limon de l'Atlantique « la craie moderne [2] ». L'identité de quelques-uns des Foraminifères de la craie avec des espèces vivantes a été reconnue depuis longtemps. Dans son savant résumé de cette question, qui a été si souvent cité, M. Prestwich présente un tableau, tracé par le professeur Rupert Jones, de 19 espèces de Foraminifères sur 110, provenant du limon de l'Atlantique, et qui sont identiques aux formes de la craie, savoir :

1. Wonders of Geology, 6th edition, 1848, vol. I, p. 305.
2. Saturday Review, 1858 : « Chalk ancient and modern. »

ESPÈCES DE FORAMINIFÈRES QUI SONT COMMUNES AU LIMON DE L'ATLANTIQUE ET A LA CRAIE DE L'ANGLETERRE ET DE L'EUROPE.	AUTRES FORMATIONS ANTÉRIEURES DANS LESQUELLES ELLES SE TROUVENT.				
	JURASSIQUE SUPÉR.	JURASSIQUE INFÉR.	RHÉTIQUE et TRIAS.	PERMIEN.	CARBONIFÈRE.
Glandulina levigata, *d'Orbigny*.	×		×		
Nodosaria radicula, *Linn*	×		× ×		
» raphanus, *Linn*		×	× × ×		
Dentalina communis, *d'Orb*	×	× ×	× × ×	×	×
Cristellaria cultrata, *Mont*	×	× × ×	× ×		
» rotulata, *Lam*	×	× × ×	×		
» crepidula, *F. et M*		× ×			
Lagena sulcata, *W. et J*					
» globosa, *Montagu*					
Polymorphina lactea, *W. et J*	×				
» communis, *d'Orb*					
» compressa, *d'Orb*	×	×	×		
» Orbignyi, *Ehr*					
Globigerina bulloides, *d'Orb*					
Planorbulina lobatula, *W. et J*					
Pulvinulina Micheliana, *d'Orb*					
Spiroplecta biformis, *P. et J*	–				
Verneuilina triquetra, *von M*					
» polystropha, *Reuss*					

Ainsi que le tableau suivant des Foraminifères communs au limon de l'Atlantique et aux diverses formations géologiques de l'Angleterre :

TOTAL DANS L'ATLANTIQUE PROFOND.	COMMUNS AUX FORMATIONS SUIVANTES.							
	GÉOL.	ARGILE DE LONDRES.	CRAIE.	JURASSIQUE SUPÉR.	JURASSIQUE INFÉR.	RHÉTIQUE et TRIAS SUPÉR.	PERMIEN.	CARBONIFÈRE.
110	53	28	19	7	7	7	1	1

La morphologie des Foraminifères a été étudiée avec soin, et les différences qui existent entre des prétendues espèces alliées sont si insignifiantes, que ces types pourraient, dans bien des

cas. n'être considérés que comme variétés. Cette observation
minutieuse, cette attention apportée aux plus légères différences n'en rend la classification que plus exacte et plus sûre,
et les probabilités plus grandes pour que les formes animales
qui sont matériellement identiques aient persisté dans les
profondeurs de la mer pendant une période géologique considérable.

Les récents draguages profonds de M. Pourtalès sur les côtes
américaines, ceux des vaisseaux de Sa Majesté le *Lightning* et
le *Porcupine*. et ceux du yacht de M. Marshall Hall, *Norna*, sur
les côtes de l'Europe occidentale, n'ont fait découvrir aucune
forme animale appartenant aux groupes élevés spécifiquement
identiques aux fossiles de la craie; je ne pense pas qu'on doive
s'attendre à en trouver. Une grande partie de l'Atlantique
du Nord est échauffée actuellement jusqu'à la profondeur de
5000 pieds environ, à un degré bien supérieur à sa température normale, tandis que dans ses grandes profondeurs les
courants arctique et antarctique abaissent sa température dans
une proportion tout aussi extrème. Ces températures anormales sont l'effet de la distribution actuelle des terres et des
mers, et j'ai déjà démontré qu'il y a eu depuis des temps
géologiquement modernes bien des oscillations qui ont dû
produire, dans les mêmes espaces, des conditions entièrement
différentes. Si nous acceptons, jusqu'à un certain point,
comme nous sommes tenus de le faire, la théorie de la modification graduelle des espèces sous l'influence de causes
naturelles, nous devons nous attendre à l'absence complète
de formes identiques à celles qui se trouvent dans la craie
ancienne, parmi les groupes chez lesquels il existe des différences de structure suffisantes pour permettre des variations
sensibles, produites par la modification des conditions. Tout
au plus y aura-t-il persistance de quelques-uns des anciens
types génériques; entre les deux faunes on trouvera une ressemblance suffisante pour justifier la théorie que la faune moderne présente avec l'ancienne des rapports de descendance

extrêmement modifiés, tout en réservant l'influence de l'émigration, de l'immigration et de l'extermination de certaines faunes.

J'ai déjà dit qu'une des plus grandes différences qui existent entre le limon crayeux récent de l'Atlantique et l'ancienne craie blanche, c'est l'absence complète de silice libre dans cette dernière. Il paraîtrait, d'après l'analyse de la craie, que les organismes siliceux n'existaient absolument pas dans les anciennes mers crétacées. D'autre part, la silice est abondante dans le limon crayeux où, dans la plupart des spécimens, elle entre pour une proportion de 30 à 40 pour 100. Une portion considérable de cette quantité est représentée par un sable siliceux inorganique, dont la présence s'explique, sans aucun doute, par le voisinage des terres et le trajet des courants; tandis que l'extrême pureté de la craie blanche de Sussex semble indiquer qu'elle a été déposée dans une eau tranquille, profonde et éloignée de toute terre. Une grande partie de la silice du limon crayeux se compose cependant de spicules d'Éponges, de plaques de Radiolaires et de frustules de Diatomées; cette silice organique se trouve distribuée dans la masse entière.

La craie blanche, quoique ne contenant pas de silice, nous offre ce fait singulier de l'existence de couches régulières de masses rocheuses de silice presque pure, qui affectent fréquemment la forme extérieure d'Éponges plus ou moins régulières, et qui souvent remplissent les cavités des Oursins et de certaines coquilles bivalves. Cette circonstance seule d'un Oursin, tel que le *Galerites albo-galerus* ou l'*Ananchytes ovata*, entièrement rempli d'une matière grise, qui forme à l'ouverture orale du test une protubérance semblable à celle d'un moule à balles rempli de plomb, nous force à en conclure qu'après la mort de l'Oursin, la silice a pénétré dans l'intérieur à l'état de solution ou tout au moins de gélatine, et que la silice devait exister antérieurement, sous quelque autre forme, dans la craie ou ailleurs. On trouve souvent, dans la craie

qui ne renferme pas de silice, les moules d'organismes connus
pour être siliceux, et desquels toute la silice a été soustraite ;
j'ai vu moi-même plus d'une fois une partie de la trame délicate d'une Éponge siliceuse conservée intacte dans un morceau
de roche, pendant que l'autre partie de l'organisme, qui se
projetait en dehors du rocher, se montrait dans la craie comme
un treillis composé d'espaces vides ou garnis de peroxyde ou
de carbonate de fer. Il paraît donc certain que, par un procédé
quelconque, la silice organique répandue dans la craie sous
forme de spicules d'Éponges et autres organismes siliceux a
été dissoute ou réduite à un état gélatineux, et qu'elle s'est
accumulée dans des moules constitués par les coquilles ou les
parois des animaux de différentes classes enfouis dans la roche.
On ne sait pas d'une manière certaine comment s'effectue la
solution de la silice. Une fois réduite à l'état gélatineux, il
est facile de comprendre qu'elle soit tamisée par un procédé
d'*endosmose*, à la faveur de la porosité de la craie, et qu'elle
se trouve accumulée dans toutes les cavités favorablement
disposées.

Dans plusieurs localités du nord de l'Angleterre, les organismes appelés *Ventriculites* se trouvent en grande abondance
dans la craie et dans la craie chloritée. Ce sont des coupes et
des vases de forme élégante, avec des bases ramifiées semblables à des racines, ou des groupes de tubes s'étendant régulièrement ou irrégulièrement, et recouverts sur leur surface
d'un filet qui pourrait rivaliser avec la plus fine dentelle. Feu
M. Toulmin Smith a publié en 1840 le résultat de plusieurs
années d'une étude approfondie de ces corps, et la description
aussi exacte que détaillée de leur structure. Il a découvert
qu'ils se composent de tubes d'une ténuité extrême, réunis par
des mailles très-fines et ayant entre eux des vides de forme
généralement cubique ou octaédrique très-régulière. Ces
tubes des Ventriculites trouvés dans la craie étaient vides ou
ne renfermaient qu'un peu de matière rougeâtre et ocreuse.
Quand un Ventriculite se trouvait en tout ou en partie engagé

dans une roche, il était entièrement incorporé à la gangue ou remplacé par de la silice. M. Toulmin Smith suppose que le squelette du Ventricultite était originairement calcaire, et il

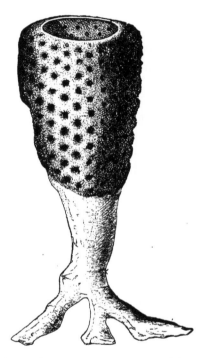

Fig. 80. — *Ventriculites simplex*, Toulmin Smith. Une fois et demie la grandeur naturelle.

classe le groupe parmi les Polyzoaires. A l'époque où M. Toulmin Smith étudiait les Ventriculites, les *Hexactinellidæ*, les Éponges à trame sexradiée, étaient peu connus, bien qu'il y en eût déjà quelques exemplaires dans les muséums. Un des premiers résultats des draguages profonds est la découverte que le limon crayeux des grandes mers en est littéralement chargé, et, en comparant des formes récentes telles que l'*Aphrocallistes*, l'*Iphitron*, l'*Holtenia* et l'*Askonema*, avec

certaines séries des Ventriculites de la craie, on ne peut conserver le moindre doute qu'elles n'appartiennent à la même
famille, et même, dans certains cas, à des genres voisins. La

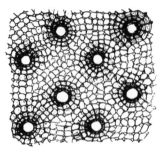

Fig. 81. — *Ventriculites simplex*, Toulmin Smith, surface antérieure.
Quatre fois la grandeur naturelle.

figure 80 représente un fort beau spécimen de *Ventriculites
simplex* conservé dans la roche, et dont je suis redevable
à M. Sanderson, d'Édimbourg. Comparé à l'*Euplectella*, à

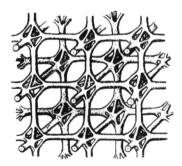

Fig. 82. — *Ventriculites simplex*, Toulmin Smith. Section de la surface inférieure,
montrant la structure du réseau siliceux (X 50.)

l'*Aphrocallistes Beatrix*, nous trouvons immédiatement la
même structure jusque dans les détails les plus microscopiques.

D'autres Éponges qui appartiennent principalement aux
Lithistidæ et aux *Corticatæ*, reproduisent avec une singulière

exactitude les formes plus irrégulières des Éponges de la craie
et de la craie chloritée. Un groupe non encore décrit, mais
qui, selon toute apparence, est une famille égarée des *Espe-
riadæ*, pousse des tubes longs et ténus qui s'amincissent légèrement, mais d'une manière tout à fait caractéristique, au
point même de leur insertion dans le corps de l'Éponge ; ils
rappellent ainsi d'une manière frappante la façon toute particulière dont les racines tubuleuses s'unissent à l'Éponge dans
le genre *Choanites* encore bien vaguement défini.

La figure 83 reproduit un des individus appartenant à ce
groupe. Une sphère de 15 à 20 millimètres de diamètre, qui
se compose d'une écorce extérieure lisse et luisante, tissée

FIG. 83. — *Cœlosphæra tubifer*, WYVILLE THOMSON, légèrement agrandi.
Pêché sur les côtes de Portugal.

de spicules granulés réunis par des mailles serrées, avec
ceux du sarcode, lesquels sont, les uns grands et en forme
de C, les autres beaucoup plus petits et répondant au type
tridenté, à trois crochets égaux, décrit par Bowerbank. De
distance en distance l'épiderme ainsi composé se trouve perforé. L'intérieur de la sphère est rempli d'un sarcode mou,
à demi fluide, contenu dans un filet fort lâche formé d'une
matière cornée et granuleuse et de spicules. Irrégulièrement
disséminés sur la surface de l'Éponge, des tubes d'environ
3 millimètres de diamètre s'étendent dans toutes les directions ;
les parois de ces tubes sont minces et délicates, et le deviennent plus encore à leurs extrémités, qui se contractent légè-

rement, tout en restant perforées. A sa jonction avec l'Éponge,
le tube présente aussi un étranglement, et une légère dépression se remarque à la surface de l'organisme. Il y a, dans cette
structure, quelque chose de très-caractéristique qui montre
qu'il existe les plus étroites relations entre ces formes récentes
et les Éponges fossiles tubifères, telles que les *Choanites*.

Le professeur Martin Duncan cite plusieurs Coraux des côtes
du Portugal qui sont alliés de plus près aux formes de la craie;
mais c'est surtout chez les Échinodermes que les rapports
entre la faune ancienne et la moderne deviennent évidents.
Rappelons brièvement les points principaux qui se rapportent
à cette question. Les *Apiocrinidæ*, ce groupe de Crinoïdes
fixes que j'ai déjà décrit, abondent dans toute l'étendue des
roches jurassiques, et leurs dépouilles se trouvent en grande
quantité dans les épaisses couches de calcaire jaune de l'oolithe. Vers la fin de la période jurassique, les genres typiques
disparaissent, et nous ne trouvons dans la craie que le groupe
représenté par une forme évidemment dégénérée, le *Bourguetticrinus*. On a rencontré, dans certaines couches tertiaires,
des fragments de tiges d'un petit *Bourguetticrinus*, qui a été
également découvert dans les brèches calcaires récentes de la
Guadeloupe, qui renfermaient aussi le squelette humain bien
connu que l'on voit au British Museum. Il n'est pas douteux
que ces fragments tertiaires et post-tertiaires se rapportent au
genre *Rhizocrinus*, que nous savons maintenant si largement
distribué à l'état vivant dans les grandes profondeurs. Dans
cette série des *Apiocrinidæ*, qui se prolonge depuis le bathonien (*Forest marble*) jusqu'à l'époque actuelle, bien qu'il y ait
une succession d'espèces toujours variables, la dégénérescence
graduelle, persistant dans le même sens à travers la série tout
entière, indique d'une manière incontestable une certaine
continuité aboutissant à un type qui s'efface peu à peu sous
l'influence de conditions lentement modifiées dans un sens
défavorable.

L'autre famille des Crinoïdes à tige, les *Pentacrinidæ*, se comporte tout différemment. Elle se trouve abondamment dans le lias et dans l'oolithe inférieure, où elle recouvre des plaques entières; là elle est associée d'une manière très-caractéristique avec les espèces des grandes profondeurs, *Cidaris*, *Astrogonium* et *Astropecten;* bien qu'elle soit peu abondante dans la craie d'Angleterre, on en trouve quelques espèces, et celles-là ne témoignent d'aucune tendance à la dégénérescence. Ainsi qu'on devait s'y attendre, ces restes sont rares dans les dépôts tertiaires des bas-fonds. Quant à leur distribution dans les mers modernes, d'après la grande abondance du *Pentacrinus Asteria* et du *Pentacrinus Mulleri* dans les eaux profondes des Indes occidentales, et du *Pentacrinus Wyville–Thomsoni* sur les côtes du Portugal, il est très-possible, ainsi que je l'ai déjà dit, qu'ils occupent dans la faune des abîmes une place beaucoup plus importante que nous ne l'avions cru jusqu'ici.

Presque toutes les espèces des grandes profondeurs qui sont venues s'ajouter à la liste des Astéries appartiennent aux genres *Archaster*, *Astropecten* ou aux différentes subdivisions de l'ancien genre *Goniaster*. Les restes fossiles des Astéries sont relativement rares, à cause de la rapide décomposition de leurs parties molles : après la mort, l'animal se brise en une multitude d'ossicules imperceptibles; aussi ne les retrouve-t-on guère que dans des formations calcaires d'une extrême finesse, telles que le calcaire de Wenlock, et dans les temps plus modernes, dans le calcaire jaunâtre de l'oolithe et dans la craie blanche. Le caractère général du groupe enfoui dans cette dernière formation, déposée dans des circonstances très-semblables à celles du limon crayeux de l'Océan, est à peu près le même que celui des animaux qui font partie de la faune actuelle des profondeurs de l'Atlantique.

Les Échinides forment un type mieux caractérisé. Grâce à la dureté de leur test, ils se conservent plus facilement entiers, et depuis les périodes les plus anciennes, leurs séries harmonieusement variées sont d'un grand secours pour la distinction des différentes formations géologiques. Leurs dépouilles se trouvent

en grande abondance dans la craie blanche du midi de l'Angleterre. Les fossiles les plus abondants et les plus caractéristiques
de la craie sont peut-être les *Cidaridæ*, qui, mieux encore que
tous les autres. démontrent les conditions à la faveur desquelles
la craie a été déposée. Les grands spicules du *Cidaris* sont
assujettis aux plaques du test par un ligament central qui sort

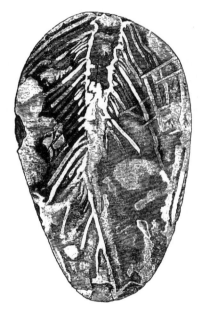

Fig. 84. — *Choanites*, dans un silex de la craie blanche.

du calice au travers d'une perforation de la sphère, et par
une membrane qui part de la plaque et qui adhère à la base du
radiole. Mais les spicules sont si démesurément grands et les
parties molles se décomposent si rapidement après la mort de
l'animal, qu'il est bien difficile. malgré tous les soins apportés
à la préparation, de conserver l'adhérence de ces organes. On
trouve fréquemment dans la craie des tests de *Cidaris* parfaitement entiers et avec tous leurs spicules. de sorte qu'en enlevant

soigneusement la gangue avec la pointe d'un canif, on retrouve
l'animal complet. Il est assez difficile de se rendre compte de la
manière dont ce résultat a pu se produire : il faut que l'Oursin
soit tombé dans le limon crayeux liquide, et qu'il en ait été
recouvert de façon à soutenir et protéger les spicules et le test,
ce qui lui a permis de se consolider graduellement et de
former, avec le temps, une masse compacte. Un des *Cidaris*
ramenés récemment des grandes profondeurs appartient à un
genre supposé éteint, bien qu'en général les formes du limon
crayeux n'aient de ressemblance spéciale avec aucune des
espèces qui sont particulières à la craie. Cependant le caractère général du groupe est bien le même. Les *Echinothuridæ*
n'étaient connus que comme fossiles de la craie ; leur présence
en grand nombre dans le limon crayeux récent est donc un
exemple très-positif de la conservation de l'un des types anciens supposés anéantis. On en peut dire autant du *Pourtalesia*,
qui doit s'associer avec l'*Ananchytes* ou avec le *Dysaster*,
types l'un et l'autre de groupes que l'on croyait perdus. Ainsi
donc, bien que jusqu'ici on n'ait pas découvert dans les eaux
profondes des Échinodermes qui soient spécifiquement identiques aux formes de la craie, la faune des abîmes, avec sa
multitude de *Cidaridæ*, d'*Echinothuridæ*, d'Oursins irréguliers et le nombre disproportionné de ses genres *Astropecten*,
Astrogonium, *Stellaster* et leurs alliés, parmi les Astéries, rappelle singulièrement la craie, non-seulement dans ses traits
généraux, mais encore par l'extrême ressemblance de plusieurs
de ses genres avec certaines formes anciennes dont ils se rapprochent plus que de toutes les espèces vivantes.

Ils simulent ces formes au point de faire naître forcément
la conviction que leurs ressemblances ne peuvent provenir que
de l'influence de la descendance accompagnée de conditions
dont les modifications graduelles ont amené l'altération des
types, sans les transformer cependant complétement.

Ainsi que je l'ai dit, tous les Mollusques des grandes profondeurs qui avaient été décrits auparavant à l'état fossile

provenaient des couches tertiaires, à l'exception de notre *Tere-*
bratulina Caput-serpentis, qui se rapproche incontestablement
beaucoup du *Terebratula striata* de la craie.

Il n'y a rien d'étonnant qu'il en soit ainsi : un des caractères saillants des terrains tertiaires européens, c'est qu'à
l'exception de quelques-unes des couches plus anciennes du
midi de l'Europe, ils ont tous été déposés dans les bas-fonds,
de telle sorte que ces couches représentent les dépôts et la
faune des bords d'une mer quelconque. On peut dire qu'ils
ont pris naissance dans les bas-fonds des mers tertiaires dont
la faune profonde est inconnue : c'est le mode d'expression qui
s'accorde le mieux avec les idées reçues ; mais si cette théorie
est la vraie, il faut considérer les terrains tertiaires comme
des sédiments formés et mis à découvert par les dépressions et
les soulèvements successifs des bords de la mer crétacée, d'une
mer qui, malgré les nombreux changements produits par ces
mêmes oscillations qui ont alternativement découvert et sub-
mergé les tertiaires, a existé d'une manière continue et formé
des couches concordantes de limon crayeux, depuis la période
de l'ancienne craie.

Les Mollusques sont surtout des formes de bas-fonds, bien
que quelques-uns d'entre eux soient spéciaux aux grandes
profondeurs, et que d'autres occupent un grand espace vertical.
Après les changements multipliés qui se sont produits pendant
les périodes géologiques récentes, dans les conditions qui ont
le plus d'influence sur la vie animale, on ne peut s'attendre
à trouver aucun organisme appartenant aux groupes supérieurs
spécifiquement semblable aux fossiles de la craie ; il est même
difficile d'expliquer l'identité de plusieurs espèces vivantes des
grandes profondeurs avec certaines espèces qui se trouvent dans
les terrains tertiaires. Je crois cependant qu'il est possible d'en
trouver la raison. La plupart des espèces qui sont communes
à l'Atlantique actuel et aux couches tertiaires se trouvent
maintenant dans l'Atlantique à des profondeurs beaucoup plus
considérables que celles auxquelles elles ont été enfouies dans

27

les mers tertiaires; ceci nous est indiqué par les espèces des bas-fonds auxquelles elles sont associées dans les tertiaires. Ce sont donc des espèces qui jouissaient d'un champ vertical fort étendu, et il est probable que, pendant qu'un grand nombre de formes habitant les bas-fonds ont péri par suite de l'exhaussement ou de quelque autre cause d'altération qui s'est fait sentir dans les 100 ou 200 brasses de la superficie, elles auront survécu parce que les parties les plus profondes de leur habitat se seront trouvées à l'abri de ces changements.

« Il est bon, dit sir Charles Lyell, de rappeler au lecteur qu'en géologie nous avons l'habitude d'établir nos grandes divisions chronologiques, non d'après les Foraminifères et les Éponges, ni même d'après les Échinodermes et les Coraux, mais d'après les êtres les plus complétement organisés qui soient à notre portée, tels que les Mollusques..... Parmi ces der-niers, ceux qui nous offrent les meilleurs caractères sont jus-tement ceux dont l'organisation est la plus complète et la plus *spécialisée*, et dont le champ d'activité est le moins développé dans le sens vertical. Ainsi les Céphalopodes sont les plus pré-cieux de tous, parce qu'ils ont, *dans le temps*, une étendue plus restreinte que les Gastéropodes; ceux-ci, d'autre part, caractérisent mieux les subdivisions *stratigraphiques* que les Bivalves lamellibranches, qui, de leur côté, sont plus utiles pour la classification que les Brachiopodes, classe plus infé-rieure encore, et celle de toutes qui a le plus de durée. » Malgré toute ma déférence pour sir Charles Lyell, je ne sau-rais considérer les groupes des animaux supérieurs comme les plus propres à caractériser les limites des grandes divisions chronologiques, bien que j'admette toute leur valeur quand il s'agit d'en déterminer les subdivisions.

Le développement maximum de ces groupes animaux, tel qu'il nous apparaît à la fin de la période jurassique et au commencement de la crétacée, dans la merveilleuse abondance et l'étonnante variété des deux ordres de Céphalopodes, met incontestablement en relief et fait admirablement ressortir les grands caractères distinctifs de la faune mésozoïque ; mais, en général, plus un Mollusque est élevé dans la série animale, plus sont profondes les eaux qu'il habite. Les Céphalopodes sont des animaux *pélagiques*, habitant la surface des hautes mers, et dont on trouve conséquemment les dépouilles dans les dépôts de toutes les profondeurs. Il y a deux remarquables exceptions à cette distribution générale des Céphalopodes, et ces exceptions sont les deux espèces de beaucoup les plus intéressantes au point de vue géologique. Le *Nautilus Pompilius* anime les grandes profondeurs du Pacifique, et l'habitat du *Spirula australis* est inconnu. La coquille du *Spirula* est mince et légère ; il est probable qu'après la mort de l'animal, et par l'effet de la décomposition des matières organiques, elle se remplit de gaz, et flotte alors et dérive au gré des vents à la surface de la mer. Les plages tropicales sont jonchées de cette petite coquille perlée dont la forme élégante attire l'attention ; elle abonde sur toutes les côtes qui se trouvent sur le trajet du Gulf-stream. Sysselmann Müller m'en a donné, il y a quelques années, en quantité ; elles avaient été jetées sur le rivage sud-ouest de différentes îles du groupe des Faröer. Malgré cela, on peut dire que l'organisation et l'habitat du *Spirula* sont encore inconnus. Un seul spécimen décrit par le professeur Owen a été trouvé à peu près complet par M. Percy Noël sur les côtes de la Nouvelle-Zélande. Il me paraît hors de doute que ce soit là une forme des grandes profondeurs ; j'espère qu'au moyen de nos draguages profonds, nous arriverons sous peu à le bien connaître ; mais, en attendant, l'ignorance où nous sommes encore à son sujet, malgré son extrême abondance, donne beaucoup à penser. Il a été découvert dans l'argile de Londres un ou deux exemplaires d'un fossile voisin du *Spirula*, mais qui en diffère en ce que de sa partie postérieure se projette un solide rostre conique dont la substance, qui tient du calcaire et de la corne, renferme la plus grande partie de la spirale dont est formée la coquille. Si le *Spirula* moderne était alourdi d'un pareil rostre, il nous serait probablement encore totalement inconnu. Il n'est

pas toujours prudent de faire des prédictions ; cependant je regarde comme très-probable la découverte, dans les grandes
profondeurs, de quelque espèce très-voisine du *Spirularostris*.
Lorsque des formes tertiaires nous passons aux crétacées,
nous trouvons chez le *Belemnitella* la coquille cloisonnée,
rétrécie, et le volume de la *garde* grandement accru. Si les
Bélemnites habitaient les grandes profondeurs, comme cela
paraît très-probable, et qu'il en existât encore, il n'est guère
possible, d'après la forme et le poids de leurs coquilles, qu'elles
soient jetées sur le rivage ; aussi les draguages profonds pourront
seuls les empêcher de demeurer à jamais inconnues. Je ne dis
ceci que pour démontrer qu'on ne saurait baser un argument
quelconque sur le fait de l'absence, à l'époque actuelle, de tout
représentant de la faune des Céphalopodes crétacés.

Les Gastéropodes, sauf quelques exceptions relativement peu
communes, s'étendent de la plage même à une profondeur de 100
à 200 brasses ; les Lamellibranches deviennent plus rares à une
profondeur à peine plus considérable, tandis que certains ordres
de Brachiopodes, de Crustacés, d'Échinodermes, d'Éponges
et de Foraminifères atteignent une profondeur de 10 000 pieds
sans voir diminuer sensiblement leur nombre. L'étendue bathymétrique des divers groupes dans les mers actuelles correspond d'une manière remarquable avec leur étendue verticale
dans les anciennes couches.

Le moindre changement dans la distribution des mers et des
terres, ce changement ne fût-il qu'une simple modification du
trajet d'un courant océanique, pourrait transformer les conditions d'existence de quelques espèces d'un type élevé qui vivent
à la surface, telles que la plupart des Céphalopodes et tous les
Ptéropodes et Hétéropodes, au point d'en amener la destruction
complète. Des oscillations verticales de 500 pieds forceraient la
grande masse des Gastéropodes et tous les Coraux constructeurs de récifs à émigrer, ou les modifieraient si elles ne les
détruisaient pas ; 100 brasses de plus extermineraient le plus
grand nombre des Bivalves. Mais des oscillations dix fois plus

fortes n'atteindraient que faiblement la région des Brachiopodes, des Échinodermes et des Éponges.

L'étude attentive des résultats obtenus par les recherches récentes n'a fait que confirmer l'opinion que j'avais déjà antérieurement que les divers groupes fossiles qui caractérisent les couches tertiaires de l'Europe et de l'Amérique du Nord représentent la faune, incessamment modifiée, des bas-fonds d'un Océan dont les profondeurs sont encore occupées par un dépôt qui s'y accumule sans interruption depuis la période de la craie *prétertiaire*, et dont il perpétue la faune, bien qu'avec de grandes modifications. Je ne vois rien dans cette théorie qui soit en contradiction avec les données de la géologie telle que nous l'avons apprise de sir Charles Lyell; nos draguages démontrent seulement que ces abîmes de l'Océan (abîmes que sir Charles Lyell reconnaît s'être maintenus par l'effet de leur profondeur à travers une succession de périodes géologiques) sont peuplés d'une faune spéciale, peut-être aussi persistante dans ses traits généraux que les abîmes qu'elle habite. J'ai dit que la théorie de la *permanence de la craie*, telle qu'elle est comprise par ceux qui en ont été les initiateurs, est maintenant très-généralement acceptée; j'en citerai pour preuve deux discours prononcés dans des réunions annuelles, par deux présidents de la Société de géologie, bien convaincu que les assertions d'hommes d'une si grande valeur ne peuvent être que l'expression d'opinions saines, justes et judicieuses. Le professeur Huxley a dit, en 1870, dans son discours annuel :

« Il y a déjà bien des années [1] que j'osai désigner le limon de l'Atlantique comme la *craie moderne*, et il n'est venu à ma connaissance aucun fait qui contredise l'opinion énoncée par le professeur Wyville Thomson, que la craie moderne ne descend pas seulement en ligne directe, pour ainsi dire, de l'ancienne craie, mais qu'elle est toujours demeurée en quelque sorte en possession de son domaine héréditaire, depuis la pé

1. Saturday Review, 1858 : « Chalk ancient and modern. »

riode crétacée (si ce n'est depuis plus longtemps encore) jusqu'à nos jours, les eaux profondes ayant recouvert une grande partie de ce qui est encore aujourd'hui le lit de l'Atlantique. Mais puisque les *Globigerina*, les *Terebratula Caput-serpentis* et les *Beryx*, pour ne faire mention d'aucune des autres formes animales ou végétales, relient ainsi le présent aux périodes mésozoïques, est-il probable que la majorité des autres êtres vivants aient subi un changement rapide et se soient trouvés subitement transformés ? »

M. Prestwich, dans son discours présidentiel de 1871, s'exprime ainsi : « Ainsi donc, et bien qu'il me paraisse fort probable qu'une partie importante du lit de l'Atlantique se trouve immergée d'une manière permanente depuis la période de notre craie, et bien que les formes les plus modifiables de la vie aient pu par ce moyen se transmettre sans interruption, cependant les immigrations de faunes différentes et plus récentes peuvent avoir modifié l'ancienne au point de ne laisser à l'élément primitif qu'une importance comparable à celle de l'élément anglais primitif au milieu de notre nation anglaise. »

M. Prestwich admet donc pleinement la très-grande probabilité de la *permanence* que nous soutenons. La dernière question qu'il soulève dans les portions de son discours que nous avons citées présente d'immenses difficultés qu'il nous est impossible de surmonter, ne possédant aucune donnée à cet égard. Elle ne serait peut-être pas beaucoup plus difficile à résoudre pourtant que le problème ethnologique qu'il a choisi comme point de comparaison.

Plusieurs autres questions fort importantes ayant trait aux conditions de l'Océan dans les grandes profondeurs ont attiré l'attention des naturalistes chargés de la direction scientifique des expéditions de draguage du *Lightning* et du *Porcupine*. Un préparateur familiarisé avec les méthodes de recherches chimiques et physiques accompagnait chaque fois le navire. Un des fils du Dᴿ Carpenter, M. William Lant Carpenter, accompagna la première croisière dirigée par M. Jeffreys. M. John

Hunter, jeune chimiste plein d'espérance, mort depuis ce voyage. me suivit dans la baie de Biscaye, et un fils plus jeune de notre collègue, M. Herbert Carpenter, a fait partie de la troisième et longue expédition du canal de Faröer.

La pesanteur spécifique de l'eau a été constatée à chaque station, et pendant les sondages par séries l'appareil a été plongé dans les profondeurs intermédiaires, et l'eau recueillie a été soigneusement analysée. Les différences observées sont peu considérables, mais elles confirment l'opinion du professeur Forschammer, que les eaux arctiques contiennent moins de sel que l'eau de mer des régions tempérées et des régions intertropicales.

Ainsi que je l'ai déjà dit (page 38 et suiv.), on a trouvé, au moyen de l'épreuve du *permanganate,* des matières organiques partout et à toutes les profondeurs. On a analysé avec soin les gaz contenus dans l'eau de mer, et le résultat général des expériences prouve que la quantité d'acide carbonique libre augmente avec la profondeur, tandis que la proportion d'oxygène diminue. Il paraît évident cependant que la quantité d'acide carbonique dépend beaucoup de l'abondance des formes les plus élevées de la vie animale. M. Lant Carpenter prédisait toujours aux zoologistes un draguage improductif quand il trouvait l'acide carbonique peu abondant en proportion de l'oxygène et de l'azote. Le maximum de l'acide carbonique se trouvait toujours un peu au-dessus du fond. La moyenne prise sur trente analyses de l'eau de la surface donne les chiffres suivants comme proportion des gaz qui s'y trouvaient contenus : oxygène, 25,1 ; azote, 54,2; acide carbonique, 20,7. Cette quantité pourtant variait beaucoup. Les eaux intermédiaires ont donné une proportion moyenne de : oxygène, 22,0 ; azote, 52,8, et acide carbonique, 26,2 ; et les eaux profondes : oxygène, 19,5 ; azote, 52,6, et acide carbonique, 27,9. Mais les eaux du fond, à une profondeur relativement faible, renfermaient souvent autant d'acide carbonique que les eaux intermédiaires à des profondeurs beaucoup plus grandes. Dans une série de sondages où l'eau a été puisée de 50 en 50 brasses, trois analyses ont donné le résultat suivant :

	750 brasses.	800 brasses.	862 brasses (fond).
Oxygène	18,8	17,8	17,2
Azote	49,3	48,5	34,5
Acide carbonique	31,9	33,7	48,3

La moyenne si rapidement croissante de l'acide carbonique contenu dans la couche d'eau qui recouvrait immédiatement le lit de la mer était toujours l'indice d'une grande abondance de vie animale.

Je ne saurais regretter que l'espace dont je dispose ne me permette pas, pour le moment, de m'étendre sur l'importance de ces études physiques, parce que je dois avouer que les résultats obtenus ne m'inspirent pas une confiance assez complète. Les observations et les analyses ont certainement été faites avec soin et habileté, mais les différences entre les échantillons divers, — différences de pesanteur spécifique et surtout de composition chimique et de proportions entre les diverses substances qui entrent dans cette composition, — sont si légères, qu'il faudra nécessairement avoir recours à des procédés plus exacts que ceux qui ont été employés jusqu'ici, si l'on veut obtenir des résultats certains.

Dans les recherches de ce genre, tout dépend du plus ou moins de perfection dans la manière de puiser l'eau à une profondeur déterminée, et la méthode d'après laquelle l'instrument à puiser était construit laissait à désirer. Cet appareil se composait d'un tube très-solide de cuivre d'environ deux pieds de longueur et deux pouces de diamètre à l'intérieur, contenant un peu plus d'un litre et demi, et fermé aux extrémités par un disque également de cuivre. Au centre de chacun de ces disques se trouvait une ouverture circulaire obturée hermétiquement par une soupape de forme conique; les deux soupapes s'ouvraient de bas en haut quand l'instrument était disposé pour l'immersion.

Un courant continu, produit par le mouvement de descente de l'appareil, est supposé soulever les soupapes et passer au travers du tube, qui serait, de cette manière, constamment rempli de l'eau provenant de la couche qu'il traverse. En remontant, c'est le mouvement inverse qui a lieu; les soupapes retombent à leur place, et le liquide dont le tube s'est rempli aux plus grandes profondeurs est ramené à la surface. Cet appareil a paru d'abord atteindre le but, car il nous a été prouvé plus d'une fois par le trouble de l'eau dont il était chargé, que c'était bien celle du fond; cependant des expériences subséquentes ont démontré qu'on ne peut lui accorder une entière confiance. L'appareil ne peut agir qu'à la condition que le mouvement de descente soit assez rapide et régulier pour produire un courant capable de maintenir complétement ouvertes deux lourdes soupapes de cuivre; s'il se produit, en remontant, le moindre mouvement en sens contraire, la plus légère secousse, une irrégularité quelconque, le contenu se trouve plus ou moins partiellement altéré et mélangé; les deux soupapes, lors même qu'elles sont entièrement ouvertes, se trouvent situées sur le trajet d'entrée et de sortie du courant, et nous pensons que l'eau n'est ni aussi rapidement ni aussi complétement renouvelée qu'on pourrait le croire. Un appareil à puiser tout à fait satisfaisant est donc encore chose à créer. Je crois cependant que celui qui a servi au Dr Mayer et au Dr Jacobsen l'été dernier, pendant l'expédition allemande dans la mer du Nord, est exempt de la plupart de ces inconvénients. J'espère que d'ici à un an nous serons en mesure de donner sur ce sujet un avis mieux motivé.

On trouvera, dans l'Appendice de ce chapitre, un résumé des recherches chimiques qui ont été faites pendant les croisières du *Porcupine* en 1869; j'y ai ajouté une note dont je suis redevable à l'obligeance de mon ami M. J. Y. Buchanan, qui doit m'accompagner en qualité de chimiste dans l'expédition du *Challenger* : cette note montrera combien il reste encore à faire avant que nous puissions nous flatter d'avoir obtenu quelque chose de concluant au sujet de la quantité et de la nature des gaz contenus dans l'eau de la mer. Nous ne saurions non plus, et je le dis à regret, accepter avec toute confiance l'estimation faite des matières organiques contenues dans l'eau de mer au moyen du *permanganate*, quoique la conclusion à laquelle nous sommes arrivés, de la présence de matières organiques dans l'eau de mer à toutes les profondeurs soit un fait acquis. L'application à ce genre de recherches des méthodes exactes de la science moderne est chose nouvelle, et leur perfectionnement exigera de longs et persévérants travaux. Le progrès réel qui a été accompli dans cette voie, comme complément ajouté aux moyens employés jusqu'ici pour l'étude des abîmes au point de vue de la physique, consiste en un appareil digne de toute confiance, qui permet de relever les températures à toutes les profondeurs avec une exactitude qu'on peut appeler absolue.

Kunö, vue prise près de Vaaÿ, sur l'île de Bordö (Faröer).

APPENDICE A

Résumé des résultats fournis par l'étude des échantillons de l'eau de mer puisés à la surface et à diverses profondeurs, par W. Lant Carpenter.

Eaux de surface. — On a cherché à se procurer les eaux aussi pures que possible, non contaminées par les matières provenant du navire ; on les puisait dans des récipients parfaitement propres, à quelques pouces au-dessous de la surface, et à l'avant du navire. A deux reprises cependant, les échantillons ont été pris à l'arrière des roues.

Eaux puisées à une certaine profondeur au-dessous de la surface. — Il a été reconnu nécessaire d'enduire intérieurement les appareils à puiser d'un vernis à la cire d'Espagne, pour les préserver de l'action corrosive de l'eau de mer. Ils ont alors très-bien fonctionné toutes les fois que le poids attaché à la corde de sondage à laquelle ils étaient assujettis s'est trouvé assez considérable pour les maintenir dans une position verticale. Quand, par le fait de l'insuffisance du poids ou de l'agitation de la mer, la corde de sondage s'est trouvée, en remontant, former un angle aigu avec la ligne de l'horizon, les résultats de l'examen de l'eau obtenue dans ces conditions démontraient la probabilité de l'introduction, à la surface ou près de la surface, d'une certaine quantité d'eau, et l'impossibilité de considérer celle qui était contenue dans l'appareil comme provenant uniquement des couches inférieures.

L'eau puisée à une profondeur qui dépassait 500 brasses était presque toujours chargée d'un limon très-fin qui, tenu en suspension, la rendait complétement trouble. Il fallait plusieurs heures d'immobilité pour faire déposer ce limon, mais il était facilement séparé de l'eau par la filtration. Nous n'avons pas eu d'exemple que l'eau des couches profondes se soit montrée plus chargée de gaz en dissolution que les eaux de surface ; *dans toutes les analyses* il a fallu une élévation considérable de température pour mettre en liberté les gaz dissous.

Mode d'examen des échantillons. — Les échantillons d'eau ainsi obtenus ont été examinés dans le plus bref délai possible, dans le but de constater :

1° La pesanteur spécifique de l'eau.

2° La quantité totale des gaz qui y sont contenus en dissolution, et les proportions relatives d'oxygène, d'azote et d'acide carbonique.

3° La quantité d'oxygène nécessaire pour brûler les matières organiques contenues dans l'eau, en faisant une distinction entre :

a. Les matières organiques décomposées, et
b. Les matières organiques facilement décomposables.

1° Les études des pesanteurs spécifiques se sont faites à une température aussi rapprochée que possible de 60° Fahr., au moyen de légers hydromètres de verre, gradués de manière que la pesanteur spécifique pût se lire facilement et rapidement au quatrième décimal. .

2° L'appareil destiné à l'analyse des gaz dissous dans l'eau de mer était *en principe* celui que décrit le professeur Miller dans le second volume de ses *Éléments de chimie;* on a dû le modifier sous certains rapports, à cause du mouvement du vaisseau. Ces modifications consistaient surtout à suspendre l'instrument au plafond de la cabine au lieu de l'assujettir par sa partie inférieure, et à articuler toutes ses parties par des tubes de caoutchouc, etc., en veillant attentivement à ce que toutes les *jointures* fussent hermétiquement fermées.

On a pu ainsi faire des analyses exactes, même pendant que le vaisseau était secoué au point de renverser les chaises et le mobilier de la cabine.

Voici le résumé de la méthode d'après laquelle les analyses ont été faites : On faisait bouillir, pendant environ trente minutes, de 700 à 800 centimètres cubes de l'échantillon à analyser, de façon que la vapeur et les gaz mélangés qui s'en dégageaient fussent recueillis sur la cuve à mercure, dans un des récipients à gaz gradués de Bunsen, dans lequel l'air ne pouvait avoir aucun accès. Les gaz mélangés étaient alors transvasés dans deux tubes gradués placés sur un bain de mercure ; là l'acide carbonique se trouvait d'abord absorbé par une forte solution de potasse caustique, et l'oxygène par l'acide *pyrogallique;* le gaz restant après ces opérations devait être de l'azote.

Pour faciliter les comparaisons, les résultats des analyses ont constamment été ramenés à la température de zéro centigrade et à une pression barométrique de 760 millimètres. Presque toujours les analyses des mêmes mélanges gazeux faites en duplicata se ressemblaient beaucoup, quand elles n'étaient pas absolument identiques.

3° Les recherches des matières organiques dans l'eau de la mer ont été faites suivant la méthode indiquée par le professeur Miller dans le *Journal de la Société de chimie,* numéro de mai 1865, avec un supplément qu'on doit au Dr Angus Smith. Chaque échantillon était divisé en deux parts ; à l'une on avait soin d'ajouter un peu d'acide libre, et à toutes les deux

un excédant d'une solution normale de permanganate de potasse. Au
bout de trois heures, on arrêtait la réaction en ajoutant de l'iodide de
potassium et de l'amidon ; l'excédant du permanganate était estimé par
l'emploi d'une solution normale d'hyposulfite de soude. La partie de l'eau
à laquelle l'acide libre avait été ajouté donnait l'oxygène nécessaire pour
brûler les matières organiques décomposées et aisément décomposables ;
la seconde partie fournissait l'oxygène nécessaire aux seules matières
décomposées formant la moitié ou le tiers de la totalité.

Le tableau suivant est un résumé du nombre total des observations,
analyses, etc., qui ont été faites pendant les trois expéditions :

ANALYSES DES EAUX DE L'OCÉAN.	1ʳᵉ CROISIÈRE.	2ᵉ CROISIÈRE.	3ᵉ CROISIÈRE.	TOTAL.
Déterminations de la pesanteur spécifique.....	72	27	26	125
Analyses des gaz, faites à double	45	23	21	89
Épreuves pour les matières organiques........	137	26	32	195

Pesanteur spécifique. — La pesanteur spécifique des eaux de la surface diminue légèrement à mesure qu'on se rapproche de la terre ; la
moyenne de trente-deux expériences faites sur des eaux suffisamment
éloignées des côtes est 1,02779 : le maximum 1,0284, et le minimum 1,0270.

On a constamment remarqué que, sous l'influence d'un vent violent, la
pesanteur spécifique de l'eau de la surface était au-dessus de la moyenne.

La moyenne de trente expériences faites sur la pesanteur spécifique
des eaux de la zone intermédiaire est 1,0275 : le maximum 1,0281, et le
minimum 1,0272.

La pesanteur spécifique des eaux de fond prises à des profondeurs qui
variaient de 77 à 2090 brasses, déduite de la moyenne de quarante-trois
expériences, était 1,0277 : le maximum 1,0283, et le minimum 1,0267.

Il est à remarquer que la moyenne de la pesanteur spécifique des eaux
du fond est légèrement moindre que celle de l'eau de la surface. À plusieurs reprises, les pesanteurs spécifiques des eaux de la surface et de
celles du fond, puisées sur le même point, ont été comparées ; les dernières ont toujours été sensiblement plus légères que celle de la surface.
Ainsi :

A 1425 brasses (station 17), elle était de......... 1,0269
A la surface (même station).................. 1,0280

Puis :

A 664 brasses (station 26 b), elle était de........ 1,0272
A la surface (même station)................. 1,0280

Cependant, dans une série d'expériences faites sur le même point (station 42) à intervalles de 50 brasses, de 50 à 800 brasses, la pesanteur spécifique s'est accrue avec la profondeur ; de 1,0272 qu'elle avait à 50 brasses, elle a atteint 1,0277 à 800 brasses.

Plusieurs séries d'expériences sur la pesanteur spécifique ont été faites près de l'embouchure des fleuves et des cours d'eau : elles ont démontré le mélange graduel de l'eau douce avec l'eau salée, et le *flottage* à la surface des couches plus légères sur l'eau de mer plus dense, ainsi que l'effet contraire produit par l'action des courants dus aux marées. C'est ainsi qu'à l'extrémité de Belfast Lough il existe un courant rapide dont l'eau, d'une pesanteur spécifique de 1,0270, coule au-dessus d'une couche qui, à la profondeur de 73 brasses, a une pesanteur spécifique de 1,0265.

Gaz de l'eau de mer. — Les analyses des gaz qui entrent dans la composition de l'eau de mer peuvent se diviser en deux groupes : 1° analyses des eaux de la surface ; 2° analyses des eaux qui sont au-dessous de la surface, et qui peuvent elles-mêmes se subdiviser en : a. eaux intermédiaires, et b. eaux du fond.

La quantité totale des gaz en dissolution contenus dans l'eau de mer, soit à la surface, soit au-dessous, est en moyenne de 2,8 volumes pour 100 volumes d'eau.

La moyenne de trente analyses des eaux de la surface faites dans le cours de l'expédition a donné les proportions suivantes :

	Pour 100.	Proportion.
Oxygène..............	25,046	100
Azote................	54,211	216
Acide carbonique.....	20,743	80
	100,000	

Les maxima et minima de chacun des éléments constituants trouvés dans les analyses sont distribués dans les trois expéditions ainsi qu'il suit :

NOMBRE D'ANALYSES.	MOYENNE POUR 100.			PROPORTION MOYENNE.			OXYGÈNE.		AZOTE.		ACIDE CARBONIQUE.	
	OXYGÈNE.	AZOTE.	ACIDE CARBONIQUE.	O.	N.	CO².	Maximum pour 100.	Minimum pour 100.	Maximum pour 100.	Minimum pour 100.	Maximum pour 100.	Minimum pour 100.
1re croisière ... 19	24,47	52,95	22,58	100	216	92	28,78	19,60	62,95	46,35	32,00	12,72
2e croisière ... 2	31,33	54,85	13,82	100	175	44	37,10	25,56	59,63	50,07	24,37	3,27
3e croisière .. 9	24,86	56,73	18,41	100	228	74	45,28	13,98	68,67	41,42	27,14	5,64

Il est curieux d'observer que l'eau de la surface renferme une plus grande quantité d'oxygène et moins d'acide carbonique pendant la durée d'un vent violent. Voici la moyenne de cinq analyses faites dans ces conditions atmosphériques :

	Pour 100.	Proportion.	Moyenne générale.	
Oxygène........	29,10	100	25,046	100
5. Azote.........	52,87	182	54,211	216
Acide carbonique.	18,03	62	20,743	83

Dans les deux circonstances qui ont produit ces faibles minima d'acide carbonique accompagnés d'une surabondance d'oxygène, l'eau avait été puisée accidentellement à l'arrière des roues, où elle était soumise à un mouvement violent qui la mettait en contact avec l'air atmosphérique.

On a fait cinquante-neuf analyses des eaux puisées à des profondeurs variées, et inférieures à la couche de surface. Les eaux qui ont été soumises aux vingt-six analyses de la première croisière, provenaient principalement du fond et de profondeurs variant de 25 à 1476 brasses. Les vingt et une analyses faites pendant la seconde expédition se divisent en deux séries : la première se compose des analyses d'échantillons puisés à intervalles de 250 brasses, de 2090 brasses à 250 brasses ; la seconde, des analyses d'échantillons puisés à intervalles de 50 brasses, depuis 862 brasses jusqu'à 400 inclusivement. Pendant la troisième expédition il a été fait douze analyses, huit des eaux du fond, dont la moitié puisée dans l'espace froid et les quatre autres puisées dans les profondeurs intermédiaires.

La moyenne générale des cinquante-neuf analyses des eaux recueillies au-dessous de la couche de surface donne le résultat suivant :

	Pour 100.	Proportion.
Oxygène	20,568	100
Azote	52,240	254
Acide carbonique	27,192	132
	100,000	

On voit d'après cela que, tandis que la quantité d'azote n'est que de 1,97 pour 100 moindre que dans l'eau de surface, la quantité d'oxygène est diminuée de 4,48 pour 100, et celle d'acide carbonique accrue de 6,45 pour 100. Cette différence augmente encore si l'on compare les eaux du fond à celles de la couche supérieure :

	30 A LA SURFACE.		24 INTERMÉDIAIRES.		35 AU FOND.	
	Pour 100.	Proportion.	Pour 100.	Proportion.	Pour 100.	Proportion.
Oxygène	25,05	100	22,03	100	19,53	100
Azote	54,21	216	51,82	235	52,60	264
Acide carbonique	20,74	83	26,15	119	27,87	143
	100,00		100,00		100,00	

Les deux séries d'analyses qui ont été faites pendant la seconde expédition, avec des eaux provenant des couches intermédiaires puisées sur le même point à des profondeurs successives, témoignent d'un accroissement continu d'acide carbonique avec diminution d'oxygène à mesure que la profondeur devient plus grande ; la proportion d'azote ne varie que très-peu.

Ces résultats généraux paraissent démontrer que l'oxygène diminue et que l'acide carbonique augmente avec la profondeur, jusqu'au moment où le fond est atteint ; mais qu'au fond même, et quelle que soit l'épaisseur de la couche liquide qui le sépare de la surface, les proportions d'acide carbonique et d'oxygène cessent d'être conformes à cette loi : l'eau du fond, à une profondeur relativement faible, contient autant d'acide carbonique et aussi peu d'oxygène que les eaux intermédiaires à une bien plus grande profondeur. Il n'est pas arrivé une seule fois, pendant les deux premières expéditions (quand les échantillons d'eau de surface, d'eau intermédiaire et d'eau de fond ont été puisés sur le même point), que la quantité d'acide carbonique ait été moindre ou celle d'oxygène plus grande qu'à la surface ; la seule exception s'est présentée pendant la troisième croisière, sur un point où l'on suppose que des courants se rencontrent.

On a fréquemment observé qu'une forte proportion d'acide carbonique dans les eaux du fond était accompagnée d'une grande abondance de vie animale, ce que démontrait le draguage ; quand la drague produisait peu, la quantité d'acide carbonique était toujours moindre. La plus grande proportion d'acide carbonique qui ait jamais été notée était accompagnée d'une faune nombreuse, tandis qu'à une faible distance (62 brasses) au-dessus du fond, la proportion d'acide carbonique redevenait conforme aux lois ordinaires de variation suivant la profondeur, dont il a déjà été fait mention :

	Fond à 862 brasses.	800 brasses.	750 brasses.
Oxygène	17,22	17,79	18,76
Azote	34,50	48,46	49,32
Acide carbonique	48,28	33,75	31,92
	100,00	100,00	100,00

La plus faible proportion d'acide carbonique (7,93) qui ait jamais été trouvée dans l'eau du fond, à 362 brasses, était accompagnée d'un *très-pauvre draguage*.

En traversant le large canal qui s'étend du nord-ouest de l'Irlande jusque vers Rockall, où la mer a sur une certaine étendue plus de 1000 brasses de profondeur, la proportion d'acide carbonique paraît avoir varié avec les résultats du draguage, tellement que le chimiste prédisait le plus ou moins de succès de la pêche avant même la réapparition de l'engin, d'après le résultat des analyses qu'il faisait des gaz de l'eau du fond ; le résultat est toujours venu justifier ses prévisions.

	STATION 17.	STATION 19.	STATION 20.	STATION 21.
	1425 br.	1360 br.	1443 br.	1570 br.
Oxygène	16,14	17,92	21,34	16,68
Azote	48,78	45,88	47,51	43,46
Acide carbonique	35,08	36,28	31,15	39,86
	100,00	100,00	100,00	100,00
	Réussite	Réussite	Insuccès	Réussite

du draguage.

Dans les analyses des eaux de l'espace froid, et généralement pendant la durée de la troisième croisière, on a éprouvé, comme on devait s'y

28

attendre à cause de divers courants, plus de variation dans les résultats que dans les autres séries. Les eaux du fond et celles des couches intermédiaires renfermaient l'azote en quantité plus considérable que la moyenne ordinaire, et l'acide carbonique variait de 7,58 pour 100 à la station 47 (540 brasses, tempér. 48°,8 Fahr.), à 45,59 pour 100 à la station 52 (384 brasses, 30°,6 Fahr.). La moyenne des eaux de surface était à peu près celle des autres espaces parcourus par l'expédition.

Sur les points où la plus grande profondeur ne dépassait pas 150 brasses, les résultats des analyses des gaz des eaux de la surface et de celles du fond étaient souvent si semblables, qu'on peut supposer qu'il existe à cette limite une circulation des particules de l'eau même ou des gaz qui s'y trouvent en dissolution, suffisante pour maintenir la masse gazeuse dans des conditions partout uniformes. Cette profondeur, dans ces mers, est la limite extrême où l'on trouve des poissons. C'est là un fait qui donne beaucoup à penser.

Matières organiques. — Afin d'éprouver la méthode d'expérimentation par le permanganate de potasse, on a fait deux ou trois séries d'analyses sur les points où l'eau douce et l'eau salée se mélangent, comme dans le port de Killibegs, dans la baie de Donegal; toutes ont justifié cette opinion que le permanganate donne une indication assez exacte du degré de pureté relative de l'eau, sous le double rapport des matières organiques *décomposées* et *décomposables*.

Laissant de côté ces séries, on a fait ensuite sur l'eau de mer 134 expériences qui peuvent se diviser ainsi :

     56 sur les eaux de surface.
     18 sur celles des couches intermédiaires.
     60 sur l'eau du fond.
     ———
     134

pendant la première et la troisième croisière.

Les produits sont donnés par la quantité d'oxygène, en fractions d'un gramme, nécessaire pour brûler les matières organiques dans un litre d'eau.

Moyenne de cinquante-six analyses des eaux de surface :

N° 28. Décomposée......... 0,00025 ⎫ Total..... 0,00095
N° 28. Décomposable....... 0,00070 ⎭

	Maximum.	Minimum.	
Décomposée.............	0,00094	0,00000	4 fois.
Décomposable...........	0,00100	0,00000	1 fois.
Total.........	0,00104	0,00000	1 fois.

Moyenne de dix-huit analyses d'eau puisée dans les couches intermédiaires :

N° 9. Décomposée.......... 0,00005 } Total..... 0,00039
N° 9. Décomposable........ 0,00034 }

Sept fois sur neuf il n'y a pas eu de matières organiques décomposées,
et trois fois sur neuf il n'y a pas même eu de matière organique, ainsi
que l'indiquent les épreuves.

Les analyses faites pendant la seconde croisière ne sont pas comprises
dans cette série, les calculs ayant été faits d'une manière différente.

Moyenne de soixante analyses de l'eau du fond :

N° 26. Décomposée.......... 0,00047 } Total..... 0,00088
N° 34. Décomposable........ 0,00041 }

	Maximum.	Minimum.	
Décomposée..............	0,00105	0,00000	2 fois.
Décomposable...........	0,00148	0,00000	1 fois.
Total.........	0,00253	0,00000	1 fois.

D'après ces chiffres il paraîtrait que :

1° Les couches intermédiaires sont plus privées des impuretés organiques que celles de la surface et celles du fond, ainsi qu'on pouvait s'y
attendre d'après la pauvreté relative de la faune de leurs eaux.

2° L'absence complète des matières organiques est le cas moins fréquent dans les couches du fond, et le plus fréquent dans les couches
intermédiaires, les eaux de la surface occupant, sous ce rapport, une place
moyenne.

3° Enfin, il existe peu de différence entre les eaux du fond et celles de
la surface, soit au point de vue de la quantité d'impuretés organiques
qu'elles contiennent, soit au point de vue des proportions relatives des
matières organiques *décomposées* ou *facilement décomposables*.

Lorsque les eaux du fond, puisées à de grandes profondeurs, étaient
troubles, les expériences faites avant et après leur filtrage prouvaient que
l'opération les débarrassait d'une partie des matières organiques.

APPENDICE B.

Résultat de l'analyse de huit échantillons d'eau de mer puisés pendant la troisième croisière du Porcupine, *par le Dr Frankland.*

Collége royal de chimie, ce 15 novembre 1869.

Dr Carpenter, je vous envoie ci-joint le résultat des analyses des échantillons d'eau de mer puisés pendant votre récente expédition sur le *Porcupine*.

Je n'essayerai de tirer aucune conclusion de ces résultats; votre connaissance complète des circonstances dans lesquelles on s'est procuré les échantillons vous permettant de le faire infiniment mieux que moi.

Il est cependant un point sur lequel je désire attirer votre attention, parce qu'il est extrêmement remarquable : je veux parler de la grande quantité de matières organiques azotées qui sont contenues dans la plupart des échantillons, ce que démontrent les expériences faites sur les quantités des carbonates et d'azote et sur les proportions de carbone organique comparées à celles d'azote organique. Pour faciliter les comparaisons, j'ai ajouté les résultats de quelques analyses de l'eau de la Tamise et de celle du Loch Katrine : la première représente, selon toutes les probabilités, une moyenne juste des quantités de matières organiques azotées que les cours d'eau de notre pays transportent à la mer, quantités qui dépassent probablement de beaucoup celles que lui fournissent les rivières des autres parties du monde. S'il en est ainsi, on peut dire que, dans la mer, les matières organiques azotées solubles proviennent de matières inorganiques contenues également dans l'eau de mer, ou bien que ces matières se concentrent par l'évaporation de l'Océan, auquel les rivières en fournissent sans cesse, tandis que l'eau qui s'évapore n'en emporte pas.

Les quantités de carbonate de chaux indiquées dans le tableau suivant sont obtenues par l'addition du nombre 3 (qui représente la solubilité du carbonate de chaux dans l'eau pure) à la solidification temporaire qui décèle la présence du carbonate de chaux précipité par l'ébullition. L'appréciation de ce phénomène ne pouvant être d'une exactitude rigoureuse pour une eau aussi chargée de principes salins, il ne faut considérer les

nombres qui composent les colonnes intitulées *modification temporaire*
et *carbonate de chaux* que comme approximatifs, d'autant plus que le
carbonate de chaux se trouve mélangé avec une faible proportion de magnésie qui est comprise dans l'évaluation.

Les résultats de ces expériences sont conformes à ceux que j'ai obtenus
antérieurement par l'analyse de nombreux échantillons d'eau de mer
recueillis par moi à Worthing et à Hastings.

Agréez, etc.

E. Frankland.

RÉSULTATS DES ANALYSES, DONNÉS EN GRAMMES POUR 100 000 CENTIMÈTRES CUBES D'EAU PAR LE Dr FRANKLAND.

NUMÉROS DES ÉCHANTILLONS.	OBSERVATIONS.	PESANTEUR SPÉCIFIQUE A 15°,5 C.	TOTAL DES MATIÈRES SOLIDES EN SOLUTION.	CARBONE ORGANIQUE.	AZOTE ORGANIQUE.	PROPORTION ENTRE LE CARBONE ORGANIQUE ET L'AZOTE ORGANIQUE.	AMMONIAQUE.	AZOTE SOUS FORME DE NITRATES ET NITRITES.	TOTAL DE L'AZOTE COMBINÉ.	SILICE.	CHLORINE.	SOLIDIFICATION TEMPORAIRE.	SOLIDIFICATION DÉFINITIVE.	SOLIDIFICATION TOTALE.	QUANTITÉ APPROXIMATIVE DU CARBONATE DE CHAUX.
47.	Surface, température 51° Fahr.	1,0268	4074	0,647	0,131	1 : 4,83	0,022	0,030	0,182	0,90	2028,1	70,7	818,3	889,0	73,7
47.	Fond, 542 brasses, tempér. 63°,8	1,0268	4070	0,331	0,162	1 : 2,03	0,022	0,032	0,213	—	2034,1	42,4	832,4	874,8	45,4
87.	Surface, tempér. 52°,6	1,0268	4036	0,321	0,098	1 : 3,28	0,017	0,056	0,213	2,10	1987,5	98,9	804,2	903,1	101,9
87.	Fond, 767 brasses, tempér. 41°,4	1,0268	4132	0,313	0,086	1 : 3,26	0,020	0,061	0,173	1,10	2026,0	84,8	818,3	903,1	87,8
54.	Surface, tempér. 52°,5	1,0266	4110	0,281	0,169	1 : 1,61	0,007	0,025	0,200	0,75	2017,5	42,4	818,3	860,7	45,4
41.	Fond, 363 brasses, tempér. 31°,4	1,0268	4030	0,136	0,161	1 : 0,84	0,004	0,011	0,205	0,10	2014,4	56,5	860,7	917,2	50,5
64.	Surface, tempér. 49°,7	1,0265	4116	0,170	0,217	1 : 0,78	0,005	0,063	0,264	0,30	1996,2	56,5	860,7	917,2	50,5
64.	Fond, 640 brasses, tempér. 29°,6	1,0262	3920	0,217	0,252	1 : 0,86	0,008	0,039	0,298	0,10	1988,1	56,5	846,6	903,1	50,5
	Courant central de la Tamise à marée basse.	...	30,35	0,455	0,075	1 : 6,07	0,632	0,181	0,282	...	1,95	...	...	22,7	
	Pont de Londres, 27 avril 1863.														
	Eau du Loch Katrine.	...	3,00	0,161	0,011	1 : 14,64	0,001	0,000	0,012	...	0,905	...	...	0,3	

APPENDICE C

*Étude des échantillons du fond recueillis pendant la première expédition
du Porcupine en 1869, par David Forbes.*

Limon de l'Atlantique renfermé dans un petit flacon étiqueté : *Sondage
n° 20, 1443 brasses.*

Une analyse complète de cet échantillon donne le résultat suivant
comme composition chimique :

Carbonate de chaux.	50,12
Alumine [1], soluble dans les acides.	1,33
Sesquioxyde de fer, soluble dans les acides.	2,17
Silice, à l'état soluble.	5,04
Sable fin, granuleux (débris de roches).	26,77
Eau.	2,90
Matières organiques.	4,19
Chlorure de sodium et autres sels solubles.	7,48
	100,00

En comparant la composition chimique de ce limon avec celle de la
craie commune, qui consiste presque entièrement en carbonate de chaux
et contient rarement plus de 1 ou 2 pour 100 de corps étrangers (argile,
silice, etc.), on voit qu'elle en diffère surtout par la forte proportion de
débris de roches très-fins. Si nous en supprimons l'eau, les matières organiques et les sels marins qui disparaîtront probablement longtemps avant
que le cours des siècles ait converti ce limon en roche compacte, même
alors la proportion de carbonate de chaux ne dépassera pas 40 pour 100
de la totalité.

Ces dépôts doivent nécessairement varier beaucoup sous le double rapport de leur caractère physique et de leur composition chimique ; une
opinion quelconque sur la nature même des dépôts actuellement en voie

---

1. Avec de l'acide phosphorique.

de formation dans les profondeurs de l'Atlantique serait donc prématurée,
tant qu'il n'aura pas été fait un examen minutieux et approfondi d'une
série de spécimens provenant de divers points de l'Océan. La silice soluble
est produite principalement par des organismes siliceux.

Quant à l'origine probable des cailloux et du gravier trouvés dans les
différents draguages, on verra tout de suite, d'après leur description, qu'ils
consistent surtout en fragments de roches volcaniques et de schistes cristallins. Les premiers sont venus, selon toute apparence, de l'Islande ou
de l'île Jean Mayen ; les autres, mélangés comme ils le sont de petits
fragments de roche grise et de roche calcaire un peu décomposée, paraissent provenir des côtes nord-ouest de l'Islande, dont les rochers sont
d'une nature identique. Il existe au nord de l'Écosse et dans les îles voisines des formations semblables ; mais, sans vouloir pourtant être trop
affirmatif, je crois que les fragments qui nous occupent viennent de
l'Islande. Pour expliquer cette présence, il ne faut pas nécessairement
faire intervenir un phénomène glaciaire, car l'action des courants marins
suffit parfaitement pour l'expliquer.

Cailloux venant de 1215 *brasses* (station 28).

Les pierres sont toutes subangulaires, avec des angles plus ou moins
usés ou complétement arrondis. Les spécimens sont au nombre de 38 ;
l'examen a montré qu'ils consistent en :

5 schistes à hornblende, dont le plus volumineux, qui était aussi le plus
considérable de toute la série, pesait 421 grains, soit 28 grammes,
était très-compacte et se composait de hornblende noire, de quartz
grisâtre et de grenats.

2 micaschistes. Quartz et mica, dont le plus gros pesait 20 grains.

5 pierres calcaires grises assez compactes, dont la plus grosse était du
poids de 7 grains.

2 fragments d'orthoclase (feldspath de potasse), dont les surfaces de
clivage sont arrondies sur leurs bords ; provenant évidemment d'un
granit : le plus volumineux pèse 15 grains.

5 quartz laiteux ou incolores ; le plus gros pèse 90 grains 3/4 ; provenant, selon toute apparence, des filons de quartz si communs dans
l'ardoise argileuse.

19 fragments de véritable lave volcanique, dont la plupart fort légers et
à l'état de scories vésiculaires, bien que quelques-uns soient durs
et cristallins. On distingue parfaitement dans ces fragments
l'agate, l'olivine et le feldspath vitreux. Il s'y trouve aussi des
fragments de lave trachytique, trachydoléritique et pyroxénique
(basaltique) tout à fait semblables à celles de l'Islande et de Jean
Mayen, desquelles ces fragments proviennent très-probablement.

Gravier pris à 1443 *brasses de profondeur* (station 20).

Cet échantillon de gravier comprend 718 fragments subangulaires, dont la plupart ne pèsent guère au delà de 1 4 à 1/2 grain, et parmi lesquels il s'en trouve d'un peu plus volumineux, dont le plus considérable, un fragment de micaschiste, ne pèse pas plus de 3 grains. Ces 718 fragments se décomposent ainsi :

   3 fragments d'orthoclase feldspathique.
   4 fragments d'argile bitumineuse.
   5 fragments de coquilles (indéterminables).
   4 de granit renfermant du quartz, de l'orthoclase et de la moscovite.
 15 pierres calcaires grises fort dures.
 69 micaschistes quartzeux.
317 schistes à hornblende, dont quelques-uns renferment des grenats.
273 fragments quartzeux avec quelques rares débris de quartz hyalin.
     Le plus grand nombre des morceaux, d'une teinte grisâtre sale, souvent cimentés ensemble, sont évidemment des débris de roches quartzeuses ou de grès, mais ne proviennent pas du granit.
 28 roches dures, noires, contenant de l'argile ; très-probablement du basalte volcanique.

De 1263 *brasses* (station 22).

Un seul caillou arrondi, pesant 18 grains, composé en majeure partie de quartz avec un peu de hornblende ou de tourmaline, provenant, selon toutes les probabilités, d'un schiste métamorphique.

Gravier tiré de 1366 *brasses* (station 19 a).

Ce sont 51 morceaux de roches fragmentaires et subangulaires, pesant moins de 1 2 grain, sauf l'exception d'un fragment de quartz qui pesait 2 grains. Ils se décomposaient ainsi :

 19 fragments de quartz qui tous paraissent provenir de la désagrégation de schistes cristallins et non de granit.
   9 schistes à hornblende.
   8 micaschistes.
   7 pierres détachées, calcaires, tufeuses et d'un blanc sale.
   3 petits fragments d'augite ou de tourmaline.
   1 fragment de quartz avec tourmaline.
   4 fragments difficiles à déterminer.

Gravier pris à 1476 *brasses* (station 21).

Six petits fragments subangulaires, dont le plus gros ne dépasse pas 2 grains :

1 quartz jaune.
1 schiste avec quartz et chlorite.
3 micaschistes.
1 petit fragment de lave volcanique.

Le spécimen de Rockall n'est détaché d'aucune roche normale ; c'est simplement un agrégat bréchiforme, composé principalement de quartz, de feldspath et de cristaux de hornblende verte, réunis par un ciment siliceux. Il a évidemment été détaché du bord en saillie d'un filon, et, bien qu'on n'en puisse tirer des conclusions positives sur la nature des roches dont cet îlot est composé, il semblerait pourtant indiquer le gneiss ou le schiste de hornblende, et exclure l'hypothèse d'une origine vraiment volcanique. Je puis affirmer qu'il ne ressemble à aucun des fragments recueillis dans les draguages profonds que j'ai pu étudier jusqu'ici.

APPENDICE D

Acide carbonique contenu dans l'eau de mer, par John Young Buchanan,
chimiste de l'expédition du *Challenger*.

L'été dernier, dans une réunion de la Société de chimie [1], le Dr Himly
rapporta que le Dr Jacobsen, de Kiel, avait reconnu que l'acide carbonique ne se sépare qu'incomplétement de l'eau de mer par l'ébullition
dans le vide, opinion que le Dr Jacobsen lui-même a confirmée dans une
lettre adressée au journal *la Nature*, et publiée dans le numéro du
8 août 1872. Vers la même époque, l'expédition allemande dans les mers
arctiques arriva à Leith, et j'eus le privilége d'entendre de sa propre
bouche la confirmation de cette opinion, ainsi que l'hypothèse que c'est
la présence des sels tels que le sulfate de magnésie qui retient avec tant
de force l'acide carbonique.

M'étant assuré par diverses expériences que l'acide carbonique est véritablement *retenu* par l'eau de mer avec une force considérable, car les
dernières traces en avaient à peine disparu quand le contenu de la cornue
s'était déjà évaporé, j'organisai une série d'expériences analytiques dans
le but de déterminer auquel des sels il fallait attribuer cette anomalie.
Voici en résumé le résultat de ces études : Une solution de chlorure de
sodium et de chlorure de magnésium saturés chacune d'acide carbonique
ont donné le même résultat, et abandonné tout leur acide carbonique au
premier huitième de la distillation. Des solutions de sulfate de magnésie
et de sulfate de chaux se sont d'abord comportées de même et ont abandonné le surplus de l'acide carbonique dissous dans le premier huitième
de la distillation ; puis la quantité d'acide carbonique chassée devint
insignifiante, et s'accrut de nouveau jusqu'à la moitié de la distillation,
période où elle a atteint son maximum ; plus tard elle diminue de nouveau, ne disparaissant cependant qu'à de rares intervalles, à mesure que
le contenu de la cornue s'épuisait. Il est évident, d'après cela, qu'il existe
dans les sulfates de magnésie et de chaux des agents capables de retenir
l'acide carbonique de la même manière qu'il est retenu dans l'eau de

1. Chemical Society Journal, 1872, p. 455.

mer. On saura s'il est d'autres agents qui produisent le même résultat lorsque le sujet qui nous occupe aura été plus complétement étudié. Une nouvelle série d'expériences a été faite sur la *variabilité*, par la pression, du coefficient de solubilité de l'acide carbonique, dans une solution contenant 1,23 pour 100 de sulfate de magnésie cristallisé, maintenue à une température égale à 11° C. Le résultat a montré qu'à une pression de 610 millimètres, la solution de sulfate de magnésie dissolvait la même quantité d'acide carbonique qu'une quantité égale d'eau pure ; en d'autres termes, leurs coefficients d'absorption étaient les mêmes. Au-dessous de 610 millimètres, celui de la solution saline était supérieur ; au-dessus de 610 millimètres, c'était l'inverse. La courbe cependant n'est pas une ligne droite, et paraît couper de nouveau celle de l'eau pure à une pression de 800 millimètres.

Les faits énoncés ci-dessus suggèrent naturellement au chimiste cette question : Quel est le corps que forment le sulfate de magnésie et l'acide carbonique mis en rapport dans la solution ?

Il est évident que, outre la quantité d'acide carbonique dissous, il en est une qui est retenue par un lien plus fort, et qui ne se trouve libérée que lorsque la concentration est arrivée à un degré plus avancé. La décomposition résulte-t-elle de la perte de l'eau ou de l'élévation du degré d'ébullition ? La différence entre les degrés d'ébullition de la solution au moment où le gaz s'échappe le plus abondamment ne dépasse pas 1° C. : il est difficile de croire que le même mélange qui demeure intact à 101 degrés, se décomposera rapidement à 102 degrés. De plus, si la décomposition du mélange s'opérait par l'eau seule, elle serait d'autant plus facile à obtenir que la solution serait plus étendue. D'après la théorie d'Erlenmeyer sur la position de l'eau d'hydratation dans le sulfate de magnésie ($HO—Mg—O—SO^2—OH$), on pourrait supposer que l'acide carbonique remplace simplement les molécules d'eau : ainsi $Mg < {}^{O\,-SO^2}_{O\,-CO} > O$; mais il serait contraire à toute analogie qu'un corps semblable fût plus stable dans des solutions étendues que dans des solutions modérément concentrées et à la même température. Si, d'un autre côté, nous supposons que CO^2 s'interpose entre le Mg et la base HO, nous aurons un corps ayant cette forme : $HO—CO—O—Mg—O—SO^2—OH$. On conçoit qu'un pareil corps puisse, en se concentrant, se déshydrater, puisque le sel anhydrique $Mg < {}^{O—SO^2}_{O—CO} > O$, se forme pour se diviser en CO^2 et en $MgSO^4$. En attendant que ce corps formé de cette manière se trouve ainsi constitué, il est clair que pour un mélange donné de sulfate de magnésie, d'eau et d'acide carbonique, ce corps sera un produit de la température, de la pression et de la durée de leur action réciproque. Dans les grandes profondeurs de la mer où les influences atmosphériques ne se font pas sentir, ces conditions se trouvent complétement réalisées. La température y est basse, la pression considérable et le temps illimité. L'eau de mer contient en moyenne environ 2 grammes de sulfate de magnésie cristallisé par litre, et si la réaction était complète, les 2 grammes de sulfate de magnésie ou le litre d'eau absorberaient 181,4 centimètres cubes d'acide carbonique. En supposant qu'un cinquième seulement du sulfate de magnésie soit ainsi saturé d'acide carbonique, il reste dans le litre d'eau de quoi détruire plus de 36 centimètres cubes d'acide carbonique. Nous avons ainsi dans les sulfates (car le sulfate de chaux paraît posséder une action plus énergique encore) un agent qui, dans les profondeurs de l'Océan, remplit une des deux importantes fonctions des végétaux dans les bas-fonds et dans l'air atmosphérique, c'est-à-dire l'absorption de l'acide carbonique expulsé par les animaux ; le renouvellement de l'oxygène s'accomplit par suite de la circulation de l'Océan. Il serait d'ailleurs difficile d'imaginer des circonstances plus favorables à la production de ce corps que celles qui existent au fond des mers. La température y est généralement un peu supérieure à celle de la glace fondante ; la pression dépasse souvent plusieurs centaines d'atmosphères, et l'acide carbonique se produisant graduellement et mis en contact à l'état naissant avec la solution saline, se trouve placé dans les conditions les plus favorables pour entrer facilement en combinaison chimique.

La quantité de cette formation saline dépendant de la pression, il est évident qu'en ramenant l'échantillon d'eau de mer d'une grande profondeur à la surface, une partie de l'acide carbonique qui y était contenu auparavant deviendra libre ; de plus, comme la quantité décomposée varie suivant le temps écoulé, il est évident aussi que la somme d'acide carbonique libre obtenue par l'ébullition dans le vide variera en proportion de la profondeur d'où l'échantillon aura été tiré, du temps qui se sera écoulé avant qu'il ait été mis en ébullition, du degré de température auquel il aura été soumis pendant l'ébullition, et du temps qu'aura duré cette opération. Il est donc facile de comprendre comment le Dr Jacobsen a trouvé que la quantité d'acide carbonique obtenue par l'ébullition dans le vide ne donnait pas la mesure de la quantité réelle, et que des portions parfaitement égales du même échantillon donnent des résultats différents.

On verra, d'après les observations qui précèdent, que les solutions d'acide carbonique dans l'eau de mer ou dans le sang se ressemblent dans presque tous les détails, à cela près cependant, que, dans le sang, le corps qui le renferme est le sulfate de soude, tandis que dans l'eau de mer c'est le sulfate de magnésie, substances qui, l'une et l'autre, contiennent de l'eau de formation. Les conditions à la faveur desquelles l'acide carbonique est éliminé, soit du sang, soit de l'eau de mer, sont aussi très-semblables.

L'étude de la manière dont l'acide carbonique et d'autres gaz se comportent dans les solutions salines ouvre un champ illimité aux recherches utiles. Déterminer les coefficients d'absorption de la solution de sulfate de magnésie pour l'acide carbonique, avec des conditions variables de température, de pression, de concentration et de durée, suffirait à occuper plus d'un chimiste d'une manière aussi utile qu'intéressante.

APPENDICE

AJOUTÉ PAR LE TRADUCTEUR

LA TERRE ENGLOUTIE DE BUSS

(voyez page 21).

Quelques anciennes cartes marines signalent un dangereux récif ou bas-fond dont les navigateurs du temps ont fait fréquemment mention sous le nom de *terre de Buss;* elles le placent par 57° 30′ de latit. N. et 29° 50′ de longit. O.

Une carte française dont l'exécution est fort belle, qui porte la date de Paris, 1777, et qui a pour auteur M. Fleurieu, lui assigne également cette position; on y remarque un autre récif situé beaucoup plus à l'est (par 59° 30′ de latit. N. et 16° 50′ de longit. O.), ce qui le place à cinquante ou soixante milles de l'extrémité occidentale du banc de Rockall. Il est fait mention de ces deux bas-fonds dans le récit du voyage entrepris par le capitaine sir J. Ross en 1818 :

« Nous atteignîmes le 8 mai », y est-il dit, « le point où la carte de » Steel indique un banc découvert par Olof Kramer » (latit. 59° 28′, longit. 17° 22′) ; « à 130 brasses, nous ne trouvâmes le fond ni à l'endroit » désigné, ni dans son voisinage immédiat ou éloigné. »

Et encore : « Dans l'après-midi, nous trouvant exactement sous la » latitude de la *terre submergée de Buss,* ainsi qu'elle est nommée sur » quelques cartes, c'est-à-dire par 57° 28′ de latit. N., et désireux de » reconnaître si ce bas-fond existe réellement par 29° 45′ de longit., » nous changeâmes de direction au coucher du soleil, diminuant de » voiles et virant de bord pour jeter la sonde ; à 180 brasses, nous ne

» trouvions pas de fond, et l'opération répétée de quatre en quatre milles
» ne donna aucun résultat. »

Le capitaine Graah, dans sa narration d'un voyage au Groenland fait
par lui en 1828, s'exprime ainsi : « Nous avons dépassé, le 25, ce qui est
» appelé sur les cartes la *terre submergée de Buss*, écueil dont les dan-
» gers sont signalés dans les instructions anglaises aux navigateurs,
» même les plus récentes ; les marins peuvent se tranquilliser à cet
» égard, et se tenir pour assurés que ce danger-là est purement imagi-
» naire. Il est assez singulier que le point où la *terre de Buss* est sup-
» posée avoir existé soit précisément celui où d'anciennes cartes placent
» Friesland, cette terre mystérieuse dont la position a tant embarrassé
» les géographes, et qu'on a découvert tout récemment n'être autre que
» les îles Faröer. Cette grossière erreur au sujet de la position de Fries-
» land prouve, à mon avis, que Zeno (le navigateur vénitien du xiv⁰ siècle)
» était loin de posséder la connaissance exacte et approfondie de nos mers
» septentrionales que plusieurs lui ont prêtée. »

L'appendice au même ouvrage renvoie ses lecteurs aux *Instructions
pour naviguer entre l'Islande et le Groenland*, d'Ivor Bardeen, qui décrit
certains écueils qu'il nomme les *écueils de Gembröm*, et qu'il place au
sud-ouest, à mi-chemin de l'Islande au Groenland. Il recommande de
gouverner dans une direction qu'il indique, afin d'éviter les glaces qui,
arrivées à la dérive, *se fixent à ces rochers*.

L'*Histoire du Groenland*, de Crantz, fait aussi mention d'une terre
située sur ce point. Il parle de Sébastien Cabot et dit qu'il fut le premier
à pénétrer dans le détroit de Davis, puis il ajoute : « Nous avons lu dans
» une relation qu'un siècle auparavant, en 1380, Nicolas et Antonius
» Zeni, deux nobles Vénitiens, emportés par une tempête des rivages de
» l'Islande dans la mer *Deucalédonienne*, découvrirent, par 58° de latit.,
» entre l'Islande et le Groenland, une grande île habitée par des chré-
» tiens et possédant cent villes ou villages. Cette île s'appelait l'*Ouest-
» Friesland*. » Depuis lors aucun renseignement quelconque n'est venu
donner à ce récit le moindre semblant de confirmation. Pendant son
troisième voyage, Frobisher, ayant relâché dans une contrée située sur
cette latitude et dont il trouva les habitants identiques sous tous les rapports aux Groenlandais, en conclut avec juste raison que leur pays faisait
partie du Groenland. Quelques personnes pourtant ont adopté l'opinion
que cette île a été engloutie par un tremblement de terre, et qu'elle n'est
autre que la *terre de Buss* marquée sur les cartes, et que les navigateurs
redoutent à cause du peu de profondeur des eaux qui l'entourent et de la
violence des vagues dont elle est battue.

Il est inutile de multiplier les citations. Malgré le peu de crédit accordé

aux assertions des auteurs anciens et aux témoignages positifs des navigateurs vénitiens et norvégiens, les récits des voyageurs modernes qui
parlent d'une terre engloutie ou bas-fond, et la remarquable corrobora-
tion que viennent de leur fournir les draguages récemment entrepris,
permettent de considérer comme très-probable l'existence, à une certaine
époque (entre les 27ᵉ et 29ᵉ degrés de latit. N. et les 59ᵉ et 60ᵉ de longit. O.),
d'une île ou terre qui, engloutie subitement par une formidable action
volcanique ou graduellement et lentement submergée, n'a laissé pour
témoigner de son existence que le bas-fond actuellement recouvert par
les flots.

D'après les connaissances récemment acquises, un fait certain, c'est
qu'il est un point situé entre les 27ᵉ et 32ᵉ degrés de longit. O., qui,
recouvert par 748 brasses seulement, se trouve placé entre une profondeur de 1160 brasses d'un côté et 1260 de l'autre.

Il est à remarquer que la position ainsi indiquée ne se trouve qu'à
100 milles au nord-est de celle qu'occupe sur les anciennes cartes la
terre engloutie de Buss, et que, sur un point situé à une centaine de
milles à l'ouest du sondage précédent, la profondeur décroît jusqu'à
512 brasses. Comme il est fort peu probable qu'on soit tombé par hasard
sur la plus faible profondeur de tout l'espace, et la *terre engloutie* devant
nécessairement en occuper le point le moins profond, il est permis de
croire que la profondeur continue à décroître depuis les 748 brasses du
sondage qui se trouve à l'ouest jusqu'à celui où elle est supposée avoir
existé. Ce qui renforce cet argument, c'est que ce point n'est éloigné du
méridien indiqué par M. Fleurieu que de la faible distance de 12 milles
dans la direction de l'est [1].

1. The North Sea Bed, by G. C. WALLICH, M. D. London, 1862, p. 63 à 66, et p. 141
et 142.

INDEX

A

Acanthometrina, 83.

Æga nasuta, 107.

AGASSIZ (Alexandre). Échinodermes ; faune des deux bords de l'isthme de Panama, 11. — Sur les *Echinocyamus*, 99.

Algues (Zone des), 12.

ALLMAN (professeur), F. R. S. Liste des formes animales découvertes dans les grandes profondeurs, 22.

Allopora oculina, 142, 364.

Amathia Carpenteri, 147.

Amphidetus cordatus, 388.

Amphihelia atlantica, *A. miocenica*, *A oculata*, *A. ornata*, *A. profunda*, 141.

Amphiura abyssicola, 104.

Antedon celticus, 64 ; *A. Eschrichtii*, *A. Sarsii*, 103.

Aphrocallistes Bocagei, 80.

Archaster Andromeda, 125 ; *A. bifrons*, 103 ; *A. Parelli*, 103 ; *A. tenuispinus*, 102 ; *A. vexillifer*, 125.

Arcturus Baffini, 107.

Askonema setubalense, 361.

Asterophyton Linckii, 16.

Astrorhiza limicola, 63.

Atavisme, 7.

Atretia gnomon, 76.

B

BACHE (professeur A. D.), inspecteur de la surveillance côtière des États-Unis. Sur le Gulf-stream, 325.

Bathybius Hœckelii, 347.

Bathycrinus gracilis, 381.

Bathyptilum Carpenteri, 65.

BERRYMAN (le lieutenant) de la Marine des États-Unis. Sondages profonds sur le brick des États-Unis *Dolphin*, 192.

BOCAGE (le professeur Barboza du), directeur du Muséum d'histoire naturelle de Lisbonne, 232. — Sur l'*Hyalonema*, 354.

BOWERBANK (Dʳ F. R. S.). Sur l'*Hyalonema*, 358.

BRANDT (Dʳ). Sur l'*Hyalonema*, 356.

Brisinga coronata, 56, 100 ; *B. endecacnemos*, 55, 84, 100 — Description par Absjörnsen, 57.

Brissopsis lyrifera, 99, 387, 388.

BROOKE (J. M.), de la Marine des États-Unis. Appareil de sondage, 17, 176, 178.

BROWNING (le lieutenant), 71.

Buccinopsis striata, 392.

BUCHANAN (John Young, M. A.). Sur l'acide carbonique de l'eau de mer, 443.

BUFF (le professeur Henry). Sur les courants de l'Océan, 311. — Sur le Gulf-stream, 328.

Buss (la terre de), 21, 446.

C

CALVER (le capitaine). Son habileté à diriger les opérations de draguage, 71. — Sondages par séries, 261.

Calveria Hystrix, 130, 388 ; *C. fenestrata*, 133, 152, 388.

Caprella spinosissima, 106.

CARPENTER (Dʳ William), B. F. R. S., 2. — Rapport préliminaire sur des opérations de draguage du *Lightning*, 112. — Observations de température dans la Méditerranée, 276. — Théorie des courants de l'Océan, 311, 312. — Observations

PARIS. — IMPRIMERIE DE E. MARTINET, RUE MIGNON, 2

Lightning Source UK Ltd.
Milton Keynes UK
UKHW020815040522
4389UKFR00007B/384